中国科学院科学出版基金资助出版

"十二五"国家重点图书出版规划项目

智能电网研究与应用丛书

可再生能源发电系统的建模与控制

Modelling and Control of Renewable Power Generation Systems

鞠　平　吴　峰　金宇清
潘学萍　袁　越　秦　川　著

科学出版社

北　京

内 容 简 介

可再生能源发电是我国能源的国家战略需求,已成为当前的研究热点。而可再生能源发电系统的建模与控制是可再生能源发电系统并网运行的基础,建立合适的模型和优良的控制,对提高大规模可再生能源发电系统的效率和性能具有重要意义。

首先本书介绍可再生能源发电系统建模与控制的理论基础;然后,以目前已经实际并网运行的风力发电和太阳能发电为对象,构建模型方程,提出参数辨识方法,建立其数学模型;同时,基于最优控制理论,设计优化控制器,提高系统的动态特性;最后,针对可再生能源发电技术的发展前沿,建立海洋能发电系统和含分布式可再生能源微电网的模型,设计其最优控制器。

读者对象主要包括电力系统、可再生能源发电以及自动化方面的科研人员、研究生和工程技术人员。

图书在版编目(CIP)数据

可再生能源发电系统的建模与控制 = Modelling and Control of Renewable Power Generation Systems / 鞠平等著. —北京:科学出版社,2014.10
(智能电网研究与应用丛书)

"十二五"国家重点图书出版规划项目

ISBN 978-7-03-042189-0

Ⅰ.①可… Ⅱ.①鞠… Ⅲ.①再生能源-发电-系统建模②再生能源-发电-控制系统 Ⅳ.①TM61

中国版本图书馆 CIP 数据核字(2014)第 241561 号

责任编辑:吴凡洁 乔丽维 / 责任校对:邹慧卿
责任印制:赵 博 / 封面设计:陈 敬

科 学 出 版 社 出版
北京东黄城根北街 16 号
邮政编码:100717
http://www.sciencep.com

北京虎彩文化传播有限公司印刷
科学出版社发行 各地新华书店经销
*
2014 年 10 月第 一 版 开本:720×1000 1/16
2024 年 3 月第四次印刷 印张:23 3/4
字数:455 000
定价:110.00 元
(如有印装质量问题,我社负责调换)

《智能电网研究与应用丛书》编委会

《智能电网研究与应用丛书》序

迄今为止,世界电网经历了"三代"的演变。第一代电网是第二次世界大战前以小机组、低电压、孤立电网为特征的电网兴起阶段;第二代电网是第二次世界大战后以大机组、超高压、互联大电网为特征的电网规模化阶段;第三代电网是第一、二代电网在新能源革命下的传承和发展,支持大规模新能源电力,大幅度降低互联大电网的安全风险,并广泛融合信息通信技术,是未来可持续发展的能源体系的重要组成部分,是电网发展的可持续化、智能化阶段。

同时,在新能源革命的条件下,电网的重要性日益突出,电网将成为全社会重要的能源配备和输送网络,与传统电网相比,未来电网应具备如下四个明显特征:一是具有接纳大规模可再生能源电力的能力;二是实现电力需求侧响应、分布式电源、储能与电网的有机融合,大幅度提高终端能源利用的效率;三是具有极高的供电可靠性,基本排除大面积停电的风险,包括自然灾害的冲击;四是与通信信息系统广泛结合,实现覆盖城乡的能源、电力、信息综合服务体系。

发展智能电网是国家能源发展战略的重要组成部分。目前,国内已有不少科研单位和相关企业做了大量的研究工作,并且取得了非常显著的研究成果。在智能电网研究与应用的一些方面,我国已经走在了世界的前列。为促进智能电网研究和应用的健康持续发展,宣传智能电网领域的政策和规范,推广智能电网相关具体领域的优秀科研成果与技术,在科学出版社"中国科技文库"重大图书出版工程中隆重推出《智能电网研究与应用丛书》这一大型图书项目,本丛书同时入选"十二五"国家重点出版规划项目。

《智能电网研究与应用丛书》将围绕智能电网的相关科学问题与关键技术,以国家重大科研成就为基础,以奋斗在科研一线的专家、学者为依托,以科学出版社"三高三严"的优质出版为媒介,全面、深入地反映我国智能电网领域最新的研究和应用成果,突出国内科研的自主创新性,扩大我国电力科学的国内外影响力,并为智能电网的相关学科发展和人才培养提供必要的资源支撑。

我们相信,有广大智能电网领域的专家、学者的积极参与和大力支持,以及编委的共同努力,本丛书将为发展智能电网、推广相关技术、增强我国科研创新能力做出应有的贡献。

最后,我们衷心地感谢所有关心丛书并为丛书出版尽力的专家,感谢科学出版社及有关学术机构的大力支持和赞助,感谢广大读者对丛书的厚爱;希望通过大家的共同努力,早日建成我国第三代电网,尽早让我国的电网更清洁、更高效、更安全、更智能!

周孝信

序

可再生能源是绿色的清洁能源,开发和利用可再生能源能够缓解能源危机和环境污染问题。将可再生能源转化为电能是高效、便捷的利用方式,世界各国大力推进可再生能源发电的快速发展。近年来,我国可再生能源发电的发展速度居于世界前列,已经成为世界上拥有可再生能源发电装机容量最大的国家。根据《可再生能源发展"十二五"规划》,我国到 2015 年可再生能源发电量争取达到总发电量的 20% 以上,可以预计我国的可再生能源发电还将高速发展。

大量的可再生能源发电系统并入电网运行,给电网的安全稳定运行带来了重要的影响。可再生能源发电系统输出功率的随机波动,大大增强了电网动态的随机性;可再生能源发电系统的分布式接入,使得潮流由单向流动变为双向流动;可再生能源发电系统的柔性接入,降低了电网的惯性。由此可见,由于可再生能源发电系统的接入,使电网的结构和特性都发生了变化,要分析这些变化对电网安全稳定运行所产生的影响,建立合适的可再生能源发电系统的模型是前提条件。同时,可再生能源发电系统的有效控制,是提高含大规模可再生能源发电电网安全稳定运行的有力保障。因此,在可再生能源发电系统的建模与控制领域开展研究,具有重要的学术价值和实际意义。

鞠平教授所带领的团队长期在电力系统建模与控制领域开展研究工作,获得了丰富的研究成果,特别是在电力系统建模理论与方法方面做出了突出贡献。近年来,鞠平教授及团队将研究领域拓展至可再生能源发电系统的建模与控制,取得了一系列重要的创新性成果,经过归纳梳理形成《可再生能源发电系统的建模与控制》一书。

该书构建了可再生能源发电系统的建模与控制理论,是《智能电网研究与应用丛书》的重要组成部分。我作为丛书的主编乐意推荐并且作序,相信该书的问世将对该领域学术研究、工程应用和人才培养起到有力的推动作用。

周孝信

2014 年 5 月

前　言

为了缓解日益严重的能源危机和环境污染问题,各国政府鼓励开发和利用可再生能源。我国于 2006 年 1 月 1 日颁布实施了《中华人民共和国可再生能源法》,将可再生能源开发利用的科学技术研究和产业化发展列为科技发展与高科技产业发展的优先领域,并纳入国家科技发展规划和高科技产业发展规划。可再生能源开发和利用主要分为大规模集中式和小规模分布式,大规模集中式的可再生能源发电场直接接入输电网运行;小规模分布式的可再生能源发电系统通过接入微电网运行。近年来,在国家政策的鼓励下,大量的集中式和分布式的可再生能源发电系统并入电网运行,对电网的安全稳定运行产生了重要的影响。为了分析和降低这些影响,需要研究可再生能源发电系统的建模与控制。

为此,作者基于近年来在可再生能源发电系统的建模与控制领域取得的研究成果,撰写了本书,重点阐述可再生能源发电系统的建模方法和控制器的优化设计,为可再生能源发电系统并网运行提供理论支撑。书中大部分内容尤其是核心创新点是我们团队的研究成果,对于他人的成果在书中加以引用标注。

本书共 6 章。第 1 章是绪论,由鞠平撰写。第 2 章是系统建模与控制基本理论,由鞠平撰写。第 3 章是本书重点,研究在学术上、应用上都十分重要的风力发电系统的建模与控制,由鞠平、金宇清、潘学萍、吴峰、袁越撰写。第 4 章研究太阳能发电系统的建模与控制,由潘学萍、金宇清撰写。第 5 章研究海洋能发电系统的建模与控制,由吴峰、秦川、鞠平撰写。第 6 章研究含分布式可再生能源微电网的建模与控制,由袁越、鞠平撰写。

本书研究工作得到了下列基金的资助:国家自然科学基金重点项目(No. 51137002)、国家自然科学基金重大项目课题(No. 51190102)、国家重点基础研究发展计划(973)课题(2013CB228204)、江苏省自然科学基金重点研究专项(No. BK2011026)、国家高技术研究发展计划(863)课题(No. 2011AA05A103)、国家自然科学基金项目(No. 50907016、No. 51077041、No. 51207045)、国家科技支撑计划项目(No. 2011BAA07B07)等。国家电网公司及其所属网、省电力公司提供了应用机会。本书研究工作得到了许多同行专家的指导和学校的支持,许多研究生参与了研究工作,吴凡洁、张浩等帮助进行编辑工作。本书被列入"十二五"国家重点图书出版规划项目,得到了中国科学院科学出版基金资助,在此一并表示衷心的感谢。

限于作者理论水平和实践经验,书中难免有不足或有待改进之处,尚希读者不吝指正。

联系方式:pju@hhu.edu.cn 或 jyq16@hhu.edu.cno

作　者

2014 年 3 月

于河海大学

目　录

第 1 章　绪　　论

1.1　可再生能源发电系统的重要意义

目前,全世界以化石能源为主的能源结构已经日益面临资源与环境的双重约束,具有明显的不可持续性[1]。为了缓解日益严重的能源危机和环境污染问题,各国政府鼓励开发和利用可再生能源。我国于 2006 年 1 月 1 日施行的《中华人民共和国可再生能源法》第一条指出:"为了促进可再生能源的开发利用,增加能源供应,改善能源结构,保障能源安全,保护环境,实现经济社会的可持续发展,制定本法。"第十二条指出:"国家将可再生能源开发利用的科学技术研究和产业化发展列为科技发展与高技术产业发展的优先领域,纳入国家科技发展规划和高技术产业发展规划,并安排资金支持可再生能源开发利用的科学技术研究、应用示范和产业化发展,促进可再生能源开发利用的技术进步,降低可再生能源产品的生产成本,提高产品质量。"

"十二五"时期,世情国情继续发生深刻变化,能源发展呈现新的阶段性特征,我国既面临由能源大国向能源强国转变的难得历史机遇,又面临诸多困难。能源发展的长期矛盾和短期问题相互交织,国内因素与国际因素相互影响,资源和环境约束进一步加剧,节能减排形势严峻,能源资源对外依存度快速攀升,能源控总量、调结构、保安全面临全新的挑战。为此,我国《能源发展"十二五"规划》要求加快发展风能等其他可再生能源。规划指出,要坚持集中与分散开发利用并举,以风能、太阳能、生物质能利用为重点,大力发展可再生能源。优化风电开发布局,有序推进华北、东北和西北等资源丰富地区的风电建设,加快风能资源的分散开发利用。协调配套电网与风电开发建设,合理布局储能设施,建立保障风电并网运行的电力调度体系。积极开展海上风电项目示范,促进海上风电规模化发展。加快太阳能多元化利用,大力推广与建筑结合的光伏发电,提高分布式利用规模,立足就地消纳建设大型光伏电站,积极开展太阳能热发电示范。加快发展建筑一体化太阳能应用,鼓励太阳能发电、采暖和制冷,以及太阳能中高温工业的应用。有序开发生物质能,加快发展生物液体燃料。鼓励利用城市垃圾、大型养殖场废弃物建设沼气或发电项目。因地制宜利用农作物秸秆、林业剩余物发展生物质发电、气化和固体成型燃料。稳步推进地热能、海洋能等可再生能源的开发利用。到 2015 年,风能发电装机规模达到 1 亿 kW;太阳能发电装机规模达到 2100 万 kW;生物质能发电装机规模达到

1300 万 kW,其中城市生活垃圾发电装机容量达到 300 万 kW。

1.2 可再生能源发电系统的基本概念

1.2.1 可再生能源发电的类型

可再生能源发电具有多种类型,《中华人民共和国可再生能源法》指出:"本法所称可再生能源,是指风能、太阳能、水能、生物质能、地热能、海洋能等非化石能源。水力发电对本法的适用,由国务院能源主管部门规定,报国务院批准。通过低效率炉灶直接燃烧方式利用秸秆、薪柴、粪便等,不适用本法。"

从严格意义上来讲,传统的水力发电也属于可再生能源发电这个范畴,但由于水力发电的研究工作和技术开发已经非常成熟,所以本书不加讨论。而生物质能和地热能发电目前研究较少、比例很小,所以本书也不加讨论。因此,本书重点研究风能、太阳能、海洋能发电。

1. 风力发电

在主要的可再生能源中,风力发电(以下简称风电)是除水电之外,技术最成熟、成本最接近商业利用的能源,也是近年来全球发展最快的能源种类之一[2]。我国地域辽阔,风能资源丰富,可开发量为 7 亿~12 亿 kW,其中陆地为 6 亿~10 亿 kW,海上为 1 亿~2 亿 kW[3]。我国风电开发虽然在起步上比欧美发达国家晚,却是全球风电发展最快的国家。世界风能协会的报告指出,2008 年中国已经成为继美国、德国、西班牙之后第四个装机容量超过 1000 万 kW 的风电大国[4]。中国风能协会发布的 2001~2011 年我国风电增长数据如图 1-1 所示,在 2010 年年底时中国的风电装机容量已经跃居世界第一,2011 年又增长了 39.4%[5]。在风电发展速度领先世界的同时,我国风电并网的形式也与欧洲等发达国家有重要的差别。欧洲国家风电场的装机规模普遍较小,除了近期集中开发的大规模海上风电场采用高压远距离输送,主要是分散接入配电网就地消纳[6]。而我国的风电并网呈现出大规模、集中式的特点,除了江苏海上千万千瓦级的风电基地,规划的六个陆上千万千瓦级的风电基地全部集中在"三北"地区(东北、华北、西北),占全国风电并网容量的 87% 左右,其分布如图 1-2 所示[7]。但是,"三北"地区并非我国的负荷中心,所发电能还需要通过西电东送通道长距离送往负荷集中的"三华"(华北、华东、华中)受端电网。在这样的形势下,现有电网接纳和承载能力的不足引起了国家的高度关注,在《可再生能源发展"十二五"规划编制工作方案》中将配套电网建设作为五大规划内容之一,提出"为保障优先调度和全额收购可再生能源电力,必须统筹可再生能源电力和配套电网建设"。

目前处于商业运营中的风电机组主要有三种类型[8]。

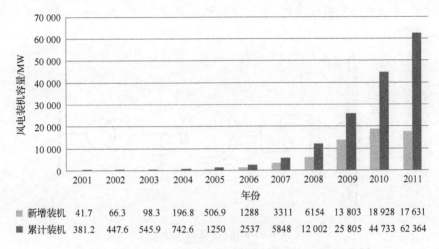

年份	2001	2002	2003	2004	2005	2006	2007	2008	2009	2010	2011
新增装机	41.7	66.3	98.3	196.8	506.9	1288	3311	6154	13 803	18 928	17 631
累计装机	381.2	447.6	545.9	742.6	1250	2537	5848	12 002	25 805	44 733	62 364

图 1-1　2001～2011 年中国历年新增及累计风电装机容量[5]

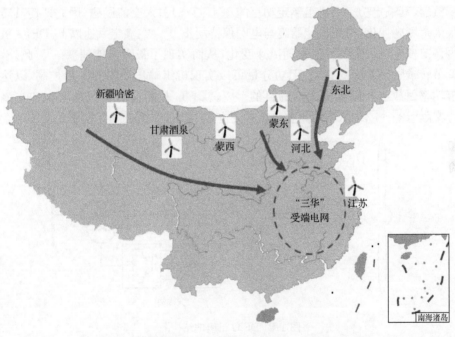

图 1-2　我国规划的七个千万千瓦级的风电基地分布图[7]

　　FSIG(fixed speed induction generator)机组的结构如图 1-3 所示,它通常由风力机、传动轴及齿轮箱、鼠笼式异步发电机和机端的无功补偿电容器组成[9]。这种风电机组的结构简单、成本低、可靠性高,但缺点是发电机转速只能在很小的范围内变化,导致不能充分利用风能,而且在发电过程中需要吸收大量的无功[10,11]。早期建成的风电场都是基于 FSIG 机组的,目前都还在运营中,但新建风电场已经不再使用这类机组。文献[12]和[13]建立了 FSIG 机组的动态模型,定义了 FSIG 机组的临界切除时间,并从机组的机械参数、电气参数和并网方式等方面分析了影响临界切除时间的因素。

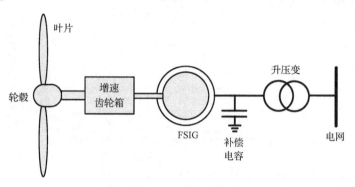

图 1-3　FSIG 机组的结构图

　　DFIG(doubly fed induction generator)机组的结构如图 1-4 所示,它的转子侧通过变流器(其额定功率为机组额定功率的 1/4～1/3)引入交流励磁,因此即使其转速在很大范围内变化,机组也能始终与电网保持同步[14]。在额定风速以下,DFIG 机组通过调节发电机转矩使转速跟随风速变化,从而实现了最大风能捕获[15]。此外,通过调节转子励磁电流的有功、无功分量可以实现机组输出功率的矢量控制,以达到调节功率因数或补偿电网无功的目的[16-18]。DFIG 机组是目前风电场中的主流机型。文献[19]～[22]从不同角度分析和建立了 DFIG 机组的动态模型。

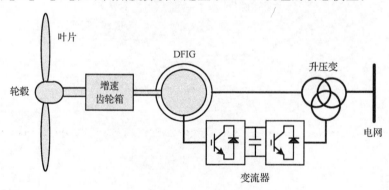

图 1-4　DFIG 机组的结构图

　　DDPMSG(direct drive permanent magnet synchronous generator)机组的结构如图 1-5 所示,其风力机与永磁式同步发电机的转子直接连接,省去了升速齿轮,从而提高了机械部分的可靠性,但是发电机转速低,为了获得同等的转矩就需要较大的质量,因此其体积较大[14]。DDPMSG 机组的定子侧通过全功率变送器与系统连接,因此其动态特性完全取决于变送器的控制策略[23],通过对变送器的控制也可以实现机组输出功率的矢量控制和最大风能捕获[24,25]。许多新建风电场已开始采用这种机型。文献[26]～[28]建立了较为详细的 DDPMSG 机组的数学模型,并对其特性进行了分析。

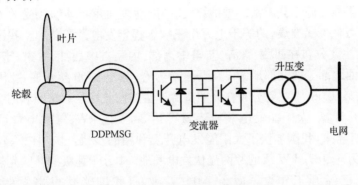

图 1-5　DDPMSG 机组的结构图

总的来说,目前兆瓦级的风电机组已成为主流机型,陆上风电主力机型的单机容量在 1.5MW 及以上,近海风电主力机型的单机容量达到了 3MW 及以上;双馈异步发电技术占主流,而直驱型风电机组发展迅速[29]。

2. 太阳能发电

太阳能发电具有受季节和地域影响小的特点,主要有光热发电和光伏发电两种形式[30,31]。光热发电主要是通过集热器收集太阳辐射能,产生热蒸气或者热空气,再推动传统的蒸汽发电机或者涡轮发电机来产生电能。与光伏发电相比,光热发电具有下列优点:①出力调节性能好;②发电机具有传统机组的惯性。但由于目前光热发电在集成优化设计、高温部件制造维护等方面存在瓶颈,还没有进入大规模商业化建设阶段。光伏发电以光伏电池技术作为核心,实现光电转换。从目前来看,光伏发电更具有竞争优势[30,31]:①结构相对简单,体积小而且轻;②便于安装运输,建设时间短;③维护相对简单,使用方便;④清洁、安全、噪声小;⑤可靠性高,应用范围广。所以,我国目前以光伏发电为主,但从中长期来看,应为光伏发电与光热发电并重。

光伏电池是光伏发电的核心部件,从市场份额上看,晶体硅电池占 90% 以上,非晶硅电池占 9%,其他类型的电池约占 1%。在一般情况下,结晶硅太阳能电池的转换效率为 15%~20%,非晶硅光伏电池转换效率为 8%~10%,薄膜光伏电池转换效率只有 5%~8%。光伏组件的成本 30 年来下降了两个数量级,随着光伏技术上的突破,如增加薄膜电池市场份额,组件的价格将会进一步降低。

从全球的角度来看,光伏发电已经完成了初期开发和示范阶段,目前正在向大规模生产和大规模应用的方向发展。过去的 10 年里,全球太阳能光伏市场的年平均增长率为 41.3%;过去的 5 年里,全球太阳能光伏市场的年平均增长率为 49.5%。到 21 世纪中叶,太阳能发电预计将占世界总发电量的 5%~20%。欧洲是全球光伏发电装机规模最大的地区,截至 2011 年年底,欧盟累计光伏发电装机容量约 50300MW,约占全球光伏发电总装机容量的 75%;新增装机容量约 20900MW,约占全球光伏发电新增装机容量的 76%。

我国太阳能资源十分丰富。据估算,我国陆地表面每年能够接受的太阳辐射能相当于 4.9 万亿 t 标准煤,约等于上万个三峡工程年发电量的总和。我国太阳能资源的约 70% 主要分布在西藏、青海、新疆中南部、内蒙古中西部、甘肃、宁夏、四川西部、山西、陕西北部等西北部地区。从开发潜力看,截至 2009 年年底,我国沙化土地面积为 171.11 万 km^2,主要分布在光照资源丰富的西北地区。按照利用我国沙化土地面积的 5% 计算,太阳能发电装机容量可达 34.6 亿 kW,年发电量可达 4.8 万亿 kW·h。近年来,我国加快了太阳能发电开发利用的步伐,已在甘肃、青海等地开工建设了 1 万~10 万 kW 级的并网光伏发电基地。1 万千瓦级的并网光热发电试验示范项目也已经开工建设。截至 2011 年年底,我国光伏发电总装机容量近 3000MW,其中并网容量 2140MW。

另一方面,我国将太阳能光伏发电系统应用于解决边远地区无电居民的用电问题,即建设独立的太阳能供电系统,现已经进入快速推广的阶段。在应用技术中,我国的小型户用电源技术、生产、推广已基本成熟,10k~100kW 的太阳能电站已进入快速发展期。

再一方面,我国在光伏电池组件的生产上已经一跃成为世界最大的生产国,2008 年的产量达到 2540.7MW,占世界总产量的 40% 左右,在 2010 年的世界排名前 10 位的光伏电池生产商中,有四家中国公司。

我国《可再生能源中长期发展规划》说明了我国太阳能发电的建设重点[32]:①采用户用光伏发电系统或建设小型光伏电站,解决偏远地区无电村和无电户的供电问题;②在经济较发达、现代化水平较高的大中城市,建设与建筑物一体化的屋顶太阳能并网光伏发电设施,首先在公益性建筑物上应用,然后逐渐推广到其他建筑物,同时在道路、公园、车站等公共设施照明中推广使用光伏电源;③建设较大规模的太阳能光伏电站和太阳能热发电电站,在甘肃敦煌和西藏拉萨(或阿里)建设大型并网型太阳能光伏电站示范项目,在内蒙古、甘肃、新疆等地选择荒漠、戈壁、荒滩等空闲土地,建设太阳能热发电示范项目;④其他商业领域的光伏应用,光伏发电在通信、气象、长距离管线、铁路、公路等领域有良好的应用前景。

3. 海洋能发电

海洋覆盖着地球 70% 的表面,蕴涵着巨大的能量,据估算其能量总和大大超过了目前全球能源的需求。由于深海通常远离大陆,在现有的技术条件下深海能源难以利用,可利用的海洋能主要分布在近海。我国东部海岸线漫长,近海可再生能源资源丰富,恰好我国东部沿海地区经济发达、电力负荷密集、电网强大,这些都为大规模开发和利用近海可再生能源创造了有利条件和巨大动力。与此同时,我国正在实施海洋资源和可再生能源开发的发展战略,近海可再生能源作为一种重要的海洋资源和清洁的能源,其开发和利用是国家发展战略的必然要求。由此可见,近海可再生能源将成为中国未来能源结构中的重要组成部分。

近海可再生能源主要有近海风能、波浪能、潮流能、温差能、盐差能等。其中，相对于其他近海能源，近海风力发电技术比较成熟，已经进入了商业化运营阶段。波浪能和潮流能发电技术近年来取得了长足的进步，各国科技工作者开发了多种发电装置，部分已经建成了试验电站，随着相关技术的进一步发展，波浪能和潮流能发电系统将成为继风电之后实现商业化运营的可再生能源。温差能和盐差能，由于技术条件的限制，离实际的开发利用还有相当的距离。因此，目前可利用的近海可再生能源主要包括近海风能、波浪能和潮流能。

1）近海风电[33-37]

近海风电结构示意图如图 1-6 所示，其资源丰富，近年来发展迅速，截至 2010 年年底，世界海上风电累计装机容量已达 3GW。世界各国相继建成了大型的海上风电场。我国自 2004 年开始在广东、上海、浙江、江苏、山东等沿海地区规划建设海上风电场，并于 2010 年在上海东海大桥建成了亚洲首座大型近海风电场。

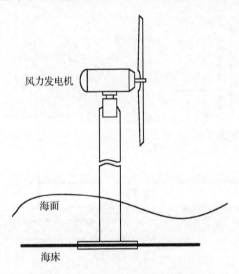

图 1-6　近海风力发电装置示意图

海上风电机组容量主要集中在 2M～5MW。采用的发电形式主要有间接驱动的双馈感应发电机、直接驱动的永磁发电机和混合式发电系统。目前正在开发的近海风电机组容量将达 6M～10MW。海上风电机组基础结构有重力式结构、单桩结构、三脚架结构、导管架结构和浮式结构，分别对应不同的水深和海床条件。其中单桩结构是目前海上风电场应用最多的一种结构，其次是重力式结构。一般情况下，近海风电机组按照一定的规律排列分布，经内部集电网络与海上升压变电站相连接，然后采用交流或者直流方式并网。

2）波浪能发电[38-42]

波浪能方面的研究主要集中于波浪能发电装置及其控制器的开发。波浪能发电装置多种多样，其中几种典型结构如图 1-7 所示，按照能量转换方式进行分类，大致分为振荡水柱式、摆式、筏式、收缩波道、点吸收、鸭式等。近年来建成的振荡水柱式波浪发电装置主要有英国的 LIMPET（Land Installed Marine Powered Energy Transformer）、中国广东汕尾 100kW 固定式电站。采用筏式波浪能利用技术的有英国科克大学和女王大学研究的 McCabe 波浪泵波力装置和苏格兰 Ocean Power Delivery 公司的海蛇（Pelamis）波能装置。收缩波道电站有挪威 350kW 的固定式收缩波道装置以及丹麦的 WaveDragon。点吸收式装置有英国的 AquaBuOY 装置、阿基米德浮子、PowerBuoy 以及波浪骑士装置等。目前，由三台 750kW 的海蛇波浪能发电装置构成的波浪能发电场已经在葡萄牙建成，并已进入商业化试运营。在波浪能发电系统的控制和并网技术方面，采用解耦控制技术跟踪波浪能最大功率[43-45]，设计全功率的"背靠背"变换器及其控制策略，以满足波浪能发电系统并入电网运行的要求[46-49]。

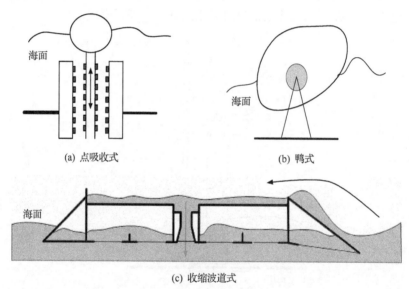

(a) 点吸收式　　　　　　　　　　(b) 鸭式

(c) 收缩波道式

图 1-7　典型波浪能发电装置示意图

3）潮流能发电[50-69]

潮流能发电装置主要可以分成水平轴式和垂直轴式两种结构，其示意图如图 1-8 所示。目前已研制成功的垂直轴式潮流发电装置主要有加拿大 Blue Energy 公司研制的试验样机，最大功率等级达到 100kW；意大利 Ponte di Archimede International Sp A 公司和那不勒斯大学航空工程系合作研发的 130kW 垂直轴式水轮机模型样机。此外，美国 GCK Technology 公司对一种具有螺旋形叶片的垂直轴式水轮机（GHT）进行了研究。日本大学（Nihon University）对垂直轴式 Darrieus 型水轮机进行了一系列的设计及性能试验研究。在中国，哈尔滨工程大学较早地开展了垂直轴式潮流能发电装置的研究，研制了 40kW 的样机并进行了海上试验，同时在垂直轴式水轮机的水动力学方面也开展了大量的理论研究。中国海洋大学设计了基于柔性叶片的垂直轴式潮流能发电装置,并对水轮机的结构、参数和性能进行了优化设计。

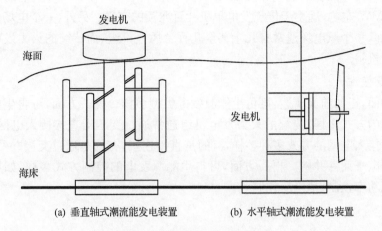

(a) 垂直轴式潮流能发电装置　　　(b) 水平轴式潮流能发电装置

图1-8　潮流能发电示意图

与垂直轴式结构相比,水平轴式潮流能发电装置具有效率高、自启动性能好的特点,若在系统中增加变桨或对流机构,则可使机组适应双向的潮流环境。英国Marine Current Turbine公司设计了世界上第一台大型水平轴式潮流能发电装置——300kW的"Seaflow",并于2003年在德文郡北部成功进行了海上试验。该公司第二阶段商业规模的1.2MW双叶轮结构的"Seagen"样机也于2008年在北爱尔兰斯特兰福德成功进行了试运行。在中国,浙江大学2005年开始了潮流能发电装置的研究,2009年研制成功了25kW的半直驱式潮流能发电机组,并进行了海上试验。2010年开发了20kW液压传动式潮流能发电装置,实现了平稳的功率输出和变桨距运行。另外,东北师范大学也开发了用于海洋探测仪器的2kW低流速潮流能发电装置,并对其中密封、防腐等关键技术进行了研究。

1.2.2　可再生能源发电的特点

可再生能源发电具有一些共同的特点,主要有随机性(间歇性)、弱可控性、小量多机、多样性等。

1) 随机性

由于可再生能源本身具有随机性,导致可再生能源发电的随机性,也有文献称之为间歇性,如风时大时小、太阳白天有晚上无。

2) 弱可控性

与随机性或者间歇性相关的是不可控性,这是相对于传统发电可控性而言的。传统的火电和水电,都可以通过发电机控制调节有功功率/频率和无功功率/电压。而可再生能源发电一方面由于随机性产生波动,另一方面由于调节能力较弱,导致可控性较弱。

3) 小量多机

由于可再生能源的能量密度低,所以单机发电容量小,如风力发电的单机容量一般在 2MW 左右,远小于传统发电单机几百兆瓦的容量。另外,一个电场的机组数量多,例如,一个风电场通常有几十甚至几百台风电机组,而传统的火力发电厂一般只有几台机组。

4) 多样性

一方面,正如前面所述,可再生能源发电类型多样。另一方面,可再生能源发电接入电网的方式多样,传统的火力发电机组通常通过变压器直接接入电网,而风力发电机组接入电网的方式多种多样,有的是直接连接,有的是通过交流并网,有的是通过电力电子元件并网。再一方面,可再生能源发电的控制方式多样,如风力发电机组有恒功率控制、恒电压控制等。

1.3　可再生能源发电系统的研究概述

目前对于可再生能源发电的研究主要集中在以下几个方面:①可再生能源发电资源的评估及电场的选址;②可再生能源发电系统的基础结构;③可再生能源发电机组;④可再生能源发电的接入方式;⑤可再生能源发电的并网运行。

可再生能源发电并网后,对电网运行构成了严重的威胁。其随机间歇性,会引起电网各子系统间交换功率的快速变化,影响电能质量和经济运行。其弱可控性,有时甚至会恶化系统的运行状况,威胁到系统的安全稳定运行。2006 年 11 月 4 日发生的欧盟大停电,其重要原因就是对此认识不足、准备不足。可再生能源发电并网后,也给电网研究带来巨大的挑战,主要涉及电网调度、调峰与备用、电能质量、动态稳定性等方面[70-73]。

而上述各方面研究工作,都需要有合适的可再生能源发电系统模型,也需要合适的可再生能源发电系统控制。为此,本书重点研究可再生能源发电并网的建模与控制问题。

国内外对可再生能源发电的建模与控制已经开展了一些研究,但以往有关的研究成果大都以含单个可再生能源电厂的电网作为研究对象,试图通过对单个可再生能源发电机组的建模来进行仿真计算。然而,实际电网中含有多个可再生能源电厂,各个可再生能源电厂通过电网相连,相互之间必然产生交互影响,进而影响整个电网的运行。随着越来越多的可再生能源的接入,这种影响也会随之增加。所以,可再生能源发电建模与控制的研究,需要从单机组向电场、再从电场向并网系统的方向发展。

参 考 文 献

[1] 高虎,王仲颖,任东明. 可再生能源科技与产业发展知识读本. 北京:化学工业出版社,2009.

[2] 原鲲,王希麟. 风能概论. 北京:化学工业出版社,2010.

[3] 贺德馨. 风能技术可持续发展综述. 电力设备,2008,9(11):4-8.

[4] World Wind Energy Association. World Wind Energy Report 2008. http://www. cwea. org. cn/upload/ WorldWindEnergyReport2008_s. pdf[2012-4-15].

[5] 中国风能协会. 2011 年中国风电装机容量统计. http://www. cwea. org. cn/upload/2011 年风电装机容量统计. pdf[2012-4-15].

[6] 程路,白建华,贾德香,等. 国外风电并网特点及对我国的启示. 中外能源,2011,16(6):30-34.

[7] 裴哲义,董存,辛耀中. 我国风电并网运行最新进展. 中国电力,2010,43(11):78-82.

[8] Li H,Chen Z. Overview of different wind generator systems and their comparisons. IET Renewable Power Generation,2008,2(2):123-138.

[9] Akhmatov V. 风力发电用感应发电机.《风力发电用感应发电机》翻译组译. 北京:中国电力出版社,2009.

[10] 迟永宁,关宏亮,王伟胜,等. SVC 与桨距角控制改善异步机风电场暂态电压稳定性. 电力系统自动化, 2007,31(3):95-100.

[11] 张锋,晁勤. STATCOM 改善风电场暂态电压稳定性的研究. 电网技术,2008,32(9):70-73.

[12] Salman S K,Teo A L J. Windmill modeling consideration and factors influencing the stability of a grid-connected wind power-based embedded generator. IEEE Transactions on Power Systems, 2003, 18 (2): 793-803.

[13] Salman S K,Teo A L J. Improvement of fault clearing time of wind power using reactive power compensation. IEEE Power Tech Conference,Porto,2001.

[14] 霍志红,郑源,左潞,等. 风力发电机组控制技术. 北京:中国水利水电出版社,2010.

[15] 蒋禹,高雪松. 双馈型变速恒频风力发电系统最大风能追踪控制研究. 电网技术,2008,32(6):100-105.

[16] Tapia A,Tapia G,Ostolaza J X,et al. Modeling and control of a wind turbine driven doubly fed induction generator. IEEE Transactions on Energy Conversion,2003,18(2):194-204.

[17] Ko H S,Yoon G G,Kyung N H,et al. Modeling and control of DFIG-based variable-speed wind-turbine. Electric Power Systems Research,2008,78(11):1841-1849.

[18] 秦涛,吕跃刚,徐大平. 采用双馈机组的风电场无功功率控制技术. 电网技术,2009,33(2):105-109.

[19] 李晶,王伟胜,宋家骅. 变速恒频风力发电机组建模与仿真. 电网技术,2003,27(9):14-17.

[20] 雷亚洲,Lightbody G. 国外风力发电导则及动态模型简介. 电网技术,2005,29(12):27-32.

[21] 李东东,陈陈. 风力发电机组动态模型研究. 中国电机工程学报,2005,25(3):117-121.

[22] Akhmatov V. Analysis of dynamic behaviour of electric power systems with large amount of wind power. Lyngby:Technical University of Denmark,2003.

[23] Anaya-lara O,Jenkins N,Ekanayake J,et al. 风力发电的模拟与控制. 徐政译. 北京:机械工业出版社,2011.

[24] Chinchilla M,Arnaltes S,Burgos J C. Control of permanent-magnet generators applied to variable-speed wind-energy systems connected to the grid. IEEE Transactions on Energy Conversion, 2006, 21 (1): 130-135.

[25] 姚骏,廖勇,瞿兴鸿,等. 直驱永磁同步风力发电机的最佳风能跟踪控制. 电网技术,2008,32(10):11-15.

可再生能源发电系统的建模与控制

[26] 尹明,李庚银,张建成,等. 直驱式永磁同步风力发电机组建模及其控制策略. 电网技术,2007,31(15): 61-65.

[27] Fuglseth T P. Modeling a 2.5MW direct driven wind permanent magnet generator. Department of Electrical Power Engineering Norwegian University of Science and Technology NO-7491 Trondheim,Trondheim,2005.

[28] Svechkarenko D. Simulations and control of Direct Driven Permanent Magnet Synchronous Generator. Stockholm: Royal Institute of Technology,2005.

[29] 王宏华. 风力发电技术系列讲座(1)风力发电的原理及发展现状. 机械制造与自动化,2010,39(1): 175-178.

[30] 闫云飞,张智恩,张力,等. 太阳能利用技术及其应用. 太阳能学报,2012,33:47-56.

[31] 钱伯章. 太阳能技术与应用. 北京:科学出版社,2010.

[32] 国家发展与改革委员会. 可再生能源中长期发展规划(概要). 太阳能,2007,09:13-17.

[33] 国家发展与改革委员会. 可再生能源中长期发展规划. 可再生能源,2007,05:1-5.

[34] 刘颖,高辉,施鹏飞. 近海风电场发展的现状、技术、问题和展望. 中国风能,2006,(3):41-46.

[35] 姚兴佳,隋红霞,刘颖明,等. 海上风电技术的发展与现状. 上海电力,2007,(2):111-118.

[36] van Wingerde A M,van Delft D R V,Packer J A,et al. Survey of support structures for offshore wind turbines. Welding in the World,2006,50(SPEC):49-55.

[37] Chen Z Z,Johansen N J,Jensen J J. Mechanical characteristics of some deep water floater designs for offshore wind turbine. Wind Engineering,2006,30(5):417-430.

[38] 黄维平,刘建军,赵战华. 海上风电基础结构研究现状及发展趋势. 海洋工程,2009,27(2): 130-134.

[39] Brito-Melo A,Gato L M C,Sarmento A J N A. Analysis of wells turbine design parameters by numerical simulation of the OWC performance. Ocean Engineering,2002,29(12):1463-1477.

[40] Henderson R. Design,simulation,and testing of a novel hydraulic power take-off system for the Pelamis wave energy converter. Renewable Energy,2006,31(1):271-283.

[41] Kofoed J P,Frigaard P,Friis-Madsen E,et al. Prototype testing of the wave energy converter wave dragon. Renewable Energy,2006,31(2):181-189.

[42] 苏永玲,谢晶,葛茂泉. 振荡浮子式波浪能转换装置研究. 上海水产大学学报,2003,12(4):338-342.

[43] 范航宇. 一种新型漂浮式波浪发电系统研究. 北京:清华大学硕士学位论文,2005.

[44] Valerio D,Beirao P,da Costa J S. Feedback linearization control applied to the archimedes wave swing. 15th Mediterranean Conference on Control and Automation,Athens,2007: 935-940.

[45] Wu F,Zhang X P,Ju P,et al. Modeling and control of AWS based wave energy conversion system integrated into power grid. IEEE Transactions on Power Systems,2008,23(3):1196-1204.

[46] Wu F,Zhang X P,Ju P,et al. Optimal control for AWS-based wave energy conversion system. IEEE Transactions on Power Systems,2009,24(4):1747-1755.

[47] Robinson J,Joos G. VSC HVDC transmission and offshore grid design for a linear generator based wave farm. 2009 Canadian Conference on Electrical and Computer Engineering,Newfoundland,2009:54-58.

[48] Brooking P R M,Mueller M A. Power conditioning of the output from a linear vernier hybrid permanent magnet generator for use in direct wave energy converters. IEE Proceedings-Generation,Transmission and Distribution,2005,152(5):673-681.

[49] 吴峰,张小平,鞠平. 电池储能在直接驱动式波浪能发电场并网运行中的应用. 电力系统自动化,2010, 34(14):31-36.

[50] 游亚戈,李伟,刘伟民,等. 海洋能发电技术的发展现状与前景. 电力系统自动化,2010,34(14):1-12.

[51] Fraenkel P L. Tidal current energy technologies. The International Journal of Avian Science,2006, 148(S1):145-151.

[52] 马舜. 水平轴潮流能转换系统能量转换率及功率控制研究. 杭州：浙江大学博士学位论文，2011.

[53] Li Y，Barbara J L，Sander M C. Modeling tidal turbine farm with vertical axis tidal current turbine. Proceedings of the 2007 IEEE International Conference on Systems，Man and Cybernetics，Montréal，2007：697-702.

[54] Ben Elghali S E，Benbouzid M E H，Charpentier J F. Marine tidal current electric power generation technology：state of the art and current status. Proceedings of the IEEE International Electric Machines and Drives Conference，Antalya 2007，(2)：1407-1412.

[55] Kiho S，Shiono M，Suzuki K. The power generation from tidal currents by Darrieus turbine. Renewable Energy，1996，9(1-4)：1242-1245.

[56] 汪鲁兵，张亮，曾念东. 一种竖轴潮流发电水轮机性能优化方法的初步研究. 哈尔滨工程大学学报，2004，25(4)：417-422.

[57] 盛其虎，罗庆杰，张亮. 40kW潮流电站载体设计. 中国可再生能源学会海洋能专业委员会第一届学术讨论会文集，杭州，2008：159-168.

[58] 王刚，历文超，王树杰，等. 潮流能发电机组控制系统开发. 电力系统自动化，2010，34(14)：23-26.

[59] 王树杰，鹿兰帅，李东，等. 海洋潮流能驱动的柔性叶片转子发电装置试验研究. 中国可再生能源学会海洋能专业委员会第一届学术讨论会文集，杭州，2008：102-115.

[60] Wang S J，Wang G，Wang J G，et al. Research on the detection and control system of tidal current power generation experimental platform. Asia-Pacific Power and Energy Engineering Conference，Chengdu，2010：1-4.

[61] Bahaj A S，Batten W M J，McCann G. Experimental verifications of numerical predictions for the hydrodynamic performance of horizontal axis marine current turbines. Renewable Energy，2007，32(15)：2479-2490.

[62] Bryans A G，Fox B，Crossley P A，et al. Impact of tidal generation on power system operation in Ireland. IEEE Transactions on Power Systems，2005，20(4)：2034-2040.

[63] Stone R. Norway goes with the flow to light up its nights. Science，2003，299(5605)：339.

[64] Rourke F O，Boyle F，Reynolds A. Tidal energy update 2009. Applied Energy，2010，87(2)：398-409.

[65] 马舜，李伟，刘宏伟，等. 25kV独立运行式水平轴潮流能发电系统. 电力系统自动化，2010，34(14)：18-22.

[66] 马舜，李伟，刘宏伟，等. 水平轴潮流能发电系统能量捕获机构研究. 机械工程学报，2010，46(18)：150-156.

[67] 刘宏伟，李伟，林勇刚. 水平轴螺旋桨式海流能发电装置模型分析及试验研究. 太阳能学报，2009，30(5)：633-638.

[68] 马舜，李伟，刘宏伟，等. 潮流能透平装置电液比例变桨距控制系统设计及其实验. 电力系统自动化，2010，34(19)：86-90.

[69] Li D，Wang S J，Yuan P. An overview of development of tidal current in China：Energy resource，conversion technology and opportunities. Renewable and Sustainable Energy Reviews，2010，14(9)：2896-2905.

[70] 孙元章，吴俊，李国杰. 风力发电对电力系统的影响. 电网技术，2007，31(20)：55-62.

[71] 迟永宁，刘燕华，王伟胜，等. 风电接入对电力系统的影响. 电网技术，2007，31(3)：77-81.

[72] 雷亚洲. 与风电并网相关的研究课题. 电力系统自动化，2003，27(8)：84-89.

[73] Fan Z Y，Enslin J H R. Challenges，principles and issues relating to the development of wind power in China. IEEE PES PSCE，Atlanta，2006：748-754.

第 2 章　系统建模与控制基本理论

2.1　控制理论的发展

控制理论已经有 100 多年的发展历程,大体上可以分为三个阶段[1]。

1. 经典控制理论阶段[2]

1868 年麦克斯韦从理论上揭示了反馈系统的稳定性和系统微分方程对应的特征方案的特征根在复平面上分布位置的关系;1877 年劳斯(Routh)、1895 年赫尔维茨(Hurwitz)分别研究了系统的稳定性与特征方程系数的关系,并分别独立给出了高阶线性系统稳定性的代数判据,这就是至今仍得到应用的劳斯判据和赫尔维茨判据。针对非线性和时变系统稳定性问题,1892 年,李亚普诺夫(Lyapunov)提出用可模拟系统能量的遐想标量函数——"李亚普诺夫函数"的正定性及其导数的负定性的判据,建立了动力学系统稳定性的一般理论。但直到 1958 年,基于状态变量法的李亚普诺夫稳定性理论才在控制理论的文献中被引用。

1927 年,为了减少电子管放大器的非线性引起的信号失真,布莱克(Black)提出了反馈放大器,"反馈"这一自动控制的基本原理和基本方法开始建立;但是提高反馈系统的开环增益以减少误差(失真)与系统稳定性要求降低开环增益是矛盾的,这就涉及反馈系统的稳定性问题。当动态特征很复杂时,难以用基于时域的劳斯-赫尔维茨判据解决。1932 年,奈奎斯特(Nyquist)提出负反馈系统稳定性频(率)域判据,标志着经典控制理论的形成,解释了系统开环幅相频率特性和闭环系统稳定性的本质联系。1943 年,哈尔(Hall)基于传递函数这一描述系统动态特性的复数域数学模型,将通信工程的频率响应法和机械工程的时域方法统一为经典控制理论的复数域方法。传递函数可通过对线性常微分方程进行拉普拉斯(Laplace)变换得到,不仅回避了求解高阶微分方程的困难,而且可直接应用传递函数研究系统结构和参数对性能指标的影响。1945 年,伯德(Bode)出版了《网络分析和反馈放大器设计》一书,提出了比频率响应法更适合工程应用的 Bode 图法。Bode 图绘制简便且有良好的工程分析精度,不仅可分析判断闭环系统动、静态性能,而且可确切获取闭环系统稳定性和稳定裕度的信息。1948 年,伊凡思(Evans)则提出了复数域分析和设计负反馈系统的方法——根轨迹法,即直接由开环零、极点在复平面的分布求闭环特征根随某一参数变化的轨迹。至此,以传递函数为动态数学模型、频率响应法和根轨迹法两种频域方法为核心,主要研究单输入单输出(SISO)线性定常(LTI)反馈系统的经典控制理论基本成熟。

1944 年，美国陆军发明的自动化防空火炮系统是经典控制理论应用于工程实践的成功范例之一。数学家维纳(Wiener)从中提炼出"信息"、"系统"、"控制"三个要素，于 1948 年出版了自动化科学的奠基著作——《控制论——动物和机器中的控制与通信》。该书与 1945 年贝塔朗菲的《关于一般系统论》、1948 年香农的《通信的数学理论》简称为"三论"(控制论、系统论、信息论)，共同构筑了自动化与信息科学技术的理论基础。

应该指出，在控制理论发展初期及经典控制理论发展阶段提出并得到完善的比例积分微分(PID)控制策略是控制理论的重要成就之一。其将负反馈系统偏差的现状(比例 P)、历史(积分 I)和变化趋势(微分 D)线性组合成复合控制量，对被控对象进行控制，兼顾了系统稳、快、准三个方面的要求，在工业过程控制中得到广泛应用。

2. 现代控制理论阶段[2]

20 世纪 60 年代，随着电子计算机技术的进步、航空航天技术和综合自动化发展的需要，推动了以状态空间描述为基础、最优控制为核心，主要在时域研究多输入多输出(MIMO)系统的现代控制理论的诞生。

1957 年，苏联成功发射人类历史上第一颗人造地球卫星；1968 年，美国"阿波罗"宇宙飞船登上月球，揭开了人类开始征服太空的序幕。航天器控制系统是多输入多输出的系统，并且要求设计某种性能指标下的最优控制系统，用经典控制理论基于传递函数的频域方法难以解决。卡尔曼(Kalman)、贝尔曼(Bellman)和庞特里亚金(Pontryagin)等倡导从变换后的频域回到时域，用状态空间表达式(一阶微分或差分方程组)建立 MIMO 线性/非线性、定常/时变系统的动态数学模型，并提出与经典控制理论频域法不同的状态反馈和最优控制方法，即现代控制理论，其包括 20 世纪 50 年代贝尔曼提出的寻求最优控制的动态规划法和庞特里亚金提出的极小值原理。20 世纪 60 年代卡尔曼引入了状态空间分析法并提出了多变量最优控制和最优滤波理论、能控性和能观性概念。1958 年，由于控制科学中研究非线性系统大范围稳定性问题的推动，基于状态变量法的李亚普诺夫稳定性理论在控制理论的文献中开始被引用，并掀起了相当持久的李亚普诺夫热。应该指出，数字计算机技术的飞速发展，为多变量复杂系统的时域分析提供了物质基础。事实上，现代控制理论状态空间方法以计算机作为系统建模、分析、设计、控制的工具。

最优控制依赖确定的数学模型，但环境和被控对象参数不可避免的变化将导致实际系统的模型发生变化。因此，在线辨识系统数学模型，并按当前模型修改最优控制律的自适应控制及系统辨识理论也是现代控制理论的研究范畴。20 世纪 70 年代以来，自适应控制理论进展显著，奥斯特隆姆(Astrom)和朗道(Landau)等为此作出了贡献。1970 年，罗森布罗克(Rosenbroek)等提出多变量频域控制理论，将传统频域方法发展为现代频域方法。为了使控制算法对系统模型的变化具有更强的适应性，产生了预测控制和鲁棒控制等方法。这些新方法都是现代控制理论在控制工程实践需要的推动下向深度和广度发展的成果。

3. 当代控制理论阶段

对于控制理论的第三阶段,并不像前面两个阶段那么明确。有的文献[1]称之为"非线性控制理论阶段",有的文献[2]称之为"大系统理论和智能控制阶段"。这里不妨称之为"当代控制理论阶段",与以往两个阶段的区别在于几个特征,即"大规模"、"复杂性"、"非线性"、"智能型"。

许多当代的工程控制系统,规模庞大、结构复杂、变量众多、功能综合、目标多样。正在发展之中的大系统理论、复杂系统理论、非线性系统理论有着内在的联系,综合了现代控制理论、数学和决策等方面的成果,采用控制和信息的观点,研究大规模、复杂、非线性系统的控制问题。

智能控制是针对控制系统(被控对象、环境、目标、任务)的不确定性和复杂性产生的不依赖或不完全依赖控制对象的数学模型,以知识、经验为基础,模仿人类智能的非传统控制方法。1971 年,傅京孙将智能控制(intelligent control)概括为自动控制(automatic control)和人工智能 (artificial intelligent)的交集,体现了智能控制系统多元跨学科的基本结构特征。1991 年,奥斯特隆姆(Astrom)提出"模糊逻辑控制、神经网络控制、专家控制是三种典型的智能控制方法",较全面地阐明了智能控制的几个重要分支。除此之外,学习控制(包括迭代学习控制和遗传学习控制)、仿人控制、混沌控制等则是智能控制的新兴研究方向。

4. 几个阶段控制理论之间的关系

经典控制理论与现代控制理论是在自动化学科发展的历史中形成的两种基本成熟的理论,而当代控制理论还处在发展之中。

经典控制理论本质上是(复)频域方法,以表达系统外部输入输出关系的传递函数为动态数学模型、根轨迹和 Bode 图为主要工具,系统输出以特定输入响应的稳、快、准性能为研究重点,常借助图表分析设计系统。综合方法主要为输出反馈和期望频率特性校正(包括在主反馈回路内部的串联校正、反馈校正和在主反馈回路以外韵前置校正、干扰补偿校正),而校正装置由能实现典型控制规律的调节器(如 PI、PD、PID)构成,所设计的系统能保证输出稳定,且具有满意的稳、快、准性能,但并非某种意义上的最优控制系统。

现代控制理论本质上是时域方法,以揭示系统内部状态与外部输入输出关系的状态空间表达式为动态数学模型,状态空间法为主要工具,在多种约束条件下寻找使系统某个性能指标泛函取极值的最优控制律为研究重点,借助计算机分析设计系统。综合方法主要为状态反馈、极点配置、各种综合目标的最优化。所设计的系统能在接近某种意义下的最优状态运行。

现代控制理论与经典控制理论虽然在方法和思路上存在显著不同,但这两种理论是有内在联系的。经典控制理论适用于单输入单输出(单变量)线性定常系统,以拉普拉斯变换为主要数学工具,采用传递函数这一描述动力学系统运动的外部模型;现代控制理论适用于多输入多输出(多变量)、线性或非线性、定常或时变系统,采用状态空间表达式这一描述动力学系统运动的内部模型,而描述动力学系统运动的微分方程则是联系传递函数和状态空间表达式的桥梁。

应该指出,当代控制理论并非代替而是继承和扩展了以往的控制理论。当代控制理论在面临当代工程系统严峻挑战的同时,也面临着又一个创新发展的良好机遇。

相关理论内容很广,下面重点讨论本书密切相关的系统建模理论和优化控制理论。

2.2 系统建模基本理论

2.2.1 系统建模概述

系统模型是计算和控制的基础,十分重要[3]。系统辨识就是根据输入-输出数据,来辨识系统模型中的参数和阶次等。根据辨识系统性质,辨识分为线性系统辨识和非线性系统辨识。根据系统辨识方法,可分为经典辨识方法和现代辨识方法。经典辨识方法与经典控制理论相对应,其建立的数学模型如时域脉冲响应、频域相频、幅频特性等均属此范畴。现代辨识方法适应现代控制理论需要,其建立的数学模型有状态空间方程、差分方程等时域模型。

1. 经典辨识方法

(1) 卷积辨识法。卷积辨识法是经典辨识法的基础,它实际上是一种利用卷积计算的近似算法。该方法建立在系统的输出可以用若干个脉冲函数的响应之和来近似的理论基础之上。

(2) 相关辨识法。相关辨识法是在试验信号与输出噪声之间独立的假设之下,得出脉冲响应函数 $g(t)$。该方法具有滤波功能,能消除与统计无关的外扰信号。

(3) 频域辨识法。用快速傅里叶变换将时域上的数据信息变换到频域上,则可以建立一种基于 Wiener-Hopf 方程的频域辨识法。

2. 现代辨识方法

(1) 最小二乘法。最小二乘法是工程师最熟悉并经常使用的一种方法,通过最小二乘技术能获得一个最小方差意义上与实验数据拟合最好的模型,它具有方法简单,辨识结果无偏性、有效性、一致性等特点。该方法已广泛应用于电力系统参数辨识。

(2) 卡尔曼滤波法。卡尔曼滤波又称最小方差线性递推滤波,主要用于系统的状态估计,但也可用于参数辨识,这种方法与最小二乘法一样适宜用于线性系统。

(3) 优化类方法。也就是将参数辨识转化为优化问题,然后采用合适的优化方法加以求解。

人们有时会认为现代辨识方法一定好于经典辨识方法,实际上经典辨识方法主要针对频域模型,而现代辨识方法主要针对时域模型,所以这两种方法是互补的。对于线性模型,这两种方法均可以根据需要加以应用。但由于非线性模型一般都是时域模型,所以主要采用现代辨识方法。

系统建模主要有两个方面的任务:一方面是构建描述系统的模型方程,其结构特性需要引起关注;另一方面是确定模型方程中的参数,通常采用优化辨识方法。有关系统建模的详细内容请见文献[4]~[7],这里根据本书后面需要,简要介绍一些概念和方法。

2.2.2 模型方程的结构特性

1. 灵敏度

所谓灵敏度,是指随着模型参数的变化,其输入-输出特性变化的程度。灵敏度主要包括时域灵敏度、频域灵敏度等。

时域灵敏度一般采用数值方法计算轨迹灵敏度,轨迹灵敏度的相对值写成如下形式:

$$S_{\theta_j} = \frac{\left[y_i(\theta_1,\cdots,\theta_j+\Delta\theta_j,\cdots,\theta_m,k)-y_i(\theta_1,\cdots,\theta_j-\Delta\theta_j,\cdots,\theta_m,k)\right]/y_{i0}}{2\Delta\theta_j/\theta_{j0}} \tag{2-1}$$

式中,S_{θ_j} 表示参数 θ_j 的轨迹灵敏度;y_i 为系统中第 i 个变量的轨迹;θ_j 为系统中第 j 个参数;y_{i0} 为轨迹 y_i 的初始值;θ_{j0} 为参数 θ_j 的给定值;m 为参数总数;k 为时间采样点。

为比较各参数灵敏度的大小,计算轨迹灵敏度绝对值的平均值:

$$A_{ij} = \frac{1}{K}\sum_{k=1}^{K}\left|\frac{\partial\left[y_i(\boldsymbol{\theta},k)/y_{i0}\right]}{\partial\left[\theta_j/\theta_{j0}\right]}\right| \tag{2-2}$$

式中,K 为轨迹灵敏度的总点数,即时间长度除以时间步长。

频域灵敏度用来衡量频域特性随参数变化而变化的程度,其计算有两种方法:一种是基于传递函数的计算方法;另一种是基于傅里叶变换的计算方法。传递函数的灵敏度定义为

$$H_\theta(\theta_j,s) = \lim_{\Delta\theta\to 0}\frac{G(\theta_j+\Delta\theta_j,s)-G(\theta_j,s)}{\Delta\theta_j} \tag{2-3}$$

将 $s = \mathrm{j}2\pi f$ 代入其中,即可得到数值 $H_\theta(\theta_j,f)$。

基于传递函数的灵敏度方法属于解析方法,适用于低阶的电力系统模型。对于高阶电力系统模型,其传递函数很难推导获得,也就难以采用解析方法获得频域灵敏度。这时可采用数值方法,通过傅里叶变换计算输入信号、输出信号的频率特性,获得参数的频域灵敏度,详见文献[7]。

2. 可辨识性

所谓可辨识性,是指根据所测量到的输入-输出动态数据,能否唯一确定模型参数。在系统辨识研究中人们常常发现,模型参数有时变化较大,但不同参数模型的动态响应相差不大,而且与实测的结果也吻合甚好。这表明该模型能够描绘系统行

为,但对该模型的研究工作并未结束。因为在系统分析中,模型参数准确与否对许多问题的结论影响较大,有时甚至导致定性不同。同时研究者在根据测量数据进行参数辨识的过程中自然很关心参数能否被成功地辨识出来。若模型本身的结构决定了参数不能被唯一地辨识出来,则仅通过测量数据来辨识参数多半是不会成功的。因此,电力系统模型的可辨识性问题应该得到广泛的重视和深入的研究。

举例来说,考虑一个简单的一阶线性模型

$$\begin{cases} \dfrac{\mathrm{d}x(t)}{\mathrm{d}t} = -\theta_3 x(t) + \theta_2 u(t) \\ x(0) = 0 \\ y(t) = \theta_1 x(t) \end{cases} \tag{2-4}$$

此模型有三个未知参数 θ_1、θ_2、θ_3,对于已知的输入 $u(t)$,方程式(2-4)的解析解为

$$y(t) = \theta_1 \theta_2 \int_0^t \mathrm{e}^{-\theta_3(t-\tau)} u(\tau) \mathrm{d}\tau \tag{2-5}$$

如果输入是单位脉冲函数 $u(t) = \delta(t)$,则

$$y(t) = \theta_1 \theta_2 \mathrm{e}^{-\theta_3 t} \tag{2-6}$$

显然,根据测得的 $y(t)$,可得到该模型的 $\theta_1 \theta_2$ 和 θ_3,而 θ_1 或 θ_2 不可能单独辨识。当然,若 θ_1 或 θ_2 中有一个是已知的,或者 θ_1 与 θ_2 之间存在一个已知关系,则此模型的所有参数都能唯一确定。

线性模型的可辨识性分析有一些解析方法,如拉氏传递函数方法、输出量高阶求导方法、马尔可夫参数矩阵方法[5]。非线性模型的可辨识性分析非常困难,以往有一些基于解析分析的方法,如基于线性化的解析方法、基于输出量高阶求导的解析方法。上述解析方法虽然能够获得清晰的结果,但对于高阶动态方程尤其是大规模电力系统的参数可辨识性问题,几乎是不可能采用的。为此,笔者提出基于灵敏度计算的数值分析方法[7]。

对于大规模电力系统,可以方便地通过仿真计算软件计算出参数的灵敏度。然而,以往参数灵敏度在参数辨识中都是被用来分析难易程度的。笔者研究发现,电力系统参数的可辨识性与灵敏度之间存在内在联系,即如果若干个参数的轨迹灵敏度同时过零点或线性相关,则可以判定这些参数相关,即不是唯一可辨识;如果若干个参数的灵敏度都不同时过零点,也不线性相关,则这些参数唯一可辨识。所以,只要检验所有参数的轨迹灵敏度是否同时过零点或者线性相关,就可以判断参数的可辨识性。如果轨迹灵敏度是振荡曲线,同时过零点意味着振荡过程看上去是同相或者反相。

3. 可解耦性

所谓可解耦性,是指系统中相关联的各个子模型,能否分别单独进行辨识。分析表明,当系统中某个模块的方程可以写成各自的输入-输出形式,不涉及其他模块

的变量或参数时,系统中该模块参数可解耦辨识。

但是,由于该模块与其他模块相互连接,其输入-输出变量不仅受该模块内部模型的影响,而且还受外部模型的影响。其输入-输出变量的动态能否充分激发出该模块参数对应的动态过程,对该模块参数辨识结果影响较大。

4. 难易度

所谓难易度,是指根据测量数据准确确定参数的可能性,这并不等同于参数辨识精度。参数辨识精度是在通过辨识获得参数辨识结果之后得到的,而难易度是在辨识之前评估准确辨识参数的可能性。

灵敏度对参数辨识的难易度具有重要影响。灵敏度计算包括时域灵敏度和频域灵敏度,这两者之间是有内在联系的。时域灵敏度的大小包含了输入变量对参数辨识的影响。频域函数灵敏度与输入、输出变量均无关,仅与系统模型参数有关。

难易度分析首先要看灵敏度的大小。显然,灵敏度大对参数辨识是有利的。如果时域灵敏度和频域灵敏度均大,基本上可以说参数辨识容易准确;如果时域灵敏度和频域灵敏度均小,基本上可以说参数辨识不容易准确;如果出现时域灵敏度与频域灵敏度大小不一致,则需要进一步分析。

难易度分析其次要看灵敏度曲线的形状。从时域灵敏度来看,如果时域灵敏度在比较长的时间区间上都有较大数值,对参数辨识是有利的;如果时域灵敏度在比较短的时间区间上较大而后来却很小,对参数辨识是不利的。从频域灵敏度来看,如果一个参数在某个频段的频域灵敏度较大,则说明该参数在这个频段灵敏;如果测量变量在该频段功率谱密度也较大,则对参数辨识是有利的。一般来说,测量变量的功率谱密度在低频段大、在高频段小。所以,如果参数的频域灵敏度具有低频段高的特征,则比较容易辨识。

2.2.3 线性系统的辨识方法

1. 时域辨识方法

时域辨识方法有多种,其中最基本的方法是最小二乘(least square estimation,LSE)法。与其他方法相比,LSE 法容易理解,而且常常是有效的。所以,本节将介绍其基本原理。至于其他方法,可以参考系统辨识方面的专著[4-6]。

由于采样是离散的,所以时域辨识一般用离散模型。但实际应用时可能需要连续模型,相互之间可以转换。设差分方程为

$$\sum_{i=0}^{n} a_i z(k-i) = \sum_{i=0}^{n} b_i u(k-i), \qquad a_0 = 1 \tag{2-7}$$

式中,u、z、n 分别为输入、输出和模型阶次;a_i、b_i 为模型的参数。实际工程中,输入 u,输出 y 均有测量误差,在上述方程中叠加一个噪声,即

$$y(k) = -\sum_{i=1}^{n} a_i y(k-i) + \sum_{i=0}^{n} b_i u(k-i) + e(k) \tag{2-8}$$

如果有 $N+n$ 个测量点，则有 N 个这样的方程：

$$
\begin{aligned}
y(n+1)=&-a_1 y(n)-a_2 y(n-1)\cdots-a_n y(1)\\
&+b_0 u(n+1)+\cdots+b_n u(1)+e(n+1)\\
y(n+2)=&-a_1 y(n+1)-a_2 y(n)\cdots-a_n y(2)\\
&+b_0 u(n+2)+\cdots+b_n u(2)+e(n+2)\\
&\vdots\\
y(n+N)=&-a_1 y(n+N-1)-a_2 y(n+N-2)\cdots-a_n y(N)\\
&+b_0 u(n+N)+\cdots+b_n u(N)+e(n+N)
\end{aligned}
\tag{2-9}
$$

将上述方程写成向量形式，定义

$$
\boldsymbol{Y}=\left[y(n+1),y(n+2),\cdots,y(n+N)\right]^{\mathrm{T}}
\tag{2-10}
$$

$$
\boldsymbol{\varepsilon}=\left[e(n+1),e(n+2),\cdots,e(n+N)\right]^{\mathrm{T}}
\tag{2-11}
$$

$$
\boldsymbol{\theta}=\left[a_1,a_2,\cdots,a_n,b_0,b_1,\cdots,b_n\right]^{\mathrm{T}}
\tag{2-12}
$$

$$
\boldsymbol{\Phi}=\begin{bmatrix}
-y(n) & \cdots & -y(1) & u(n+1) & \cdots & u(1)\\
-y(n+1) & \cdots & -y(2) & u(n+2) & \cdots & u(2)\\
\vdots & & \vdots & \vdots & & \vdots\\
-y(n+N-1) & \cdots & -y(N) & u(n+N) & \cdots & u(N)
\end{bmatrix}
\tag{2-13}
$$

则方程可以写为

$$
\boldsymbol{Y}=\boldsymbol{\Phi\theta}+\boldsymbol{\varepsilon}
\tag{2-14}
$$

即

$$
\boldsymbol{\varepsilon}=\boldsymbol{Y}-\boldsymbol{\Phi\theta}
\tag{2-15}
$$

再定义一个衡量模型优劣的目标函数：

$$
J=\boldsymbol{\varepsilon}^{\mathrm{T}}\boldsymbol{\varepsilon}
\tag{2-16}
$$

现在的任务是，选择一组 $\hat{\boldsymbol{\theta}}$，使目标函数达到最小，即进行优化。将式(2-15)代入式(2-16)，则 J 表示为

$$
J=(\boldsymbol{Y}-\boldsymbol{\Phi\theta})^{\mathrm{T}}(\boldsymbol{Y}-\boldsymbol{\Phi\theta})=\boldsymbol{Y}^{\mathrm{T}}\boldsymbol{Y}-\boldsymbol{\theta}^{\mathrm{T}}\boldsymbol{\Phi}^{\mathrm{T}}\boldsymbol{Y}-\boldsymbol{Y}^{\mathrm{T}}\boldsymbol{\Phi\theta}+\boldsymbol{\theta}^{\mathrm{T}}\boldsymbol{\Phi}^{\mathrm{T}}\boldsymbol{\Phi\theta}
\tag{2-17}
$$

将 J 对 $\boldsymbol{\theta}$ 微分，并令其为零

$$
\left.\frac{\partial J}{\partial\boldsymbol{\theta}}\right|_{\boldsymbol{\theta}=\hat{\boldsymbol{\theta}}}=-2\boldsymbol{\Phi}^{\mathrm{T}}\boldsymbol{Y}+2\boldsymbol{\Phi}^{\mathrm{T}}\boldsymbol{Y}\hat{\boldsymbol{\theta}}=\boldsymbol{0}
\tag{2-18}
$$

由此可得

$$
\boldsymbol{\Phi}^{\mathrm{T}}\boldsymbol{\Phi}\hat{\boldsymbol{\theta}}=\boldsymbol{\Phi}^{\mathrm{T}}\boldsymbol{Y}
\tag{2-19}
$$

从而求得使 J 最小的估计 $\hat{\boldsymbol{\theta}}$，即

$$
\hat{\boldsymbol{\theta}}=(\boldsymbol{\Phi}^{\mathrm{T}}\boldsymbol{\Phi})^{-1}\boldsymbol{\Phi}^{\mathrm{T}}\boldsymbol{Y}
\tag{2-20}
$$

这个结果就称为 $\boldsymbol{\theta}$ 的最小二乘估计。在统计学中，式(2-20)称为正则方程，$\boldsymbol{\varepsilon}$ 称为残差。

上述结果是在目标函数 J 中对每一个误差 ε_i 加以相同权的基础上推导出来的，

通常称这个方法为普通最小二乘法。将这个方法更加一般化,允许对每个误差项加以不同的权,令 $\boldsymbol{W}$ 为所希望的加权矩阵,则加权后的残差指标函数变为

$$J_w = \boldsymbol{\varepsilon}^{\mathrm{T}} \boldsymbol{W} \boldsymbol{\varepsilon} = (\boldsymbol{Y} - \boldsymbol{\Phi}\boldsymbol{\theta})^{\mathrm{T}} \boldsymbol{W} (\boldsymbol{Y} - \boldsymbol{\Phi}\boldsymbol{\theta}) \tag{2-21}$$

式中,$\boldsymbol{W}$ 是一个对称正定阵。将 J_w 相对于 $\boldsymbol{\theta}$ 进行最小化,则可以得到加权最小二乘法估计(WLSE)$\hat{\boldsymbol{\theta}}_w$,可表示为

$$\hat{\boldsymbol{\theta}}_w = (\boldsymbol{\Phi}^{\mathrm{T}} \boldsymbol{W} \boldsymbol{\Phi})^{-1} \boldsymbol{\Phi}^{\mathrm{T}} \boldsymbol{W} \boldsymbol{Y} \tag{2-22}$$

很明显,当 $\boldsymbol{W} = \boldsymbol{I}$ 时,$\hat{\boldsymbol{\theta}}_w$ 就简化为 $\hat{\boldsymbol{\theta}}$。

一般来讲,由于测量数据包含随机噪声,所以 $\hat{\boldsymbol{\theta}}$ 和 $\hat{\boldsymbol{\theta}}_w$ 都是随机向量,它们的精度可以用一些统计特性加以度量。当误差信号 $\boldsymbol{\varepsilon}$ 为白色噪声时,最小二乘估计具有如下特性。

(1)无偏性。即

$$E\{\hat{\boldsymbol{\theta}}\} = \boldsymbol{\theta}, \quad E\{\hat{\boldsymbol{\theta}}_w\} = \boldsymbol{\theta} \tag{2-23}$$

(2)有效性。令 $\hat{\boldsymbol{\theta}}$ 的方差阵为 $\boldsymbol{\psi}$,$\hat{\boldsymbol{\theta}}_w$ 的方差阵为 $\boldsymbol{\psi}_w$,则 $\boldsymbol{\psi}$ 是 $\boldsymbol{\psi}_w$ 的最小方差阵。因此,$\hat{\boldsymbol{\theta}}$ 是一个最小方差估计。

(3)一致性。当观测数据长度 N 趋向无穷大时,有

$$\lim_{N \to \infty} \hat{\boldsymbol{\theta}} = \boldsymbol{\theta} \tag{2-24}$$

2. 频域辨识方法

1)基本原理

设输入信号为 $x(t)$,输出信号为 $y(t)$,需要注意的是实际系统中这些信号中都或多或少存在噪声。Wiener-Hopf 方程可以自动消除噪声的影响,具有滤波功能,其时域形式为

$$R_{xy}(\tau) = \int_{-\infty}^{\infty} g(t) R_{xx}(\tau - t) \mathrm{d}t \tag{2-25}$$

式中,$g(t)$ 为脉冲响应函数;$R_{xx}(\tau)$ 为 $x(t)$ 的自相关函数;$R_{xy}(\tau)$ 为 $x(t)$ 与 $y(t)$ 的互相关函数。

对式(2-25)进行傅里叶变换,可得 Wiener-Hopf 方程的频域形式为

$$G_{XY}(f) = H(f) G_{XX}(f) \tag{2-26}$$

式中,$H(f) = \int_{-\infty}^{\infty} g(t) \mathrm{e}^{-\mathrm{j}\omega t} \mathrm{d}t$ 为频域响应函数;$G_{XX}(f)$ 为 $R_{xx}(\tau)$ 的象函数;$G_{XY}(f)$ 为 $R_{xy}(\tau)$ 的象函数。该式是频域辨识法的理论根据,只要能测量计算获得输入、输出信号的自谱密度函数 $G_{XX}(f)$ 及互谱密度函数 $G_{XY}(f)$,即可求得系统的频域响应函数:

$$H(f) = \frac{G_{XY}(f)}{G_{XX}(f)} \tag{2-27}$$

设 $x(t)$ 与 $y(t)$ 的傅里叶变换为 $X(f)$ 与 $Y(f)$，经推导可得互相关积分公式的傅里叶变换为

$$F\left[\int_{-\infty}^{\infty} x(t)y(t+\tau)\mathrm{d}t\right] = X^*(f)Y(f) \tag{2-28}$$

自相关积分公式的傅里叶变换为

$$F\left[\int_{-\infty}^{\infty} x(t)x(t+\tau)\mathrm{d}t\right] = X^*(f)X(f) \tag{2-29}$$

式中，$X^*(f)$ 为 $X(f)$ 的共轭。相关积分在正负周期内的极限平均值即为相关函数。因此可以认为，相关积分和相关函数相差一常数，即

$$G_{XX}(f) = K_f X(f)X^*(f) \tag{2-30}$$

$$G_{XY}(f) = K_f Y(f)X^*(f) \tag{2-31}$$

因此

$$H(f) = \frac{Y(f)X^*(f)}{X(f)X^*(f)} \tag{2-32}$$

实际数据采样常以离散形式出现，可以采用离散傅里叶变换。

2）在线频域辨识方法

根据式(2-27)或式(2-32)，直接用系统原有输入、输出信号的谱密度来获得频域响应函数 $H(f)$ 在理论上是可行的，但会遇到一些实际困难。当输入信号频带较窄时，据此求出的 $H(f)$ 频带也将较窄。极限情况下，当输入信号 $x(t)$ 是单一频率时，所求得的 $G_{XX}(f)$ 及 $G_{XY}(f)$ 将是对应于该频率的一个点，则无法求出 $H(f)$ 的曲线。因此，一般在系统的原有输入端上叠加一个与原输入信号互不相关的试验信号，为使所加试验信号既不影响系统的正常工作又能在有效的频带上进行测量，所加试验信号应是统计独立的，且有尽可能宽的频带。

图 2-1 的总输入信号 $x(t)$ 由系统的正常工作信号 $r(t)$ 和试验信号 $u(t)$ 相加而成，$e(t)$ 为干扰噪声。于是输出信号 $y(t)$ 可写成

$$y(t) = y_u(t) + y_r(t) + y_e(t) \tag{2-33}$$

式中，$y_u(t)$、$y_r(t)$、$y_e(t)$ 分别为由 $u(t)$、$r(t)$、$e(t)$ 产生的输出分量，因此互谱密度 $G_{UY}(f)$ 可写成

$$G_{UY}(f) = G_{UY_u}(f) + G_{UY_r}(f) + G_{UY_e}(f) \tag{2-34}$$

式中，$G_{UY_u}(f)$、$G_{UY_r}(f)$、$G_{UY_e}(f)$ 分别为试验信号 $u(t)$ 与三个输出量 $y_u(t)$、$y_r(t)$、$y_e(t)$ 构成的互谱密度分量。考虑到 $u(t)$ 与 $r(t)$、$e(t)$ 之间是互不相关的，则有 $G_{UY_r}(f) = 0$，$G_{UY_e}(f) = 0$，则式(2-34)简化为

$$G_{UY}(f) = G_{UY_u}(f) \tag{2-35}$$

所以

$$H(f) = \frac{G_{UY}(f)}{G_{UU}(f)} \tag{2-36}$$

即系统的频率响应函数 $H(f)$，可由 $G_{UU}(f)$ 及 $G_{UY}(f)$ 来求得。其中，系统原有信号 $r(t)$ 和干扰噪声 $e(t)$ 对结果的影响已利用其不相关性加以消除。

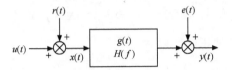

图 2-1　系统框图[14]

3）频域辨识方法框图

图 2-2 给出了基于 FFT 算法的频域辨识方法的框图，由测试硬件设备和处理程序软件组成。输入信号 $u(t)$ 分两路接入，一路作为试验信号直接输入待测系统，另一路经过低通滤波器滤波后，成为输入信号 $x(t)$。系统的输出经低通滤波器滤波后，获得输出信号为 $y(t)$。输入信号 $x(t)$ 和输出信号 $y(t)$ 分别经 A/D 模数变换器转化为离散的数字信息，该信息可直接输入数字计算机进行计算。图中 $u(t)$ 可采用伪随机信号 PRBS 码，但实际工程应用时，也可以是其他信号。

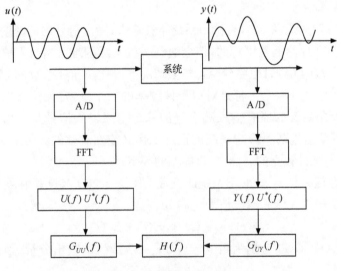

图 2-2　频域辨识方法框图[6]

4）频域响应曲线拟合求传递函数

根据上述方法可以获得频域响应曲线 $H(f)$，而人们经常需要的是传递函数。如何由频域响应曲线拟合求传递函数，方法有多种。这里介绍直接应用最小二乘公式的方法。

设传递函数为

$$G(s) = \frac{C(s)}{D(s)} = \frac{\sum\limits_{i=0}^{m} A_i s^i}{1 + \sum\limits_{i=1}^{n} B_i s^i} \tag{2-37}$$

式中，A_i、B_i 为分子、分母多项式系数。在频域中，将 $s = j\omega, \omega = 2\pi f$ 代入传递函数得

$$H(f) = G(j\omega) = \frac{C(j\omega)}{D(j\omega)} = \frac{\sum\limits_{i=0}^{m} A_i \ (j\omega)^i}{1 + \sum\limits_{i=1}^{n} B_i \ (j\omega)^i} \tag{2-38}$$

令

$$H(f_k) = G(j\omega_k) = R_k + jI_k, \quad e_k = H(f_k)D(j\omega_k) - C(j\omega_k) \tag{2-39}$$

式中，$H(f_k)$ 是通过实测获得的已知数据，在频率 f_k 处的实部为 R_k，虚部为 I_k。

将式(2-39)中 e_k 展开成实部 e_{R_k} 和虚部 e_{I_k}，有

$$e_{R_k} = R_k - A_0 + A_2 \omega_k^2 - A_4 \omega_k^4 + \cdots - I_k B_1 \omega_k$$

$$\qquad - R_k B_2 \omega_k^2 + I_k B_3 \omega_k^3 + R_k B_4 \omega_k^4 + \cdots \tag{2-40}$$

$$e_{I_k} = I_k - A_1 \omega_k + A_3 \omega_k^3 + \cdots + R_k B_1 \omega_k - I_k B_2 \omega_k^2$$

$$\qquad - R_k B_3 \omega_k^3 + I_k B_4 \omega_k^4 + \cdots \tag{2-41}$$

引入向量

$$\boldsymbol{Y} = \begin{bmatrix} R_1 & I_1 & R_2 & I_2 & \cdots & R_N & I_N \end{bmatrix}^T \tag{2-42}$$

$$\boldsymbol{e} = \begin{bmatrix} e_{R_1} & e_{I_1} & e_{R_2} & e_{I_2} & \cdots & e_{R_N} & e_{I_N} \end{bmatrix}^T \tag{2-43}$$

$$\boldsymbol{\theta} = \begin{bmatrix} A_0 & A_1 & \cdots & A_m & B_1 & B_2 & \cdots & B_n \end{bmatrix}^T \tag{2-44}$$

定义矩阵 $\boldsymbol{\varphi}$ 为

$$\boldsymbol{\varphi} = \begin{bmatrix} 1 & 0 & -\omega_1^2 & 0 & \omega_1^4 & \cdots & I_1\omega_1 & R_1\omega_1^2 & -I_1\omega_1^3 & -R_1\omega_1^4 & \cdots \\ 0 & \omega_1 & 0 & -\omega_1^3 & 0 & \cdots & -R_1\omega_1 & I_1\omega_1^2 & R_1\omega_1^3 & -I_1\omega_1^4 & \cdots \\ 1 & 0 & -\omega_2^2 & 0 & \omega_2^4 & \cdots & I_2\omega_2 & R_2\omega_2^2 & -I_2\omega_2^3 & -R_2\omega_2^4 & \cdots \\ 0 & \omega_2 & 0 & -\omega_2^3 & 0 & \cdots & -R_2\omega_2 & I_2\omega_2^2 & R_2\omega_2^3 & -I_2\omega_2^4 & \cdots \\ \vdots & \vdots & \vdots & \vdots & \vdots & & \vdots & \vdots & \vdots & \vdots & \\ 1 & 0 & -\omega_N^2 & 0 & \omega_N^4 & \cdots & I_N\omega_N & R_N\omega_N^2 & -I_N\omega_N^3 & -R_N\omega_N^4 & \cdots \\ 0 & \omega_N & 0 & -\omega_N^3 & 0 & \cdots & -R_N\omega_N & I_N\omega_N^2 & R_N\omega_N^3 & -I_N\omega_N^4 & \cdots \end{bmatrix}$$

$$\tag{2-45}$$

写成量测方程的矩阵形式有

$$\boldsymbol{Y} = \boldsymbol{\varphi}\boldsymbol{\theta} + \boldsymbol{e} \tag{2-46}$$

式(2-46)具有最小二乘估计量测方程的一般形式，类似于式(2-20)，可得

$$\hat{\boldsymbol{\theta}} = (\boldsymbol{\varphi}^T \boldsymbol{\varphi})^{-1} \boldsymbol{\varphi}^T \boldsymbol{Y} \tag{2-47}$$

式(2-47)就是频域的最小二乘估计公式。

2.2.4 非线性系统的辨识方法

1. 基本原理

对于线性模型,2.2.3 节分别介绍了时域辨识方法和频域辨识方法。但是,频域辨识方法只能够应用于线性模型。所以,对于非线性模型,参数辨识方法目前大都是以时域模型和优化为基础的,即寻找一组最优的参数向量 $\boldsymbol{\theta}_*$,使误差目标函数值 E 达到最小,即

$$E_* = \min_{\boldsymbol{\theta}=\boldsymbol{\theta}_*} E(\boldsymbol{\theta}) \tag{2-48}$$

误差目标函数 E 通常选取输出误差的一个非负单调递增函数

$$E = \int_{t_0}^{T} J(\|\boldsymbol{Y}_{\mathrm{m}}(t) - \boldsymbol{Y}_{\mathrm{c}}(t)\|)\mathrm{d}t \qquad (连续时间) \tag{2-49}$$

或

$$E = \sum_{k=0}^{N} J(\|\boldsymbol{Y}_{\mathrm{m}}(k) - \boldsymbol{Y}_{\mathrm{c}}(k)\|) \qquad (离散时间) \tag{2-50}$$

式中,$[t_0, T]$ 为积分区间;$\|\boldsymbol{Y}_{\mathrm{m}}(k) - \boldsymbol{Y}_{\mathrm{c}}(k)\|$ 表示范数;$J(e)$ 为单调递增函数;k 为第 k 段时间的采样;N 是采样的数目;$\boldsymbol{Y}_{\mathrm{m}}$ 是实际测量值(即真实值);$\boldsymbol{Y}_{\mathrm{c}}$ 为模型计算值,由模型计算得到

$$\frac{\mathrm{d}\boldsymbol{X}}{\mathrm{d}t} = \boldsymbol{F}(\boldsymbol{X}, \boldsymbol{U}, \boldsymbol{\theta}, t), \quad \boldsymbol{X}(0) = \boldsymbol{X}_0$$
$$\boldsymbol{Y}_{\mathrm{c}} = \boldsymbol{G}(\boldsymbol{X}, \boldsymbol{U}, \boldsymbol{\theta}, t) \tag{2-51}$$

由于模型计算值 $\boldsymbol{Y}_{\mathrm{c}}$ 与参数 $\boldsymbol{\theta}$ 有关,误差目标函数 E 为参数 $\boldsymbol{\theta}$ 的函数。但这一函数几乎不可能写出其解析关系,其解空间往往相当复杂,有可能存在多个极值点。因此,参数优化方法必须十分有效。

2. 参数优化方法

优化方法从原理上来说,大体可以分为三类:梯度类方法、随机类方法和模拟进化类方法。

梯度类方法首先以梯度为基础确定方向 $\boldsymbol{P}^k$,然后选择合适的步长 α^k,从而对优化变量 $\boldsymbol{Z}$ 进行迭代搜索,即

$$\boldsymbol{Z}^{k+1} = \boldsymbol{Z}^k + \alpha^k \boldsymbol{P}^k \tag{2-52}$$

从不同的角度构造方向和步长就产生了不同的方法。这类方法具有精细的局部搜索能力,但容易陷入局部最优点而难以搜索到全局最优点。

随机类方法的典型代表是 1958 年由 Brooks 等提出的蒙特卡罗法,后来还有许多改进形式,详见文献[8]和[9]。这类方法的最大优点是突出的全局寻优能力,但最大的缺点是计算量巨大。

模拟进化类方法是通过对自然进化过程的模拟与抽象而得到的一类自适应的优化方法。模拟进化类方法多种多样,在系统辨识中经常用到的方法有遗传算法、

进化策略法、蚁群算法等[10]。这类方法具有鲁棒的全局搜索能力,但计算量大而且局部精细搜索能力较弱。

为此,笔者提出采用模拟进化方法起步优化,在获得较优的点之后,切换采用梯度类方法进行局部精细搜索[11]。

2.3　优化控制基本理论

最优控制理论是现代控制理论的核心。最优控制问题就是在多种约束条件下,寻找使系统某个性能指标取极值的控制规律,故其数学本质是求条件极值问题。

根据系统性质,相应地分为线性系统的最优控制(linear optimum control,LOC)和非线性系统的最优控制(non-linear optimum control,NLOC)。对于工程上的非线性系统,往往很难也不需要追求100%的最优,通常只需要获得优化控制即可满足要求。

2.3.1　线性系统的最优控制

1. LOC 基本原理

线性系统的最优控制具有成熟的理论和方法[1-4],这里加以简要介绍。

对于线性系统:

$$\frac{\mathrm{d}\boldsymbol{X}(t)}{\mathrm{d}t} = \boldsymbol{A}(t)\boldsymbol{X}(t) + \boldsymbol{B}(t)\boldsymbol{U}(t) \tag{2-53}$$

式中,$\boldsymbol{X}$ 为 n 维状态向量;$\boldsymbol{U}$ 为 m 维控制向量,$\boldsymbol{A}$、$\boldsymbol{B}$ 为系数矩阵。

为了衡量系统性能,建立二次型指标为

$$J = \frac{1}{2}\int_0^\infty [\boldsymbol{X}^{\mathrm{T}}(t)\boldsymbol{Q}\boldsymbol{X}(t) + \boldsymbol{U}^{\mathrm{T}}(t)\boldsymbol{R}\boldsymbol{U}(t)]\mathrm{d}t \tag{2-54}$$

式中,$\boldsymbol{Q}$、$\boldsymbol{R}$ 为权系数矩阵,是正定且对称的。

线性最优控制的目标是,寻找控制规律使上述二次型性能指标最小化。

为此,做如下辅助泛函:

$$J^* = \int_0^\infty \left\{ \frac{1}{2}[\boldsymbol{X}^{\mathrm{T}}(t)\boldsymbol{Q}\boldsymbol{X}(t) + \boldsymbol{U}^{\mathrm{T}}(t)\boldsymbol{R}\boldsymbol{U}(t)] \right.$$
$$\left. + \boldsymbol{\Lambda}^{\mathrm{T}}(t)\left[\boldsymbol{A}(t)\boldsymbol{X}(t) + \boldsymbol{B}(t)\boldsymbol{U}(t) - \frac{\mathrm{d}\boldsymbol{X}(t)}{\mathrm{d}t}\right] \right\}\mathrm{d}t \tag{2-55}$$

式中,$\boldsymbol{\Lambda}$ 为拉格朗日乘子向量。据此写出哈密顿(HamiLton)函数:

$$H(\boldsymbol{X},\boldsymbol{\Lambda},\boldsymbol{U}) = \frac{1}{2}[\boldsymbol{X}^{\mathrm{T}}(t)\boldsymbol{Q}\boldsymbol{X}(t) + \boldsymbol{U}^{\mathrm{T}}(t)\boldsymbol{R}\boldsymbol{U}(t)] + \boldsymbol{\Lambda}^{\mathrm{T}}(t)[\boldsymbol{A}(t)\boldsymbol{X}(t) + \boldsymbol{B}(t)\boldsymbol{U}(t)]$$
$$\tag{2-56}$$

建立极值条件

$$\frac{\partial H}{\partial \boldsymbol{U}} = \boldsymbol{R}\boldsymbol{U}(t) + \boldsymbol{B}^{\mathrm{T}}(t)\boldsymbol{\Lambda}(t) = \boldsymbol{0} \tag{2-57}$$

即可得

$$U(t) = -R^{-1}B^{\mathrm{T}}(t)\Lambda(t) \tag{2-58}$$

建立正则方程

$$\frac{\partial H}{\partial X} = QX(t) + A^{\mathrm{T}}(t)\Lambda(t) = -\frac{\mathrm{d}\Lambda(t)}{\mathrm{d}t} \tag{2-59}$$

$$\frac{\partial H}{\partial \Lambda} = A(t)X(t) + B(t)U(t) = \frac{\mathrm{d}X(t)}{\mathrm{d}t} \tag{2-60}$$

式(2-60)实际上即为状态方程。

经过进一步推导可以得到如下关系式:

$$\Lambda(t) = P(t)X(t) \tag{2-61}$$

最终得到使指标泛函 J 为极小条件的控制规律,即线性最优控制

$$U^*(t) = -R^{-1}B^{\mathrm{T}}(t)P(t)X(t) \tag{2-62}$$

令

$$K(t) = R^{-1}B^{\mathrm{T}}(t)P(t) \tag{2-63}$$

则最优控制可写成

$$U^*(t) = -K(t)X(t) \tag{2-64}$$

式中,$K(t)$ 为最优反馈增益矩阵。其中,中间矩阵 $P(t)$ 满足

$$-\frac{\mathrm{d}P(t)}{\mathrm{d}t} = P(t)A(t) + A^{\mathrm{T}}(t)P(t) - P(t)B(t)R^{-1}B^{\mathrm{T}}(t)P(t) + Q \tag{2-65}$$

若系统是定常的线性系统,即系数矩阵均为常数矩阵,那么 P 和 K 也为常数矩阵,满足

$$PA + A^{\mathrm{T}}P - PBR^{-1}B^{\mathrm{T}}P + Q = 0 \tag{2-66}$$

上述方程称为 Riccati 方程。

2. LOC 的设计步骤

对于定常线性系统,根据上述原理梳理出 LOC 设计的基本步骤,以方便应用。

1) 建立定常线性系统的状态方程

$$\frac{\mathrm{d}X}{\mathrm{d}t} = AX + BU \tag{2-67}$$

通常来说,工程系统模型经常是非线性模型,所以需要对非线性模型进行线性化,来获得其线性模型。

2) 建立二次型目标函数

$$J = \frac{1}{2}\int_0^\infty (X^{\mathrm{T}}QX + U^{\mathrm{T}}RU)\mathrm{d}t \tag{2-68}$$

实际上就是要选择目标函数中的权矩阵,通常都选为对角线矩阵,即

$$\begin{cases} Q = \mathrm{diag}(q_{11}, q_{22}, \cdots, q_{nn}) \\ R = \mathrm{diag}(r_{11}, r_{22}, \cdots, r_{mm}) \end{cases} \tag{2-69}$$

则二次型目标函数为

$$J = \frac{1}{2} \int_0^\infty \Big(\sum_{i=1}^n q_{ii} x_i^2 + \sum_{j=1}^m r_{jj} u_j^2 \Big) \mathrm{d}t \tag{2-70}$$

这里对权系数的选取做一些说明：①为了保证 $\boldsymbol{Q}$、$\boldsymbol{R}$ 正定，所有对角线元素都必须为正；②权系数越大则在目标函数中比重越大，表示该分量越重要；③通常来说，控制变量权系数矩阵取为单位阵，即 $\boldsymbol{R} = \boldsymbol{I}$，这是因为由式（2-68）可知，目标函数取决于 $\boldsymbol{Q}$、$\boldsymbol{R}$ 权系数之比。

3）求解 Riccati 方程

$$\boldsymbol{PA} + \boldsymbol{A}^{\mathrm{T}}\boldsymbol{P} - \boldsymbol{PB}\boldsymbol{R}^{-1}\boldsymbol{B}^{\mathrm{T}}\boldsymbol{P} + \boldsymbol{Q} = \boldsymbol{0} \tag{2-71}$$

需要说明的是，$\boldsymbol{P}$ 是对称矩阵，因为将式（2-71）两边取转置之后，形式上仍然与其相同。所以，只需要求其上三角元素，而且，式（2-71）是 $\boldsymbol{P}$ 的二次型方程

4）获得最优控制

$$\boldsymbol{K}^* = \boldsymbol{R}^{-1}\boldsymbol{B}^{\mathrm{T}}\boldsymbol{P} \tag{2-72}$$

$$\boldsymbol{U}^* = -\boldsymbol{K}^*\boldsymbol{X} \tag{2-73}$$

5）效果验证

理论上，可以证明当 $\boldsymbol{Q} \geqslant 0$、$\boldsymbol{R} > 0$ 时，若矩阵对 $(\boldsymbol{A}, \boldsymbol{D})$ 完全能观测，其中 $\boldsymbol{D}$ 是满足 $\boldsymbol{D}^{\mathrm{T}}\boldsymbol{D} = \boldsymbol{Q}$ 的任一矩阵，则最优控制闭环系统是渐近稳定的。如果取式（2-69）所示的对角阵，则很容易获得矩阵 $\boldsymbol{D}$，即 $\boldsymbol{D} = \mathrm{diag}(\sqrt{q_{11}}, \sqrt{q_{22}}, \cdots, \sqrt{q_{nn}})$。

实际中，通常采用动态仿真、实验室试验和现场测试来验证控制器的控制效果。

3. LOC 示例

由于二次型性能指标有明确的物理含义，即波动最小，它代表了大量工程系统的性能指标要求，并且在数学处理上比较简单，获得的最优控制规律是状态变量的线性函数，易于通过状态线性反馈实现闭环最优控制，便于工程实现，在工程系统中得到了广泛应用。为了便于读者理解，下面举一简单电力系统的示例加以说明[12]。

1）简化二阶系统模型

$$\begin{cases} \dfrac{\mathrm{d}\Delta\delta}{\mathrm{d}t} = \omega_n \Delta\omega \\[2mm] T_J \dfrac{\mathrm{d}\Delta\omega}{\mathrm{d}t} + D\Delta\omega = \Delta P_m - K_1 \Delta\delta \end{cases} \tag{2-74}$$

式中，$\Delta\delta$、$\Delta\omega$ 为状态变量，表示功角和转速的偏差；ΔP_m 为控制变量，表示机械功率偏差；T_J、D、K_1、ω_n 为参数变量，取为 $T_J = 10\mathrm{s}, D = 0, K_1 = 0.5, \omega_n = 2\pi \times 60 = 377(1/\mathrm{s})$。则可得线性化模型的系数矩阵为

$$\boldsymbol{A} = \begin{bmatrix} 0 & 377 \\ -0.05 & 0 \end{bmatrix}, \quad \boldsymbol{B} = \begin{bmatrix} 0 \\ 0.1 \end{bmatrix} \tag{2-75}$$

当无控制时，$\Delta P_m = 0$，则状态方程的特征根为 $\lambda = 0 \pm \mathrm{j}4.342$。由此可见，系统处于临界稳定状态。

2) LOC 设计

取

$$Q = \begin{bmatrix} 0.25 & 0 \\ 0 & 1 \end{bmatrix}, \quad R = 1 \tag{2-76}$$

则 Riccati 方程为

$$PA + A^{\mathrm{T}}P - PBR^{-1}B^{\mathrm{T}}P + Q = 0 \tag{2-77}$$

下面求解该方程,由第 1 行第 1 列可得

$$-0.01p_{12}^2 - 0.1p_{12} + 0.25 = 0 \tag{2-78}$$

则

$$p_{12} = 2.07 \text{ 或} -12.07$$

由第 2 行第 2 列可得

$$-0.01p_{22}^2 + 754p_{12} + 1 = 0 \tag{2-79}$$

则

$$p_{22} = \pm\sqrt{100 + 75400p_{12}}$$

为了保证不出现虚数,所以取 $p_{12} = 2.071$,则 $p_{22} = 395.3$。

由第 1 行第 2 列可得

$$377p_{11} - 0.05p_{22} - 0.01p_{22}p_{12} = 0 \tag{2-80}$$

则

$$p_{11} = 0.0741$$

据此可得负反馈系数

$$K = \begin{bmatrix} 0.2071 & 39.53 \end{bmatrix} \tag{2-81}$$

3) 控制效果

加了控制后,闭环系统的系数矩阵为

$$A' = A - BK = \begin{bmatrix} 0 & 377 \\ -0.0707 & -3.9530 \end{bmatrix} \tag{2-82}$$

特征根由 $\lambda = 0 \pm \mathrm{j}4.342$ 变为 $\lambda = -1.9765 \pm \mathrm{j}4.7690$。与原系统特征根相比,多了一个负实部,虚部变化不大。因此,线性最优控制增加了系统的正阻尼,使系统由临界稳定变为稳定,而对振荡频率影响不大。

2.3.2　非线性系统的优化控制

1. 概述

上述 LOC 理论虽然成熟,但只能够适用于线性系统。对于非线性系统,如果要应用 LOC 理论,则需要将非线性模型进行线性化。线性化模型的误差依赖干扰的大小,一般来说,在大干扰情况下误差较大,LOC 的控制效果也就难以保证。另一方面,线性化模型的系数矩阵依赖线性化的初始运行点,这就导致相应的最优反馈增益随着初始运行点的改变而变化[13]。

非线性控制理论的发展,虽然很困难但很有意义。非线性系统分析的主要内容包括混沌、稳定性、变换等,非线性系统控制的主要内容包括可控性、可观性、控制规律等。非线性系统的研究虽然很早就开始,但仅限于简单系统,直至 20 世纪 70 年代微分几何等工具的引入,才有了飞跃性发展。目前,主要的非线性控制方法有以下几种。

1) 传统的补偿控制方法

传统补偿控制方法如图 2-3 所示。例如,对于直流输电系统中 $\cos\alpha$,采用 $\cos^{-1}$ 进行校正。

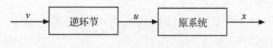

图 2-3　传统补偿控制方法

这种非线性控制,只有前向环节而没有反馈,只能补偿非线性静态增益而对非线性动态环节无能为力,所以只适合很简单的非线性系统。

2) 直接线性化方法

1981 年中国科学院韩京清等提出了直接线性化方法,如图 2-4 所示。实质上,这是一种带有反馈和动态补偿的方法,经过补偿之后的系统为线性系统,但并不像线性化方法那样引入误差。显然,传统补偿方法是其特例。

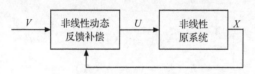

图 2-4　直接线性化方法[14]

3) 微分几何方法

微分几何方法是非线性系统分析与控制的一个里程碑,它是在研究机器人的过程中提出的,20 世纪 70 年代中期到现在发展迅速,其基本步骤如图 2-5 所示。1987 年起,卢强等[14]将其应用于电力系统励磁、气门、交直流系统、静补等方面,部分装置已经成功投入运行。2008 年,笔者将微分几何方法应用于风电机组的控制[15]。

图 2-5　微分几何方法示意图[14]

4) 直接优化方法

上述非线性控制方法虽然理论性很强,但能否成功应用取决于能否转换为线性系统,并非所有非线性系统都能够适用。此外,也不能够直接针对工程指标。为此,笔者于1996年在国际上提出了直接优化方法[16],直接采用非线性系统模型、直接针对工程指标,进行控制器参数优化。

2. 非线性控制的微分几何方法

微分几何方法详见文献[14],这里做一简要介绍。

1) 仿射非线性系统

微分几何方法适用于仿射非线性系统或者可以变换为此系统的情况。所谓仿射非线性系统,其模型可以表达为

$$\begin{cases} \dfrac{\mathrm{d}\boldsymbol{X}}{\mathrm{d}t} = \boldsymbol{f}(\boldsymbol{X}) + \sum_{i=1}^{m} \boldsymbol{g}_i(\boldsymbol{X})u_i \\ \boldsymbol{Y} = \boldsymbol{h}(\boldsymbol{X}) \end{cases} \tag{2-83}$$

式中,$\boldsymbol{X}$ 为 n 维状态向量;u_i 为第 i 个控制变量;$\boldsymbol{f}$、$\boldsymbol{g}$、$\boldsymbol{h}$ 为非线性函数向量。

由此可见,仿射非线性系统的特点是,它对于状态向量呈现出非线性,而对于控制向量则呈现出可分离的线性关系。

为了后面介绍方便起见,而又不失一般性,以一个2输入、2输出系统为例,可以写为

$$\begin{cases} \dfrac{\mathrm{d}\boldsymbol{X}}{\mathrm{d}t} = \boldsymbol{f}(\boldsymbol{X}) + g_1(\boldsymbol{X})u_1 + g_2(\boldsymbol{X})u_2 \\ y_1 = h_1(\boldsymbol{X}),\ y_2 = h_2(\boldsymbol{X}) \end{cases} \tag{2-84}$$

2) 微分同胚坐标变换

坐标变换是系统分析和控制中经常采用的一种做法,分为线性坐标变换和非线性坐标变换。由图2-5可见,现在希望通过坐标变换

$$\boldsymbol{Z} = \boldsymbol{\Phi}(\boldsymbol{X}) \tag{2-85}$$

将原来以 $\boldsymbol{X}$ 作为状态向量的非线性系统,变换为新状态向量 $\boldsymbol{Z}$ 的线性系统。显然,如果新老状态向量之间的坐标变换是线性坐标变换,则无法做到这一点,所以必然是非线性变换。

从数学角度来讲,所谓微分同胚坐标变换就是式(2-85)需要满足如下两个条件:①$\boldsymbol{\Phi}$ 可互逆,即 $\boldsymbol{\Phi}^{-1}$ 存在且 $\boldsymbol{\Phi}^{-1}(\boldsymbol{\Phi}(\boldsymbol{X})) = \boldsymbol{X}$;②$\boldsymbol{\Phi}$ 和 $\boldsymbol{\Phi}^{-1}$ 存在任意阶导数。从理论上可以证明,变换前后系统的控制特性(如可控性、稳定性等)保持不变,所以在变换后线性系统中设计的控制器可以还原用于原非线性系统。

从几何学角度来讲,坐标变换 $\boldsymbol{\Phi}$ 和 $\boldsymbol{\Phi}^{-1}$ 可以看成两个同维空间(即 $\boldsymbol{X}$ 与 $\boldsymbol{Z}$)之间的映射关系,所以坐标变换又叫做映射。所谓微分同胚就是指,这组映射 $\boldsymbol{\Phi}$ 和 $\boldsymbol{\Phi}^{-1}$ 是双向的,而且在 $\boldsymbol{X}$ 与 $\boldsymbol{Z}$ 空间之间的点是一一对应的。

从通俗易懂角度来讲,坐标变换可以理解为照镜子。平面镜是线性变换,曲面镜是非线性变换。所谓微分同胚就是指,这面镜子充分光滑,人照上去还是人,不能成为"照妖镜"。

需要指出的是,有时候微分同胚所需要满足的两个条件,并不是对坐标空间中所有的点都成立,可能只对某一个区域是满足的,则称为局部微分同胚。但如果这个局部区域能够包含工程问题实用化的区域,也就可以了。

以 2 输入、2 输出系统为例,变换分为两组:

$$\begin{cases} z_1 = \phi_1(\boldsymbol{X}) = h_1(\boldsymbol{X}) \\ z_2 = \phi_2(\boldsymbol{X}) = L_f h_1(\boldsymbol{X}) \\ \quad\quad\quad \vdots \\ z_{n_1} = \phi_{n_1}(\boldsymbol{X}) = L_f^{n_1-1} h_1(\boldsymbol{X}) \\ z_{n_1+1} = \phi_{n_1+1}(\boldsymbol{X}) = h_2(\boldsymbol{X}) \\ z_{n_1+2} = \phi_{n_1+2}(\boldsymbol{X}) = L_f h_2(\boldsymbol{X}) \\ \quad\quad\quad \vdots \\ z_{n_1+n_2} = \phi_{n_1+n_2}(\boldsymbol{X}) = L_f^{n_2-1} h_2(\boldsymbol{X}) \end{cases} \tag{2-86}$$

式中,n_1 和 n_2 分别为非线性系统对于输出函数 $h_1(\boldsymbol{X})$ 和 $h_2(\boldsymbol{X})$ 的关系度,这里设非线性系统的关系度等于系统的阶数,即 $n_1 + n_2 = n$;$L_f h_i(\boldsymbol{X})$ 表示 $h_i(\boldsymbol{X})$ 对于 $f(\boldsymbol{X})$ 的李导数,即 $L_f h_i(\boldsymbol{X}) = \dfrac{\partial h_i(\boldsymbol{X})}{\partial \boldsymbol{X}} f(\boldsymbol{X})$。新的状态变量可以分为两组:第 1 组基于 $h_1(\boldsymbol{X})$ 即 y_1,有 n_1 个变量;第 2 组基于 $h_2(\boldsymbol{X})$ 即 y_2,有 n_2 个变量。

3) 线性系统方程

由于 $n_1 + n_2 = n$,则有

$$L_{g_1} h_1(\boldsymbol{X}) = L_{g_2} h_1(\boldsymbol{X}) = 0 \tag{2-87}$$

于是有

$$\begin{aligned} \frac{\mathrm{d}z_1}{\mathrm{d}t} &= \frac{\partial \phi_1(\boldsymbol{X})}{\partial \boldsymbol{X}} \frac{\mathrm{d}\boldsymbol{X}}{\mathrm{d}t} = \frac{\partial h_1(\boldsymbol{X})}{\partial \boldsymbol{X}} [\boldsymbol{f}(\boldsymbol{X}) + \boldsymbol{g}_1(\boldsymbol{X})u_1 + \boldsymbol{g}_2(\boldsymbol{X})u_2] \\ &= L_f h_1(\boldsymbol{X}) = \phi_2(\boldsymbol{X}) = z_2 \end{aligned} \tag{2-88}$$

以此类推直至

$$\frac{\mathrm{d}z_{n_1-1}}{\mathrm{d}t} = z_{n_1} \tag{2-89}$$

最终,可以获得布鲁诺夫斯基(Bronovsky)标准型

$$\begin{cases} \dfrac{\mathrm{d}z_1}{\mathrm{d}t} = z_2 \\[2mm] \dfrac{\mathrm{d}z_2}{\mathrm{d}t} = z_3 \\[2mm] \vdots \\[2mm] \dfrac{\mathrm{d}z_{n_1}}{\mathrm{d}t} = v_1 \\[2mm] \dfrac{\mathrm{d}z_{n_1+1}}{\mathrm{d}t} = z_{n_1+2} \\[2mm] \dfrac{\mathrm{d}z_{n_1+2}}{\mathrm{d}t} = z_{n_1+3} \\[2mm] \vdots \\[2mm] \dfrac{\mathrm{d}z_n}{\mathrm{d}t} = v_2 \end{cases} \tag{2-90}$$

式中，v_1、v_2 为虚拟控制变量。写成矩阵形式有

$$\frac{\mathrm{d}\boldsymbol{Z}}{\mathrm{d}t} = \boldsymbol{A}\boldsymbol{Z} + \boldsymbol{B}\boldsymbol{V} \tag{2-91}$$

式中，系数矩阵为

$$\boldsymbol{A} = \left[\begin{array}{ccccc:ccccc} 0 & 1 & 0 & \cdots & 0 & & & & & \\ 0 & 0 & 1 & \cdots & 0 & & & \boldsymbol{0} & & \\ \vdots & \vdots & \vdots & & \vdots & & & & & \\ 0 & 0 & 0 & \cdots & 0 & & & & & \\ \hdashline & & & & & 0 & 1 & 0 & \cdots & 0 \\ & & & & & 0 & 0 & 1 & \cdots & 0 \\ & & \boldsymbol{0} & & & \vdots & \vdots & \vdots & & \vdots \\ & & & & & 0 & 0 & 0 & \cdots & 0 \end{array}\right], \quad \boldsymbol{B} = \left[\begin{array}{c:c} 0 & 0 \\ 0 & 0 \\ \vdots & \vdots \\ 1 & \cdots & 0 \\ 0 & 0 \\ 0 & 0 \\ \vdots & \vdots \\ 0 & \cdots & 1 \end{array}\right]$$

$$\tag{2-92}$$

由此可见，不管原非线性系统模型是怎么样的，变换到线性系统后，其标准型状态方程中的系数矩阵都是相同的。

在新的线性系统中，虚拟控制变量为

$$\begin{cases} v_1 = L_f^{n_1} h_1(\boldsymbol{\varPhi}^{-1}(\boldsymbol{Z})) + L_{g_1} L_f^{n_1-1} h_1(\boldsymbol{\varPhi}^{-1}(\boldsymbol{Z})) u_1 + L_{g_2} L_f^{n_1-1} h_1(\boldsymbol{\varPhi}^{-1}(\boldsymbol{Z})) u_2 \\[2mm] v_2 = L_f^{n_2} h_2(\boldsymbol{\varPhi}^{-1}(\boldsymbol{Z})) + L_{g_1} L_f^{n_2-1} h_2(\boldsymbol{\varPhi}^{-1}(\boldsymbol{Z})) u_1 + L_{g_2} L_f^{n_2-1} h_2(\boldsymbol{\varPhi}^{-1}(\boldsymbol{Z})) u_2 \end{cases}$$

$$\tag{2-93}$$

可以写为

$$\begin{bmatrix} v_1 \\ v_2 \end{bmatrix} = \boldsymbol{C}(\boldsymbol{Z}) + \boldsymbol{D}(\boldsymbol{Z}) \begin{bmatrix} u_1 \\ u_2 \end{bmatrix} \tag{2-94}$$

式中

$$C(Z) = \begin{bmatrix} L_f^{n_1} h_1(\boldsymbol{\Phi}^{-1}(Z)) \\ L_f^{n_2} h_2(\boldsymbol{\Phi}^{-1}(Z)) \end{bmatrix}, \quad D(Z) = \begin{bmatrix} L_{g_1} L_f^{n_1-1} h_1(\boldsymbol{\Phi}^{-1}(Z)) & L_{g_2} L_f^{n_1-1} h_1(\boldsymbol{\Phi}^{-1}(Z)) \\ L_{g_1} L_f^{n_2-1} h_2(\boldsymbol{\Phi}^{-1}(Z)) & L_{g_2} L_f^{n_2-1} h_2(\boldsymbol{\Phi}^{-1}(Z)) \end{bmatrix}$$

$$(2\text{-}95)$$

4）设计 LOC

根据前面 2.3.1 节介绍的 LOC 设计步骤，对于线性系统模型式(2-92)，选择权系数矩阵 Q 和 R，求解 Ricatti 方程可得 P：

$$A^T P + PA - PBR^{-1} B^T P + Q = 0 \qquad (2\text{-}96)$$

则可获得最优反馈系数向量 K^*，即 LOC 控制律：

$$V^* = -K^* Z, \quad K^* = R^{-1} B^T P \qquad (2\text{-}97)$$

5）逆变换回原系统

式(2-97)是线性系统中的虚拟控制变量和状态变量，而真正需要的是原非线性系统中的控制变量和状态变量。所以，需要通过逆变换，获得原非线性系统的控制律。

由式(2-94)可得原系统中的控制律为

$$\begin{bmatrix} u_1 \\ u_2 \end{bmatrix} = E(X) \begin{bmatrix} v_1 - L_f^{n_1} h_1(X) \\ v_2 - L_f^{n_2} h_2(X) \end{bmatrix} \qquad (2\text{-}98)$$

式中

$$E(X) = \begin{bmatrix} L_{g_1} L_f^{n_1-1} h_1(X) & L_{g_2} L_f^{n_1-1} h_1(X) \\ L_{g_1} L_f^{n_2-1} h_2(X) & L_{g_2} L_f^{n_2-1} h_2(X) \end{bmatrix}^{-1} \qquad (2\text{-}99)$$

综上所述，微分几何方法具有以下几个特点：①微分几何方法没有使用任何近似的线性化方法，完整地保留了系统的非线性特性，从而克服了以往近似线性化方法的局限性；②微分几何方法理论严谨、逻辑缜密，是一门具有严格数学基础的非线性最优控制理论体系；③根据这种方法可以推得完全解析表达式的非线性最优控制律，呈现出非线性状态反馈形式，采用微机控制方式可以工程实现。

3. 非线性控制的直接优化方法

上述微分几何方法虽然具有严密的理论基础，但也存在一些局限：①只适用于仿射非线性系统，而工程系统中有许多系统不能够表达为这样的系统；②需要找到微分同胚坐标变换，使原非线性系统变换为线性系统，这在许多情况下甚至需要一点运气；③在变换到线性空间后，性能指标是线性系统状态变量的二次标准型，而非原系统状态变量的指标，物理意义不明显；④难以适用于很高阶次系统，因为由前面理论可以看出，最终获得的是解析形式的非线性控制，这在很高阶次的系统里是很难做到的；⑤只能处理连续变量的控制问题，对于既有连续变量控制又有离散变量控制的混合控制问题，则无法处理。

为此，笔者于 1996 年提出了非线性控制的直接优化方法[16]。后来，这一方法在理论上获得了发展[17]。

1）基本步骤

（1）建立模型。

对于既有连续变量控制又有离散变量控制的混合控制系统，描述如下：

$$\begin{cases} \dfrac{\mathrm{d}\boldsymbol{X}}{\mathrm{d}t} = \boldsymbol{F}(\boldsymbol{X},\boldsymbol{Z},\boldsymbol{U},t) \\ \boldsymbol{Z}(k) = \boldsymbol{S}(\boldsymbol{X},\boldsymbol{Z},\boldsymbol{U},k) \\ \boldsymbol{Y} = \boldsymbol{G}(\boldsymbol{X},\boldsymbol{Z}) \\ \boldsymbol{U} = \boldsymbol{H}(\boldsymbol{K},\boldsymbol{Y}) \end{cases} \tag{2-100}$$

式中，$\boldsymbol{X}$ 为 n_X 维连续状态变量组成的向量；$\boldsymbol{Z}$ 为 n_Z 维离散状态变量组成的向量；$\boldsymbol{Y}$ 为 n_Y 维可观测变量组成的向量；$\boldsymbol{U}$ 为 m 维控制向量；$\boldsymbol{K}$ 为 n_K 维控制参数向量；$\boldsymbol{F}$、$\boldsymbol{S}$、$\boldsymbol{G}$、$\boldsymbol{H}$ 为非线性函数向量，并不要求其中的控制向量可分离而且线性。

实际上，上述模型也只是一个概念性的模型，该方法对模型没有特别要求，只需要能够计算控制后系统的轨迹，这在几乎所有的工程系统中都是能够做到的。

（2）建立指标。

在线性最优控制或者非线性控制的微分几何方法中，性能指标都是状态变量、控制变量的二次型函数，虽然有物理意义，但并不能够直接针对工程问题所关心的具体指标。例如，对于振荡问题，工程人员非常关注其阻尼系数，那么本方法可取

$$J = D \tag{2-101}$$

（3）进行优化。

$$\max_{\boldsymbol{K}^* \in \Omega} J(\boldsymbol{K}) \tag{2-102}$$

现在要求解的问题就是，在控制器参数空间 Ω，寻找最佳参数 $\boldsymbol{K}^*$，使所关注的指标 J 达到最佳。这里的"最佳"，根据工程系统要求，可能是最大化（如阻尼系数），也可能是最小化（如超调量）。

上述方法针对工程性能指标、对控制器参数进行优化整定，具有直接、简单、有效的特点。但理论上和工程上都十分关注以下几个问题。

① 这种优化问题是否存在唯一的最优解？在工程实践中，有时出现控制器参数值变化较大，但系统的动态响应或优化的目标函数相差不大的情况。这种情况表明，控制器参数之间难以区分，可能存在多个最优解。这个问题将在后面进行研究。

② 这种优化问题的参数太多，如何降阶？工程系统中待优化的控制器参数可能很多，如果都要进行同时优化，既可能影响优化效率，又可能影响优化精度。为此，笔者提出的策略是，通过轨迹灵敏度计算获得控制器参数灵敏度大小排序，将可区分的、灵敏度大的控制器参数作为主要控制器参数，然后对其进行优化。

③ 这种优化问题如何寻优获得最优解？对于工程系统，一般可以通过现有的仿真计算软件来计算对应于某个控制器参数下的性能指标，但往往难以解析或者精确

地计算性能指标对于控制器参数的梯度。所以,可以采用不需要梯度而且鲁棒性好的模拟进化优化算法,来获得主要控制器参数的优化解。有关模拟进化方法的参考文献较多[8-10],这里不再赘述。这里之所以用了"优化解"而没有特别强调"最优解",是因为在工程系统数值优化过程中,往往难以获得数学意义上的"最优解",所能够获得的"优化解"在工程意义上能够接受。

2) 控制器参数的可区分性

(1) 控制器参数可区分性的概念。

控制器的参数整定问题从优化的角度来看,就是调整控制器参数 K,在满足一定约束条件下,使某个目标函数达到最优。

这里提出的可区分性是指控制器参数的最优解是否唯一。在给定的系统状态方程、约束条件以及目标函数下:① 可区分,存在唯一解;② 不可区分,解的数目大于1,甚至存在无穷多组解。

为了便于理解可区分性的概念,以一个简单的二阶线性控制系统作为示例加以说明。

$$\begin{bmatrix} \dfrac{\mathrm{d}x_1}{\mathrm{d}t} \\ \dfrac{\mathrm{d}x_2}{\mathrm{d}t} \end{bmatrix} = \begin{bmatrix} 3 & 2 \\ 3 & 2 \end{bmatrix}\begin{bmatrix} x_1 \\ x_2 \end{bmatrix} + \begin{bmatrix} 1 \\ 1 \end{bmatrix}u \tag{2-103}$$

其反馈控制为

$$u = \begin{bmatrix} K_1 & K_2 \end{bmatrix}\begin{bmatrix} x_1 \\ x_2 \end{bmatrix} \tag{2-104}$$

式中,K_1、K_2 为控制器的两个参数。则闭环系统为

$$\begin{bmatrix} \dfrac{\mathrm{d}x_1}{\mathrm{d}t} \\ \dfrac{\mathrm{d}x_2}{\mathrm{d}t} \end{bmatrix} = \begin{bmatrix} 3+K_1 & 2+K_2 \\ 3+K_1 & 2+K_2 \end{bmatrix}\begin{bmatrix} x_1 \\ x_2 \end{bmatrix} \tag{2-105}$$

其特征方程为

$$\begin{vmatrix} \lambda - (3+K_1) & -(2+K_2) \\ -(3+K_1) & \lambda - (2+K_2) \end{vmatrix}$$
$$= \lambda[\lambda - 5 - (K_1+K_2)] = 0 \tag{2-106}$$

由此可见,只要 K_1+K_2 相同,则闭环系统的动态轨迹相同,即 K_1、K_2 对闭环系统动态轨迹以及相关目标函数的影响不可区分,而是通过隐函数关系 K_1+K_2 共同对轨迹以及相关目标函数起作用。

然而,在大多数工程系统中,无法像上述示例系统那样获得轨迹以及相关目标函数与控制器参数之间的解析关系,这时要靠解析方法来分析可区分性几乎不可能。但人们可以通过现有仿真软件方便地计算获得轨迹灵敏度。为此,笔者提出一种基于轨迹灵敏度的可区分性分析的数值方法,即通过分析灵敏度曲线的相关性来

确定控制器参数的可区分性。下面将证明:控制参数不可区分的充分必要条件是其轨迹灵敏度曲线同时过零或者线性相关。

(2) 控制器参数可区分性的充分条件。

① 两个参数之间存在一个隐函数关系。

设模型中有两个参数 K_i、K_{i+1}。如果根据轨迹不可区分两个参数,说明两个参数表现出一个隐函数关系共同对轨迹起作用,即

$$y = f(K_1, K_2, \cdots, \varphi(K_i, K_{i+1}), \cdots, K_n, t) \tag{2-107}$$

假设 $\varphi(K_i, K_{i+1})$ 对两个参数均可导,根据微积分中的链式规则可得

$$\begin{cases} \dfrac{\partial y}{\partial K_i} = \dfrac{\mathrm{d}y}{\mathrm{d}\varphi} \dfrac{\partial \varphi}{\partial K_i} \\[3mm] \dfrac{\partial y}{\partial K_{i+1}} = \dfrac{\mathrm{d}y}{\mathrm{d}\varphi} \dfrac{\partial \varphi}{\partial K_{i+1}} \end{cases} \tag{2-108}$$

则有

$$\frac{\partial y}{\partial K_{i+1}} = \frac{\partial y}{\partial K_i} \left(\frac{\partial \varphi}{\partial K_{i+1}} \Big/ \frac{\partial \varphi}{\partial K_i} \right) \tag{2-109}$$

需要注意的是,$\partial y / \partial K_i$、$\partial y / \partial K_{i+1}$ 是时变的,而 $\partial \varphi / \partial K_i$、$\partial \varphi / \partial K_{i+1}$ 是非时变的。所以,在时间轴上灵敏度轨迹 $\partial y / \partial K_i$、$\partial y / \partial K_{i+1}$ 互相成比例,即同时过零点。

② 参数分组存在隐函数关系。

设模型中参数共有 M 个,其中 I 个相关参数分 H 组,即

$$\mathbf{K}_h = [K_{h,1}, K_{h,2}, \cdots, K_{h,M_h}], \qquad h = 1, 2, \cdots, H \tag{2-110}$$

设不相关的独立参数为

$$\mathbf{K}_{H+1} = [K_{I+1}, K_{I+2}, \cdots, K_M] \tag{2-111}$$

在输出变量轨迹中,每一组参数通过某种隐函数关系,共同影响轨迹,即

$$y = f(\varphi_1(\mathbf{K}_1), \varphi_2(\mathbf{K}_2), \cdots, \varphi_H(\mathbf{K}_H), \mathbf{K}_{H+1}, t) \tag{2-112}$$

首先讨论同一组参数之间相关,而不同组的参数之间没有重复的情况,即 $\sum\limits_{h=1}^{H} M_h = I$。

设 $\varphi_h(\mathbf{K}_h)$ 对参数均可导,则有

$$\frac{\partial y}{\partial K_{h,j}} = \frac{\mathrm{d}y}{\mathrm{d}\varphi_h} \frac{\partial \varphi_h}{\partial K_{h,j}} \tag{2-113}$$

由于同一组参数的 $\mathrm{d}y / \mathrm{d}\varphi_h$ 相同而且时变,而 $\partial \varphi_h / \partial K_{h,j}$ 不同但恒定,所以同一组参数的轨迹灵敏度互相成比例,即同时过零点。但由于不同组参数的 $\mathrm{d}y / \mathrm{d}\varphi_h$ 并不相同,所以不同组参数的轨迹灵敏度并不同时过零点。

③ 多组参数交叉存在多个隐函数关系。

再讨论一般情况,不但同一组参数之间相关,而且不同组的参数之间可能有重复,或者说同一参数可能重复出现在不同组,即 $\sum\limits_{h=1}^{H} M_h > I$。

设 $\varphi_h(\boldsymbol{K}_h)$ 对参数均可导，则有

$$\frac{\partial y}{\partial K_{h,j}} = \sum_{h=1}^{H} \frac{\partial y}{\partial \varphi_h} \frac{\partial \varphi_h}{\partial K_{h,j}} = \sum_{h=1}^{H} c_{h,j} \frac{\partial y}{\partial \varphi_h} \tag{2-114}$$

所以

$$\text{span}\left\{\frac{\partial y}{\partial K_1}, \cdots, \frac{\partial y}{\partial K_I}\right\} = \text{span}\left\{\frac{\partial y}{\partial \varphi_1}, \cdots, \frac{\partial y}{\partial \varphi_H}\right\} \tag{2-115}$$

一般来说，$H < I$，则

$$\text{rank}\left\{\frac{\partial y}{\partial K_1}, \cdots, \frac{\partial y}{\partial K_I}\right\} = \text{rank}\left\{\frac{\partial y}{\partial \varphi_1}, \cdots, \frac{\partial y}{\partial \varphi_H}\right\} = H < I \tag{2-116}$$

所以，$\partial y/\partial K_1, \partial y/\partial K_2, \cdots, \partial y/\partial K_I$ 线性相关。

上述推导证明，同一组参数中没有重复出现在其他组的参数的轨迹灵敏度互相成比例，也就是说同时过零点。对于不同组参数之间有重复参数的参数组，这些组参数的轨迹灵敏度并不同时过零点，但具有线性相关性。

（3）控制器参数可区分性的必要条件。

上面证明了充分条件，下面再反过来证明必要条件，也就是要证明：如果某些参数灵敏度曲线同时过零点或线性相关，则这些参数不可区分。

为了推导简便而不失一般性，设模型方程中有三个参数 K_1、K_2、K_3，轨迹 $y = f(K_1, K_2, K_3, t)$，假设 y 对 K_1、K_2 的轨迹灵敏度同时过零点，则

$$\frac{\partial y}{\partial K_1} = c \frac{\partial y}{\partial K_2} \tag{2-117}$$

现只要证明存在隐函数关系 $\varphi(K_1, K_2)$，使得 $y = g(\varphi(K_1, K_2), K_3, t)$，就证明了如果灵敏度曲线同时过零点则参数不可区分。对 $y = f(K_1, K_2, K_3, t)$ 两边微分，得

$$\mathrm{d}y = \frac{\partial y}{\partial K_1}\mathrm{d}K_1 + \frac{\partial y}{\partial K_2}\mathrm{d}K_2 + \frac{\partial y}{\partial K_3}\mathrm{d}K_3 + \frac{\partial y}{\partial t}\mathrm{d}t \tag{2-118}$$

如果存在 $\varphi(K_1, K_2)$，使得 $\dfrac{\partial y}{\partial \varphi}\mathrm{d}\varphi = \dfrac{\partial y}{\partial K_1}\mathrm{d}K_1 + \dfrac{\partial y}{\partial K_2}\mathrm{d}K_2$，则有

$$\mathrm{d}y = \frac{\partial y}{\partial \varphi}\mathrm{d}\varphi + \frac{\partial y}{\partial K_3}\mathrm{d}K_3 + \frac{\partial y}{\partial t}\mathrm{d}t \tag{2-119}$$

所以，只要证明式(2-119)成立，即可完成证明。

为此，构造函数 $v = v(K_1, K_2, K_3, t)$，如果 $v\dfrac{\partial y}{\partial K_1}\mathrm{d}K_1 + v\dfrac{\partial y}{\partial K_2}\mathrm{d}K_2$ 是一个仅和 K_1、K_2 相关的全微分，则存在 φ，使得 $v\dfrac{\partial y}{\partial K_1}\mathrm{d}K_1 + v\dfrac{\partial y}{\partial K_2}\mathrm{d}K_2 = \mathrm{d}\varphi$，且 $\dfrac{1}{v} = \dfrac{\partial y}{\partial \varphi}$。

① 为满足 φ 只与 K_1、K_2 相关，而与 K_3 和 t 无关，则

$$\frac{\partial\left(v\dfrac{\partial y}{\partial K_1}\right)}{\partial t} = \frac{\partial v}{\partial t}\frac{\partial y}{\partial K_1} + v\frac{\partial^2 y}{\partial K_1 \partial t} = 0 \tag{2-120}$$

$$\frac{\partial\left(v\dfrac{\partial y}{\partial K_1}\right)}{\partial K_3} = \frac{\partial v}{\partial K_3}\frac{\partial y}{\partial K_1} + v\frac{\partial^2 y}{\partial K_1 \partial K_3} = 0 \tag{2-121}$$

$$\frac{\partial\left(v\dfrac{\partial y}{\partial K_2}\right)}{\partial t} = \frac{\partial v}{\partial t}\frac{\partial y}{\partial K_2} + v\frac{\partial^2 y}{\partial K_2 \partial t} = 0 \tag{2-122}$$

$$\frac{\partial\left(v\dfrac{\partial y}{\partial K_2}\right)}{\partial K_3} = \frac{\partial v}{\partial K_3}\frac{\partial y}{\partial K_2} + v\frac{\partial^2 y}{\partial K_2 \partial K_3} = 0 \tag{2-123}$$

根据式(2-117)、式(2-120)和式(2-122)线性相关,即

$$\frac{\partial\left(v\dfrac{\partial y}{\partial K_1}\right)}{\partial t} = \frac{\partial\left(vc\dfrac{\partial y}{\partial K_2}\right)}{\partial t} = c\frac{\partial\left(v\dfrac{\partial y}{\partial K_2}\right)}{\partial t} \tag{2-124}$$

同理,式(2-121)和式(2-123)线性相关。

② 为了保证 $v\dfrac{\partial y}{\partial K_1}\mathrm{d}K_1 + v\dfrac{\partial y}{\partial K_2}\mathrm{d}K_2$ 是一个全微分,需满足

$$\frac{\partial\left(v\dfrac{\partial y}{\partial K_1}\right)}{\partial K_2} = \frac{\partial\left(v\dfrac{\partial y}{\partial K_2}\right)}{\partial K_1} \tag{2-125}$$

从而

$$\frac{\partial v}{\partial K_2}\frac{\partial y}{\partial K_1} + v\frac{\partial^2 y}{\partial K_1 \partial K_2} = \frac{\partial v}{\partial K_1}\frac{\partial y}{\partial K_2} + v\frac{\partial^2 y}{\partial K_1 \partial K_2} \tag{2-126}$$

即

$$\frac{\partial v}{\partial K_2}\frac{\partial y}{\partial K_1} = \frac{\partial v}{\partial K_1}\frac{\partial y}{\partial K_2} \tag{2-127}$$

将式(2-117)代入式(2-127),得

$$c\frac{\partial v}{\partial K_2} = \frac{\partial v}{\partial K_1} \tag{2-128}$$

从以上推导证明可以看出,只要式(2-120)、式(2-121)、式(2-128)的解存在,则证明完成,即

$$\begin{cases} \dfrac{\partial v}{\partial t}\dfrac{\partial y}{\partial K_2} + v\dfrac{\partial^2 y}{\partial K_2 \partial t} = 0 \\[2mm] \dfrac{\partial v}{\partial K_3}\dfrac{\partial y}{\partial K_2} + v\dfrac{\partial^2 y}{\partial K_2 \partial K_3} = 0 \\[2mm] c\dfrac{\partial v}{\partial K_2} - \dfrac{\partial v}{\partial K_1} = 0 \end{cases} \tag{2-129}$$

该方程组为一阶线性偏微分方程组,其解必然存在。即存在函数 $v = v(K_1, K_2, K_3, t)$,从而存在 $\varphi(K_1, K_2)$,满足

$$v \frac{\partial y}{\partial K_1} dK_1 + v \frac{\partial y}{\partial K_2} dK_2 = d\varphi, \quad \frac{1}{v} = \frac{\partial y}{\partial \varphi}, \quad y = g(\varphi(K_1, K_2), K_3, t)$$

$$(2\text{-}130)$$

同理可以推导,当参数分组存在隐函数关系时,如果某些参数的灵敏度曲线同时过零点或线性相关,则这些参数不可区分。

综上可见,如果某些参数的轨迹灵敏度同时过零点或线性相关,则可以判定这些参数相互之间有隐函数关系,即不可区分;如果某些参数的轨迹灵敏度都不同时过零点,也不线性相关,则可以判定这些参数不相关,即唯一可确定。在实际工程中,某个参数同时在几个隐函数参数组中的情况是很少见的。因此,只要检验所有参数的轨迹灵敏度是否同时过零点,就可以判断控制器参数的可区分性。

参 考 文 献

[1] 卢强,王仲鸿,韩英铎. 输电系统最优控制. 北京:科学出版社,1983.

[2] 王宏华,戴文进,赵英凯,等. 现代控制理论. 北京:电子工业出版社,2006.

[3] Kosterev D N, Taylor C W, Mittelstadt W A. Model validation for the August 10,1996 WSCC system outage. IEEE Transactions on Power Systems,1999,14(3):967-979.

[4] 方崇智,萧德云. 过程辨识. 北京:清华大学出版社,1988.

[5] Walter E, Pronzato L. Identification of Parametric Models from Experimental Data. Great Britian:Masson,1997.

[6] 沈善德. 电力系统辨识. 北京:清华大学出版社,1993.

[7] 鞠平. 电力系统建模理论与方法. 北京:科学出版社,2010.

[8] Goldberg D E. Genetic Algorithms in Search,Optimization and Machine Learning. New York:Addison-Wesley,1989.

[9] Schwefel H P. Evolution and Optimum Seeking. Berlin:John Wiley & Sons Inc,1994.

[10] 文福拴,韩祯祥. 模拟进化方法在电力系统中应用综述. 电力系统自动化,1996,10(1):1-8.

[11] 秦川,顾晓文,王超,等. 电力负荷模型参数辨识的混合优化算法. 河海大学学报(自然科学版),2013,41(6):542-547.

[12] 余耀南. 动态电力系统. 北京:水利电力出版社,1985.

[13] 韩英铎,王仲鸿,陈淮金. 电力系统最优分散协调控制. 北京:清华大学出版社,1997.

[14] 卢强,梅生伟,孙元章. 电力系统非线性控制. 2版. 北京:清华大学出版社,2008.

[15] Wu F,Zhang X P,Ju P,et al. Decentralized nonlinear control of wind turbine with doubly fed induction generator. IEEE Transactions on Power Systems,2008,23(2):613-621.

[16] Ju P,Handschin E,Reyer F. Genetic algorithm aided controller design with application to SVC. IEE Proceedings-Generation Transmission and Distribution,1996,143(3):258-262.

[17] Qin C,Ju P,Wu F,et al. Distinguishability analysis of controller parameters with applications to DFIG based wind turbine. Science China Technological Sciences,2013,56(10):2465-2472.

第3章　风力发电系统的建模与控制

3.1　概　　述

　　风力发电自 20 世纪 80 年代开始快速发展,涌现出许多形式的风力发电技术。最先商用化的风电机组是基于普通异步发电机的 FSIG 机组,随着近年来电力电子变流器及其控制技术的快速发展,基于 DFIG 和 DDPMSG 的变速恒频风电机组已经取代 FSIG 这类定速恒频风电机组。这两种风电机组的单机容量远大于 FSIG 机组,且具备了最大功率跟踪、有功无功解耦控制等特性,目前已经成为风电场中的主流机型,所以本章重点研究这两种风力发电机组。

　　要研究含风电电力系统的运行调控问题,一方面要有正确的风电机组模型方程,另一方面要有准确的模型参数。现有仿真软件中的风电机组模型及参数主要来自个别技术实力较强的风电机组生产厂家。但是,实际电网中安装的风电机组品牌和型号众多,大多数厂家出于测试技术不足或知识产权保护等原因,没有提供准确的模型参数。对于这部分机组的模型参数只能通过测量辨识方法获得。由于 DDPMSG 的转子是永磁体、定子经过全功率变流器并网,其动态特性主要由变流器决定,对其风力机、发电机部分参数的精度要求相对低一些;而 DFIG 机组定子直接并网,转子由变流器提供交流励磁,其各部分参数都会对其动态产生影响,因此 DFIG 机组模型对参数精度的要求比 DDPMSG 机组高。所以,3.3 节以 DFIG 机组为例,详细研究其参数辨识方法,DDPMSG 机组的参数辨识可以借鉴其中的方法。

　　有了风电机组的方程和参数,就可以建立风电场的模型用以研究其与电力系统的交互影响。但是,风电场与传统的火力发电厂相比,具有以下几个特点:①单机容量小,目前大多数已投运风电机组的容量不超过 3MW,远小于传统火力发电单机几百兆瓦的容量;②机组数量多,一个风电场通常具有几十甚至几百台风电机组,而传统的火力发电厂一般只有几台机组。如果风电场用详细模型来表示,则模型阶数过高,风电场容量的大小和模型的复杂程度很不匹配。为了提高仿真的可行性和计算速度,目前普遍趋向于采用风电场的动态等效模型来进行仿真。所以,3.4 节研究风电场以及场群的动态等效建模方法。

　　在 DFIG 机组的控制策略研究方面,目前已有很多成果。其中一部分集中在最大功率跟踪、变流器的有功无功矢量控制、有功频率控制等方面,这些控制主要用于风电机组稳态或准稳态的运行;另一部分集中在电网扰动情况下的低电压穿越控制方面,目标是使风电机组在电网电压跌落期间不会脱网。以上这些控制都是针对风电机组的自我控制。3.5节研究DFIG机组的优化控制问题:通过协调优化DFIG机组控制器的参数,提高含风电电力系统的小干扰稳定性;通过非线性控制,提高含风电多机系统的暂态稳定性。

风力发电对传统电力系统的影响,除了暂态稳定,还涉及并网后的一系列运行调控问题。这一系列问题主要与风能本身的随机性和间歇性有关,风力发电的输出功率无法像常规电站那样按需控制,且频繁的功率波动会影响电网的安全稳定运行。为此,国家对风电机组的并网提出了一系列技术规范,涉及风电机组的有功控制技术、风电场的有功频率控制、无功电压控制、低电压穿越能力等。其中一些技术问题,如低电压穿越,已经基本得到了解决;另外一些技术问题,如风电场的有功频率控制,目前理论研究较多,但未见实际应用。3.6节介绍风电场并网所涉及的控制和检测问题,具体的技术细节请读者查阅相关的著作[1]。

3.2 风力发电系统的模型

3.2.1 风力发电系统的结构

目前,兆瓦级的风电机组均采用变速恒频技术,主要有DFIG和DDPMSG两种机型。本节首先介绍这两种风电机组的结构和原理,然后介绍风电场的常规接线形式。

1. 双馈感应发电机组的结构

基于DFIG的风电机组结构如图3-1所示,它由叶片、轮毂、低速轴、增速齿轮箱、高速轴、DFIG、基于PWM(脉宽调制)的"背靠背"变流器及各种控制器组成。DFIG机组"背靠背"变流器的功率一般为发电机额定功率的20%~30%。通常将叶片和轮毂统称为风力机;将低速轴、增速齿轮箱和高速轴统称为传动系统(或称轴系)。DFIG属于异步发电机,其定子绕组直接接入电网,转子为绕线式三相对称绕组,经"背靠背"变流器与电网相连,能够给DFIG提供交流励磁。

当DFIG机组的转子以滑差s旋转时,转子绕组中将施以滑差频率为sf(f为电网频率)的交流励磁,则转子电流产生的旋转磁场相对于转子以转差(同步转速与转子转速之差)速度旋转,相对于定子以同步速度旋转。这与采用直流励磁的同步发电机转子以同步转速旋转时,在气隙中形成一个同步旋转磁场是等效的。由于交流励磁的可调节量包括频率、幅值和相位,所以控制灵活性明显优于只能调节幅值的直流励磁,除了便于调速(调节范围可以达到同步转速的±30%),还能够实现有功功率和无功功率的解耦控制。

图3-1中给出了DFIG机组中三个主要的控制器:桨距角控制器、"背靠背"变流

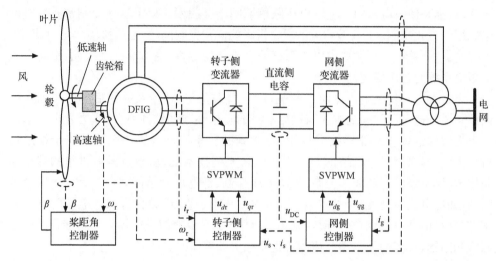

图 3-1　基于 DFIG 的风电机组结构图

器中网侧变流器的控制器(网侧控制器)和转子侧变流器的控制器(转子侧控制器)。

（1）桨距角控制器的功能是在风速超过额定风速时,通过调节桨距角来减少风力机的功率输入,从而将 DFIG 的输出保持在额定功率。该控制器的输入信号是机组输出的有功功率或机组的转速,图 3-1 中画出的输入信号是机组的转速 ω_r,其输出信号是桨距角的目标值 β,变桨机构(未在图 3-1 中画出)将根据这一目标值来调节风机叶片与风轮平面的夹角。

（2）转子侧控制器采用定子磁场定向的矢量控制实现有功无功的解耦控制,有功功率控制主要实现最大功率跟踪控制,无功功率控制可以采取维持 DFIG 机端电压恒定或实现恒定功率因数输出(通常设定为单位功率因数)的策略。该控制器的输入信号包括 DFIG 机组定子侧的电压 u_s、电流 i_s、转子电流 i_r、转子转速 ω_r 等,输出信号是转子侧励磁电压 d、q 轴目标值 u_{dr}、u_{qr},空间矢量脉宽调制(space vector pulse width modulation,SVPWM)模块根据该输出信号生成六路 PWM 波形分别控制转子侧变流器的 IGBT 开关器件(未在图 3-1 中画出)开通与关断,从而控制变流器输出所需的电压波形。有关 PWM 的技术细节,读者可自行查阅相关文献[2],书中不再赘述。

（3）网侧控制器的功能包括维持直流侧电容电压的恒定、控制变流器输出的无功功率。该控制器的输入信号包括网侧变流器输出电流 i_g、直流侧电容电压 u_{DC} 等,输出信号是网侧变流器输出电压 d、q 轴目标值 u_{dg}、u_{qg},该输出信号同样送入 SVP-WM 模块以控制变流器输出所需的电压波形。

以上三个控制器的模型将分别在后续章节中进行介绍。

2. 直驱永磁同步发电机的结构

基于 DDPMSG 的风电机组结构如图 3-2 所示,它由叶片、轮毂、传动轴、PMSG

（永磁同步发电机）、基于 PWM 的全功率"背靠背"变流器及各种控制器组成。DDPMSG 有三个主要的特点：①没有增速齿轮箱，风力机的轴直接连接 PMSG 的转子，这样降低了机械部分的损耗和噪声，同时也降低了维护成本，但由于转速低，PMSG 转子的极对数远多于普通同步机，其径向尺寸很大而轴向长度很短，外形类似一个圆盘；②PMSG 转子由永磁材料做成，不需要进行励磁控制，但对永磁材料的稳定性要求较高；③PMSG 的定子经全功率变流器并网，变流器容量通常要达到发电机额定功率的 120%，成本较高。

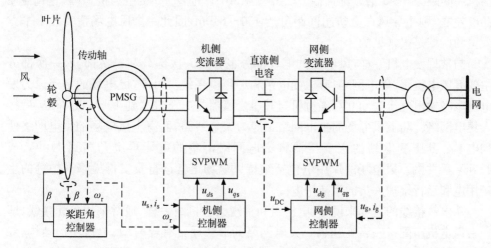

图 3-2 基于 DDPMSG 的风电机组结构图

如图 3-2 所示，对于采用"背靠背"变流器的 DDPMSG 机组，主要控制器包括桨距角控制器、"背靠背"变流器中网侧变流器的控制器（网侧控制器）和机侧变流器的控制器（机侧控制器）。

（1）桨距角控制器的功能、输入输出信号和 DFIG 机组相同，可参考前面关于 DFIG 机组桨距角控制器的描述。

（2）由于 DDPMSG 不需要进行励磁控制，机侧控制器的功能主要是实现最大功率点跟踪、将 PMSG 发出的频率和幅值均变化的交流电整流成直流电、控制与 PMSG 间的无功交换。该控制器的输入信号包括 PMSG 输出的电压 u_s、电流 i_s、转子转速 ω_r，输出信号为机侧变流器电压 d、q 轴目标值 u_{ds}、u_{qs}，SVPWM 模块根据该输出信号控制变流器输出所需的电压波形。

（3）网侧控制器通过电网电压定向的矢量控制实现有功无功的解耦控制。有功功率控制主要考虑维持直流电压的恒定，而无功功率控制可以考虑维持机端电压恒定或实现单位功率因数输出。该控制器的输入信号包括网侧电压 u_g、电流 i_g、直流侧电容电压 u_{DC} 等，输出信号是网侧变流器输出电压 d、q 轴目标值 u_{dg}、u_{qg}，该输出信号同样送入 SVPWM 模块以控制变流器输出所需的电压波形。

以上三个控制器的模型将分别在后续章节中进行介绍。

3. 风电场的常规结构[3]

风电场是某个经营管理单位建设在一定地域范围内的所有风电机组、配套的输变电设备、各种建筑设施的总称。风电场是一种大规模利用风能的有效方式,它一般选择建设在风资源丰富的区域,根据地形条件和主风向将风电机组按照一定的规则排列成排,并用集电网络对电能进行收集后统一送入电网。风电场地域分布广阔,在平坦开阔的地域,主导风向上机组间距为5~9倍风轮直径,在垂直于主导风向上机组间距为3~5倍风轮直径。以某型号3MW的DFIG机组为例,其风轮直径在90m左右,则主导风向上机组间距可达450~810m,因此一个风电场覆盖几十平方公里的区域是很常见的。

与常规发电机一样,风电场的电气部分也分为一次部分和二次部分,一次部分主要有风电机组、集电网络、升压变电站和厂用电系统。目前,风电场的主流风力发电机本身输出电压为690V,经过机组升压变压器将电压升高到10kV或35kV后接入集电网络。陆上风电场的集电网络一般为架空线路,而海上风电场的集电网络使用电缆。升压变电站的主变压器将集电网络汇集的电能再次升高到110kV或220kV后并网。风电场的厂用电包括维持风电场正常运行及安排检修维护等的生产用电和运行维护人员的生活用电。

从电气接线的角度来说,风电机组和常规火电机组一样,通常采用单元接线,即一台风电机组配备一台变压器。集电网络的形式通常有辐射型、单边环形结构、双边环形结构和复合环形结构。文献[4]~[6]综合经济、技术及施工难度等多种因素,分别使用传统经济性分析、考虑故障率和故障修复时间影响的经济性分析对风电场内部集电网络的结构进行了评价,认为辐射型布局是最优的,此结论与目前绝大多数风电场的建设方案是吻合的。风电场升压变电站的主接线多为单母接线或单母分段接线,当集电网络汇集的线路较少时采用单母接线,当集电网络汇集线路较多时采用单母分段接线。对于超大规模的风电场,还可以考虑双母线等接线形式。

图3-3给出了某风电场的电气主接线图[3]。

3.2.2　风力机的模型

风力机是将风的动能转换为另一种形式动能的旋转机械,其核心部件是风轮,而风轮又由叶片和轮毂组成。当风以一定的速度吹向风力机时,在风轮上产生的力矩驱动风轮转动,从而将风的动能变成风轮旋转的动能,两者都属于机械能。风力机捕获的机械功率 P_{m} 可以表示为

$$P_{\mathrm{m}} = \frac{1}{2}\rho\pi R^2 C_{\mathrm{p}}(\lambda,\beta)v^3 \tag{3-1}$$

式中,ρ 为空气密度;R 为风轮叶片的长度;πR^2 为风轮叶片的扫风面积;$C_{\mathrm{p}}(\lambda,\beta)$ 为风能利用系数;λ 为叶尖速比;β 为风力机叶片的桨距角度数;v 为风力机承受的输入风速。

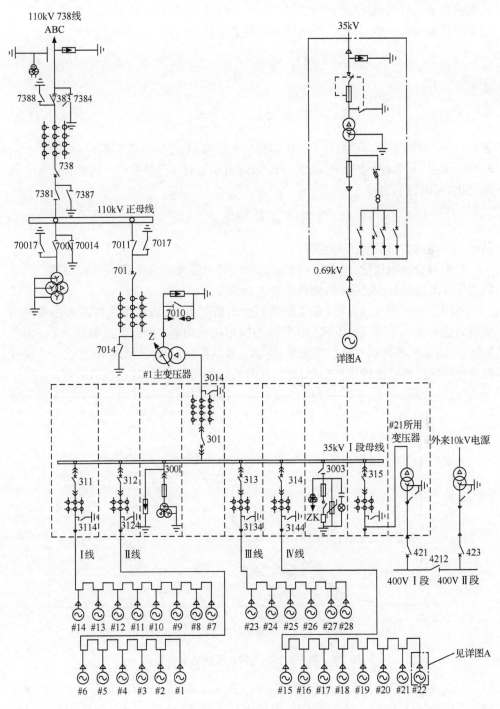

图 3-3 某风电场的电气主接线图

在风速给定的情况下,风力机捕获的风功率主要取决于风能利用系数 $C_p(\lambda,\beta)$,

它表示在单位时间内风轮所吸收的风功率与通过风轮旋转面的全部风能之比，C_p一般采用经验公式计算，目前广泛使用的 8 独立参数变桨距风力机模型为[7]

$$C_p = \left(\frac{c_1}{\Lambda} - c_2\beta - c_3\beta^{c_4} - c_5 \right) e^{-\frac{c_6}{\Lambda}} \tag{3-2}$$

式中

$$\frac{1}{\Lambda} = \frac{1}{\lambda + c_7\beta} - \frac{c_8}{\beta^3 + 1} \tag{3-3}$$

参数 $c_1 \sim c_8$ 的常用取值为：$c_1 = 110.23, c_2 = 0.4234, c_3 = 0.00146, c_4 = 2.14, c_5 = 9.636, c_6 = 18.4, c_7 = -0.02, c_8 = -0.003$；叶尖速比 λ 是风轮叶片的叶尖速率与风速之比，可以表示为

$$\lambda = \frac{\omega_T R}{v} \tag{3-4}$$

其中，ω_T 是风力机旋转的角速度。

根据贝兹极限理论，风能利用系数的理论最大值为 0.593，而实际使用的三叶片风力机的风能利用系数最大值能够达到 0.48 左右[8]。

从以上公式中可以看到，在桨距角不变的情况下，风能利用系数的大小和风力机的转速有关。不同风速下风力机转速与输出机械功率之间的关系如图 3-4 中黑色实线所示，图中各曲线对应的桨距角 $\beta = 0$。可以看到，在某一风速下，存在一个最优转速使得风力机输出的机械功率最大，此时的风能利用系数 C_p 达到最大值。

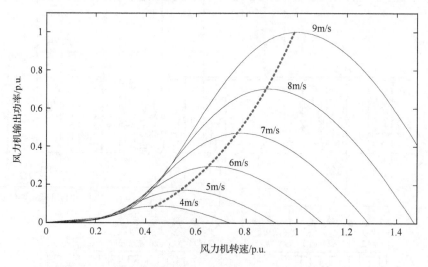

图 3-4　风力机转速与输出机械功率的关系

所谓风电机组的最大功率点跟踪(maximum power point tracking, MPPT)就是指在不同的输入风速下，通过控制风力发电机的转速，使得风力机的风能利用系数始终保持在最大值，即从风中吸收的风功率始终保持最大。连接图 3-4 中各条转速-机械功率曲线的顶点，可以得到一条最优的转速-机械功率曲线，如图中虚线所示。

可见为了实现 MPPT,风力发电机的转速必须能够在很大的范围内进行调节,因此能够变速运行的风电机组比定速的 FSIG 机组具有更高的效率。

图 3-5 给出了 DFIG 机组中一种较为常见的风力机功率特性曲线(图中的黑色线段 $ABCDE$),该图的横坐标是风力机转速(标幺值),纵坐标是风力机的机械输出功率(标幺值)。这条曲线是 DFIG 机组有功功率控制的依据,控制器依据实测转速在该曲线上查询对应的功率值作为有功功率控制的参考值。当转速低于 0.7p. u.(风速低于 5m/s)时,DFIG 机组的有功功率参考值为零,即不发出功率,如图中 A 点左侧横线;图中 B 点对应转速为 0.71p. u. ,AB 段是一条直线,DFIG 机组的输出功率随转速线性升高;BC 段是一条三次曲线,连接了各条转速-机械功率曲线的顶点,在 BC 段上 DFIG 机组具有 MPPT 特性;C 点对应转速为 1.2p. u. ,是设定的具备 MPPT 特性的最大转速点,D 点对应转速为 1.21p. u. 且对应 DFIG 输出功率达到额定值,CD 段是一条直线,DFIG 机组的输出功率随风速线性增大,但不具备 MPPT 特性;当 DFIG 输出功率达到额定值后,DFIG 机组在桨距角控制的作用下进入功率恒定段,即图中 DE 段,在该段内转速随风速上升,但 DFIG 机组的输出功率不变。

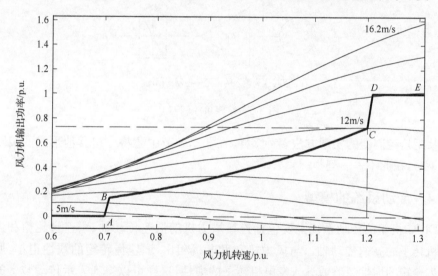

图 3-5　DFIG 机组风力机的功率特性曲线

3.2.3　桨距角控制器的模型

桨距角控制是风电机组中一个重要的控制环节。桨距角控制器(pitch angle controller)通过改变风轮叶片的桨距角来改变叶片迎风的攻角,从而改变风力机捕获的风能大小。当风力机承受的风速高于额定风速时,桨距角控制器通过变桨机构增大叶片的桨距角以防止风力机的输出机械功率超过额定机械功率。而当风力机承受的风速低于额定风速时,叶片的桨距角保持在零度。桨距角控制还可以在电网出现电压跌落故障时起到辅助实现低电压穿越的功能[9]。

桨距角控制的原理简单,但不同类型或不同厂家生产的风电机组采用的桨距角控制方式可能不同。例如,图 3-6(a)所示的桨距角控制器,其输入量是风电机组的实际有功输出功率的标幺值 P_e 与额定机械功率的标幺值 P_{mN} 之差,由 PI 控制器计算桨距角调节的目标值,同时考虑机械部件的动作速率给予桨距角变化率的限制。

  图 3-6(b)所示的桨距角控制器是以发电机的转速 ω 与额定转速 ω_N 的差值作为输入的,这是一个带输出限幅的比例控制器。以转速为输入量的控制方式更多地用在 DFIG 或 DDPMSG 等变速运行的风力发电机上。

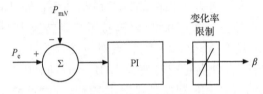

(a) 以有功功率为输入的桨距角控制器框图

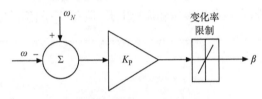

(b) 以转速为输入的桨距角控制器框图

图 3-6 桨距角控制器

  桨距角控制器的实现方法多种多样,在 3.2.8 节中还将介绍其他形式的桨距角控制策略,在此不一一列举。

3.2.4 传动系统的模型

  DFIG 机组的传动系统主要包括连接风力机的低速传动轴、增速齿轮箱和连接发电机转子的高速传动轴。与风力机和发电机相比,增速齿轮箱的惯性很小,所以可将齿轮箱的惯性忽略或计入发电机转子的惯性,这样可以得到表示传动装置的两质块模型,该模型的主要意图是描述传动系统的柔性及扭振特性,文献[10]指出风电机组轴系扭振的固有频率在 $1\sim2$ Hz 范围内,两质块模型的结构如图 3-7 所示。

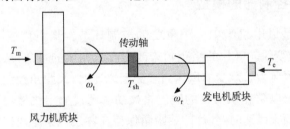

图 3-7 风电机组轴系的两质块模型示意图

该传动系统的动态可以描述为

$$T_t \frac{\mathrm{d}\omega_t}{\mathrm{d}t} = T_m - T_{sh} \tag{3-5}$$

$$T_g \frac{\mathrm{d}\omega_r}{\mathrm{d}t} = T_{sh} - T_e \tag{3-6}$$

$$T_{sh} = K_{sh}\theta_{tw} + D_{sh}\frac{\mathrm{d}\theta_{tw}}{\mathrm{d}t} \tag{3-7}$$

$$\frac{\mathrm{d}\theta_{tw}}{\mathrm{d}t} = \omega_t - \omega_r = \omega_t - (1-s)\omega_s \tag{3-8}$$

式中，T_t 和 T_g 分别为风力机和发电机的惯性时间常数；T_m 为风力机的输入机械转矩；T_e 为发电机的电磁转矩；T_{sh} 为传动轴上的机械转矩；ω_t 为风力机折算到变速箱高速侧的转速；ω_r 为发电机转子的转速；ω_s 为发电机的同步速；$s = (\omega_s - \omega_r)/\omega_s$ 为发电机转子的滑差；K_{sh} 为风机传动轴的强度系数；θ_{tw} 为传动轴的扭曲角；D_{sh} 为阻尼系数。

将式(3-7)和式(3-8)代入式(3-5)和式(3-6)，该两质块系统的动态模型可以写成

$$\begin{cases} T_t \dfrac{\mathrm{d}\omega_t}{\mathrm{d}t} = T_m - [K_{sh}\theta_{tw} + D_{sh}(\omega_t - \omega_r)], \quad T_m = P_m/\omega_t \\[2mm] T_g \dfrac{\mathrm{d}\omega_r}{\mathrm{d}t} = [K_{sh}\theta_{tw} + D_{sh}(\omega_t - \omega_r)] - T_e, \quad T_e = P_{em}/\omega_s \\[2mm] \dfrac{\mathrm{d}\theta_{tw}}{\mathrm{d}t} = \omega_t - \omega_r \end{cases} \tag{3-9}$$

式中，P_m 为机械功率，如式(3-1)所示；P_{em} 为转子通过间隙传递给定子的电磁功率，后面会进一步介绍其方程。

对于 DDPMSG 机组，其风力机轴直接与同步发电机的转子轴相连，中间没有增速齿轮，因此可以将传动系统与发电机看成一个刚体。这样，风力机的模型可以简化为单质块模型，也称为集总质量模型：

$$T_J \frac{\mathrm{d}\omega_r}{\mathrm{d}t} = T_m - T_e \tag{3-10}$$

式中，T_J 为风力机和发电机总的惯性时间常数。在西方文献中，惯性时间常数经常采用 H 表示，则有 $T_J = 2H_J$，$T_t = 2H_t$，$T_g = 2H_g$。

对于 DFIG 发电机组，在并网仿真计算中也可以采用单质块模型。文献[10]指出，当实际轴系的刚度系数 $K_{sh} \geqslant 3.0\mathrm{p.\,u.}$ 时，就可以使用单质块模型。这时忽略轴系内部的差异，认为 $\omega_t = \omega_r$，代入式(3-9)前面两个式子并且相加，即可获得与式(3-10)相同的单质块模型，其中 $T_J = T_t + T_g$。

3.2.5 "背靠背"变流器的模型

基于 PMW 的"背靠背"变流器的结构如图 3-8 所示，主要由直流环节、网络侧变流器和转子侧变流器等组成。

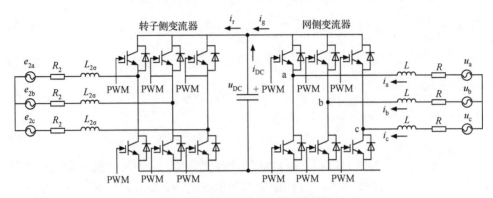

图 3-8 "背靠背"变流器的结构图

对于直流环节,由图 3-8 可知,经过电容的电流为

$$i_{DC} = C\frac{du_{DC}}{dt} = i_r - i_g \tag{3-11}$$

网络侧变流器的有功功率为

$$P_g = u_{DC}i_g \tag{3-12}$$

转子侧吸收的有功功率为

$$P_r = u_{DC}i_r \tag{3-13}$$

因此,要使得 $P_g = P_r$,u_{DC} 应为常数,需要对 u_{DC} 采用闭环控制。

由于网络侧变流器和转子侧变流器的电路结构类似,在此仅对网络侧变流器进行分析。根据网络侧变流器的结构,在三相电网电压平衡下,其数学模型为

$$\begin{cases} L\dfrac{di_a}{dt} = u_a - u_{DC}\dfrac{2S_a - S_b - S_c}{3} - Ri_a \\[2mm] L\dfrac{di_b}{dt} = u_b - u_{DC}\dfrac{2S_b - S_a - S_c}{3} - Ri_b \\[2mm] L\dfrac{di_c}{dt} = u_c - u_{DC}\dfrac{2S_c - S_a - S_b}{3} - Ri_c \\[2mm] C\dfrac{du_{DC}}{dt} = i_r - (S_a i_a + S_b i_b + S_c i_c) \end{cases} \tag{3-14}$$

式中,S_a、S_b 和 S_c 分别为三相桥臂的开关函数,当其为 1 时,表示桥臂的上管导通,下管关断,当其为 0 时,相反;u_{DC} 为直流母线的电压。

对式(3-14)进行坐标变换,可得 dq 坐标系下的网络侧变流器模型为

$$\begin{cases} L\dfrac{di_d}{dt} = u_{dg} - u_d - Ri_{dg} + L\omega i_{qg} \\[2mm] L\dfrac{di_q}{dt} = u_{qg} - u_q - Ri_{qg} - L\omega i_{dg} \\[2mm] C\dfrac{du_{DC}}{dt} = i_r - \left(\dfrac{u_d}{u_{DC}}i_{dg} + \dfrac{u_q}{u_{DC}}i_{qg}\right) \end{cases} \tag{3-15}$$

式中，u_{dg} 和 u_{qg} 分别为电网电压的 d 轴和 q 轴分量；u_d 和 u_q 分别为变流器交流侧的 d 轴和 q 轴电压分量。

稳态时，式(3-15)中各导数为零，可得

$$\begin{cases} u_{dg} = u_d + Ri_{dg} - \omega Li_{qg} \\ u_{qg} = u_q + Ri_{qg} + \omega Li_{dg} \end{cases} \tag{3-16}$$

则网络侧变流器和电网之间交换的有功和无功功率可表示为

$$\begin{cases} P_g = u_{dg}i_{dg} + u_{qg}i_{qg} \\ Q_g = u_{qg}i_{dg} - u_{dg}i_{qg} \end{cases} \tag{3-17}$$

同理可得转子侧变流器的有功和无功功率可表示为

$$\begin{cases} P_r = u_{dr}i_{dr} + u_{qr}i_{qr} \\ Q_r = u_{qr}i_{dr} - u_{dr}i_{qr} \end{cases} \tag{3-18}$$

则根据图 3-8 所示的电流流向，该变流器的功率平衡方程可以写成

$$P_r = P_g + P_{DC} \tag{3-19}$$

式中，P_{DC} 是并联电容器的有功功率，根据式(3-17)～式(3-19)可得该变流器的模型为

$$Cu_{DC}\frac{du_{DC}}{dt} = (u_{dg}i_{dg} + u_{qg}i_{qg}) - (u_{dr}i_{dr} + u_{qr}i_{qr}) \tag{3-20}$$

在不考虑电力电子器件动态过程，而仅考虑电容充放电过程时，式(3-20)是变流器常用的模型。

3.2.6 双馈感应发电机的模型

1. abc 坐标下的方程

按照文献[11]中各坐标系的定义，设定子磁链旋转速度为 ω_s（通常称为同步速），转子旋转速度为 ω_r。各坐标之间的关系如图 3-9 所示，其中 abc 为电机定子坐标，ABC 为电机转子坐标，dq 表示转速为同步速 ω_s 的旋转坐标，xy 表示转速为同步速 ω_s 的系统公共坐标。转子绕组 A 轴领先于定子绕组 a 轴的角度为 θ，d 轴领先于 a 轴的角度为 θ_s，d 轴领先 A 轴的角度为 θ_r。按照发电机惯例，设电流流出电机为正。需要指出的是，异步发电机 dq 坐标系的转速通常取为同步速 ω_s，而同步发电机 dq 坐标系的转速则通常取为转子转速 ω_r。

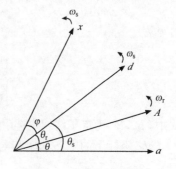

图 3-9　坐标空间向量图

由图可见

$$\theta_r = \theta_s - \theta \tag{3-21}$$

$$\frac{d\theta_s}{dt} = \omega_s, \quad \frac{d\theta}{dt} = \omega_r, \quad \frac{d\theta_r}{dt} = \omega_s - \omega_r = s\omega_s \tag{3-22}$$

式中，s 为滑差，对于 DFIG 风力发电机可正可负，有

$$s = \frac{\omega_s - \omega_r}{\omega_s} \tag{3-23}$$

abc 坐标下的磁链方程为

$$\begin{bmatrix} \psi_a \\ \psi_b \\ \psi_c \\ \psi_A \\ \psi_B \\ \psi_C \end{bmatrix} = \begin{bmatrix} L_{aa} & M_{ab} & M_{ac} & M_{aA} & M_{aB} & M_{aC} \\ M_{ab} & L_{bb} & M_{bc} & M_{bA} & M_{bB} & M_{bC} \\ M_{ca} & M_{cb} & L_{cf} & M_{cA} & M_{cB} & M_{cC} \\ M_{Aa} & M_{Ab} & M_{Ac} & L_{AA} & M_{AB} & M_{AC} \\ M_{Ba} & M_{Bb} & M_{Bc} & M_{BA} & L_{BB} & M_{BC} \\ M_{Ca} & M_{Cb} & M_{Cc} & M_{CA} & M_{CB} & L_{CC} \end{bmatrix} \begin{bmatrix} -i_a \\ -i_b \\ -i_c \\ i_A \\ i_B \\ i_C \end{bmatrix} \tag{3-24}$$

简写为

$$\begin{bmatrix} \boldsymbol{\psi}_{abc} \\ \boldsymbol{\psi}_{ABC} \end{bmatrix} = \begin{bmatrix} \boldsymbol{L}_{ss} & \boldsymbol{L}_{sr} \\ \boldsymbol{L}_{rs} & \boldsymbol{L}_{rr} \end{bmatrix} \begin{bmatrix} -\boldsymbol{i}_{abc} \\ \boldsymbol{i}_{ABC} \end{bmatrix} \tag{3-25}$$

注意到转子是隐极而且转子上绕组也是三相对称的，所以定子电感 $\boldsymbol{L}_{ss}$、转子电感 $\boldsymbol{L}_{rr}$ 均是恒定的，但定子与转子之间的电感 $\boldsymbol{L}_{sr} = \boldsymbol{L}_{rs}^{T}$ 由于转子旋转而时变

$$\boldsymbol{L}_{sr} = L_m \begin{bmatrix} \cos\theta & \cos(\theta+120°) & \cos(\theta-120°) \\ \cos(\theta-120°) & \cos\theta & \cos(\theta+120°) \\ \cos(\theta+120°) & \cos(\theta-120°) & \cos\theta \end{bmatrix} \tag{3-26}$$

abc 坐标下的电压方程为

$$\begin{bmatrix} u_a \\ u_b \\ u_c \\ u_A \\ u_B \\ u_C \end{bmatrix} = \begin{bmatrix} R_s & 0 & 0 & 0 & 0 & 0 \\ 0 & R_s & 0 & 0 & 0 & 0 \\ 0 & 0 & R_s & 0 & 0 & 0 \\ 0 & 0 & 0 & R_r & 0 & 0 \\ 0 & 0 & 0 & 0 & R_r & 0 \\ 0 & 0 & 0 & 0 & 0 & R_r \end{bmatrix} \begin{bmatrix} -i_a \\ -i_b \\ -i_c \\ i_A \\ i_B \\ i_C \end{bmatrix} + \frac{\mathrm{d}}{\mathrm{d}t} \begin{bmatrix} \psi_a \\ \psi_b \\ \psi_c \\ \psi_A \\ \psi_B \\ \psi_C \end{bmatrix} \tag{3-27}$$

简写为

$$\begin{cases} \boldsymbol{u}_{abc} = -R_s \boldsymbol{i}_{abc} + \dfrac{\mathrm{d}\boldsymbol{\psi}_{abc}}{\mathrm{d}t} \\ \boldsymbol{u}_{ABC} = R_r \boldsymbol{i}_{ABC} + \dfrac{\mathrm{d}\boldsymbol{\psi}_{ABC}}{\mathrm{d}t} \end{cases} \tag{3-28}$$

式中，R_s、R_r 为定子绕组电阻和转子绕组电阻。

abc 坐标下的电磁功率和电磁转矩方程为[11]

$$P_e = u_a i_a + u_b i_b + u_c i_c \tag{3-29}$$

$$T_e = -\frac{1}{2} \boldsymbol{i}^T \frac{\mathrm{d}\boldsymbol{L}}{\mathrm{d}t} \boldsymbol{i} \tag{3-30}$$

2. $dq0$ 坐标下的方程

下面通过 Park 变换，将定子 abc 变量和转子 ABC 变量均转换到公共的 $dq0$ 坐

标中的量,推导出相应的方程。

1) $dq0$ 坐标变换

利用 Park 变换,将定子 abc 变量转换到 $dq0$ 坐标中的变换方程为

$$\boldsymbol{f}_{dq0} = \boldsymbol{P}_{\mathrm{s}}\, \boldsymbol{f}_{abc}$$

$$\boldsymbol{P}_{\mathrm{s}} = \frac{2}{3} \begin{bmatrix} \cos\theta_{\mathrm{s}} & \cos(\theta_{\mathrm{s}}-120°) & \cos(\theta_{\mathrm{s}}+120°) \\ -\sin\theta_{\mathrm{s}} & -\sin(\theta_{\mathrm{s}}-120°) & -\sin(\theta_{\mathrm{s}}+120°) \\ \dfrac{1}{2} & \dfrac{1}{2} & \dfrac{1}{2} \end{bmatrix} \quad (3\text{-}31)$$

将转子 ABC 变量转换到 $dq0$ 坐标中的变换方程为

$$\boldsymbol{f}_{dq0} = \boldsymbol{P}_{\mathrm{r}}\, \boldsymbol{f}_{ABC}$$

$$\boldsymbol{P}_{\mathrm{r}} = \frac{2}{3} \begin{bmatrix} \cos\theta_{\mathrm{r}} & \cos(\theta_{\mathrm{r}}-120°) & \cos(\theta_{\mathrm{r}}+120°) \\ -\sin\theta_{\mathrm{r}} & -\sin(\theta_{\mathrm{r}}-120°) & -\sin(\theta_{\mathrm{r}}+120°) \\ \dfrac{1}{2} & \dfrac{1}{2} & \dfrac{1}{2} \end{bmatrix} \quad (3\text{-}32)$$

逆变换矩阵为

$$\boldsymbol{P}_{\mathrm{s}}^{-1} = \begin{bmatrix} \cos\theta_{\mathrm{s}} & -\sin\theta_{\mathrm{s}} & 1 \\ \cos(\theta_{\mathrm{s}}-120°) & -\sin(\theta_{\mathrm{s}}-120°) & 1 \\ \cos(\theta_{\mathrm{s}}+120°) & -\sin(\theta_{\mathrm{s}}+120°) & 1 \end{bmatrix}$$

$$\boldsymbol{P}_{\mathrm{r}}^{-1} = \begin{bmatrix} \cos\theta_{\mathrm{s}} & -\sin\theta_{\mathrm{r}} & 1 \\ \cos(\theta_{\mathrm{r}}-120°) & -\sin(\theta_{\mathrm{r}}-120°) & 1 \\ \cos(\theta_{\mathrm{r}}+120°) & -\sin(\theta_{\mathrm{r}}+120°) & 1 \end{bmatrix}$$

2) $dq0$ 坐标下的磁链方程

对定子磁链方程式进行 Park 变换,有

$$\boldsymbol{\psi}_{dq0}^{\mathrm{s}} = -\boldsymbol{P}_{\mathrm{s}}\,\boldsymbol{L}_{\mathrm{ss}}\,\boldsymbol{P}_{\mathrm{s}}^{-1}\,\boldsymbol{i}_{dq0}^{\mathrm{s}} + \boldsymbol{P}_{\mathrm{s}}\,\boldsymbol{L}_{\mathrm{sr}}\,\boldsymbol{P}_{\mathrm{r}}^{-1}\,\boldsymbol{i}_{dq0}^{\mathrm{r}}$$

经过推导,不难证明其中的电感为

$$\boldsymbol{P}_{\mathrm{s}}\,\boldsymbol{L}_{\mathrm{ss}}\,\boldsymbol{P}_{\mathrm{s}}^{-1} = \begin{bmatrix} L_{\mathrm{ss}} & 0 & 0 \\ 0 & L_{\mathrm{ss}} & 0 \\ 0 & 0 & L_0 \end{bmatrix}, \quad \boldsymbol{P}_{\mathrm{s}}\,\boldsymbol{L}_{\mathrm{sr}}\,\boldsymbol{P}_{\mathrm{r}}^{-1} = \begin{bmatrix} L_{\mathrm{m}} & 0 & 0 \\ 0 & L_{\mathrm{m}} & 0 \\ 0 & 0 & 0 \end{bmatrix}$$

一般不考虑 0 分量,所以定子磁链方程为

$$\begin{cases} \psi_{ds} = -L_{\mathrm{ss}} i_{ds} + L_{\mathrm{m}} i_{dr} \\ \psi_{qs} = -L_{\mathrm{ss}} i_{qs} + L_{\mathrm{m}} i_{qr} \end{cases} \quad (3\text{-}33)$$

类似可得,转子磁链方程为

$$\begin{cases} \psi_{dr} = L_{\mathrm{rr}} i_{dr} - L_{\mathrm{m}} i_{ds} \\ \psi_{qr} = L_{\mathrm{rr}} i_{qr} - L_{\mathrm{m}} i_{qs} \end{cases} \quad (3\text{-}34)$$

式中,L_{ss}、L_{rr}、L_{m} 为定子绕组电感、转子绕组电感和定子绕组与转子绕组之间的互感,绕组电感为漏感与互感之和,即

$$L_{ss} = L_{s\sigma} + L_m, \quad L_{rr} = L_{r\sigma} + L_m$$

3) $dq0$ 坐标下的电压方程

对定子绕组的电压方程式(3-28)进行 Park 变换,有

$$\boldsymbol{u}_{dq0}^s = -\boldsymbol{P}_s \boldsymbol{R}_s \boldsymbol{P}_s^{-1} \boldsymbol{i}_{dq0}^s + \boldsymbol{P}_s \frac{\mathrm{d}}{\mathrm{d}t}(\boldsymbol{P}_s^{-1} \boldsymbol{\psi}_{dq0}^s) = -\boldsymbol{R}_s \boldsymbol{i}_{dq0}^s + \frac{\mathrm{d}\boldsymbol{\psi}_{dq0}^s}{\mathrm{d}t} + \boldsymbol{P}_s \frac{\mathrm{d}\boldsymbol{P}_s^{-1}}{\mathrm{d}t} \boldsymbol{\psi}_{dq0}^s$$

经过推导,不难证明其中的第三项为

$$\boldsymbol{P}_s \frac{\mathrm{d}\boldsymbol{P}_s^{-1}}{\mathrm{d}t} \boldsymbol{\psi}_{dq0}^s = \begin{bmatrix} 0 & -1 & 0 \\ 1 & 0 & 0 \\ 0 & 0 & 0 \end{bmatrix} \frac{\mathrm{d}\theta_s}{\mathrm{d}t} \boldsymbol{\psi}_{dq0}^s = \begin{bmatrix} -\omega_s \psi_{qs} \\ \omega_s \psi_{ds} \\ 0 \end{bmatrix}$$

所以,定子电压方程为

$$\begin{cases} u_{ds} = -R_s i_{ds} + \dfrac{\mathrm{d}\psi_{ds}}{\mathrm{d}t} - \omega_s \psi_{qs} \\[3mm] u_{qs} = -R_s i_{qs} + \dfrac{\mathrm{d}\psi_{qs}}{\mathrm{d}t} + \omega_s \psi_{ds} \end{cases} \tag{3-35}$$

类似可得,转子电压方程为

$$\begin{cases} u_{dr} = R_r i_{dr} + \dfrac{\mathrm{d}\psi_{dr}}{\mathrm{d}t} - (\omega_s - \omega_r)\psi_{qr} \\[3mm] u_{qr} = R_r i_{qr} + \dfrac{\mathrm{d}\psi_{qr}}{\mathrm{d}t} + (\omega_s - \omega_r)\psi_{dr} \end{cases} \tag{3-36}$$

由此可见,定子和转子电压均由三项组成:第一项为欧姆电压;第二项为磁链变化引起的脉变电压;第三项为速度电势。值得注意的是,转子电压中比同步发电机多出了速度电势,此速度电势是由转子转速与同步转速的相对运动引起的。如果转子转速也为同步转速,此项即消失。另一点值得注意的是,同步发电机和异步电动机的转子电压为零,而异步发电机的转子电压不为零。

4) $dq0$ 坐标下的功率与转矩方程

经过合适选择基准值,而且不考虑 0 分量,标幺值功率方程为[11]

$$P_e = \boldsymbol{u}_{abc}^{\mathrm{T}} \boldsymbol{i}_{abc} = (\boldsymbol{u}_{dq0}^s)^{\mathrm{T}}(\boldsymbol{P}_s^{-1})^{\mathrm{T}} \boldsymbol{P}_s^{-1} \boldsymbol{i}_{dq0}^s = u_{ds} i_{ds} + u_{qs} i_{qs}, \quad P_{em} = P_e + R_s(i_{ds}^2 + i_{qs}^2) \tag{3-37}$$

即电磁功率为定子输出功率加上定子铜耗,如果忽略定子铜耗,则两者相等。根据式(3-9)、式(3-33)、式(3-34)和式(3-37),经过推导可得电磁转矩方程为

$$T_e = \psi_{ds} i_{qs} - \psi_{qs} i_{ds} = \psi_{dr} i_{qr} - \psi_{qr} i_{dr} = L_m(i_{qs} i_{dr} - i_{ds} i_{qr}) \tag{3-38}$$

上述 $dq0$ 坐标下的模型,也可称为电磁暂态模型或者 Park 模型。在进行电力系统机电暂态过程分析时,通常忽略电机的定子暂态过程获得机电暂态模型,通过定义实用变量获得相应的实用模型。下面先给出传统定义下的实用模型方程,然后推导新定义下的实用模型方程,最后推导极坐标形式的实用模型方程。

3. 传统定义下的实用模型方程

在进行电力系统分析中,尤其是进行机电暂态过程分析时,由于电机定子电磁

暂态的时间常数很小,所以通常忽略电机的定子暂态,即令

$$\frac{\mathrm{d}\psi_{ds}}{\mathrm{d}t} = \frac{\mathrm{d}\psi_{qs}}{\mathrm{d}t} = 0 \tag{3-39}$$

传统上采用如下的实用变量定义[11]:

$$\begin{cases} E'_d = -\omega_s \dfrac{L_m}{L_{rr}}\psi_{qr}, \quad E'_q = \omega_s \dfrac{L_m}{L_{rr}}\psi_{dr} \\[2mm] X = \omega_s L_{ss}, \quad X' = \omega_s\left(L_{ss} - \dfrac{L_m^2}{L_{rr}}\right), \quad T'_0 = \dfrac{L_{rr}}{R_r} \\[2mm] u'_{dr} = \dfrac{L_m}{L_{rr}}u_{dr}, \quad u'_{qr} = \dfrac{L_m}{L_{rr}}u_{qr} \end{cases} \tag{3-40}$$

式中,E'_d、E'_q 分别为 d 轴、q 轴的暂态电势;X 为同步电抗;X' 为暂态电抗;T'_0 为暂态开路时间常数。由式(3-34)可得

$$\begin{cases} i_{dr} = \dfrac{\psi_{dr} + L_m i_{ds}}{L_{rr}} \\[2mm] i_{qr} = \dfrac{\psi_{qr} + L_m i_{qs}}{L_{rr}} \end{cases} \tag{3-41}$$

将式(3-40)和式(3-41)定义的各变量代入式(3-36)得(以直轴方程为例)

$$u_{dr} = R_r\left(\frac{\psi_{dr} + L_m i_{ds}}{L_{rr}}\right) + \frac{\mathrm{d}\psi_{dr}}{\mathrm{d}t} - (\omega_s - \omega_r)\psi_{qr}$$

$$= \frac{1}{T'_0}\left(\frac{L_{rr}}{\omega_s L_m}E'_q + L_m i_{ds}\right) + \frac{\mathrm{d}}{\mathrm{d}t}\left(\frac{L_{rr}}{\omega_s L_m}E'_q\right) + (\omega_s - \omega_r)\frac{L_{rr}}{\omega_s L_m}E'_d \tag{3-42}$$

由于

$$\frac{\mathrm{d}}{\mathrm{d}t}\left(\frac{L_{rr}}{\omega_s L_m}E'_q\right) = \frac{L_{rr}}{L_m}\left(\frac{1}{\omega_s}\frac{\mathrm{d}E'_q}{\mathrm{d}t} - \frac{E'_q}{\omega_s^2}\frac{\mathrm{d}\omega_s}{\mathrm{d}t}\right) \tag{3-43}$$

将式(3-43)代入式(3-42),经过整理可得

$$\frac{\mathrm{d}E'_q}{\mathrm{d}t} = -\frac{1}{T'_0}[E'_q + (X - X')i_{ds}] - s\omega_s E'_d + \omega_s u'_{dr} + \frac{E'_q}{\omega_s}\frac{\mathrm{d}\omega_s}{\mathrm{d}t} \tag{3-44}$$

类似地可得

$$\frac{\mathrm{d}E'_d}{\mathrm{d}t} = -\frac{1}{T'_0}[E'_d - (X - X')i_{qs}] + s\omega_s E'_q - \omega_s u'_{qr} + \frac{E'_d}{\omega_s}\frac{\mathrm{d}\omega_s}{\mathrm{d}t} \tag{3-45}$$

而以往文献中的实用模型方程为

$$\begin{cases} \dfrac{\mathrm{d}E'_d}{\mathrm{d}t} = -\dfrac{1}{T'_0}[E'_d - (X - X')i_{qs}] + s\omega_s E'_q - \omega_s u'_{qr} \\[3mm] \dfrac{\mathrm{d}E'_q}{\mathrm{d}t} = -\dfrac{1}{T'_0}[E'_q + (X - X')i_{ds}] - s\omega_s E'_d + \omega_s u'_{dr} \end{cases} \tag{3-46}$$

当采用标幺值时,角速度与频率是相等的,即 $\omega_s = f$。对比方程式(3-46)和式(3-44)、式(3-45)可见,传统的实用模型方程实际上忽略了频率的导数项,也就是近似的。

4. 新定义下的实用模型方程

1) 新定义的实用变量

笔者重新定义实用变量如下:

$$
\begin{cases}
E'_d = -\dfrac{L_m}{L_{rr}}\psi_{qr}, \quad E'_q = \dfrac{L_m}{L_{rr}}\psi_{dr} \\[3mm]
L = L_{ss}, \quad L' = L_{ss} - \dfrac{L_m^2}{L_{rr}}, \quad T'_0 = \dfrac{L_{rr}}{R_r} \\[3mm]
u'_{dr} = \dfrac{L_m}{L_{rr}}u_{dr}, \quad u'_{qr} = \dfrac{L_m}{L_{rr}}u_{qr}
\end{cases}
\tag{3-47}
$$

式(3-47)与传统定义式(3-40)的区别在于,新定义中没有包含频率。

2) 新定义下的电压方程

以直轴方程为例,将式(3-41)代入式(3-33)可得

$$
\psi_{qs} = -L_{ss}i_{qs} + L_m\left(\frac{\psi_{qr} + L_m i_{qs}}{L_{rr}}\right)
\tag{3-48}
$$

将式(3-47)和式(3-48)代入定子电压方程式(3-35)可得

$$
\begin{aligned}
u_{ds} &= -R_s i_{ds} - \omega_s\left[-L_{ss}i_{qs} + L_m\left(\frac{\psi_{qr} + L_m i_{qs}}{L_{rr}}\right)\right] \\[2mm]
&= -R_s i_{ds} - \omega_s\left[-L_{ss}i_{qs} + L_m\left[\frac{-\dfrac{L_{rr}}{L_m}E'_d + L_m i_{qs}}{L_{rr}}\right]\right] \\[2mm]
&= -R_s i_{ds} - \omega_s\left[-\left(L_{ss} - \frac{L_m^2}{L_{rr}}\right)i_{qs} - E'_d\right] \\[2mm]
&= -R_s i_{ds} + \omega_s L' i_{qs} + \omega_s E'_d
\end{aligned}
\tag{3-49}
$$

类似地可得交轴方程,从而获得如下电压方程:

$$
\begin{cases}
u_{ds} = -R_s i_{ds} + \omega_s L' i_{qs} + \omega_s E'_d \\[2mm]
u_{qs} = -R_s i_{qs} - \omega_s L' i_{ds} + \omega_s E'_q
\end{cases}
\tag{3-50}
$$

3) 新定义下的电势方程

以直轴方程为例,将式(3-41)和式(3-47)代入式(3-36)可得

$$
\begin{aligned}
u_{dr} &= R_r\left(\frac{\psi_{dr} + L_m i_{ds}}{L_{rr}}\right) + \frac{\mathrm{d}\psi_{dr}}{\mathrm{d}t} - (\omega_s - \omega_r)\psi_{qr} \\[2mm]
&= \frac{1}{T'_0}\left(\frac{L_{rr}}{L_m}E'_q + L_m i_{ds}\right) + \frac{\mathrm{d}}{\mathrm{d}t}\left(\frac{L_{rr}}{L_m}E'_q\right) + (\omega_s - \omega_r)\frac{L_{rr}}{L_m}E'_d
\end{aligned}
$$

经过整理可得

$$
\frac{\mathrm{d}E'_q}{\mathrm{d}t} = -\frac{1}{T'_0}\left[E'_q + (L - L')i_{ds}\right] - s\omega_s E'_d + u'_{dr}
\tag{3-51}
$$

类似地可得交轴方程,从而获得如下电势方程:

$$\begin{cases} \dfrac{\mathrm{d}E'_d}{\mathrm{d}t} = -\dfrac{1}{T'_0}[E'_d - (L-L')i_{qs}] + s\omega_s E'_q - u'_{qr} \\ \dfrac{\mathrm{d}E'_q}{\mathrm{d}t} = -\dfrac{1}{T'_0}[E'_q + (L-L')i_{ds}] - s\omega_s E'_d + u'_{dr} \end{cases} \tag{3-52}$$

4）新定义下的功率与转矩方程

功率方程并没有变化，仍然为式(3-37)。

将式(3-39)代入式(3-35)，然后再代入式(3-38)可得

$$T_e = [(u_{ds}i_{ds} + u_{qs}i_{qs}) + R_s(i_{ds}^2 + i_{qs}^2)]/\omega_s \tag{3-53}$$

再将式(3-50)代入式(3-53)可得

$$T_e = E'_d i_{ds} + E'_q i_{qs} \tag{3-54}$$

5. 系统坐标下的实用模型方程

为了与系统模型能够进行联立求解，需要将 dq 坐标下的模型转换到系统公共坐标 xy 下。由图 3-9 可见，xy 坐标和 dq 坐标之间的转换关系为

$$\begin{bmatrix} f_d \\ f_q \end{bmatrix} = \begin{bmatrix} \cos\varphi & \sin\varphi \\ -\sin\varphi & \cos\varphi \end{bmatrix}\begin{bmatrix} f_x \\ f_y \end{bmatrix} \tag{3-55}$$

由于 dq 坐标和 xy 坐标均为同步速，所以两者之间的夹角 φ 为恒定值。经过变换，得到系统公共坐标系下的实用模型方程如下，推导中没有忽略任何项，具体推导从略。

电势方程为

$$\begin{cases} \dfrac{\mathrm{d}E'_x}{\mathrm{d}t} = -\dfrac{1}{T'_0}[E'_x - (L-L')i_{ys}] + s\omega_s E'_y - u'_{yr} \\ \dfrac{\mathrm{d}E'_y}{\mathrm{d}t} = -\dfrac{1}{T'_0}[E'_y + (L-L')i_{xs}] - s\omega_s E'_x + u'_{xr} \end{cases} \tag{3-56}$$

电压方程为

$$\begin{cases} u_{xs} = -r_s i_{xs} + \omega_s L' i_{ys} + \omega_s E'_x \\ u_{ys} = -r_s i_{ys} - \omega_s L' i_{xs} + \omega_s E'_y \end{cases} \tag{3-57}$$

6. 极坐标形式的实用模型方程

1）角度与轴的定义

定义相量的虚轴 j 与 q 轴重合，实轴 r 与 d 轴重合。定义 α 为 $\dot{U}$ 与 d 轴之间的角度，β 为 $\dot{E}'$ 与 d 轴之间的角度，δ 为 $\dot{E}'$ 与 $\dot{U}$ 之间的角度，角度以超前为正，如图 3-10 所示。由图可知

$$\delta = \beta - \alpha \tag{3-58}$$

$$u_{ds} = U\cos\alpha, \quad u_{qs} = U\sin\alpha \tag{3-59}$$

$$E'_d = E'\cos\beta, \quad E'_q = E'\sin\beta \tag{3-60}$$

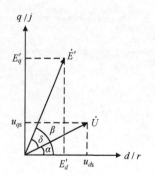

图 3-10　角度的定义

$$\dot{U} = u_{ds} + ju_{qs}, \quad \dot{E}' = E'_d + jE'_q, \quad \dot{I} = i_{ds} + ji_{qs} \tag{3-61}$$

2）相量形式的电压方程

将式（3-50）中第二个方程乘以 j 之后与第一个方程相加，经过推导可得

$$\dot{U} = \omega_s \dot{E}' - (r_s + j\omega_s L')\dot{I} = \omega_s \dot{E}' - Z_s \dot{I} \tag{3-62}$$

由此可得等效电路图如图 3-11 所示。

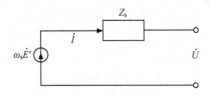

图 3-11　等效电路图

3）极坐标形式的电势方程

将式（3-60）代入式（3-52）的第一个方程得

$$T'_0 \frac{\mathrm{d}(E'\cos\beta)}{\mathrm{d}t} = T'_0 \left(\frac{\mathrm{d}E'}{\mathrm{d}t}\cos\beta - E'\sin\beta \frac{\mathrm{d}\beta}{\mathrm{d}t} \right)$$
$$= -E'\cos\beta + (L - L')i_{qs} + T'_0 s\omega_s E'\sin\beta - T'_0 u'_{qr} \tag{3-63}$$

将式（3-60）代入式（3-52）的第二个方程得

$$T'_0 \frac{\mathrm{d}(E'\sin\beta)}{\mathrm{d}t} = T'_0 \left(\frac{\mathrm{d}E'}{\mathrm{d}t}\sin\beta + E'\cos\beta \frac{\mathrm{d}\beta}{\mathrm{d}t} \right)$$
$$= -E'\sin\beta - (L - L')i_{ds} - T'_0 s\omega_s E'\cos\delta + T'_0 u'_{dr} \tag{3-64}$$

将式（3-63）乘以 $\cos\beta$、式（3-64）乘以 $\sin\beta$，然后相加，经过推导可得

$$T'_0 \frac{\mathrm{d}E'}{\mathrm{d}t} = -E' + (L - L')(i_{qs}\cos\beta - i_{ds}\sin\beta) + T'_0(-u'_{qr}\cos\beta + u'_{dr}\sin\beta) \tag{3-65}$$

将式（3-64）乘以 $\cos\beta$、式（3-63）乘以 $\sin\beta$，然后相减，经过推导可得

$$T'_0 E' \frac{\mathrm{d}\beta}{\mathrm{d}t} = -(L - L')(i_{ds}\cos\beta + i_{qs}\sin\beta) - T'_0 s\omega_s E' + T'_0(u'_{dr}\cos\beta + u'_{qr}\sin\beta) \tag{3-66}$$

忽略定子电阻，即令

$$R_s = 0 \tag{3-67}$$

将式（3-59）和式（3-67）代入式（3-50）得

$$\begin{cases} U\cos\alpha = \omega_s L' i_{qs} + \omega_s E'_d \\ U\sin\alpha = -\omega_s L' i_{ds} + \omega_s E'_q \end{cases} \tag{3-68}$$

由此可得

$$\begin{cases} i_{ds} = \dfrac{E'\sin\beta - U\sin\alpha/\omega_s}{L'} \\ i_{qs} = \dfrac{U\cos\alpha/\omega_s - E'\cos\beta}{L'} \end{cases} \tag{3-69}$$

由此可得式(3-65)中

$$i_{qs}\cos\beta - i_{ds}\sin\beta = \frac{U\cos\alpha/\omega_s - E'\cos\beta}{L'}\cos\beta - \frac{E'\sin\beta - U\sin\alpha/\omega_s}{L'}\sin\beta$$

$$= -\frac{E'}{L'} + \frac{U}{\omega_s L'}\cos(\beta-\alpha) = -\frac{E'}{L'} + \frac{U}{\omega_s L'}\cos\delta \tag{3-70}$$

类似地可得式(3-66)中

$$i_{ds}\cos\beta + i_{qs}\sin\beta = \frac{U}{\omega_s L'}\sin\delta \tag{3-71}$$

将式(3-70)代入式(3-65)有

$$T_0'\frac{\mathrm{d}E'}{\mathrm{d}t} = -\frac{L}{L'}E' + \frac{(L-L')U}{\omega_s L'}\cos\delta + T_0'(u_{dr}'\sin\beta - u_{qr}'\cos\beta) \tag{3-72}$$

令

$$C = \frac{L-L'}{L}, \quad T' = T_0'\frac{L'}{L} \tag{3-73}$$

则有

$$T'\frac{\mathrm{d}E'}{\mathrm{d}t} = -E' + \frac{CU}{\omega_s}\cos\delta + T'(u_{dr}'\sin\beta - u_{qr}'\cos\beta) \tag{3-74}$$

将式(3-71)和式(3-23)代入式(3-66),经过整理可得

$$\frac{\mathrm{d}\beta}{\mathrm{d}t} = (\omega_r - \omega_s) - \left(\frac{CU}{T'\omega_s E'}\right)\sin\delta + \frac{u_{dr}'\cos\beta + u_{qr}'\sin\beta}{E'} \tag{3-75}$$

由于 $\dot{U}$ 与 d 轴速度均为同步速,所以角度 α 恒定,故

$$\frac{\mathrm{d}\beta}{\mathrm{d}t} = \frac{\mathrm{d}(\delta+\alpha)}{\mathrm{d}t} = \frac{\mathrm{d}\delta}{\mathrm{d}t} \tag{3-76}$$

将式(3-76)代入式(3-75)可得

$$\frac{\mathrm{d}\delta}{\mathrm{d}t} = (\omega_r - \omega_s) - \left(\frac{CU}{T'\omega_s E'}\right)\sin\delta + \frac{u_{dr}'\cos\beta + u_{qr}'\sin\beta}{E'} \tag{3-77}$$

将式(3-60)和式(3-69)代入式(3-53),经过推导可得

$$T_e = E'\cos\beta\left(\frac{E'\sin\beta - U\sin\alpha/\omega_s}{L'}\right) + E'\sin\beta\left(\frac{U\cos\alpha/\omega_s - E'\cos\beta}{L'}\right)$$

$$= \frac{E'U}{\omega_s L'}(\sin\beta\cos\alpha - \cos\beta\sin\alpha) = \frac{E'U}{\omega_s L'}\sin(\beta-\alpha) = \frac{E'U}{\omega_s L'}\sin\delta \tag{3-78}$$

将此代入发电机转子运动方程,采用单质块模型:

$$T_J\frac{\mathrm{d}\omega_r}{\mathrm{d}t} = T_m - T_e \tag{3-79}$$

式中, T_J 为惯性时间常数; T_m 为机械转矩。

综合式(3-74)和式(3-77)~式(3-79),最终得到极坐标形式的电势-角度模型为

$$\begin{cases} T'\dfrac{\mathrm{d}E'}{\mathrm{d}t} = -E' + \dfrac{CU}{\omega_s}\cos\delta + T'(u_{dr}'\sin\beta - u_{qr}'\cos\beta) \\ \dfrac{\mathrm{d}\delta}{\mathrm{d}t} = \omega_r - \omega_s - \dfrac{CU}{T'\omega_s E'}\sin\delta + \dfrac{u_{dr}'\cos\beta + u_{qr}'\sin\beta}{E'} \\ T_J\dfrac{\mathrm{d}\omega_r}{\mathrm{d}t} = T_m - \dfrac{E'U}{\omega_s L'}\sin\delta \end{cases} \tag{3-80}$$

模型中的 β 角与控制器所采用的定向控制方式有关。如果采用定子电压定向，即 $\dot{U}$ 位于 d 轴，则有

$$\alpha = 0, \quad \beta = \delta, \quad u_{ds} = U, \quad u_{qs} = 0 \tag{3-81}$$

则式（3-80）中

$$\begin{cases} u'_{dr}\sin\beta - u'_{qr}\cos\beta = \dfrac{L_{\mathrm{m}}}{L_{\mathrm{rr}}}(u_{dr}\sin\delta - u_{qr}\cos\delta) \\[2mm] u'_{dr}\cos\beta + u'_{qr}\sin\beta = \dfrac{L_{\mathrm{m}}}{L_{\mathrm{rr}}}(u_{dr}\cos\delta + u_{qr}\sin\delta) \end{cases} \tag{3-82}$$

如果采用定子磁链定向，即磁链定向到 d 轴，也就是 $\dot{U}$（超前磁链 $90°$）位于 q 轴，则有

$$\alpha = 90°, \quad \beta = 90° + \delta, \quad u_{ds} = 0, \quad u_{qs} = U \tag{3-83}$$

则式（3-80）中

$$\begin{cases} u'_{dr}\sin\beta - u'_{qr}\cos\beta = \dfrac{L_{\mathrm{m}}}{L_{\mathrm{rr}}}(u_{dr}\cos\delta + u_{qr}\sin\delta) \\[2mm] u'_{dr}\cos\beta + u'_{qr}\sin\beta = \dfrac{L_{\mathrm{m}}}{L_{\mathrm{rr}}}(-u_{dr}\sin\delta + u_{qr}\cos\delta) \end{cases} \tag{3-84}$$

上面推导出的极坐标形式的电势模型方程式（3-80），其特点是以电势、角度和转速作为状态变量，在形式上与同步发电机方程相似，有助于对异步发电机内电势和角度的理解，有利于功角稳定、电压稳定的分析计算。

7. 模型比较

1）与传统定义模型的对比

传统定义式（3-40）将频率计入电势和电抗中，而新定义式（3-47）中不涉及频率。当电网频率明显变化时，传统定义的电势与频率有关，而新定义的电势则与频率无关。

传统定义下所得模型方程式（3-46），除了忽略脉变电势，还忽略了频率的导数项，在电网频率明显变化尤其是较快地变化时，会带来误差。而新定义下的直角坐标模型方程式（3-52）以及因此推得的极坐标模型方程式（3-80），除了忽略脉变电势，并没有忽略任何频率相关项。所以，新定义下所得模型在电网频率明显变化时的精度优于传统定义下的模型。

2）与同步发电机方程的对比

同步发电机的电势方程为[11-13]

$$\begin{cases} T'_{q0}\dfrac{\mathrm{d}E'_d}{\mathrm{d}t} = -E'_d + (X_q - X'_q)i_{qs} \\[2mm] T'_{d0}\dfrac{\mathrm{d}E'_q}{\mathrm{d}t} = -E'_q - (X_d - X'_d)i_{ds} + E_f \end{cases} \tag{3-85}$$

忽略凸极效应，即近似地有

$$T'_{d0} = T'_{q0} = T'_0, \quad X_d = X_q = \omega_s L, \quad X'_d = X'_q = \omega_s L' \tag{3-86}$$

按照前面的定义和过程,经过推导可得

$$\begin{cases} T' \dfrac{\mathrm{d}E'}{\mathrm{d}t} = -E' + \left(\dfrac{CU}{\omega_s}\right)\cos\delta + E'_\mathrm{f} \\[2mm] \dfrac{\mathrm{d}\delta}{\mathrm{d}t} = \omega_\mathrm{r} - \omega_\mathrm{s} \\[2mm] T_\mathrm{J} \dfrac{\mathrm{d}\omega_\mathrm{r}}{\mathrm{d}t} = T_\mathrm{m} - \dfrac{E'U}{X'}\sin\delta \end{cases} \tag{3-87}$$

对比式(3-80)和式(3-87)可见:①转速方程是相同的;②电势方程相类似,其中第三项都与励磁有关;③角度方程中第一、二项是相同的,但同步发电机的角度完全取决于转速差,而异步发电机的角度方程中除了转速差之外,还比同步发电机多了两项,其中第三项 $-\left(\dfrac{CU}{T'\omega_s E'}\right)\sin\delta$ 是由 $\dot{E}'$ 坐标定义引起的,但由于其中的时间常数 T' 的标幺值很大,所以这一项很小,而第四项则正比于异步发电机的励磁电压,其数值较大。后面的算例也证明了这一点。

也就是说,同步发电机的角度不受励磁直接控制,而 DFIG 异步发电机的角度可以由其励磁直接控制。

3) 与异步电动机方程的对比

经过改造的异步电动机的方程为[14]

$$\begin{cases} T' \dfrac{\mathrm{d}E'}{\mathrm{d}t} = -E' + CU\cos\delta \\[2mm] \dfrac{\mathrm{d}\delta}{\mathrm{d}t} = (\omega_\mathrm{r} - \omega_\mathrm{s}) - \left(\dfrac{CU}{T'E'}\right)\sin\delta \\[2mm] T_\mathrm{J} \dfrac{\mathrm{d}\omega_\mathrm{r}}{\mathrm{d}t} = -\left(\dfrac{E'U}{X'}\right)\sin\delta - T_\mathrm{m} \end{cases} \tag{3-88}$$

对比式(3-80)和式(3-88)可见:①电动机的电势方程和角度方程中没有第三项,这是因为电动机没有励磁;②电动机的转速方程中的转矩反号。

8. 算例分析

1) 算例系统

算例系统为图 3-12 所示的含双馈异步风电机组的 OMIB 系统,元件参数及初始条件如表 3-1 所示。需要说明的是:①X_TL 为双回线路总的电抗,或者说单回线路电抗是其双倍;②由于推导公式(3-80)时忽略了定子电阻,所以计算时取 $R_\mathrm{s}=0$;③由于采用单质块模型,所以惯性时间常数取为 $T_\mathrm{J} = T_\mathrm{g} + T_\mathrm{t} = 7(\mathrm{s})$;④绕组电感为漏感与互感之和,所以绕组电感 $L_\mathrm{ss} = 0.171 + 2.9 = 3.071$,$L_\mathrm{rr} = 0.156 + 2.9 = 3.056$。

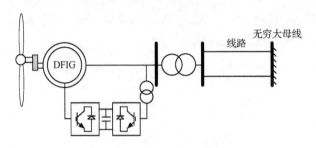

图 3-12　DFIG 接入无穷大系统

表 3-1　双馈风电机组参数

参数名		参数值		
基准值		$S_B=1.5/0.9 \text{MV} \cdot \text{A}, V_B=575\text{V}$		
风力机	H_g/s	0.5	H_t/s	3
	$K_{sh}/(\text{p. u. /rad})$	0.3000	$D_{sh}/\text{p. u.}$	1.500
双馈风力发电机	$R_s/\text{p. u.}$	0.00076	$R_r/\text{p. u.}$	0.005
	$L_{s\sigma}/\text{p. u.}$	0.171	$L_{r\sigma}/\text{p. u.}$	0.156
	$L_m/\text{p. u.}$	2.9	—	—
电容器	$C/\text{p. u.}$	0.0001	U_{DC}/V	1200
控制器	转子侧有功 PI 控制器	$K_{p1}/\text{p. u.}$	1	K_{i1}/s^{-1}	100
	转子侧电流 PI 控制器	$K_{p2}/\text{p. u.}$	0.3	K_{i2}/s^{-1}	8
	转子侧无功 PI 控制器	$K_{p3}/\text{p. u.}$	1.25	K_{i3}/s^{-1}	300
	直流电压 PI 控制器	$K_{p4}/\text{p. u.}$	2.4	K_{i4}/s^{-1}	60
	网侧电流 PI 控制器	$K_{p5}/\text{p. u.}$	1	K_{i5}/s^{-1}	100
	桨距角 PI 控制器	$K_{p6}/\text{p. u.}$	0.3	K_{i6}/s^{-1}	8
线路电抗	$X_{Tg}/\text{p. u.}$	0.15	$X_{TL}/\text{p. u.}$	0.127
初始条件	$P_{e0}=0.5\text{p. u.}$,		$Q_{e0}=0\text{p. u.}$	

　　故障设置为，在双回线中一回线的 50% 处，0.2s 发生三相短路（短路接地电阻为 0.5Ω），0.15s 后（即 0.17s 时）消失恢复正常。采用定子电压定向，即采用式(3-80)~式(3-82)。

　　2) 控制器采用恒功率因素控制方式

　　当控制器采用恒功率因素控制方式时，发电机端口变量如图 3-13 所示，三个状态变量如图 3-14 所示，电势公式右侧中的三个子项如图 3-15 所示，角度公式右侧中的三个子项如图 3-16 所示。

　　3) 控制器采用恒电压控制方式

　　当控制器采用恒电压控制方式时，发电机端口变量如图 3-17 所示，三个状态变量如图 3-18 所示，电势公式右侧中的三个子项如图 3-19 所示，角度公式右侧中的三个子项如图 3-20 所示。

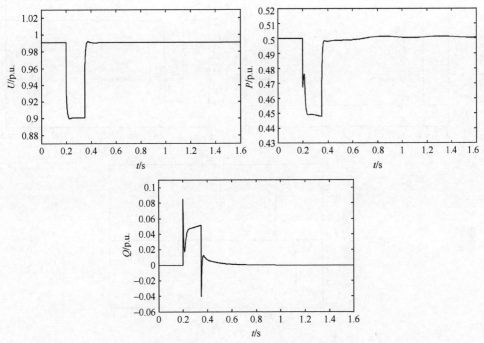

图 3-13　发电机端口变量（恒功率因素控制）

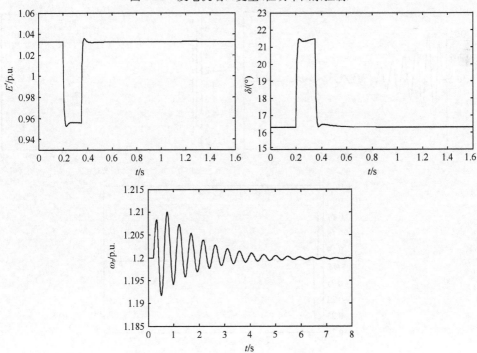

图 3-14　发电机状态变量（恒功率因素控制）

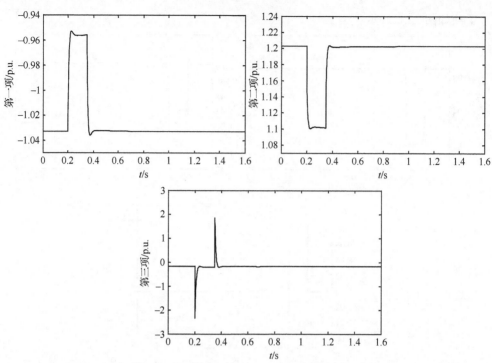

图 3-15　电势公式右侧中的三个子项(恒功率因素控制)

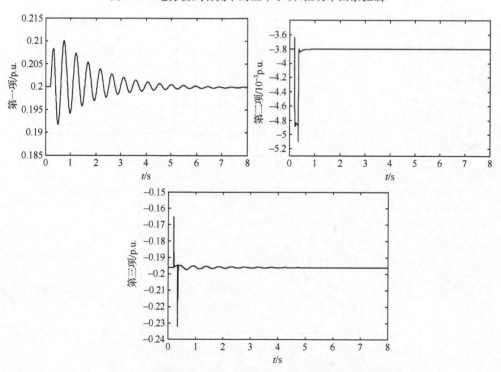

图 3-16　角度公式右侧中的三个子项(恒功率因素控制)

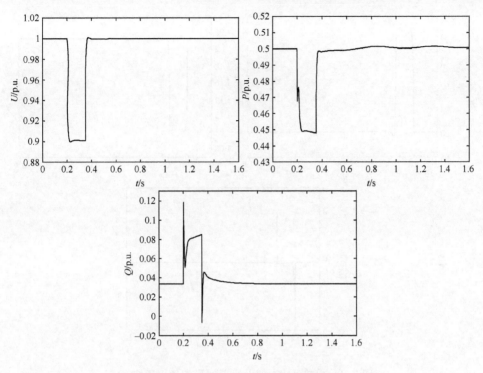

图 3-17 发电机端口变量（恒电压控制）

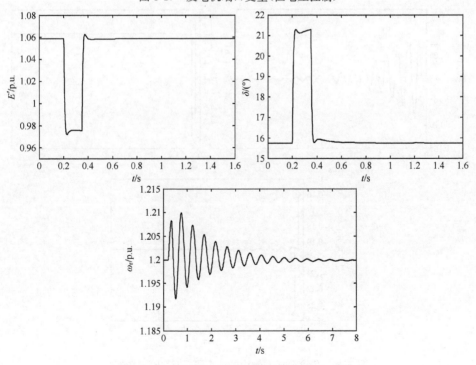

图 3-18 发电机状态变量（恒电压控制）

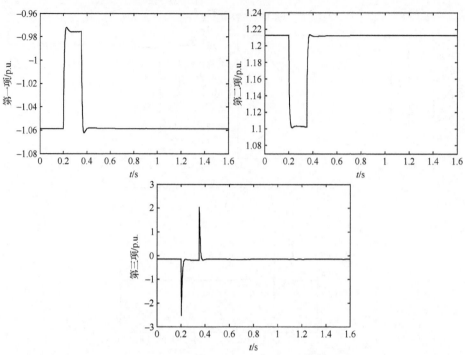

图 3-19　电势公式右侧中的三个子项(恒电压控制)

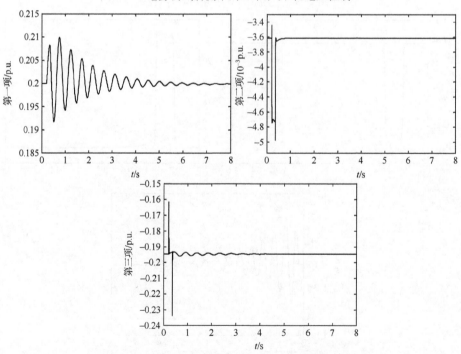

图 3-20　角度公式右侧中的三个子项(恒电压控制)

4）结果分析

（1）故障期间，发电机的端口电压和有功功率下降，而无功功率上升。

（2）故障期间，内电势下降、角度上升、转速振荡。而且，转速的动态过程明显长于其他状态变量。

（3）电势公式右侧中的三个子项，大小相当。这说明，电势受到发电机电压、角度和励磁的共同影响。

（4）角度公式右侧中的三个子项中，第二项比另外两项小两个数量级，可以忽略不计。故障消失之后，伴随着与转速差相关的第一项的振荡，与励磁相关的第三项也相应地补偿控制，从而使得角度波动得以尽快平息。

（5）对于恒功率因素控制方式和恒电压控制方式，上述结果都是相似的。

值得注意的是，由于 DFIG 的角度变化不仅取决于转速差，而且可以通过励磁加以控制。能否利用这一点来改善系统的功角稳定性，值得进一步深入研究。

3.2.7 双馈感应发电机控制器的模型

Yamamoto 等[15]提出的解耦控制是 DFIG 机组中最常用的控制策略。在 dq 坐标下，假设 d 轴与发电机的定子磁链的方向保持一致，DFIG 的定子有功功率和无功功率或电压可以分别通过转子电压在 q 轴和 d 轴的分量进行解耦控制，本节以有功功率和电压的解耦控制为例，推导双馈电机的控制器模型。

1）转子侧控制器模型

转子侧控制器的目标是控制发电机的有功功率能够跟踪风机的输入功率并且维持发电机端口的电压恒定，此处采用的是恒电压控制，控制器的控制框图如图 3-21 所示。

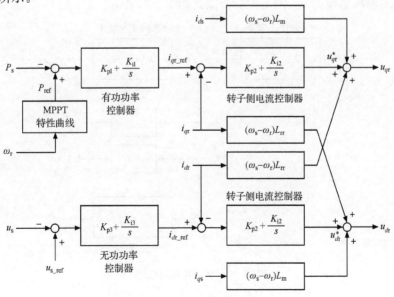

图 3-21　转子侧控制器框图

69

根据控制框图,并假设中间变量为 x_1、x_2、x_3、x_4,控制器方程可以写为

$$\frac{\mathrm{d}x_1}{\mathrm{d}t} = P_{ref} - P_s \tag{3-89}$$

$$i_{qr\_ref} = K_{p1}(P_{ref} - P_s) + K_{i1}x_1 \tag{3-90}$$

$$\frac{\mathrm{d}x_2}{\mathrm{d}t} = i_{qr\_ref} - i_{qr} = K_{p1}(P_{ref} - P_s) + K_{i1}x_1 - i_{qr} \tag{3-91}$$

$$\frac{\mathrm{d}x_3}{\mathrm{d}t} = u_{s\_ref} - u_s \tag{3-92}$$

$$i_{dr\_ref} = K_{p3}(u_{s\_ref} - u_s) + K_{i3}x_3 \tag{3-93}$$

$$\frac{\mathrm{d}x_4}{\mathrm{d}t} = i_{dr\_ref} - i_{dr} = K_{p3}(u_{s\_ref} - u_s) + K_{i3}x_3 - i_{dr} \tag{3-94}$$

从而可以得到

$$u_{qr} = K_{p2}(K_{p1}\Delta P + K_{i1}x_1 - i_{qr}) + K_{i2}x_2 + s\omega_s L_m i_{ds} + s\omega_s L_{rr}i_{qr} \tag{3-95}$$

$$u_{dr} = K_{p2}(K_{p3}\Delta u + K_{i3}x_3 - i_{dr}) + K_{i2}x_4 - s\omega_s L_m i_{qs} - s\omega_s L_{rr}i_{dr} \tag{3-96}$$

式中,K_{p1} 和 K_{i1} 分别为有功功率控制的比例系数和积分系数;K_{p2} 和 K_{i2} 分别为转子侧电流控制的比例系数和积分系数;K_{p3} 和 K_{i3} 分别为电压控制的比例系数和积分系数;u_{s_ref} 为电压的控制目标;P_{ref} 为有功功率的参考值,其数值根据发电机转速 ω_r 查询最大功率跟踪特性曲线获得。

2)网侧控制器模型

网侧控制器的目标是为了维持"背靠背"变流器中并联电容器的电压保持恒定,以及控制变流器输出的无功功率。电容器的电压通过网侧变流器电流的 d 轴分量来控制,而无功功率通过网侧变流器电流的 q 轴分量来控制,为了减少损耗,通常将 q 轴电流的参考值设为 0。网侧控制器框图如图 3-22 所示。

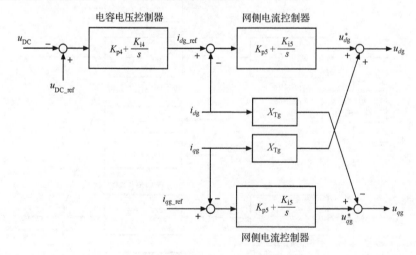

图 3-22 网侧控制器框图

根据控制框图,并假设中间变量为 x_5、x_6、x_7,网侧控制器的模型可以写为

$$\frac{\mathrm{d}x_5}{\mathrm{d}t} = u_{\mathrm{DC\_ref}} - u_{\mathrm{DC}} = -\Delta u_{\mathrm{DC}} \tag{3-97}$$

$$i_{dg\_\mathrm{ref}} = -K_{\mathrm{p4}}\Delta u_{\mathrm{DC}} + K_{\mathrm{i4}}x_5 \tag{3-98}$$

$$\frac{\mathrm{d}x_6}{\mathrm{d}t} = i_{dg\_\mathrm{ref}} - i_{dg} = -K_{\mathrm{p4}}\Delta u_{\mathrm{DC}} + K_{\mathrm{i4}}x_5 - i_{dg} \tag{3-99}$$

$$\frac{\mathrm{d}x_7}{\mathrm{d}t} = i_{qg\_\mathrm{ref}} - i_{qg} \tag{3-100}$$

$$u_{dg} = K_{\mathrm{p5}}\frac{\mathrm{d}x_6}{\mathrm{d}t} + K_{\mathrm{i5}}x_6 + X_{\mathrm{Tg}}i_{qg} = K_{\mathrm{p5}}(-K_{\mathrm{p4}}\Delta u_{\mathrm{DC}} + K_{\mathrm{i4}}x_5 - i_{dg}) + K_{\mathrm{i5}}x_6 + X_{\mathrm{Tg}}i_{qg}$$

$$\tag{3-101}$$

$$u_{qg} = K_{\mathrm{p5}}\frac{\mathrm{d}x_7}{\mathrm{d}t} + K_{\mathrm{i5}}x_7 - X_{\mathrm{Tg}}i_{dg} = K_{\mathrm{p5}}(i_{qg\_\mathrm{ref}} - i_{qg}) + K_{\mathrm{i5}}x_7 - X_{\mathrm{Tg}}i_{dg}$$

$$\tag{3-102}$$

式中,K_{p4} 和 K_{i4} 分别为电容器电压控制器的比例系数和积分系数;K_{p5} 和 K_{i5} 分别为网侧电流控制器的比例系数和积分系数;$u_{\mathrm{DC\_ref}}$ 为电容器电压的参考值;i_{qg_ref} 为网侧 q 轴电流的参考值,通常设为 0;X_{Tg} 为连接变流器和网络的变压器电抗。

3.2.8　永磁同步发电机的模型

永磁发电机本质上是同步发电机,只要用永磁转子的等效磁导率计算出电机的各种电感,并将励磁电流设定为常数,就可以采用同步发电机的分析方法进行分析。

与传统的同步发电机相类似,其 abc 坐标下的电压方程可以写为

$$u_{\mathrm{abc}} = \frac{\mathrm{d}\boldsymbol{\Psi}_{\mathrm{abc}}}{\mathrm{d}t} - r i_{\mathrm{abc}} = \frac{\mathrm{d}(\boldsymbol{\Psi}_{\mathrm{s\_abc}} + \boldsymbol{\Psi}_{\mathrm{PM\_abc}})}{\mathrm{d}t} - r i_{\mathrm{abc}} \tag{3-103}$$

式中,u_{abc} 为定子三相电压;$\boldsymbol{\Psi}_{\mathrm{abc}}$ 为定子三相磁链;$\boldsymbol{\Psi}_{\mathrm{s\_abc}}$ 为定子电流产生的磁链;$\boldsymbol{\Psi}_{\mathrm{PM\_abc}}$ 为永磁体产生的磁场匝链到定子上的磁链;i_{abc} 为定子三相电流;r 为定子电阻。

对电压方程进行 Park 变化,选取 Park 变换矩阵为

$$\boldsymbol{D} = \frac{2}{3}\begin{bmatrix} \cos\theta_{\mathrm{a}} & \cos\theta_{\mathrm{b}} & \cos\theta_{\mathrm{c}} \\ \sin\theta_{\mathrm{a}} & \sin\theta_{\mathrm{b}} & \sin\theta_{\mathrm{c}} \\ \dfrac{1}{2} & \dfrac{1}{2} & \dfrac{1}{2} \end{bmatrix} \tag{3-104}$$

在电压方程式(3-103)两端同时左乘 Park 变换矩阵可得

$$u_{dq0} = \boldsymbol{D}\frac{\mathrm{d}(\boldsymbol{\Psi}_{\mathrm{s\_abc}} + \boldsymbol{\Psi}_{\mathrm{PM\_abc}})}{\mathrm{d}t} - r i_{dq0} \tag{3-105}$$

$$\boldsymbol{D}\frac{\mathrm{d}(\boldsymbol{\Psi}_{\mathrm{s\_abc}} + \boldsymbol{\Psi}_{\mathrm{PM\_abc}})}{\mathrm{d}t} = \frac{\mathrm{d}\boldsymbol{\Psi}_{\mathrm{s\_}dq0} + \boldsymbol{\Psi}_{\mathrm{PM\_}dq0}}{\mathrm{d}t} + \omega\begin{bmatrix} -\boldsymbol{\Psi}_{\mathrm{s\_}q} - \boldsymbol{\Psi}_{\mathrm{PM\_}q} \\ \boldsymbol{\Psi}_{\mathrm{s\_}d} + \boldsymbol{\Psi}_{\mathrm{PM\_}d} \\ 0 \end{bmatrix} \tag{3-106}$$

将 $\boldsymbol{\Psi}_{s\_dq0}=-L_s\,\boldsymbol{i}_{dq0}$ 代入,并假设 dq 坐标的 d 轴与永磁体产生的磁场同相位,得到永磁电机的电压方程为

$$\begin{cases} u_{ds}=-R_s i_{ds}-L_s\dfrac{\mathrm{d}i_{ds}}{\mathrm{d}t}+L_s\omega i_{qs} \\[3mm] u_{qs}=-R_s i_{qs}-L_s\dfrac{\mathrm{d}i_{qs}}{\mathrm{d}t}-L_s\omega i_{ds}+\omega\psi \end{cases} \tag{3-107}$$

式中,ω 为永磁发电机的角速度。

将式(3-107)改写成

$$\begin{cases} L_s\dfrac{\mathrm{d}i_{ds}}{\mathrm{d}t}=-u_{ds}-R_s i_{ds}+L_s\omega i_{qs} \\[3mm] L_s\dfrac{\mathrm{d}i_{qs}}{\mathrm{d}t}=-u_{qs}-R_s i_{qs}-L_s\omega i_{ds}+\omega\psi_{\mathrm{PM}} \end{cases} \tag{3-108}$$

式(3-108)描述了永磁发电机定子的动态。

3.2.9 永磁同步发电机控制器的模型

DDPMSG 机组的控制方式与 DFIG 机组类似,采用解耦控制。

1) 机侧控制器模型

机侧控制器的目标是控制发电机的有功功率能够跟踪风机的输入功率,同时控制 d 轴电流为 0,使得发电机的损耗最少,控制器的控制框图如图 3-23 所示。

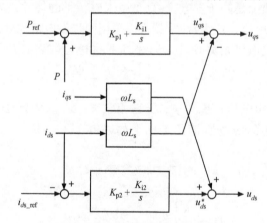

图 3-23　机侧控制器框图

根据控制框图,设中间变量为 x_1、x_2,控制方程可以写为

$$\frac{\mathrm{d}x_1}{\mathrm{d}t}=P_s-P_{\mathrm{ref}} \tag{3-109}$$

$$\frac{\mathrm{d}x_2}{\mathrm{d}t}=i_{ds}-i_{ds\_ref} \tag{3-110}$$

$$u_{qs}=K_{p1}\Delta P+K_{i1}x_1-L_s\omega i_{ds}+\omega\psi \tag{3-111}$$

$$u_{ds}=K_{p2}\Delta i_{ds}+K_{i2}x_2+L_s\omega i_{qs} \tag{3-112}$$

式中，K_{p1} 和 K_{i1} 分别为有功功率控制的比例系数和积分系数；K_{p2} 和 K_{i2} 分别为定子侧电流控制器的比例系数和积分系数；P_{ref} 为有功功率的参考值。

$$P_{ref} = P_B \frac{\omega_t}{\omega_{tB}} \tag{3-113}$$

式中，ω_{tB} 为发电机转速的基准值；P_B 为与基准转速相对应的发电机的功率。

2）网侧控制器模型

网侧控制器与基于双馈感应式发电机的控制器相同，控制器的目标是维持"背靠背"变流器中并联电容器的电压和风电机组的端口电压保持恒定。电容器的电压通过网侧变流器电流的 d 轴分量来控制，而风电系统的端口电压通过网侧变流器电流的 q 轴分量来控制。网侧控制器框图如图 3-24 所示。

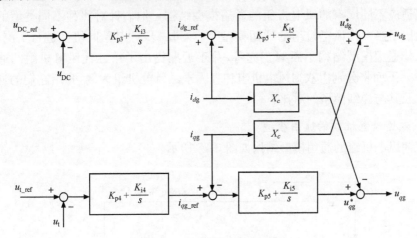

图 3-24　网侧变流器控制框图

根据控制框图，设中间变量为 x_3、x_4、x_5、x_6，网侧控制器的模型可以写为

$$\frac{dx_3}{dt} = u_{DC\_ref} - u_{DC} = -\Delta u_{DC} \tag{3-114}$$

$$\frac{dx_4}{dt} = i_{dg\_ref} - i_{dg} = -K_{p3}\Delta u_{DC} + K_{i3}x_3 - i_{dg} \tag{3-115}$$

$$\frac{dx_5}{dt} = u_{t\_ref} - u_t = -\Delta u_t \tag{3-116}$$

$$\frac{dx_6}{dt} = i_{qg\_ref} - i_{qg} = -K_{p4}\Delta u_t + K_{i4}x_5 - i_{qg} \tag{3-117}$$

$$u_{dg} = K_{p5}\frac{dx_4}{dt} + K_{i5}x_4 + X_c i_{qg} = K_{p5}(-K_{p3}\Delta u_{DC} + K_{i3}x_3 - i_{dg}) + K_{i5}x_5 + X_c i_{qg} \tag{3-118}$$

$$u_{qg} = K_{p5}\frac{dx_6}{dt} + K_{i5}x_6 - X_c i_{dg} = K_{p5}(-K_{p4}\Delta u_t + K_{i4}x_5 - i_{qg}) + K_{i5}x_6 - X_c i_{dg} \tag{3-119}$$

式中，K_{p3}和K_{i3}分别为电容器电压控制器的比例系数和积分系数；K_{p4}和K_{i4}分别为端口电压控制器的比例系数和积分系数；K_{p5}和K_{i5}分别为网侧电流控制器的比例系数和积分系数；u_{DC_ref}为电容器电压的参考值；X_c为连接风电系统和网络的变压器电抗；u_t为变压器出口的端口电压；u_{t_ref}为变压器出口电压参考值。

3.2.10　风电机组的通用模型

为了简化风电机组的模型结构，同时为了能模拟不同生产厂家的风电机组的主要动态，美国 WECC（Western Electricity Coordinating Council）的建模工作组（Modeling and Validation Work Group）、国际电工委员会（IEC TC88 WG27）、国际电气和电子工程师协会（IEEE Dynamic Performance of Wind Generation）等强调应能给出适应不同厂家的风电机组的通用模型结构。他们针对四种不同类型的风电机组给出了第一代风电机组的通用模型[16,17]，进一步针对不同机型进行实测验证，对第一代通用模型结构不断修正完善，并于近期提出了第二代风电机组的通用模型[18,19]。下面将分别以双馈风电机组和直驱永磁风电机组为例，介绍它们的通用模型结构及其与详细模型的对比。

1. 双馈风电机组的通用模型

双馈风电机组的通用模型结构如图 3-25 所示。

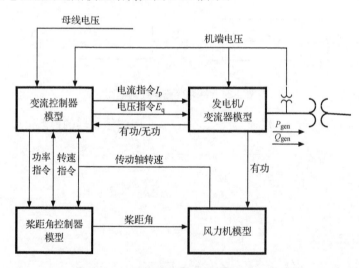

图 3-25　双馈风电机组的通用模型结构[18]

通用模型中包括风力机、桨距角控制器、变流控制器、发电机/变流器四个模块，分别对应前述双馈风电机组详细模型中风力机及传动系统、桨距角控制器、转子侧控制器、发电机及网侧控制器。

通用模型中的风力机模块包括风力机以及传动系统两部分。其中风力机模型如图 3-26 所示。

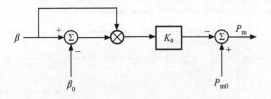

图 3-26　简化的风力机模型[20]

通用模型中的风力机采用线性气动力学模型，即

$$P_m = P_{m0} - K_a\beta(\beta - \beta_0) \tag{3-120}$$

式中，β 为桨距角；β_0 为初始桨距角；P_{m0} 为初始机械功率；K_a 为气动功率系数。

与式（3-1）的风力机模型对照，做了如下简化：假定风速为常数，即 $v = v_0$，通过研究 C_p、λ、β 三者之间的关系发现：$dP/d\beta$ 与 β 近似为线性关系[20]，如图 3-27 所示。

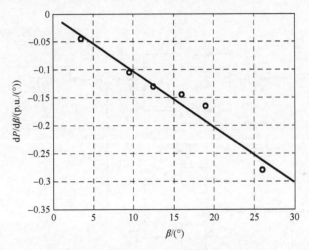

图 3-27　机械功率的变化率与桨距角 β 关系

由于 $dP/d\beta$ 与 β 近似为线性关系，机械功率的简化模型可写成：$P_m = P_{m0} - \Delta P$，这里 $\Delta P = P_{m0} - K_a\beta(\beta - \beta_0)$。

通用模型中传动系统采用两质块模型，如图 3-28 所示，与式（3-9）一致。

通用模型中的桨距角控制器模型如图 3-29 所示。其中 T_β 为桨叶反应时间常数；K_{pw} 和 K_{iw} 分别为 PI 控制器的比例和积分系数；K_{pc} 和 K_{ic} 分别为补偿器的比例和积分系数；P_{ref} 为发电机的参考功率。当功率设定值 P_{ord} 大于参考功率 P_{ref} 或者当风机转速 ω_t 大于参考转速 ω_{ref} 时，增大桨距角可降低气动转矩，使得功率回到参考值，减小发电机的转速。

通用模型中的变流控制器模型如图 3-30 所示。其中，参考有功功率模型如图 3-31 所示。

变流控制器用于控制风力发电机的有功功率和无功功率。有功功率控制环节中，有功功率参考值 P_{ref} 经过一阶时延环节（时间常数为 T_{pord}），得到有功功率设定值

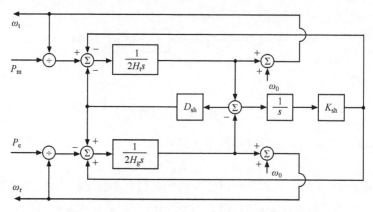

图 3-28　传动系统模型[18]

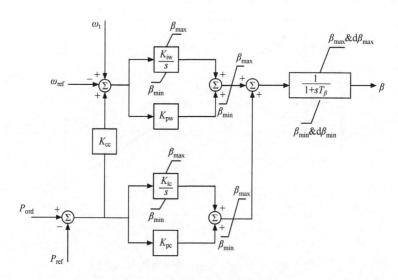

图 3-29　桨距角控制器模型[18]

P_{ord}，将 P_{ord} 除以端口电压 U_{t} 得有功功率控制电流 I_{pcmd}。

　　无功功率的控制方式有三种：定电压控制、定功率因数控制或定无功功率控制。定电压控制方式下，端口电压 U_{t} 经一阶时延环节（时间常数为 T_{rv}）后为 $U_{\text{t\_filt}}$，与参考电压 U_{ref0} 相比较获得电压偏差 U_{err}，经放大倍数环节（放大倍数为 K_{qv}）得无功功率的控制电流 I_{qcmd}。定无功控制方式下，将无功功率设定值 Q_{ext} 除以端口电压 $U_{\text{t\_filt}}$，再经过一阶延迟环节（时间常数为 T_{iq}）后获得无功功率控制电流 I_{qcmd}。定功率因数控制方式下，有功功率 P_{e} 经一阶时延环节（时间常数为 T_{p}）后乘以 $\tan\varphi$（φ 为功率因数角）获得无功功率参考值。再采用定无功功率控制方式获得无功功率控制电流 I_{qcmd}。

　　与图 3-6 详细模型中的转子侧控制器模型对比发现：有功功率控制环节、无功功率控制环节中都忽略了外环及内环 PI 控制器。

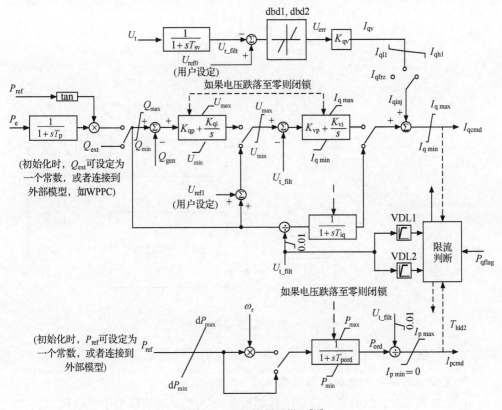

图 3-30　变流控制器模型[18]

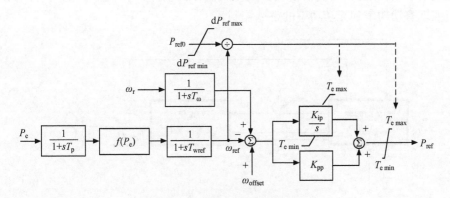

图 3-31　转速控制器模型[18]

通用模型中的发电机/变流器模型如图 3-32 所示。

发电机/变流器模型以有功功率控制电流 I_{pcmd} 和无功功率控制电流 I_{qcmd} 作为输入，经过发电机的延迟时间常数 T_g，通过机网变换得到双馈风电机组的可控电流源模型。

对比图 3-32 与前述详细模型中的发电机模型与网侧控制器模型，可以看出：通

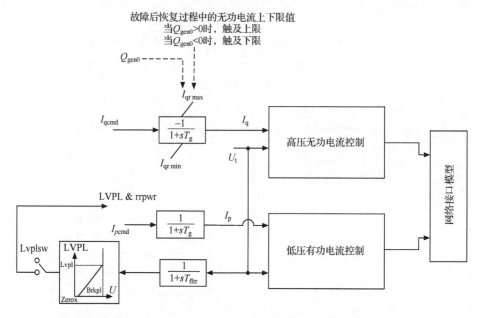

图 3-32　发电机/变流器模型[18]

用模型中忽略了发电机定子、转子动态,同时还忽略了网侧变流器的动态。

2. 直驱永磁风电机组的通用模型

直驱永磁风电机组的通用模型结构如图 3-33 所示。通用模型中包括风力机、变流控制器以及发电机/变流器模块。发电机发出的功率经换流器向电网传输,换流器可实现有功功率和无功功率的解耦控制。

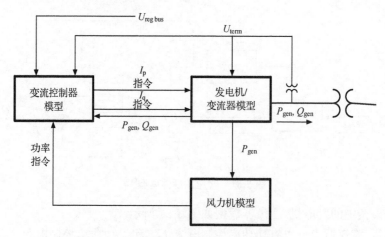

图 3-33　直驱永磁风电机组的通用模型[19]

风力机模型包括简化的风力机模型和两质块的驱动系统模型,与图 3-26 和图 3-28 相同。

变流控制器模型如图 3-34 所示。它包括无功功率控制和有功功率控制。无功功率控制有定电压、定功率因数和定无功功率控制三种方式,通过其中某一控制方式获得无功功率控制电流 I_{qcmd};有功功率控制通过比较注入有功以及有功功率参考值,获得有功功率控制电流 I_{pcmd}。

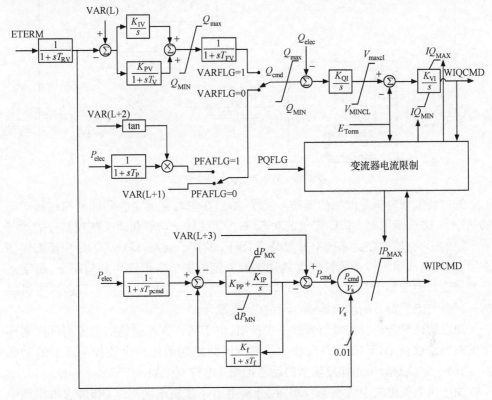

图 3-34 变流控制器模型[19]

通用模型中的发电机/变流器模型如图 3-35 所示,该模型与双馈风电机组的发电机/变流器模型雷同。

3. 通用模型与详细模型的动态特性对比

从双馈风电机组与直驱永磁风电机组的通用模型可以看出:与详细风电机组模型不同,通用模型中忽略了发电机的动态,将发电机模型用一等值电抗表示;通用模型中还忽略了变流器及网侧控制器的动态;简化了空气动力学模型。但通用模型中普遍强调转子侧控制器有功功率、无功功率解耦控制的作用。以图 3-12 所示的双馈风电机组接入无穷大系统为例,笔者对比了通用模型与详细模型的动态特性。

通过特征根分析及时域仿真可以发现:在详细模型的基础上忽略直流电容和网侧控制器的动态,对 DFIG 系统的主导模式基本没有影响,时域仿真结果也可得出相同的结论。因此在通用模型中忽略直流电容和网侧控制器的动态是合理的。

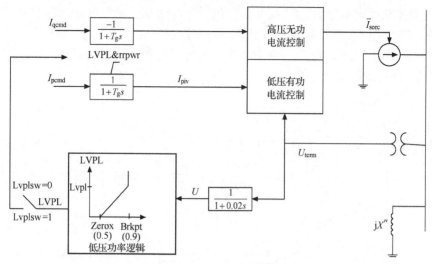

图 3-35　发电机/变流器模型[19]

通过特征根分析及时域仿真还可发现：如果在忽略直流电容和网侧控制器动态的基础上,进一步忽略 DFIG 定子的动态,对 DFIG 转子动态和转子侧控制器的动态有一定的影响;如果在此基础上又忽略了 DFIG 的转子动态,即将 DFIG 用稳态模型表示,对风电机组的转子侧控制器的动态有一定的影响。但这两种情况下,驱动系统和桨距角控制器等机械部分动态基本不受影响。其主要原因在于双馈风电机组机械部分与电气部分的动态解耦,不存在机电耦合。

通过特征根分析及时域仿真进一步得出：由于转子侧控制器的电流内环控制环节的时间常数较小,动态特性较快。忽略转子侧控制器内环电流控制环节的动态后,与转子侧控制器采用详细模型的动态特性基本没有差别。

由于风电机组的电气动态较快,在分析电力系统机电暂态问题时,通用模型中忽略直流电容、网侧控制器和发电机的定转子动态是可行的。同时,由于转子侧控制器内环电流控制环节时间常数较小,通用模型中还可进一步忽略转子侧控制器内环电流控制环节的动态。

3.2.11　风电机组推荐模型

3.2.2～3.2.9 节介绍了风电机组各个组成部分的模型,将这些模型合并后就可以得到完整的 DFIG 或 DDPMSG 机组的详细模型。这种详细模型具有多时间尺度的特点,其中包括微秒级的电力电子器件的动态、毫秒级的电气动态、秒级的机械动态。大规模风电接入给电力系统安全稳定运行所带来的各种问题往往处在不同的时间尺度上,且关注的重点也各不相同,因此并不需要在每种问题的研究中都使用风电机组的详细模型。一般来说,如果风电机组中某个元件动态特性的时间尺度远小于或远大于所研究问题的时间尺度,那么就可以对该元件的模型进行简化。

对于风力机模型,本身是一个代数模型,如果需要考虑风速变化、转子转速或桨距角的变化,则一般不做简化,否则可以简化成恒定转矩输入。

对于传动系统模型,如果需要考虑轴系柔性对转子转速的影响,则应使用两质块模型,否则可以使用单质块模型。

对于变流器模型,仅在考虑电磁暂态问题时需要计入电力电子器件的动态,否则只需要考虑直流侧电容的充放电过程。

对于控制器模型,在计算步长为几十毫秒或以下时,一般保留控制器的详细模型;而在使用秒级或以上计算步长时,一般网侧控制器模型可以忽略,仅保留其功能(如保持直流电容电压恒定等),而转子侧控制器一般保留。

对于发电机模型,DFIG属于异步发电机,同异步电机模型一样,根据所研究问题的准确性要求,可以同时考虑转子和定子绕组的动态,或忽略定子绕组动态,甚至使用稳态模型(但需要计及转速变化)。PMSG属于同步发电机,励磁恒定,本身没有转子绕组动态,不做简化时考虑定子绕组动态,进行简化时可以使用稳态模型。

表3-2列出了含风电电力系统研究中所涉及的一些主要研究问题,并根据其不同的时间尺度给出了风电机组模型选择的建议。

表3-2 风电机组推荐模型

研究的动态过程		电磁暂态类过程	暂态类过程	中期动态过程	准稳态过程
动态过程的时间尺度		几十微秒至十几毫秒	十几毫秒至数秒	数十秒至数分钟	数分钟至数十分钟
可能包含的研究课题		谐波问题等	暂态功角稳定 暂态电压稳定	中期电压稳定 振荡类问题	调频、调压(取决于控制策略)
推荐的风电机组各部分模型	风速	不考虑风速变化	不考虑风速变化	考虑风速变化	考虑风速变化
	风力机及桨距角控制器	输出机械转矩设为恒定,不考虑变桨控制	风力机采用代数模型,考虑变桨控制	风力机采用代数模型,考虑变桨控制	风力机采用代数模型,考虑变桨控制
	传动系统		单质块或两质块(刚度系数较低的DFIG)模型	单质块模型	不考虑(即$T_e = T_m$)
	发电机	DFIG同时考虑定子和转子动态;PMSG只考虑定子动态	DFIG忽略定子绕组动态而考虑转子动态;PMSG可用稳态模型	稳态模型(以代数方程描述,但计及转速变化)	稳态模型(以代数方程描述,但计及转速变化)
	变流器	详细模型	只考虑电容动态	稳态模型(同时忽略电力电子器件和电容的动态)	稳态模型(同时忽略电力电子器件和电容的动态)
	控制器	详细模型	详细模型	稳态模型(仅保留控制功能)	稳态模型(仅保留控制功能)

3.3 风电机组的参数辨识

3.3.1 风电机组的参数辨识策略

现有的文献在辨识风电机组的模型参数时,一般基于分环节的辨识方法,即在辨识风电机组某环节的参数时,认为其他环节的参数已知。这样做的缺点在于:当待辨识模块与其他模块的耦合性较强时,如果其他模块的参数给定值不准确,将直接影响该模块的参数辨识精度。为此,笔者提出"分合协调"的参数辨识策略:即先将可以解耦的模块单独辨识;再将耦合性较弱的各模块先分块辨识,分块辨识之后进一步交叉协调辨识,这样可克服参数的近似所带来的辨识误差,整体上提高参数的辨识精度。分块辨识的前提是各模块是否可以解耦辨识[21],所以下面先分析风电机组各模块的可解耦性。

然而电力系统中经常出现这样一类系统,虽然各子模块之间的状态变量有耦合,但各子模块的时间常数相差较大,且从特征根分析发现各子模块特征值模的数值差别较大,也就是过渡过程速度上差别较大[22]。数学上通常把各子模块的时间常数相差较大,其阶跃响应在时间轴上可划分为快动态和慢动态,甚至更多的这类系统称为多时间尺度动态系统[23]。一般情况下,多时间尺度动态系统难以辨识,这是因为系统具有较大的带宽,需选择很小的采样周期才能辨识出快动态特性,而过小的采样周期又使得慢动态的增益估计值对差分方程系数的估计误差非常敏感。对于多时间尺度动态系统的辨识问题,工程上常采用奇异摄动法[24-27]将多时间尺度模型进行降阶,分别采用快动态和慢动态来近似原系统。

设系统的模型是一组含小参数的微分方程组:

$$\begin{cases} \dfrac{\mathrm{d}\boldsymbol{x}}{\mathrm{d}t} = \boldsymbol{f}(\boldsymbol{x},\boldsymbol{y},\boldsymbol{z}) \\[2mm] \varepsilon_1\,\dfrac{\mathrm{d}\boldsymbol{y}}{\mathrm{d}t} = \boldsymbol{g}(\boldsymbol{x},\boldsymbol{y},\boldsymbol{z}) \\[2mm] \dfrac{\mathrm{d}\boldsymbol{z}}{\mathrm{d}t} = \varepsilon_2 \boldsymbol{h}(\boldsymbol{x},\boldsymbol{y},\boldsymbol{z}) \end{cases} \tag{3-121}$$

式中,$\boldsymbol{x}$ 为正常速率变量;$\boldsymbol{y}$ 为快变量;$\boldsymbol{z}$ 为慢变量;ε_1、ε_2 为正值小参数。在模型降阶时,通常取 $\varepsilon_1 = 0$,$\varepsilon_2 = 0$,即将快变量简化为代数变量、慢变量固定为常数 $\boldsymbol{z}^*$,便可得到简化的降阶模型:

$$\begin{cases} \dfrac{\mathrm{d}\boldsymbol{x}}{\mathrm{d}t} = \boldsymbol{f}(\boldsymbol{x},\boldsymbol{y},\boldsymbol{z}^*) \\[2mm] \boldsymbol{0} = \boldsymbol{g}(\boldsymbol{x},\boldsymbol{y},\boldsymbol{z}^*) \end{cases} \tag{3-122}$$

多时间尺度分解的前提是系统各子模型能在不同时间尺度上解耦,一般可基于模式可区分性[22]分析各子模块的可解耦性。

下面以双馈风电机组为例,分析其各组成模块的可解耦性,该方法同样适用于直驱永磁风电机组各模块的可解耦性分析。图3-1给出了双馈风电机组的模型结构:它由风力机、传动系统、发电机、变流器及控制器组成。从式(3-1)可以看出:风力机的输入量为风速及桨距角,输出量为机械功率。当桨距角和风速都可测时,便可根据输出的机械功率辨识风力机各参数 $c_1 \sim c_8$。因此风力机模型不涉及其他模块的变量或参数,可单独辨识。

从式(3-5)~式(3-102)的双馈风电机组的传动系统、发电机及控制器的模型来看,这三个模块的模型方程之间有耦合,无法单独辨识。但各模块的时间常数相差很大,它们的阶跃响应在时间尺度上可分为秒级的机电动态及秒级以上的机械动态、毫秒级的电气动态以及微秒级的电力电子动态等,因此风电机组是典型的多时间尺度动态系统。下面将以含双馈风电机组的 OMIB 系统为例,分析风电机组在不同时间尺度上的模式可解耦性。

1. 模式可解耦性分析

算例系统仍然为图 3-12 所示的含双馈风电机组的 OMIB 系统,元件参数及初始条件同表 3-1。

根据 DFIG 机组各组成部分的数学模型,得该 OMIB 系统的状态方程。其状态变量为 $x = [\omega_t, \theta_{tw}, s, x_8, \beta, i_{ds}, i_{qs}, E'_d, E'_q, x_1, x_2, x_3, x_4, v_{DC}, x_5, x_6, x_7]^T$,代数量和控制量为 $y = [u_{ds}, \varphi, u_{dg}, u_{qs}, i_{dg}, i_{qg}, u_{dr}, u_{qr}, i_{dr}, i_{qr}]^T$。将该模型在运行点附近线性化,结果如下:

$$\begin{cases} \dfrac{\mathrm{d}\Delta x}{\mathrm{d}t} = A\Delta x + B\Delta y \\ 0 = C\Delta x + D\Delta y \end{cases} \tag{3-123}$$

由上述方程可得特征矩阵 $\tilde{A} = A - BD^{-1}C$,根据该特征矩阵 $\tilde{A}$ 可计算系统的特征根,如表 3-3 所示。

由表 3-3 可以看出:该并网双馈风电机组有 7 个振荡模式和 3 个衰减模式。振荡模式 $\lambda_{1,2}$ 和 $\lambda_{3,4}$ 分别与发电机定子动态及发电机转子动态强相关;振荡模式 $\lambda_{5,6}$ 和 $\lambda_{13,14}$ 与转子侧控制器动态强相关;振荡模式 $\lambda_{7,8}$ 与直流电容及网侧控制器的动态强相关;振荡模式 $\lambda_{9,10}$ 和 $\lambda_{11,12}$ 分别与传动系统动态及桨距角控制器的动态强相关;衰减模式 λ_{15} 和 λ_{17} 与网侧控制器的动态强相关;衰减模式 λ_{16} 与桨距角控制器强相关。

表 3-3　特征根及主导状态变量参与因子

$\lambda=\sigma\pm\mathrm{j}\omega$	$\zeta/\%$	f/Hz	主导状态变量及其参与因子	主导动态
$\lambda_{1,2}=-75.42\pm\mathrm{j}379.26$	19.89	60.36	$P\_i_{ds}=0.62, P\_i_{qs}=0.89;$ $P\_E'_d=0.54, P\_E'_q=0.34$	发电机定子
$\lambda_{3,4}=-193.47\pm\mathrm{j}64.88$	298.18	10.33	$P\_E'_d=0.85, P\_E'_q=0.66;$ $P\_i_{ds}=0.19, P\_i_{qs}=0.69$	发电机转子
$\lambda_{5,6}=-7.30\pm\mathrm{j}67.25$	10.86	10.70	$P\_x_1=0.53; P\_x_3=0.58;$ $P\_E'_d=0.28, P\_E'_q=0.20$	转子侧控制器
$\lambda_{7,8}=-20.83\pm\mathrm{j}24.66$	84.47	3.93	$P\_v_{DC}=0.66, P\_x_5=0.65$	变流器及网侧控制器
$\lambda_{9,10}=-0.82\pm\mathrm{j}10.41$	7.85	1.66	$P\_\theta_{tw}=0.51, P\_s_r=0.43$	传动系统
$\lambda_{11,12}=-0.07\pm\mathrm{j}0.98$	7.62	0.16	$P\_\omega_t=0.43, P\_x_8=0.50$	桨距角控制器
$\lambda_{13,14}=-27.26\pm\mathrm{j}1.08$	2526.31	0.17	$P\_x_2=0.54, P\_x_4=0.53$	转子侧控制器
$\lambda_{15}=-60.00$	—	—	$P\_x_6=1.00$	网侧控制器
$\lambda_{16}=-3.33$	—	—	$P\_\beta=0.92$	桨距角控制器
$\lambda_{17}=-100.00$	—	—	$P\_x_7=1.00$	网侧控制器

从模式的主导状态变量及参与因子可以看出：双馈风电机组的机械模式（$\lambda_{9,10}$、$\lambda_{11,12}$、λ_{16}）与电气模式（$\lambda_{1,2}$、$\lambda_{3,4}$、$\lambda_{5,6}$、$\lambda_{7,8}$、$\lambda_{13,14}$、λ_{15}、λ_{17}）解耦，DFIG 风电机组不存在机电模式。这是因为 DFIG 风电机组的风力机和发电机通过齿轮箱柔性联结，其通过电力电子变流器接入电网运行，电网侧感受不到发电机的惯性，所以这种风电机组的机械动态与电气动态解耦[28,29]。

电气模式包括发电机定子、转子动态（$\lambda_{1,2}$、$\lambda_{3,4}$）以及控制器动态（$\lambda_{5,6}$、$\lambda_{7,8}$、$\lambda_{13,14}$、λ_{15}、λ_{17}）两部分，从模式 $\lambda_{5,6}$ 的主导状态变量及参与因子可以看出：转子侧控制器的动态与发电机转子动态具有较强的耦合性；而网侧控制器的动态（$\lambda_{7,8}$、λ_{15}、λ_{17}）与其他模块的耦合性较弱。

综上所述，双馈风电机组的机械动态与电气动态解耦；电气动态中发电机动态与转子侧控制器的动态耦合性较强，网侧控制器动态与其他模块的耦合性较弱。

2. 观测量的主导动态

以图 3-36 中基于 MATLAB 平台搭建的系统为例，风电场有 6 台容量为 1.5MW 的 DFIG 机组，风电机组采用考虑控制器的详细模型，传动系统采用单质块模型。

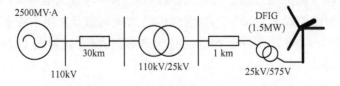

图 3-36　MATLAB 中 DFIG 接入 110 kV 的系统

1）电网侧故障

扰动设置为 $t=0$s 发电机出口处发生瞬时性三相短路故障，故障持续 0.15s 后消失，系统恢复至原状态。图 3-37 为风电机组有功功率 P_e 和无功功率 Q_e 受扰轨线。

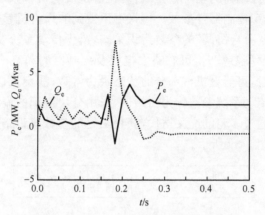

图 3-37 有功功率和无功功率受扰轨线

由图 3-37 可以看出，受扰轨线的振荡频率较高，故障后约 0.4s 系统就趋于稳态。说明电网侧故障激发出了系统的快动态模式。

2）阵风激励

在 $t=5$s 输入侧受阵风激励，风速及对应的风电机组有功功率和无功功率的受扰轨线如图 3-38 所示。

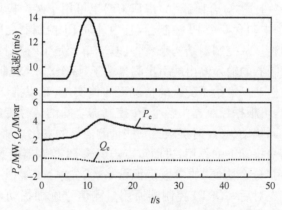

图 3-38 有功功率和无功功率受扰轨线

从图 3-38 可以看出，风电机组的有功功率和无功功率需经约 15s 才能到达新的稳态值。说明风速变化激发出的系统动态较慢，即与机械模式强相关的慢动态被激发。

3. 风电机组的参数辨识策略

根据上述可解耦性分析可知,在双馈风电机组参数辨识时,可先将风力机单独辨识;由于发电机与控制器的动态存在耦合,在辨识发电机参数之前,通过在控制器的内部施加扰动,辨识控制器各参数。再将辨识得到的风力机参数和控制器参数作为已知,进一步采用"分合协调"的参数辨识策略,辨识传动系统及发电机参数:①分块辨识机械部分的模型参数时,可忽略发电机及控制器的动态;②在分块辨识发电机及控制器的参数时,可假设机械部分的状态量为常数;③交叉迭代辨识,将分块辨识得到的发电机及传动系统参数作为初始值,采用分块辨识的流程重新辨识发电机及传动系统参数。通过多轮的交叉迭代,获得最终的参数辨识结果。双馈风电机组的参数辨识流程如图 3-39 所示。

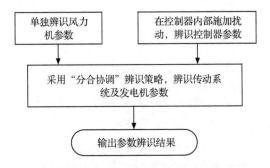

图 3-39　双馈风电机组的参数总体辨识流程

需要指出的是:上述"分合协调"的辨识策略也可用于某个模块的参数辨识,例如,控制器典型模型中包含 5 个 PI 控制器,且内外环 PI 控制器之间存在级联情况,其参数辨识较为困难。从控制器结构来看,其基本单元是 PI 控制器,在辨识其参数时,可在每个 PI 控制器的输入输出端引出测量端子,逐个对 PI 控制器的参数进行测试。但此方法仅在生产厂家给予配合的情况下才能实施,难以推广使用。因此在辨识控制器的参数时,可根据控制器中各个 PI 控制器之间的信号传递关系,选择合适的量测信号施加不同扰动(必要时屏蔽另一些量测信号的变化),从而突出某个 PI 控制器在特定量测信号扰动下的作用,进而重点辨识该 PI 控制器的参数。为此在辨识控制器参数时,采用"分合协调"的参数辨识策略:①先"分步辨识"。对于存在级联的两个 PI 控制器,先对后一级 PI 控制器所用量测信号施加扰动,同时屏蔽前一级 PI 控制器所用量测信号的变化,这样就可以解耦前后两个 PI 控制器的控制参数,先辨识出后一级 PI 控制器的参数,再对前一级 PI 控制器的参数进行辨识(此时认为后一级 PI 控制器参数为已知)。②进行"多轮迭代"辨识。各个 PI 控制器的输入量之间通过各种机械或电气的联系交织在一起,虽然某一扰动下对应 PI 控制器参数的灵敏度最大,但并不表示其余参数的灵敏度一定为零。"分步辨识"的策略是在某一扰动下辨识灵敏度最大的参数,但由于其他参数偏离真值,辨识结果会存在误差。通过"多轮迭代"辨识,可以使辨识结果逐步逼近真值,有效提高参数辨识的精度。

在辨识风电机组各模块的参数时，一般需经过实验设计、参数的可辨识性分析、辨识难易度分析、参数辨识方法、参数辨识结果分析等环节。风电机组各模块的参数辨识流程如图 3-40 所示。

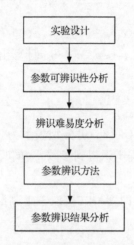

图 3-40　各模块的参数辨识流程

下面以双馈风电机组为例，先详细介绍其各组成模块参数辨识流程及参数辨识结果，最后进行交叉迭代。所述方法不难推广应用于其他类型的风电机组。

3.3.2　风力机的参数辨识

风力机的模型方程见式(3-1)～式(3-4)。由方程可知，风力机的模型是一组非线性代数方程，当方程线性无关且待辨识参数的个数小于或等于方程的数目时，参数便可辨识。下面以广泛采用的 8 独立参数变桨距风力机模型为例，研究风力机的参数辨识。

1. 实验设计

将式(3-3)代入式(3-2)可得

$$C_{\mathrm{p}} = \left[c_1\left(\frac{1}{\lambda + c_7\beta} - \frac{c_8}{\beta^3+1} \right) - c_2\beta - c_3\beta^{c_4} - c_5 \right] \mathrm{e}^{\frac{c_6 c_8}{\beta^3+1}} \mathrm{e}^{-\frac{c_6}{\lambda+c_7\beta}} = \left[\frac{a(\beta)}{\lambda+c_7\beta} + b(\beta) \right] \mathrm{e}^{-\frac{c_6}{\lambda+c_7\beta}}$$

$$(3\text{-}124)$$

式中，$a(\beta) = c_1 \mathrm{e}^{\frac{c_6 c_8}{\beta^3+1}}$；$b(\beta) = -\left(\frac{c_1 c_8}{\beta^3+1} + c_2\beta + c_3\beta^{c_4} + c_5 \right) \mathrm{e}^{\frac{c_6 c_8}{\beta^3+1}}$。

假设风力机中可测量参数为 n、R、v、β 和 ρ，根据这些测量量可计算得到 λ；厂家还会给出 P_{m}-v 曲线，即不同 β、不同 λ 对应的 C_{p} 为已知。因此，根据 n、R、v、β 和 ρ 的测量值以及厂家给出的 P_{m}-v 曲线，辨识参数为 c_1～c_8。

2. 参数可辨识性分析

参数的可辨识性讨论如下。

1) c_6 的可辨识性

根据式(3-124),当 $\beta = 0°$ 时,有

$$C_p = \left[\frac{a(0)}{\lambda} + b(0)\right]e^{-\frac{c_6}{\lambda}} \qquad (3\text{-}125)$$

式中,$a(0) = c_1 e^{c_6 c_8}$;$b(0) = -(c_1 c_8 + c_5)e^{c_6 c_8}$。$a(0)$ 和 $b(0)$ 为常数。

根据 $\beta = 0°$ 测量的三组数值 $v_1 \sim v_3$、$n_1 \sim n_3$,计算出相应的 $\lambda_1 \sim \lambda_3$ 以及 $C_{p1} \sim C_{p3}$,则有

$$C_{pi}e^{\frac{c_6}{\lambda_i}} = \frac{a(0)}{\lambda_i} + b(0), \qquad i = 1,2,3 \qquad (3\text{-}126)$$

当 i 分别为 1、2 和 3 时,式(3-126)可分别表示为三个方程,且 $\lambda_1 \sim \lambda_3$ 以及 $C_{p1} \sim C_{p3}$ 已知,因此可根据这三个方程辨识得到参数 c_6,同时还可辨识 $a(0)$ 和 $b(0)$。

2) c_7 的可辨识性

当 β 为某一非零的测量值,即 $\beta = \beta_m$ 时,取三组测量数据代入式(3-124)得

$$C_{pi} = \left[\frac{a(\beta_m)}{\lambda_i + c_7\beta_m} + b(\beta_m)\right]e^{-\frac{c_6}{\lambda_i + c_7\beta_m}}, \qquad i = 1,2,3 \qquad (3\text{-}127)$$

根据上述已辨识得到的参数 c_6,在 i 分别为 1、2 和 3 时,式(3-127)可分别表示为三个方程,根据已知的 $\lambda_1 \sim \lambda_3$ 以及 $C_{p1} \sim C_{p3}$,可辨识参数 c_7,同时还可辨识 $a(\beta_m)$ 和 $b(\beta_m)$。

3) c_1、c_5、c_8 的可辨识性

由 $a(0) = c_1 e^{c_6 c_8}$,$a(\beta_m) = c_1 e^{\frac{c_6 c_8}{\beta_m^3 + 1}}$ 可得

$$c_8 = \left(1 + \frac{1}{\beta_m^3}\right)\ln\frac{a(0)}{a(\beta_m)}\bigg/c_6 \qquad (3\text{-}128)$$

将求得的 c_8 代入 $a(0)$,可得

$$c_1 = a(0)\big/e^{c_6 c_8}$$

又由 $b(0) = -(c_1 c_8 + c_5)e^{c_6 c_8}$,可计算得

$$c_5 = -b(0)e^{-c_6 c_8} - c_1 c_8 \qquad (3\text{-}129)$$

4) c_2、c_3、c_4 的可辨识性

取三组不同的 β 测量值 $\beta_{m1} \sim \beta_{m3}$,由于 $b(\beta_{m1}) \sim b(\beta_{m3})$ 可辨识,结合已辨识得到的参数 c_1、c_5、c_6、c_7、c_8,代入式 $b(\beta_{mi}) = -\left(\frac{c_1 c_8}{\beta_{mi}^3 + 1} + c_2\beta_{mi} + c_3\beta_{mi}^{c_4} + c_5\right)e^{\frac{c_6 c_8}{\beta_{mi}^3 + 1}}$,$i = 1,2,3$,便可辨识得到参数 $c_2 \sim c_4$。

从上述可辨识性分析可以得出,当风力机中可同时测量 n、R、v、β、ρ 和 P_w 时,有四个独立的采样点数据便可辨识风力机组参数 $c_1 \sim c_8$。在实际操作时,为避免单次辨识可能导致辨识误差较大的情况,可采用远多于四个采样点的数据进行拟合辨识,以保证参数的辨识精度。

3. 风力机的参数辨识结果

从上述风力机参数可辨识性分析的过程可见,辨识 $c_1 \sim c_8$ 的步骤如下。

(1) 根据 $\beta = 0°$ 时的 C_p-v 曲线以及 λ 值,辨识参数 c_6 以及 $a(0)$ 和 $b(0)$。

(2) 根据 $\beta = \beta_m$(β_m 为非零值)时的 C_p-v 曲线以及 λ 值,辨识参数 c_7 以及 $a(\beta_m)$ 和 $b(\beta_m)$。

(3) 由辨识得到的 $a(0)$、$b(0)$ 以及 $a(\beta_m)$、$b(\beta_m)$,进一步辨识参数 c_1、c_5 和 c_8。

(4) 另取非零的 β 时 C_p 及 λ 值多组,辨识参数 $c_2 \sim c_4$。

根据上述步骤,获得风力机的参数辨识结果,如表 3-4 所示。

表 3-4 风力机的参数辨识结果

参数	真值	辨识值	误差/%
c_1	110.23	110.23	0
c_2	0.42340	0.42345	0.012
c_3	0.00146	0.00144	-1.37
c_4	2.14000	2.14445	0.21
c_5	9.636	9.636	0
c_6	18.40000	18.39997	0
c_7	-0.02	-0.02	0
c_8	-0.003	-0.003	0

3.3.3 控制器的参数辨识

1. 实验设计

现有的文献一般通过机端电压跌落扰动辨识控制器参数。然而控制器共有 10 个参数,且存在 PI 控制器级联的情况(参数不可唯一辨识),因此在单一扰动下无法同时辨识所有参数。所以,必须设计出多种扰动,并且只辨识与某一扰动强相关的部分参数。

在实施扰动时,考虑到各个 PI 控制器都以电压、或电流、或转速的量测值作为输入信号,故在不同量测信号上施加扰动可达到触发对应 PI 控制器动作的目的。此外,在量测信号上施加扰动比较容易实现,由于是在二次侧进行,所以对机组冲击不大,而且可以在线实施。

根据图 3-21 及图 3-22 的双馈风电机组控制器的结构,设计的扰动实验如下。

1) 虚拟量测扰动 1:转子电流量测扰动且屏蔽机端电压量测变化

在图 3-21 中可以看到,无功功率控制器和转子侧电流控制器之间存在级联。转子电流量测量的扰动可以引起转子侧电流控制器响应;屏蔽机端电压量测变化可以保持无功功率控制器输入量为零,从而屏蔽了无功功率控制器参数对 DFIG 动态响应的影响。

实现转子电流量测扰动的电路如图 3-41 所示，这是一个简单的并联分流电路，图中电流表代表了 DFIG 的电流测量回路。该电路可以实现电流量测值的下跌。

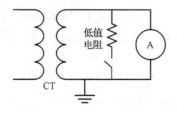

图 3-41　对交流电流量测信号施加扰动原理图

实现屏蔽电压量测信号变化的电路如图 3-42 所示。首先在扰动施加前，由数字信号处理器 DSP 控制 A/D 转换器采集稳态时的机端电压波形 U，并由 DSP 控制 D/A 转换器及放大电路连续复制出该波形 U'，在转子电流量测信号扰动期间，由 DSP 切换模拟开关，从而将具有稳态波形的 U' 输送给 DFIG 的量测回路。

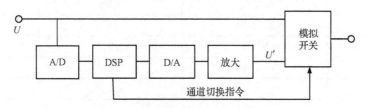

图 3-42　屏蔽量测信号变化的电路原理图

2）虚拟量测扰动 2：转子转速量测信号扰动

由图 3-21 可以看到，转子侧有功功率控制器的控制参考值 P_{ref} 是根据 DFIG 的转子转速 ω_r 查询 MPPT 特性曲线自动生成的。如果在转子转速 ω_r 的量测信号上施加扰动，就可以改变 P_{ref} 的数值，从而激发有功功率控制器的动作。由于与其级联的转子侧电流控制器参数已经在虚拟量测扰动 1 中辨识得到，此时单独辨识有功功率控制器的参数已不存在可辨识性问题。

转速 ω_r 的量测信号是一个脉冲序列，脉冲的间隔用来计算转速。实现转速量测信号扰动的电路如图 3-43 所示，DSP 首先对真实的转速脉冲计数，获得实际的转速，再根据拟施加的转速信号扰动幅度计算出虚拟脉冲的间隔，并通过 D/A 转换器和放大电路产生包含转速扰动的虚拟转速信号，最后由 DSP 切换模拟开关将虚拟转速信号输送给 DFIG 的量测回路。

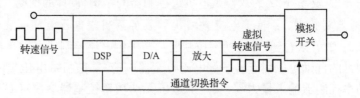

图 3-43　对转速量测信号施加扰动原理图

3）虚拟量测扰动 3：机端电压量测信号扰动

对于级联的无功功率控制器和转子侧电流控制器，可以将虚拟量测扰动 1 中辨识出的电流控制器参数 $[K_{p2}, K_{i2}]$ 作为已知量，再对机端电压量测信号施加一个扰动，就可以辨识无功功率控制器的参数。实现机端电压量测信号扰动的电路如图 3-44 所示，这是一个简单的串联分压电路，图中电压表代表了 DFIG 的电压测量回路。

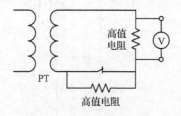

图 3-44　对交流电压量测信号施加扰动原理图

4）虚拟量测扰动 4：网侧电流量测扰动且屏蔽电容电压量测变化

从图 3-22 的网侧控制器结构图中可以看到，电容电压控制器的量测输入就是直流电容两端的电压，网侧电流控制器的量测输入是网侧控制器输出的电流，且这两个 PI 控制器是级联的。仿照虚拟量测扰动 1 的方法，在网侧电流量测信号上施加扰动，同时屏蔽电容电压量测变化，从而在此扰动下仅有网侧电流控制器发生动作，可以单独辨识其参数。

5）虚拟量测扰动 5：直流电容电压量测信号扰动

在虚拟量测扰动 4 中获得网侧电流控制器参数后，只需在直流电容电压 u_{DC} 的量测信号上施加扰动，就可以触发电容电压控制器的动作。实现直流电容电压量测信号扰动的电路如图 3-45 所示，这是一个简单的串联分压电路。

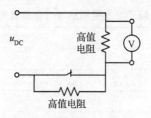

图 3-45　对直流电压量测信号施加扰动原理图

通过对上述五种扰动的实验设计，触发对应 PI 控制器的动态，辨识与该扰动强相关的控制器参数。在参数辨识之前，需明确参数是否可辨识，以及参数辨识的难易度，下面进一步通过轨迹灵敏度方法，分析对应扰动下的参数可辨识性及辨识的难易度。

2. 参数可辨识性及参数辨识难易度分析

以图 3-36 所示系统为例，分别采用上述的虚拟量测扰动 1 至虚拟量测扰动 5，计算控制器参数在上述虚拟量测扰动下的轨迹灵敏度。

根据虚拟量测扰动 1,在转子电流量测信号施加一个 5% 跌幅的扰动,观测时间共 0.3s,各控制器参数在该量测扰动下的轨迹灵敏度如图 3-46 所示。

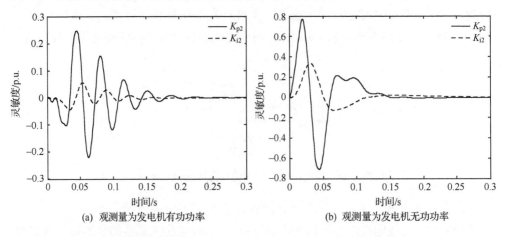

(a) 观测量为发电机有功功率　　　　　　(b) 观测量为发电机无功功率

图 3-46　虚拟量测扰动 1 下 $[K_{p2}, K_{i2}]$ 的轨迹灵敏度

从图 3-46 的轨迹灵敏度可以看出,参数 $[K_{p2}, K_{i2}]$ 的轨迹灵敏度曲线均不同时过零点,因此可区分辨识。

各控制器参数在虚拟量测扰动 1 下的灵敏度如表 3-5 所示,其中 P_{DFIG} 表示 DFIG 的有功功率响应,Q_{DFIG} 表示 DFIG 的无功功率响应。可以看到,通过屏蔽机端电压的变化,顺利地将转子侧无功功率控制器参数 $[K_{p1}, K_{i1}]$ 的灵敏度降低到万分之一以下。在该组扰动下,转子侧电流控制器参数 $[K_{p2}, K_{i2}]$ 的灵敏度最大,以无功功率响应为观测量时优势更加明显,非常有利于这两个参数的单独辨识。

表 3-5　转子电流量测扰动时各参数的灵敏度

参数名	不同观测量的灵敏度	
	P_{DFIG}	Q_{DFIG}
$[K_{p1}, K_{i1}]$	$[0.0000, 0.0000]$	$[0.0000, 0.0000]$
$[K_{p2}, K_{i2}]$	$[0.0130, 0.0085]$	$[0.0331, 0.0196]$
$[K_{p3}, K_{i3}]$	$[0.0000, 0.0000]$	$[0.0000, 0.0000]$
$[K_{p4}, K_{i4}]$	$[0.0014, 0.0005]$	$[0.0011, 0.0004]$
$[K_{p5}, K_{i5}]$	$[0.0000, 0.0000]$	$[0.0000, 0.0000]$

根据虚拟量测扰动 2,施加一个速度降低 5% 的转速信号扰动,持续时间 0.1s,各控制器参数在该量测扰动下的轨迹灵敏度如图 3-47 所示。

从图 3-47 的轨迹灵敏度可以看出,虚拟量测扰动 2 下参数 $[K_{p2}, K_{i2}]$、$[K_{p3}, K_{i3}]$ 的轨迹灵敏度曲线均不同时过零点,可区分辨识。

观测时间共 0.5s 内各控制器参数在该量测扰动下的灵敏度如表 3-6 所示。从

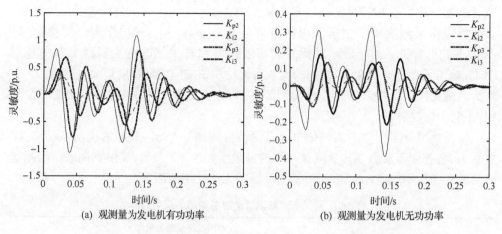

(a) 观测量为发电机有功功率　　　　　　(b) 观测量为发电机无功功率

图 3-47　虚拟量测扰动 2 下 $[K_{p2},K_{i2}]$、$[K_{p3},K_{i3}]$ 的轨迹灵敏度

表中可以看到,如果以 Q_{DFIG} 为观测量,除了参数 $[K_{p2},K_{i2}]$、$[K_{p3},K_{i3}]$,其他参数也有一定的灵敏度,不利于参数 $[K_{p3},K_{i3}]$ 的辨识;而以 P_{DFIG} 为观测量,则级联的有功功率控制器 $[K_{p3},K_{i3}]$ 和转子侧电流控制器参数 $[K_{p2},K_{i2}]$ 的灵敏度非常突出。由于 $[K_{p2},K_{i2}]$ 已经在虚拟量测扰动 1 中辨识得到,所以可在转速量测信号扰动下单独辨识有功功率控制器的参数 $[K_{p3},K_{i3}]$。

表 3-6　转速量测扰动时各参数的灵敏度

参数名	不同观测量的灵敏度	
	P_{DFIG}	Q_{DFIG}
$[K_{p1},K_{i1}]$	$[0.0002,0.0003]$	$[0.0085,0.0516]$
$[K_{p2},K_{i2}]$	$[0.0263,0.0075]$	$[0.0994,0.0265]$
$[K_{p3},K_{i3}]$	$[0.0207,0.0157]$	$[0.0628,0.0439]$
$[K_{p4},K_{i4}]$	$[0.0025,0.0004]$	$[0.0061,0.0010]$
$[K_{p5},K_{i5}]$	$[0.0001,0.0001]$	$[0.0004,0.0002]$

根据虚拟量测扰动 3,在机端电压量测信号施加一个 5% 跌幅的扰动,观测时间共 0.3s。各控制器参数在该量测扰动下均可唯一辨识,各参数的灵敏度如表 3-7 所示。

表 3-7　机端电压量测扰动时各参数的灵敏度

参数名	不同观测量的灵敏度	
	P_{DFIG}	Q_{DFIG}
$[K_{p1},K_{i1}]$	$[0.0016,0.0046]$	$[0.2103,1.1900]$
$[K_{p2},K_{i2}]$	$[0.0032,0.0007]$	$[0.1794,0.0854]$
$[K_{p3},K_{i3}]$	$[0.0035,0.0044]$	$[0.0090,0.0087]$
$[K_{p4},K_{i4}]$	$[0.0005,0.0001]$	$[0.0012,0.0002]$
$[K_{p5},K_{i5}]$	$[0.0000,0.0000]$	$[0.0001,0.0000]$

由表 3-7 可见,虚拟量测扰动 3 下参数 $[K_{p1},K_{i1}]$、$[K_{p2},K_{i2}]$ 的轨迹灵敏度较大。如果将虚拟量测扰动 1 中辨识出的电流控制器参数 $[K_{p2},K_{i2}]$ 作为已知量,此时 $[K_{p2},K_{i2}]$ 可辨识。由于级联的无功功率控制器和转子侧电流控制器实现的是对 DFIG 输出无功功率的调节,它们的参数对无功功率响应的灵敏度最大,应选择 Q_{DFIG} 作为观测变量。如果选择 P_{DFIG} 作为观测量,则有功功率控制器的参数也会交织在其中,不利于参数辨识。

根据虚拟量测扰动 4,对网侧电流量测信号施加一个 5% 跌幅的扰动,观测时间共 0.1s,各控制器参数在该量测扰动下的灵敏度如表 3-8 所示,其中 P_{Grid} 表示网侧变流器的有功功率响应,Q_{Grid} 表示网侧变流器的无功功率响应。

表 3-8　网侧电流量测扰动时各参数的灵敏度

参数名	不同观测量的灵敏度	
	P_{Grid}	Q_{Grid}
$[K_{p1},K_{i1}]$	$[0.0002,0.0006]$	$[0.0002,0.0006]$
$[K_{p2},K_{i2}]$	$[0.0002,0.0001]$	$[0.0002,0.0001]$
$[K_{p3},K_{i3}]$	$[0.0001,0.0001]$	$[0.0001,0.0001]$
$[K_{p4},K_{i4}]$	$[0.0000,0.0000]$	$[0.0000,0.0000]$
$[K_{p5},K_{i5}]$	$[0.0046,0.0015]$	$[0.0157,0.0018]$

从表 3-8 可以看到,屏蔽电容电压量测变化后,电容电压控制器的作用也被屏蔽;由于网侧电流控制器同时调节网侧变流器输出的有功功率和无功功率,其参数 $[K_{p5},K_{i5}]$ 对 P_{Grid} 和 Q_{Grid} 的灵敏度相当,对 Q_{Grid} 的灵敏度稍大。

根据虚拟量测扰动 5,对直流电容电压量测信号设计一个 5% 跌幅的扰动,观测时间共 0.3s。由于电容电压控制器和网侧电流控制器级联回路主要通过调节网侧变流器的有功功率来实现对直流电容电压的调节,因此选择了 P_{Grid} 和 u_{DC} 作为观测量进行比较,各控制器参数在该量测扰动下的灵敏度如表 3-9 所示。从表中可以看到,如果选择 P_{Grid} 作为观测量,则 $[K_{p4},K_{i4}]$ 的灵敏度并不突出,而以 u_{DC} 为观测量时,$[K_{p4},K_{i4}]$ 的主导作用相对比较明显。

表 3-9　网侧电流量测扰动时各参数的灵敏度

参数名	不同观测量的灵敏度	
	P_{Grid}	u_{DC}
$[K_{p1},K_{i1}]$	$[0.0016,0.0023]$	$[0.0001,0.0001]$
$[K_{p2},K_{i2}]$	$[0.0158,0.0023]$	$[0.0007,0.0001]$
$[K_{p3},K_{i3}]$	$[0.0191,0.0131]$	$[0.0008,0.0006]$
$[K_{p4},K_{i4}]$	$[0.0817,0.0112]$	$[0.0051,0.0017]$
$[K_{p5},K_{i5}]$	$[0.0682,0.0037]$	$[0.0007,0.0002]$

将上述各种虚拟量测扰动下所能辨识的重点参数、参数辨识的次序以及使用的

观测量列于表 3-10。其中，"√"表示辨识某组参数时选用了该量测扰动。从表中可以看到，通过合理地设置量测信号扰动及屏蔽某些信号，可以使每个 PI 控制器的两个参数在特定量测扰动下被单独辨识，既有效地保证了参数的可辨识性，又提高了辨识算法的收敛速度和精度。

表 3-10　DFIG 控制器参数的辨识流程

辨识次序	控制器参数	虚拟量测扰动					观测量
		1	2	3	4	5	
1	$[K_{p2}, K_{i2}]$	√					Q_{DFIG}
2	$[K_{p1}, K_{i1}]$		√				Q_{DFIG}
3	$[K_{p3}, K_{i3}]$			√			P_{DFIG}
4	$[K_{p5}, K_{i5}]$				√		Q_{Grid}
5	$[K_{p4}, K_{i4}]$					√	u_{DC}

3. 控制器参数的辨识策略及辨识结果

图 3-48 给出了控制器参数的辨识流程。首先根据虚拟量测扰动 1 辨识控制器

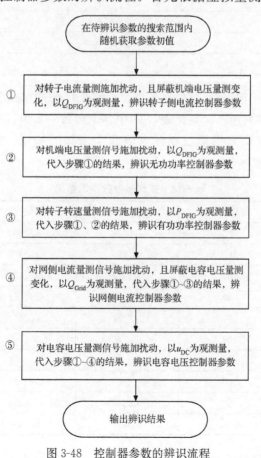

图 3-48　控制器参数的辨识流程

参数$[K_{p2},K_{i2}]$,再将辨识得到的$[K_{p2},K_{i2}]$作为已知值,根据虚拟量测扰动 2 和虚拟量测扰动 3 分别辨识控制环节参数$[K_{p1},K_{i1}]$和$[K_{p3},K_{i3}]$。进一步根据虚拟量测扰动 4,辨识网侧控制器参数$[K_{p5},K_{i5}]$;将辨识得到的$[K_{p5},K_{i5}]$作为已知值,根据虚拟量测扰动 5 辨识参数$[K_{p4},K_{i4}]$。辨识算法使用标准粒子群算法。

采用如图 3-36 所示的测试系统,待辨识参数的真值及其搜索范围如表 3-11 所示。参数的搜索范围略小于该参数能够使 DFIG 模型从零初始状态顺利进入稳态运行的取值范围,是在对所有参数逐个进行测试后获得的。可以看到,各个参数的搜索范围都较大,有助于验证方法的有效性。使用的粒子群算法中,粒子数量设置为20 个,迭代次数上限为 50 次,惯性权重从 0.9~0.45 按迭代次数递减,学习因子 C_1 $=C_2=2$。

表 3-11　控制器参数真值及其搜索范围

参数	真值	搜索范围	参数	真值	搜索范围
K_{p1}	1.25	0.1~5	K_{i1}	300	10~700
K_{p2}	0.3	0.1~2.4	K_{i2}	8	0.1~32
K_{p3}	1	0.1~4	K_{i3}	100	10~200
K_{p4}	0.002	0.0001~0.02	K_{i4}	0.05	0.1~0.5
K_{p5}	1	0.1~1.1	K_{i5}	100	10~400

根据图 3-48 的辨识流程,首先在各个参数的搜索范围内随机生成一组参数的初值,如表 3-12 中第 3 列所示。对比表 3-11 中各个参数的真值,可以看到这组随机初值的偏差很大,可以用来模拟控制器参数完全未知的场景。参数的辨识结果如表 3-12 所示。

表 3-12　控制器参数辨识结果

参数	真值	随机初值	辨识结果	辨识误差/%
K_{p2}	0.3	1.9739	0.2960	−1.3333
K_{i2}	8	28.995	8.1979	2.4738
K_{p1}	1.25	1.5771	1.2279	−1.7680
K_{i1}	300	493.76	298.48	−0.5067
K_{p3}	1	2.6987	0.9451	−5.4900
K_{i3}	100	112.43	93.747	−6.2530
K_{p5}	1	0.5177	1.0068	0.6800
K_{i5}	100	393.39	102.11	2.1100
K_{p4}	0.002	0.0055	0.0020	0.0000
K_{i4}	0.05	0.4719	0.0494	1.2000

各个控制器参数经过第一轮辨识后就已经有不错的精度,其中仅有$[K_{p3},K_{i3}]$与

真值的误差大于 5%。从表 3-7 的灵敏度数据中可以看到，采用转速量测信号扰动辨识有功功率控制器参数 $[K_{p3}, K_{i3}]$ 时，电容电压控制器中参数 K_{p4} 的灵敏度大约是 K_{p3} 的 1/8，是 K_{i3} 的 1/6，而 K_{p4} 初值偏离真值近 3 倍，有可能造成 $[K_{p3}, K_{i3}]$ 的辨识误差。后面将研究通过交叉辨识，来进一步提高辨识精度。

3.3.4 传动系统的参数辨识

1. 实验设计

以图 3-36 所示系统为例。将前述辨识得到的风力机及控制器参数作为已知。并从 3.3.1 节的模型可解耦性分析可知：双馈风电机组的传动系统与电气部分耦合性较弱。因此在参数辨识时，假定发电机的参数，根据阵风激励辨识传动系统参数。

2. 可辨识性与辨识难易度分析

设在 $t=5s$ 输入侧受阵风激励，图 3-49～图 3-52 分别列出了该故障下四个不同观测量的轨迹灵敏度。

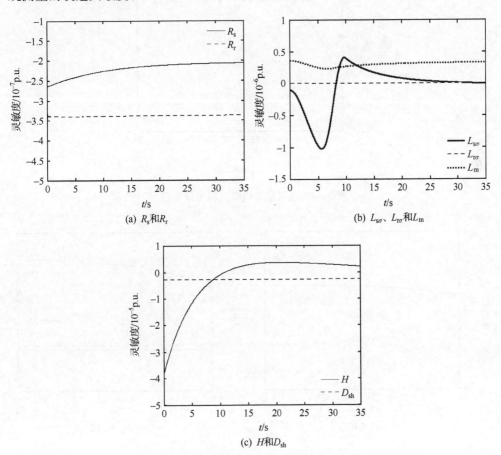

图 3-49 观测量为风电机组出口电压

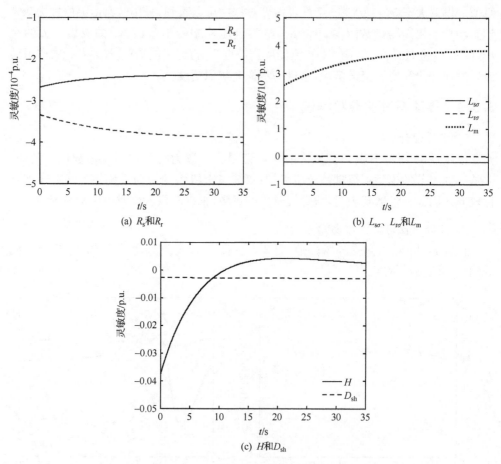

(a) R_s和R_r

(b) $L_{s\sigma}$、$L_{r\sigma}$和L_m

(c) H和D_{sh}

图 3-50 观测量为风电机组出口电流

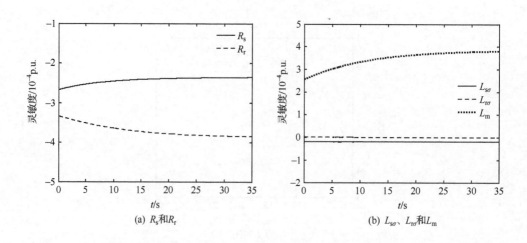

(a) R_s和R_r

(b) $L_{s\sigma}$、$L_{r\sigma}$和L_m

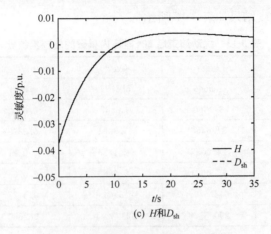

(c) H和D_{sh}

图 3-51 观测量为风电机组有功功率

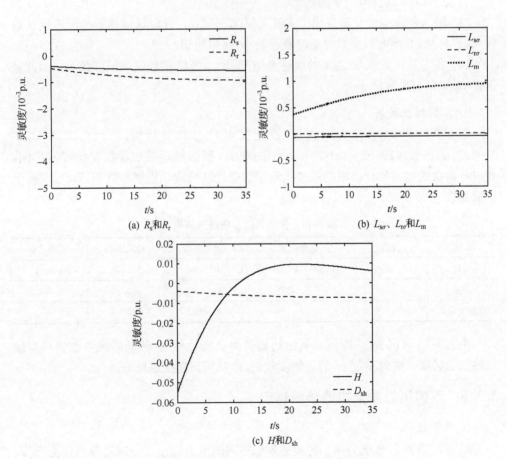

(a) R_s和R_r (b) $L_{s\sigma}$、$L_{r\sigma}$和L_m

(c) H和D_{sh}

图 3-52 观测量为风电机组无功功率

从图 3-49～图 3-52 可以看出,各参数的轨迹灵敏度均没有同时过零点,可区分辨识。各参数灵敏度结果如表 3-13 所示。

表 3-13　扰动结束后 20s 时窗内参数的轨迹灵敏度　　（单位：10^{-4}）

模型参数		P_{DFIG}	Q_{DFIG}	U_{s}	I_{s}
电气参数	$L_{\text{s}\sigma}$	1.9549	5.3796	0.0070	1.9803
	$L_{\text{r}\sigma}$	0.0360	0.0957	0.0002	0.0363
	L_{m}	34.6466	75.5961	0.0319	34.8192
	R_{s}	24.3083	52.1723	0.0221	24.4280
	R_{r}	37.0584	80.2866	0.0338	37.2423
机械参数	H	645.6709	1219.6450	0.6127	648.4093
	D_{sh}	290.5878	629.3274	0.2660	292.0274

由表 3-13 可以看出以下两点。

（1）输入侧风速变化激发出了系统的慢动态模式。此时机械参数的灵敏度普遍较大，容易辨识；而电气参数灵敏度普遍较小，难以辨识。

（2）各参数在观测量 Q_{DFIG} 的轨迹灵敏度最大，在 U_{s} 的轨迹灵敏度最小。因此宜选择 Q_{DFIG} 作为观测量。

3. 参数辨识结果

以无功功率 Q_{DFIG} 作为观测量，设定发电机参数初始值：$L_{\text{s}} = 0.2354$，$L_{\text{r}} = 0.0521$，$L_{\text{m}} = 5.3029$，$R_{\text{s}} = 0.0322$，$R_{\text{r}} = 0.0091$。根据传动系统参数初始搜索范围，获得各参数的初始估计。根据风速扰动下的受扰轨线辨识机械参数 H 和 D_{sh}。辨识结果如表 3-14 所示。

表 3-14　传动系统参数辨识结果

参数	真值	搜索范围	随机初值	辨识结果	误差/%
H	5.0400	[0.5040, 10.0000]	10.0000	5.0468	0.1349
D_{sh}	0.0100	[0, 0.1000]	0.10000	0.0087	13.0000
适应度值 L	—	—	0.1738	0.0016	—

由表 3-14 可以看出，即使参数的初始值离真实值较远，传动系统参数仍具有较好的辨识精度。同时参数 H 的灵敏度较高，因此辨识精度也较好。

3.3.5　双馈风力发电机的参数辨识

1. 实验设计

以图 3-36 所示系统为例。将前述辨识得到的风力机以及控制器参数作为已知。从 3.3.1 节的模型可解释性分析可知：双馈风电机组的传动系统与电气部分存在弱耦合性。因此在辨识发电机时，先设定传动系统的参数值，根据电网侧故障下观测量的受扰轨迹辨识发电机参数。

2. 可辨识性与辨识难易度分析

扰动设置为 $t=0$s 发电机出口发生瞬时性三相短路故障,故障持续 0.15s 后消失,系统恢复至原状态。图 3-53～图 3-56 分别列出了该故障下四个不同观测量的轨迹灵敏度。

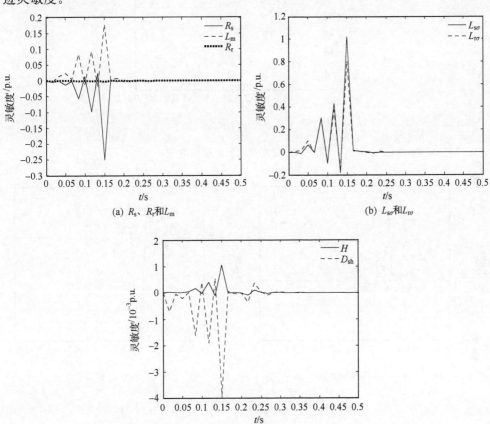

(a) R_s、R_r和L_m

(b) $L_{s\sigma}$和$L_{r\sigma}$

(c) H和D_{sh}

图 3-53 观测量为风电机组出口电压

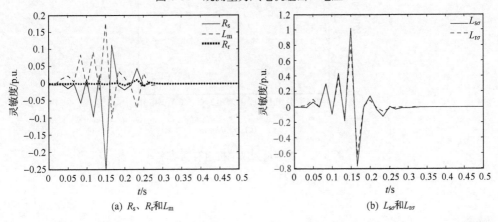

(a) R_s、R_r和L_m

(b) $L_{s\sigma}$和$L_{r\sigma}$

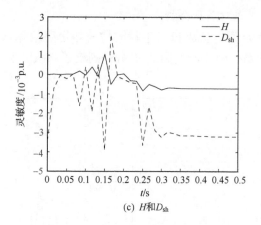

(c) H和D_{sh}

图 3-54　观测量为风电机组电流

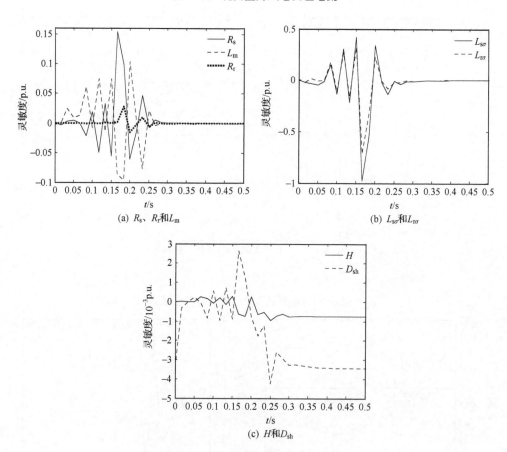

(a) R_s、R_r和L_m

(b) $L_{s\sigma}$和$L_{r\sigma}$

(c) H和D_{sh}

图 3-55　观测量为风电机组有功功率

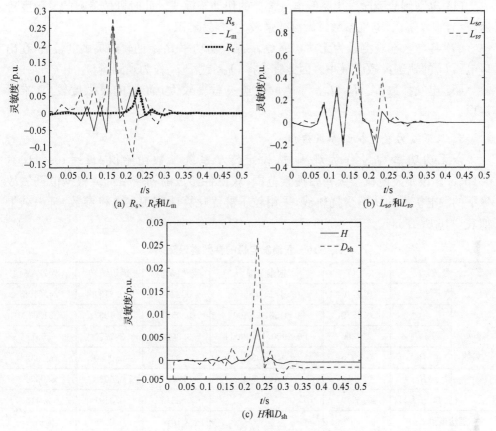

(a) R_s、R_r和L_m

(b) $L_{s\sigma}$和$L_{r\sigma}$

(c) H和D_{sh}

图 3-56 观测量为风电机组无功功率

从图 3-53～图 3-56 可以看出，参数 $L_{s\sigma}$ 和 $L_{r\sigma}$ 的轨迹灵敏度相位接近一致，难以区分辨识，其他参数均可区分辨识。

发电机各参数的轨迹灵敏度及频域灵敏度如表 3-15 所示。

表 3-15 故障消除后 0.5s 时窗内参数的轨迹灵敏度

模型参数		P_{DFIG}	Q_{DFIG}	U_s	I_s
电气参数	$L_{s\sigma}$	1.0029	0.6579	0.0142	0.5464
	$L_{r\sigma}$	0.6740	0.5992	0.0174	0.4067
	L_m	0.1897	0.3147	0.0087	0.1348
	R_s	0.1865	0.1865	0.0038	0.0960
	R_r	0.0330	0.0610	0.0016	0.0170
机械参数	H	0.0072	0.0072	0.0001	0.0059
	D_{sh}	0.0295	0.0293	0.0005	0.0251

由表 3-15 可以看出以下三点。

（1）电网侧故障激发出系统电气部分的快动态模式。此时机械参数的灵敏度普遍较小，难以辨识；电气参数灵敏度普遍较大，容易辨识。

（2）各参数在观测量为无功功率 Q_{DFIG} 或有功功率 P_{DFIG} 的轨迹灵敏度较大，在出口电压 U_s 的轨迹灵敏度最小。因此宜选择 Q_{DFIG} 或 P_{DFIG} 作为观测量。

（3）电气参数 $L_{s\sigma}$、$L_{r\sigma}$、L_m 和 R_s 的轨迹灵敏度较大；而 R_r 的灵敏度较小，难以辨识。

3. 双馈风力发电机的参数辨识

以无功功率 Q_{DFIG} 作为观测量，设定传动系统参数初始值：$H=10s$，$D_{sh}=0.1p.u.$。设定发电机参数初始搜索范围，获得各参数的初始估计。根据电网侧故障下的发电机无功功率受扰轨线，采用粒子群优化算法辨识发电机参数，辨识结果如表 3-16 所示。

表 3-16 双馈发电机的参数辨识结果

参数		真值	搜索范围	随机初值	辨识结果	误差/%
电气参数	$L_{s\sigma}$	0.1710	[0.0171,0.8550]	0.2354	0.2124	24.2105
	$L_{r\sigma}$	0.1560	[0.0156,0.7800]	0.0521	0.1067	−31.6020
	L_m	2.9000	[0.2900,10.0000]	5.3029	3.1770	9.5517
	R_s	0.0076	[0,0.0380]	0.0322	0.0080	5.2632
	R_r	0.0050	[0,0.0250]	0.0091	0.0053	6.0000
	$L_{s\sigma}+L_{r\sigma}$	0.3270	—	0.2875	0.3191	−2.4159
适应度值 L_1		—	—	0.1474	0.0035	—

由表 3-16 可以看出：①由于参数 $L_{s\sigma}$ 和 $L_{r\sigma}$ 不能够区分辨识，所以它们各自的辨识误差较大，但 $L_{s\sigma}+L_{r\sigma}$ 可辨识，且辨识精度较高；②参数 R_r 的灵敏度较低，但表中辨识精度较高，这是因为其初始估计值离真值较近；③各参数的初始搜索范围给得较宽时，各参数的辨识精度都小于 10%。以上说明该辨识方法是可行的。

3.3.6 交叉辨识

1. 控制器不同环节之间的交叉辨识

虽然在不同的量测信号扰动下，只有对应的 PI 控制器的参数灵敏度最大，并且也只辨识该 PI 控制器的参数。但是从表 3-5～表 3-9 中可以看到，非辨识参数的灵敏度并不都等于零，具有一定灵敏度的非辨识参数也会对 DFIG 的动态响应产生或多或少的影响。这意味着，不准确的非辨识参数必定会造成待辨识参数的辨识误差。为此，这里提出控制器不同环节"分合协调"的参数辨识策略，如图 3-57 所示。

控制器"分合协调"的参数辨识步骤如下。

（1）按照图 3-48 所示的控制器参数流程，获得第一轮的参数辨识结果。

（2）将前一轮的参数辨识结果作为初始值，将该轮的参数搜索范围设置为前一

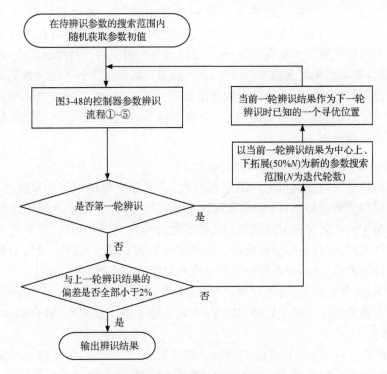

图 3-57　控制器参数的"分合协调"辨识流程

轮辨识结果的±50%,重新按照图 3-48 的辨识流程进行下一轮辨识。

（3）比较该轮与上一轮辨识结果,当所有参数前后两轮的偏差小于某一阈值(这里设为 2%),辨识结束并输出辨识结果;否则回到步骤(2),继续辨识。

以表 3-10 的控制器参数辨识结果作为初始值,重新按照图 3-48 的辨识流程辨识控制器各参数。各轮次的参数辨识结果如表 3-17 所示。

表 3-17　控制器参数"分合协调"辨识结果

参数	第一轮辨识	第二轮辨识	第三轮辨识	辨识误差/%
K_{p2}	0.2960	0.3010	0.3005	0.167
K_{i2}	8.1979	7.9849	8.0031	0.039
K_{p1}	1.2279	1.2524	1.2524	0.192
K_{i1}	298.48	300.19	300.19	0.063
K_{p3}	0.9451	1.0026	0.9990	0.100
K_{i3}	93.747	101.57	100.17	0.170
K_{p5}	1.0068	0.9999	0.9999	0.010
K_{i5}	102.11	99.462	99.533	0.467
K_{p4}	0.0020	0.0020	0.0020	0.000
K_{i4}	0.0494	0.0499	0.0499	0.200

由于$[K_{p3}, K_{i3}]$在第二轮参数中得到的结果较第一轮辨识结果的变化达到$[6.084\%, 8.344\%]$,超过了偏差小于2.0%而停止迭代的标准,因此进行了第三轮辨识。电容电压控制器的参数$[K_{p4}, K_{i4}]$经过第一轮辨识后已经接近真值,因此在第二轮辨识时,有功功率控制器参数$[K_{p3}, K_{i3}]$的辨识精度也得到了很大的提高。总体来说,随着辨识轮次的增加,辨识参数逐渐接近于实际值,说明增加交叉辨识环节整体上可提高参数的辨识精度。这表明"分合协调"的参数辨识策略对提高参数辨识精度起到了积极作用。

2. 传动系统与发电机之间的交叉辨识

由于传动系统与发电机之间的弱耦合性,前面在单独辨识传动系统参数时,给定了发电机参数的初始估计;在单独辨识发电机参数时,设定了传动系统参数的初始估计。由于传动系统与发电机动态之间不是完全独立可辨识的,当发电机参数的初始估计误差较大时,有可能影响传动系统的参数辨识精度;同样,当传动系统参数的初始估计误差较大时,也可能影响到发电机参数的辨识精度。

为此采用"分合协调"的参数辨识策略,即将3.3.4节和3.3.5节的传动系统和发电机的参数辨识作为第一轮辨识结果,在此基础上进一步采用"分合协调"的辨识策略,步骤如下。

(1) 首先将前一轮辨识得到的传动系统参数作为已知值,并将前一轮辨识得到的发电机参数作为初始值,基于电网侧故障下的发电机无功功率受扰轨线,采用粒子群优化算法重新辨识发电机参数。

(2) 将本轮辨识得到的发电机参数作为已知值,将前一轮辨识得到的传动系统参数作为初始值,基于风速扰动下发电机有功功率受扰轨线,采用粒子群优化算法重新辨识传动系统参数。

(3) 将本轮的辨识结果与上一轮的参数辨识结果进行比较,如果各参数前后两轮的辨识结果偏差较大(这里设为2%),重新回到步骤(1),否则"分合协调"辨识过程结束并输出传动系统及发电机的参数辨识结果。

传动系统及发电机的"分合协调"辨识流程如图3-58所示。

以表3-16和表3-17的分块辨识结果作为第一轮辨识结果,进一步按照图3-58的辨识策略,传动系统及发电机参数的多轮次辨识结果如表3-18所示。

根据前后轮次的误差判别标准,需经过四轮辨识。由表3-18的辨识结果可以看出以下四点。

(1) 总体来说,随着交叉辨识轮次的增加,辨识参数逐渐接近于实际值,说明增加交叉辨识环节可从整体上提高参数的辨识精度。偶尔也可能会出现后某轮次的辨识精度小于前一轮的情况,这是因为在每一轮的参数辨识时,参数搜索范围设定为前一轮辨识值的$\pm 50\%$,参数初始值在该范围内随机确定。当该轮的参数初始值与前一轮相比,与真值相差较大时,有可能出现这种情况。

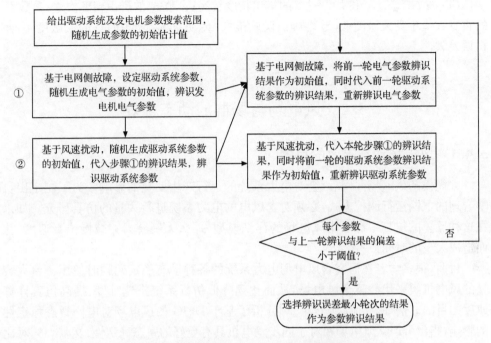

图 3-58 传动系统及发电机的"分合协调"辨识流程

表 3-18 传动系统及发电机参数的多轮次"分合协调"辨识结果

参数		真值	第一轮 分块辨识	第二轮 交叉辨识	第三轮 交叉辨识	第四轮 交叉辨识	辨识 误差/%
发电机 参数	$L_{s\sigma}$	0.1710	0.2124	0.2073	**0.1712**	0.1728	0.1170
	$L_{r\sigma}$	0.1560	0.1067	0.1159	**0.1536**	0.1572	−1.5385
	L_m	2.9000	3.1770	3.1497	**2.9053**	2.9088	0.1827
	R_s	0.0076	0.0080	0.0094	**0.0073**	0.0082	3.9473
	R_r	0.0050	0.0053	0.0049	**0.0059**	0.0035	18.0000
	$L_{s\sigma}+L_{r\sigma}$	0.3270	0.3191	0.3232	**0.3248**	0.3310	−0.6728
适应度值 L_1		—	0.0035	0.0041	**0.0028**	0.0033	—
传动系统 参数	H	5.0400	5.0468	5.0446	5.0457	**5.0397**	−0.0060
	D_{sh}	0.0100	0.0087	0.01030	0.0103	**0.0103**	3.0000
适应度值 $L_2/10^{-4}$		—	16.0000	6.7612	7.7370	**0.1262**	—

（2）在多轮次的辨识中，选取适应值最小轮次的参数辨识结果作为参数的最终辨识值，例如，发电机参数的最终辨识值选取 L_1 为最小值，即第三轮的辨识结果；传动系统参数的最终辨识值选取 L_2 为最小值，即第四轮的辨识结果。

（3）表 3-18 中给出的参数的初始搜索范围较宽，采用"分块-交叉"的辨识策略仍具有较高的辨识精度，说明了该方法的可行性及强壮性。

（4）参数 $L_{s\sigma}$、$L_{r\sigma}$ 和 $L_{s\sigma}+L_{r\sigma}$ 的辨识精度较高；参数 R_s 的辨识精度次之；参数 R_r 的自身数值小且灵敏度低，最终辨识误差最大；传动系统参数中 D_{sh} 的灵敏度小，辨识误差大。

3.4　风电场与场群的动态等效

3.4.1　风电场动态等效的目的

大规模的风电场并网后，会对电力系统的运行产生明显的影响。为了制定出科学合理的电网运行调控方式，必须对含风电的电力系统进行大量的仿真研究。如果在这种反复的仿真中都采用风电场的详细模型，那么无疑会大大减慢仿真速度，从而造成大量的时间浪费。

目前，很多学者在研究含风电场电力系统的各种动态稳定问题时使用一台大容量的风电机组来代替整个风电场，从而达到降低仿真系统搭建难度、提高仿真计算速度的目的。例如，文献[30]~[32]分析了基于 DFIG 的风电场对电网暂态稳定性的影响，指出 DFIG 风电场相对于同步发电机具有更好的暂态稳定性；文献[33]对比了基于 FSIG、DFIG 及 DDPMSG 的风电场对电网暂态稳定性的影响，指出 FSIG 机组的稳定性较差，DFIG 和 DDPMSG 机组能够提高电网故障后同步发电机的短期电压稳定性，减少系统所需的无功储备，有利于电网的电压稳定；文献[34]和[35]分别建立了基于 FSIG 的风电场和基于 DFIG 的风电场的按容量加权单机等效模型，并在风速扰动和电网故障下对比分析了上述两种风电场单机等效模型与其对应的风电场详细模型的动、暂态运行特性。

一般来说，用单机模型替代整个风电场来做定性分析是可以接受的，但若用来做定量计算并用来指导实际电网的建设和运行，则有可能会出现偏差，造成规划决策上的失误或者给电网带来安全隐患。因此，无论是理论研究还是工程实际，都希望得到能够准确描述大规模风电场整体特性的风电场模型。一个风电场通常由几十台甚至上百台风电机组构成，但其总容量仅相当于一台大型的火力发电机。对于 DFIG 机组这样含有风力机、发电机、电力电子变流器及其控制器的风电机组，可以用一个十几阶的模型来描述，如果风电场用详细模型来表示，则模型阶数可能超过一千阶。风电场容量的大小和模型的复杂程度很不匹配，而且在研究含风电电力系统的动态稳定问题时，重点关注的是风电场的整体动态特性，而不是场内每台机组的具体动态。因此，非常有必要对大规模风电场进行动态等效，从而达到模型降阶的目的。

本节按照风电场动态等效的步骤，首先提出风电场集电网络的等效变换、风电机组的分群判据和风电机组的聚合方法；其次提出一种风电机组控制器的聚合方法，该方法有助于实现承受风速差异较大的风电机组之间的聚合；再次提出一种考虑风速波动的风电场整体频域等效建模方法;最后提出风电场群的聚合方法。

3.4.2　集电网络的变换方法

风电场的集电网络是指连接各台风电机组升压箱变高压侧和风电场升压站低压侧母线的所有线路,陆上风电场以架空线为主,海上风电场多采用电缆。现有风电场中集电网络的电压等级以 35kV 居多。由于集电网络是风电场的重要组成部分,在对风电场进行等效建模时必须正确计及集电网络的影响。在风电机组的分群准则上,目前趋向于将运行状态相似的机组归为一群,由于风速风向的随机变化以及风传播的时滞效应,风电场内运行状态相近的风电机组的空间分布也会随机变化。因此在对风电场进行等效建模时,可能要对任意位置上的机组进行聚合。对于采用辐射形连接的风电场,各台风电机组之间并不是纯并联形式,随意聚合会降低风电场等效模型的精度。为此,本节根据集电网络详细参数已知和未知两种情况,分别提出"并联化变换方法"和"单阻抗等效方法",经过网络变换后,各台机组之间将成为纯并联结构,可以适应任意位置上机组间的聚合。

1. 集电网络的并联化变换方法

集电网络并联化变换方法的原则是保持变换前后风电机组机端电压的幅值和相位不变。特别注意的是,这个端口电压是指电网电压在机组端口产生的电压。该变换从辐射形连接的尾部开始,逐级往前向风电场的公共连接点(public common coupling,PCC)进行,下面以图 3-59 为例介绍具体步骤,图中线路阻抗 $Z_{l1}\sim Z_{l4}$ 用于表示集电网络。

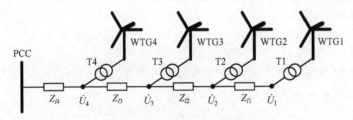

图 3-59　辐射形连接示意图

(1) 计算风电机组所在支路的稳态等值阻抗 Z_n(n 为机组序号)。对于定子直接并网的 DFIG 机组,如果其转速可知,则其等值阻抗可以按照其稳定等效电路计算,如图 3-60 所示,在计算时忽略 DFIG 转子侧的等效电压源。对于以全功率变流器并网的 DDPMSG 机组,可以采用机组端口电压和电流的量测结果来计算等效阻抗,DFIG 机组的等效阻抗也可以按此方法获得。需要注意的是,计算 Z_1 时线路阻抗 Z_{l1} 需要合并到 Z_1 中。

(2) 将风电机组间的混联结构变换为纯并联结构。变换方法是将线路阻抗 Z_{li} ($i\geqslant2$)分解成若干个 $Z_{li,n}$($n=1,\cdots,i$)并串联到原来与 Z_{li} 相连的 n 个风电机组支路中。图 3-61 以图 3-59 中的 Z_{l2} 为例给出了变换示意图。

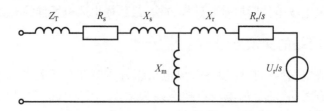

图 3-60　DFIG 的稳态等值电路图（含升压变压器）

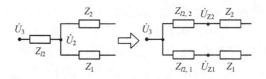

图 3-61　网络并联化变换示意图

如图 3-59 所示，在网络变换前机组 WTG1 和 WTG2 所在支路等值阻抗 Z_1 和 Z_2 的端电压为

$$\dot{U}_2 = \frac{\dot{U}_3(Z_1 /\!/ Z_2)}{Z_{l2} + Z_1 /\!/ Z_2} \tag{3-130}$$

式中，"$/\!/$"表示并联。网络变换后 Z_1 和 Z_2 的端电压分别为

$$\dot{U}_{Z1} = \frac{\dot{U}_3 Z_1}{Z_{l2,1} + Z_1}, \quad \dot{U}_{Z2} = \frac{\dot{U}_3 Z_2}{Z_{l2,2} + Z_2} \tag{3-131}$$

根据前述的网络变换原则，$\dot{U}_{Z1}$、$\dot{U}_{Z2}$ 应该和 $\dot{U}_2$ 相等，所以由式（3-130）和式（3-131）可求出

$$Z_{l2,1} = \frac{Z_{l2} Z_1}{Z_1 /\!/ Z_2}, \quad Z_{l2,2} = \frac{Z_{l2} Z_2}{Z_1 /\!/ Z_2} \tag{3-132}$$

（3）修正已经完成并联化变换的风电机组所在支路的等值阻抗 $Z_n(n = 1, \cdots, i)$，修正值记为 Z'_n，按式（3-133）计算。

$$Z'_n = Z_n + Z_{li,n}, \qquad n = 1, \cdots, i \tag{3-133}$$

（4）将修正后的等值阻抗 Z'_n 代回步骤（2），继续下一个线路阻抗 $Z_{l(i+1)}$ 的变换。

按照上述步骤对图 3-59 完成全部网络变换后，各风电机组间就变为图 3-62 所示的纯并联结构。

从上述步骤中可以看到，该网络变换的依据是风电场的稳态数据，但是动态过程中风电机组的等值阻抗是变化的，因此该网络变换在动态过程中必然会产生一定的误差。

下面以图 3-63 所示的两台风电机组为例，对该并联化变换方法在动态过程中的有效性进行定性分析。

按步骤（1）所述，设 WTG1 和 WTG2 所在支路的稳态等值阻抗为 Z_1 和 Z_2。设动态过程中 PCC 电压为 $\dot{U}_D$，Z_1 和 Z_2 相应地记为 Z_{1D} 和 Z_{2D}；图 3-59 中网络变换后的

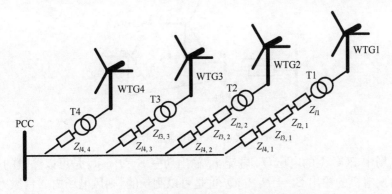

图 3-62　辐射形网络经过并联化变换后的结果

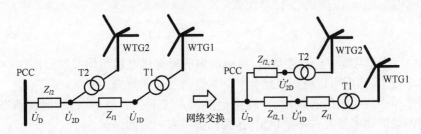

图 3-63　两机组系统的网络变换示意图

$Z_{l2,1}$ 和 $Z_{l2,2}$ 按式(3-132)计算。

在不进行网络变换时,动态过程中 Z_{1D} 和 Z_{2D} 的端电压 $\dot{U}_{1D}$ 和 $\dot{U}_{2D}$ 为

$$\dot{U}_{1D} = \dot{U}_{2D} = \frac{(Z_{1D} \mathbin{/\mkern-5mu/} Z_{2D})\dot{U}_D}{Z_{l2} + Z_{1D} \mathbin{/\mkern-5mu/} Z_{2D}} \tag{3-134}$$

而网络变化后,Z_{1D} 和 Z_{2D} 的端电压 $\dot{U}'_{1D}$ 和 $\dot{U}'_{2D}$ 为

$$\dot{U}'_{1D} = \frac{Z_{1D}\dot{U}_D}{Z_{1D} + Z_{l2,1}}, \quad \dot{U}'_{2D} = \frac{Z_{2D}\dot{U}_D}{Z_{2D} + Z_{l2,2}} \tag{3-135}$$

如果并联化变换在整个动态过程中都完全精确,则应满足 $\dot{U}'_{1D} = \dot{U}_{1D}$,$\dot{U}'_{2D} = \dot{U}_{2D}$,将式(3-132)代入式(3-135)化简后可以得到

$$\frac{Z_{1D}}{Z_1} = \frac{Z_{2D}}{Z_2} \tag{3-136}$$

该比值是一个复数,将其命名为"动-稳等值阻抗比",以下用"ξ"表示。在动态过程的各个瞬间,如果风电场内各机组所在支路的 ξ 越接近,则并联化变换在动态过程中造成的误差就越小。

2. 集电网络的单阻抗等效方法

当风电场的已知条件不足以对集电网络进行并联化变换时,可以对其进行单阻抗等效,从而将风电场的接线方式变为纯并联结构,如图 3-64 所示。

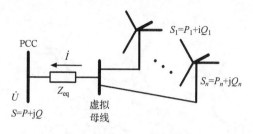

图 3-64 集电网络的单阻抗等效方式

风电场中 PCC 上的电压 $\dot{U}$、电流 $\dot{I}$、输出功率 $S=P+jQ$ 是可以测量的。此外，每台风力发电机的输出 $S_i=P_i+jQ_i$ 也是可以测量的，则风电场内 n 台风力发电机的总输出功率也可知，其与 PCC 上输出功率 S 的差值即为内部集电网络的损耗。因此，等效阻抗 Z_{eq} 可以按式(3-137)计算：

$$Z_{eq}=\left(\sum_{i=1}^{n}S_i-S\right)\Big/(I\cdot I^*)\qquad(3\text{-}137)$$

式中，"∗"表示共轭。经过变换后，风电场内的所有风电机组均并联到图 3-64 所示的虚拟母线上，然后可以根据机组分群结果进行相应的聚合。

对于单阻抗等效的有效性，从理论上讲该方法不会有稳态误差，但在动态过程中集电网络的功率损耗并不是定值，这必然会带来一定的误差。

3. 算例验证

对上述网络变换方法进行验证，仿真在 MATLAB 2013a 的 SimPowerSystems 环境中进行。仿真系统如图 3-65 所示，风电场内设置 4 行 4 列共 16 台机组，同一馈

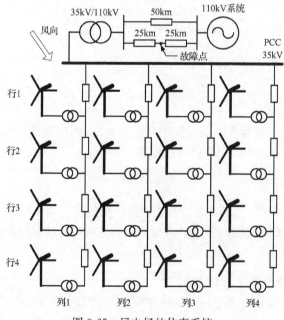

图 3-65 风电场的仿真系统

线上相邻机组的间距设置为0.6km。

表3-19给出了各台风电机组承受的不同风速,较大的风速差异可以用来检验并联化变换在动态过程中的有效性。

表3-19　风电场内部风速

行	列1	列2	列3	列4
行1	15.0m/s	14.0m/s	13.0m/s	12.0m/s
行2	14.2m/s	13.2m/s	12.2m/s	11.2m/s
行3	13.4m/s	12.4m/s	11.4m/s	10.4m/s
行4	12.6m/s	11.6m/s	10.6m/s	9.6m/s

表3-20给出了仿真系统的详细设置及元件在SimPowerSystems环境中的取用位置,除了表中"指定参数"栏,其余参数一律取默认值。

表3-20　仿真系统元件参数

仿真系统部件		指定的参数或元件
110kV系统	110kV系统	$S_N=2500\text{MVA}, f_N=50\text{Hz}$
	110kV线路	三相π型线路
DFIG风电场	风电场升压器	25kV/110kV, $S_N=47\text{MV}\cdot\text{A}$
	DFIG发电机	$P_N=3\text{MW}, V_N=12\text{m/s}$
	DFIG风力机	$P_N=3\text{MW}$
	机端升压变	$S_N=4\text{MV}\cdot\text{A}$
	集电网络	三相RL串联支路 $R=0.1153\Omega/\text{km}$ $L=1.05\times10^{-3}\text{H/km}$

注:① 110kV系统元件取自"Wind Farm (IG)" Demo。

　　② DFIG风电场元件取自"Wind Farm (DFIG Phasor Model)" Demo。

电网扰动设置为三相接地故障,故障发生在风电场与系统间一条联络线的中间,故障持续0.05s后消失。动态过程的误差采用式(3-138)所示的相对误差公式计算:

$$\text{Error}=\frac{1}{N}\sum_{i=1}^{N}\left|\frac{y_i'-y_i}{y_i}\right|\times100\%\qquad(3\text{-}138)$$

式中,N是采样点的数量;y_i是风电场原始连接方式下的有功功率P或无功功率Q的数值;y_i'是某种网络处理方式下的P或Q数值。计算时不计入$P<0.01\text{p.u.}$和$Q<0.01\text{p.u.}$的数据点,以免造成相对误差的异常增大。误差计及了扰动发生后0.5s内的响应,表3-21列出了仿真结果,图3-66给出了网络变换前后风电场总有功和无功输出的动态响应曲线对比图。

表 3-21　风电场的集电网络变换效果

误差	有功误差/%			无功误差/%		
	并联化变换(1)	并联化变换(2)	单阻抗等效	并联化变换(1)	并联化变换(2)	单阻抗等效
稳态误差	0.007	0.016	0.023	0.396	0.831	1.226
动态误差	0.039	0.050	0.518	0.421	0.770	2.725

注："并联化变换(1)"指按照发电机转速计算等效阻抗,适用于 DFIG 机组;"并联化变换(2)"指按照发电机端口电压和电流量测值计算等效阻抗,同时适用于 DFIG 机组和 DDPMSG 机组。

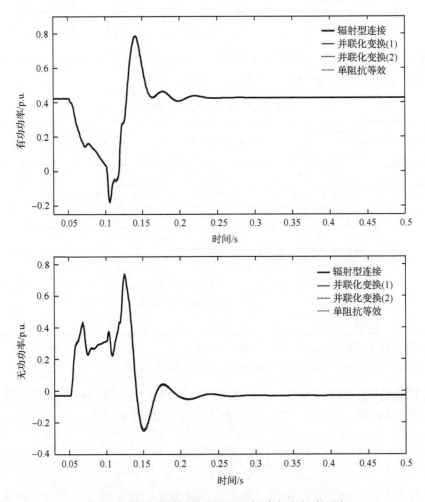

图 3-66　集电网络变换后的风电场动态响应对比图

风电场输出功率的稳态误差主要由集电网络的功率损耗造成。目前多数风电场集电网络采用 35kV 的电压等级,这样有助于减少集电网络的损耗,从而提高经济效益。从表 3-21 可以看到,经集电网络变换后,风电场的稳态误差绝对量都非常小,这是符合预期的。对于电网扰动下的动态精度,当采用并联化变换时,有功功率和无功功率的动态误差均非常小;当采用单阻抗等效时,有功功率的动态误差并不大,而无功功率的动态误差稍大。

集电网络经过变换后,所有机组都已并联到风电场 PCC 母线上,接下来要做的是对风电机组进行分群和聚合。

3.4.3 风电机组的分群判据

1. 分群判据研究概述

要获得风电场的等效模型,普遍做法是先对风电场内的风电机组按照一定的准则进行分群,然后对同群的机组进行聚合。在这些研究工作中,大多数都假设风电场中的风力发电机种类和型号相同,这样避免了聚合不同模型或参数的机组所带来的困难和误差。虽然实际某个风电场可能由于分期建设的原因,场内有多种不同的机组,对其进行等效建模时,可以首先按照机型分群,然后再按其他准则进一步分群。本节所述分群判据均是针对相同类型的风电机组而言的。

在风电机组的分群准则方面,早期的研究主要根据风电场中风电机组的地理排列来分群[36,37],当时的主流机型还是 FSIG。这类方法通常以一个形状规则的风电场作为研究对象,将与风向垂直的一排(或一列)风电机组分为一群,如图 3-67 所示。这样分群的好处是同群机组承受的风速是相同的,但是实际风电场中风电机组的排列并不都是规则的,并且风向也未必与机组排列方向垂直,所以这种分群的适用性不强。

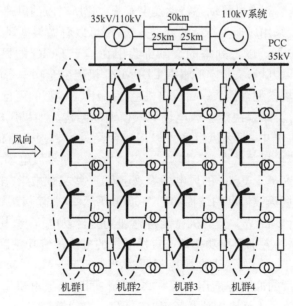

图 3-67 按地理位置分群的示意图

近年来,各国学者提出根据风电机组的运行状态来进行分群[38-41],分群的判据主要有各个风电机组所感受到的风速、输出的有功功率、发电机的转速和动态过程中桨距角控制器是否动作等。通过这样的分群方法使得风电场中运行状态相接近的风电机组分为一群。文献[38]提出采用支持向量机并结合风电场运行数据来分群,其实质是先按机组类型分群,同类型机组按风速来分群;文献[39]在考虑风电场尾流的基础上,采用支持向量机对相近风速的风力发电机进行分群,不同于文献[38]的是它指出通过多次分群,可以得到一组或若干组总会被分到一群中的风力发电机组合,可以将这些组合作为固定的分群,从而避免随着风速风向变化而反复分群的烦琐;文献[40]对地形复杂、分布不规则的风电场提出了基于马尔可夫链的统计学同调机群划分方法,但其使用的数据是风电场监控与数据采集(SCADA)系统测量到的风电机组的有功、无功出力,从实质上说这种方法是将承受风速相近的机组分为一群;文献[41]同样根据风机输出功率的不同,使用马尔可夫链来判断机组间距离并分群;文献[42]针对 DFIG 机组的等值问题,使用 k-means 聚类算法对机组状态变量的稳态初值进行聚类分群,其本质也是将承受风速相近的机组划为一群;文献[43]针对 DFIG 机组,提出按照以桨距角控制器动作情况为机组分群准则,通过提取反映桨距角控制器动作的特征向量,作为支持向量机的输入进行 DFIG 机组的动态分群,得出以三台风电机组表征的风电场等值模型,而实际上桨距角控制器的动作情况也与机组承受的风速密切相关;文献[44]提出了一种根据 DFIG 机组功率特性曲线求取等效风速的方法,并提出根据功率特性曲线的分段区间对 DFIG 机组进行分群;文献[45]在考虑尾流和风向的情况下利用三维相关系数矩阵进行分群;文献[46]根据 DFIG 暂态内电势动态特性发生显著变化所对应的风速上下界分群。以上这些直接或间接采用风速为指标的分群方法,都可以看做根据风力发电机的稳定运行状态来进行分群。以上列举的文献都集中在基于 DFIG 的风电场,对于基于 DDPMSG 机组的风电场,文献[43]根据 DDPMSG 机组中全功率变流器起到隔断故障的特点,将风电场模型等效成一台风电机组,并验证了模型的可行性。

风电机组的分群结果决定了风电场等效模型的结构。如果风电场内所有机组都被分在同一个机群中,那么风电场可以用一台经过容量聚合后的风电机组来表示,称为风电场的"单机等效模型",如图 3-68(a)所示。如果风电场内的风电机组被分为多群,早期研究基于 FSIG 的风电场等效建模,一些文献推崇"多 WT＋单 G"的模型结构,其风电场等效模型的结构如图 3-68(b)所示。文献[47]针对 FSIG 指出,在风速不同时聚合多台 WT 上的机械能再施加到一台发电机上,其精度令人满意;文献[48]分析后认为叠加机械功率到一台发电机的方法的有功精度较高,但无功精度有一些误差;文献[37]则认为在风速不同时,"多 WT＋单 G"和根据风速分群的"多(WT＋G)"模型的形式都适用。另一些文献将同群的风电机组用一个"单(WT＋G)"的模型来等值,从而整个风电场用"多(WT＋G)"模型来表示,称为风电场的"多机等效模型",如图 3-68(c)和图 3-68(d)所示。当 DFIG 和 DDPMSG 逐渐取代

FSIG 成为主流机型后,"多机等效模型"是研究风电场等效建模问题时最常用的模型结构。

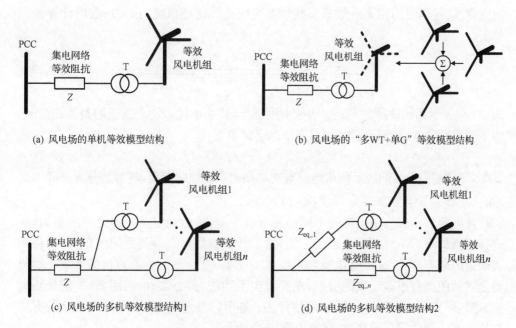

(a) 风电场的单机等效模型结构

(b) 风电场的"多WT+单G"等效模型结构

(c) 风电场的多机等效模型结构1

(d) 风电场的多机等效模型结构2

图 3-68　风电场等效模型的常见结构

2. 基于外特性曲线相似度的分群方法

现有的风电机组分群方法大多以机组的稳定运行状态相近为判据,而运行状态相近决定了同群机组在同一扰动下产生的动态响应也是相近的,因此可以直接根据风电机组动态响应曲线的相似度来进行分群。这种基于外特性曲线相似度的分群方法在分群结果上与以往的方法是接近的,但其优点在于分群结果的正确性不依赖风电机组模型的准确性,可以直接对实际的风电机组进行测试,从而确定出不同严重程度的扰动下用以分群的风速分界点。下面对这一方法进行简单的介绍。

1) 风电机组外特性特征量的选取

风电场的动态等效模型主要应用于电力系统的暂态稳定分析,等效模型必须能够准确地描述风电场在系统故障条件下的整体动态特性。风电场的外特性特征量主要有端口电压、输出的有功功率和无功功率等。其中,端口电压由风电机组和电网共同决定,而无功功率的动态包含风电机组的动态响应和无功功率补偿设备的动态响应,所以端口电压和无功功率的动态不完全由风电机组决定;而有功功率的动态特性是由风电机组产生的,有功功率的动态响应情况能够准确地描述风电机组的整体动态特性,也可以有效地区分具有不同运行状态的风电机组。基于以上原因,可以选用有功功率作为分群特征量。

2）相似度指标

分群样本为风电场内各台风电机组在某一严重程度的扰动下的有功功率动态响应曲线，这里使用相关系数来反映动态响应曲线的相似度，相关系数的计算公式如下：

$$r_{ij} = \frac{\sum[\nu_i(t)-\nu_i(t_0)][\nu_j(t)-\nu_j(t_0)]}{\sqrt{\sum[\nu_i(t)-\nu_i(t_0)]^2}\sqrt{\sum[\nu_j(t)-\nu_j(t_0)]^2}}$$ (3-139)

式中，t_0 表示系统故障时刻；r_{ij} 为相似度指标，其大小代表动态曲线的整体相似度。为了便于后续的聚类分析，将相似度指标定义如下：

$$d_{ij} = 1 - r_{ij}$$ (3-140)

其中，d_{ij} 越接近 0，则表示两机组的有功功率动态曲线越相似，越容易分为一群。

3）基于聚类方法的分群步骤

聚类的基本思想是先将每个样品各看成一类，然后规定类与类之间的距离，并选择距离最小的一对合并成新的一类；接着计算新类与其他类之间的距离，再将距离最近的两类合并；这样每次操作可以减少一类，直至满足分类数量的要求。类与类之间的距离有很多定义的方法，主要有类平均法、重心法、中间距离法、最长距离法、最短距离法、离差平方法、密度估计法。本节以最短距离法对 DFIG 机组的有功功率动态响应曲线进行聚类，具体步骤如下。

（1）通过仿真获得 n 台机组在机端电压跌落时的有功功率响应曲线；设定风电机组最终的分群数量 N。

（2）计算两两机组之间的相似度指标，形成 $n\times n$ 维的样本集；设每台机组单独为一类。

（3）计算各样本之间的距离，从中找出距离最近的两个样本合并为一类，记录聚类次数为 i。

（4）计算新类与其余各类的距离，重新生成 $(n-i)\times(n-i)$ 维的样本集。

（5）重复步骤（3）和（4），直至剩余样本的数量与机组分群的目标数量相等。

以 MATLAB/SimPowerSystem 中提供的 DFIG 模型为例（采用恒定电压控制策略），首先在风速为 7.1～15m/s 时进行取样，以 0.1m/s 为步长，记录各个风速输入下 DFIG 机组在机端电压跌落至 0.8p.u. 时的有功功率响应曲线，然后运用系统聚类法对单台 DFIG 机组的动态响应曲线的相似度指标进行聚类分析，从而得到以风速区段表示分类结果，如表 3-22 所示。

表 3-22 风电机组运行状态分区结果

分群数	分区结果/(m/s)
2	7.1～12.9；12.9～15.0
3	7.1～12.9；12.9～13.4；13.4～15.0
4	7.1～9.5；9.5～12.9；12.9～13.4；13.4～15.0

根据表 3-22 中分群数为 4 的结果,在 DFIG 机组的功率特性曲线上标出分群区段,如图 3-69 所示。图 3-70 给出了不同分群区段中单台 DFIG 机组的有功功率响应曲线。

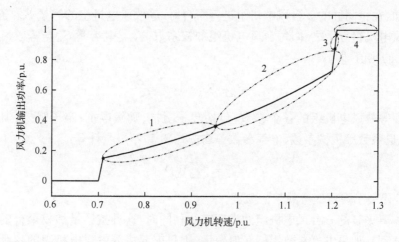

图 3-69　动态特性分群区段图

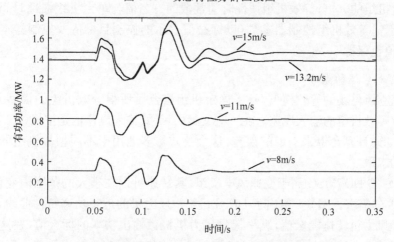

图 3-70　不同风速下单台 DFIG 机组有功功率响应曲线对比

在不同的电压跌落幅度下,可能得到的分群风速界限会略有差别,但都可以形成类似表 3-22 的分群结果。以风速为分界的分类使用非常方便,如果风电场内每台风电机组的风速并不可测或无法获得,则可以将风速边界转换为对应的稳态有功功率输出边界,即根据各台风电机组的稳态有功功率区段进行分类,不会影响该分群判据使用的便利性。

3.4.4　风电机组的聚合

风电场内的风电机组被分群后,需要对其进行聚合后才能得到风电场的简化模型。目前,在风电机组的聚合上,普遍采用按容量加权聚合的方法[49]。该方法在传统电力系统的动态等值中已有广泛的应用,其以被聚合机组的额定容量与同群机组总的额定容量之比为权系数,对发电机各参数进行加权求和,以获得等效机组的对应参数。

例如,在将同群的 n 台风电机组进行聚合时,等效风电机组的容量 S_{eq} 等于同群中所有风电机组容量之和,每台风电机组的权系数 W_i 是其容量 S_i 与等效风电机组容量 S_{eq} 的比值,即

$$S_{eq} = \sum_{i=1}^{n} S_i, \quad W_i = \frac{S_i}{S_{eq}} \tag{3-141}$$

从而等效风电机组的各个参数,包括转子阻抗、励磁电抗、定子阻抗、惯性时间常数、阻尼系数等机械参数、电气参数等均按式(3-142)进行计算:

$$X_{eq} = \sum_{i=1}^{n} W_i X_i \tag{3-142}$$

式中, X 代表了需要聚合的某个参数。

当需要聚合的 n 台风电机组的类型完全相同时,这种按容量加权聚合的方法显得尤为便利。如果电气参数用标幺值表示,则只需要将等效风电机组的容量设置为单台风电机组的 n 倍;等效机组惯性时间常数的有名值与单台机组惯性时间常数的有名值相等;等效机组控制器参数(以标幺值表示的控制目标值及控制器本身的参数)的取值也保持不变。

1. 输入风速的聚合

要建立风电场的等效模型,除了确定机组聚合后所得等效机组的模型参数,还必须确定等效机组的输入风速。在一些文献中,等效输入风速也是按式(3-142)进行计算的,如此计算会带来一定的误差,这个公式更多地用于不同型号机组的等效输入风速的求取。

DFIG 与 DDPMSG 属于变速风电机组,其转速可以在很大的范围内变化,以满足 MPPT 的需求。图 3-5 给出了 DFIG 机组中风力机的理想功率特性曲线,该图的横坐标是风力机转速标幺值,纵坐标是风力机机械输出功率的标幺值,在这样的坐标下功率特性曲线具有明显的分段特征。如果将横坐标改为输入风速 v 后,这条功率特性曲线的形状如图 3-71 所示,该曲线是用 DFIG 机组模型仿真获得的(DFIG 机组参数如表 3-1 所示),图中还分别画有连接 BC、BD、CD 的三条直虚线,用于观察功率特性曲线的线性程度。此图中 B 点风速为 9.1m/s, C 点风速为 12m/s, D 点风速为 13.4m/s, E 点风速为 15m/s。图中功率特性曲线依然具有明显的分段特征,从图中可以看到 CD、DE 段基本是直线, BC 段是弧度很小的曲线。所以,对于在 CD、DE 段上的机组,使用公式(3-142)求取等效输入风速时精度能够得到保证;在 BC 段上使用公式(3-142)求取等效输入风速时会有一定误差,但误差不会很大;而在 BCD 段上使用公式(3-142)求取等效输入风速时误差会比较明显。

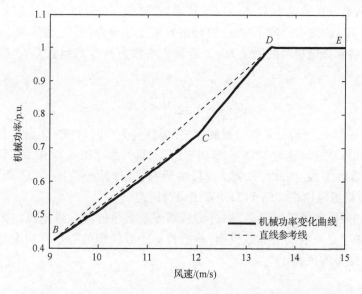

图 3-71　DFIG 机组的输入风速与风力机机械功率输出的关系

再考虑到风速 v 与输入风功率之间是三次方关系，因此将图 3-5 所示功率特性曲线的横坐标改为风速 v 的 3 次方（v^3），纵坐标依然为风力机输出的机械功率，从而得到图 3-72，图中还画出了直接连接 B 点和 D 点的虚线作为线性度的参考，B、C、D、E 各点代表的风速与图 3-71 中的一致。

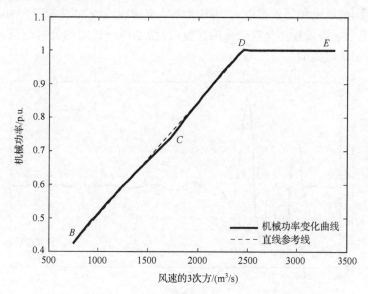

图 3-72　输入风速的 3 次方与风力机机械功率输出的关系

从图 3-72 中可以看到，当以 v^3 为横坐标时，风力机输出功率除在 C 点附近有一定的弯曲(弯曲段在风速为 11.3～12.5m/s),在其他部分基本为一条直线。这表明,可以分别在 BD 段或 DE 段上对 v^3 进行按容量加权聚合,虽然会有误差,但误差不会很大。设各台风电机组的风速为 v_i,容量权系数为 W_i,机组数量为 n,则聚合风速 v_{eq} 为

$$v_{eq}^3 = \sum_i^n W_i v_i^3 \tag{3-143}$$

根据表 3-22 的分群结果可以看到,在分群数量为 2 时,存在 D 点左右的机组被分为同一群的现象(风速为 12.9～15.0m/s 的一群),由于图 3-72 中 DE 段的功率特性曲线是一条水平线,因此可以将 DE 段中所有机组的风速均视为 D 点风速,然后与 D 点左方机组风速按式(3-143)计算出聚合风速。

此外,如果风电场采用单机等效模型,则等效机组的输入风速可以采用简化方法获得:首先建立风电场的等效模型,然后根据等效模型的稳态有功误差最小来确定输入等效模型的风速。

2. 算例验证

仿真系统仍如图 3-68 所示,各台风电机组的风速设置仍如表 3-19 所示,仿真系统中各模型参数的设置仍如表 3-20 所示。在 3.4.3 节中已经对该仿真系统的集电网络进行了并联化变换,各台 DFIG 机组已经完全并联到 PCC 母线,本节根据表 3-22 的结果将 DFIG 机组分为三群,同群机组按本节所述方法进行聚合,从而得到如图 3-68(d)所示的风电场多机等效模型。

由此得到的风电场等效模型和详细模型动态响应曲线如图 3-73 所示。由图中可以看出,风电场等效模型具有较高的精度,说明了风电机组的分群结果是合理的,机组聚合方法是正确的。

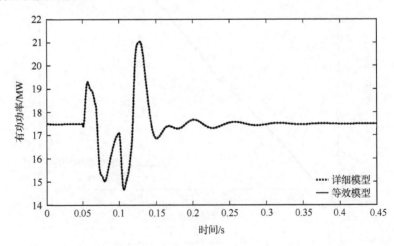

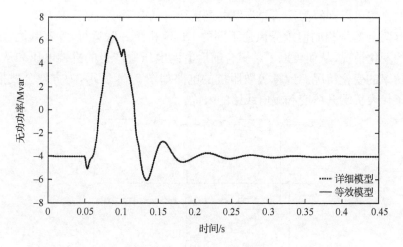

图 3-73　风电场出力曲线

3.4.5　控制器的聚合方法

根据 3.4.2～3.4.4 节所述的方法已经可以获得一个完整的、具有良好精度的风电场多机等效模型。总的来说,风电场等效模型的简化程度主要取决于风电机组的分群数量。如果要进一步简化风电场等效模型,如极端情况下简化等效为一台,就要解决如何对所承受风速有明显差异的、可能被分在不同机群中的风电机组进行聚合的一系列问题。当风速差异较大时,各风电机组中同一控制器的控制目标数值可能会有较大差异,因此如何实现处在不同稳态工作点的多个同类控制器的聚合是关键问题。下面给出一种通过调整等效控制器的控制参考值来聚合风速差异较大的 DFIG 机组的方法。

DFIG 机组的动态特性既与其承受的风速大小有关,又受其控制器动作特性的影响,尤其是提供交流励磁的转子侧变流器的控制器。DFIG 机组转子侧控制器的结构如图 3-21 所示,从功能上其可以分为无功功率控制单元和有功功率控制单元两个部分。无功功率控制单元根据其控制目标的不同,可以分为机端电压控制器(对应"恒定电压控制策略",constant voltage control strategy,以下简称"CV 策略")和无功功率控制器(对应"恒定功率因数控制策略",constant power factor control strategy,以下简称"CPF 策略");有功功率控制单元根据设定好的 DFIG 机组功率特性曲线及输入风速来控制机组的有功输出。

1. 无功功率控制单元的聚合方法

DFIG 机组的交流励磁可以等效为其异步发电机转子侧的一个电压源。对于采用 CV 策略的 DFIG 机组,其机端电压由电网电压和转子侧等效电压源共同决定,因此控制器的作用可以理解为将由电网电压产生的机端电压调整到指定值。对于采用 CPF 策略的控制器,由于在实际运行时经常将 DFIG 机组的功率因数设定为 1,则控制器的作用可以理解为抵消异步发电机运行时从电网吸收的无功功率。

设有两台型号相同但承受风速不同的 DFIG 机组并联运行,考察其聚合前后等效阻抗的变化情况,从而可以了解聚合前后电网电压所产生的机端电压和从电网吸收无功功率的变化情况。计算等效阻抗的电路如图 3-74 所示,为方便公式推导,其中忽略了代表机端升压变和集电线路的阻抗。

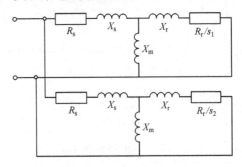

图 3-74 两台 DFIG 机组并联运行求取等效阻抗的电路图

设两台机组的滑差为 s_1 和 s_2,设等效机组的滑差为 s_{eq}。根据按容量加权聚合方法获得等效机组的电气参数。如果两台机组聚合前后等效阻抗相等,则根据阻抗实部、虚部分别相等可以求出两个 s_{eq}:

$$s_{eq\_1} = \frac{2s_1 s_2(X_m X_r + X_m X_s + X_s X_r) - (s_1 + s_2)R_r R_s}{(s_1 + s_2)(X_m X_r + X_m X_s + X_s X_r) - 2R_r R_s} \tag{3-144}$$

$$s_{eq\_2} = \frac{2s_1 s_2(X_m R_s + X_r R_s) + (s_1 + s_2)(X_m R_r + X_s R_r)}{2(X_m R_r + X_s R_r) + (X_m R_s + X_r R_s)/(s_1 + s_2)} \tag{3-145}$$

对比式(3-144)和式(3-145)可以发现,只有当 $s_1 = s_2$ 时,由两式求得的等效滑差 $s_{eq} = s_1 = s_2$,此时机组聚合前后的等效阻抗相等;而当 $s_1 \neq s_2$ 时,式(3-144)和式(3-145)求得的 s_{eq} 不相等,即不存在一个等效滑差 s_{eq},使等效机组的阻抗等于被聚合机组的并联阻抗。

这表明,将不同风速的 DFIG 机组聚合以后,等效机组中等效控制器的控制对象的数值必然会发生改变。在这种情况下,等效控制器的控制目标虽然依旧能够实现,但等效机组实际发出的无功电流数值与聚合前各机组的无功电流数值有明显的差异,这会对等效模型的稳态和动态精度造成负面影响。本节提出的无功功率控制单元聚合方法实际上是一种调整等效控制器稳态工作点的方法,即通过调整等效DFIG 机组发出无功电流的大小来提高等效模型的精度。

1) 采用 CV 策略的等效控制器

为调整等效控制器的稳态工作点,在其输入端增加输入量 ΔU,如图 3-75 所示。ΔU 可以与电压参考值 U_{ref} 合并,即只需要改变控制目标的参考值为($U_{ref} + \Delta U$)就可达到调节稳态工作点的目的。

2) 采用 CPF 策略的等效控制器

为调整等效控制器的稳态工作点,在其输入端增加输入量 ΔQ,如图 3-76 所示。

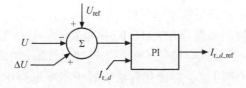

图 3-75 采用 CV 策略的等效控制器

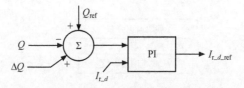

图 3-76 采用 CPF 策略的等效控制器

应用中只需将无功功率参考值 Q_{ref} 调整为 $(Q_{\text{ref}}+\Delta Q)$。由于引入 ΔQ 的目的不是要改变风电场等效模型的无功输出,需要在风电场等效模型的汇集母线(PCC)上设置一个可变电流源以抵消 ΔQ 带来的无功增量。此外,引入 ΔQ 后等效 DFIG 机组发出电流改变引起的集电网络上新的无功损耗 Q_{loss} 也可由该电流源一并补偿。

2. 有功功率控制单元的聚合方法

DFIG 机组的功率特性曲线如图 3-5 所示。文献[44]的研究表明,承受风速处于功率特性曲线相同区段的机组可以被分为一群进行聚合,但如果对分布在不同区段上的机组进行聚合,则等效模型的精度不佳,这一结论与 3.4.3 节中的分群数量为 3 的结果是非常接近的。其中可能的原因在于,承受风速属于 BC 段的机组的工作点位于其风速所对应的转速-机械功率曲线的顶点,而 CD 段和 DE 段机组的工作点并不在该曲线的顶点上,当电网发生扰动使机组转速变化时,功率特性曲线不同区段上机的机械功率变化规律有明显差别。如果将这些机组聚合,则等效机组的机械功率变化过程 $T_{\text{m}}(t)$ 不可能和各台机组总的机械功率变化过程 $\sum T_{\text{mi}}(t)$ 一致,所以导致等效模型的精度差。

如果能够对等效机组在动态过程中机械功率 $T_{\text{m}}(t)$ 的变化规律进行一定的调整,使其和 $\sum T_{\text{mi}}(t)$ 的变化规律尽量接近,则可以有效提高等效模型的动态精度,从而有可能实现跨区段分布机组间的聚合。DFIG 机组的机械功率变化规律主要受其设定好的功率特性曲线影响,而当机组跨区段分布时,等效机组的工作点必定处于 BC 或 CD 段内。因此,通过修改等效机组功率特性曲线上 C 点对应转速 ω_C 来改变 BC 和 CD 段的形状,就可以达到改变 $T_{\text{m}}(t)$ 变化规律的目的,从而可以有效提高等效模型的动态精度。需要指出的是,如果采用 CPF 策略,则当等效机组的功率特性曲线调整后,还需要对等效机组的无功功率控制器进行调整(包括补偿量 ΔQ,甚至 PI 控制器参数 $[K_{\text{p}},K_{\text{i}}]$),以适应功率特性曲线改变后等效机组从电网吸收无功功率规律的变化。

3. DFIG 风电场等效模型的求取步骤

结合上面所述的控制器聚合方法,DFIG 风电场的等效模型可以由图 3-77 所示的流程获得,最终得到的是风电场的单机等效模型。该流程中的步骤 B~G 会涉及参数优化问题,本节中使用粒子群优化算法。对于实际电网中的风电场,可以先单独建立其详细模型,然后根据该流程获得其单机等效模型,再将等效模型接入实际电网模型中进行计算。以下对标以字母 A~G 的主要步骤进行说明。

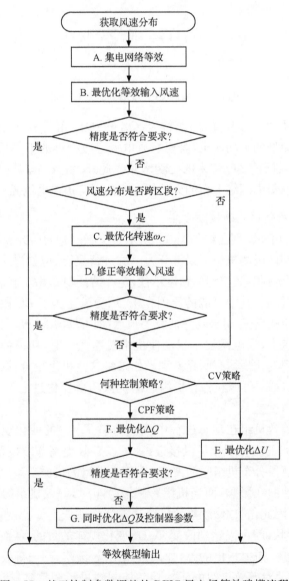

图 3-77　基于控制参数调整的 DFIG 风电场等效建模流程

步骤 A:首先将风电场内的集电网络按并联化变换方法处理,然后按容量加权平均的方法聚合风电场内所有 DFIG 机组和其他设备,获得初始的风电场单机等效模型。

步骤 B:等效模型的输入风速 v_{eq} 按等效模型的稳态有功功率误差最小为原则通过寻优获得。

步骤 C:ω_C 的优化目标是机组聚合前后有功功率的动态响应误差最小。考虑到当电网发生扰动时电压如何变化主要受故障类型和故障地点的影响,故障消除后电压一般能够迅速恢复,因此采用 CV 策略的等效无功功率控制器对电压恢复后机组动态过程的影响较小,ω_C 可以单独优化;而当采用 CPF 策略时,由于异步发电机从电网吸收无功功率的数量在整个动态过程中都有明显变化,所以等效无功功率控制器的动作对整个动态过程都会有显著影响,因此原则上 ω_C 应该和 ΔQ(甚至包括控制器参数)同时优化。但通过仿真发现,电网扰动时不同控制策略的 DFIG 机组的转速变化规律是接近的,只是由于励磁不同导致功率响应差别很大。为了避免多参数同时优化导致收敛过慢的问题,即使风电场采用 CFP 策略,也将其调整为 CV 策略来优化 ω_C,ω_C 确定后将控制策略改回,然后进入后续步骤。

步骤 D:功率特性曲线调整以后,在某一风速下等效 DFIG 机组可吸收的风功率会比调整前有轻微变化。为保证等效模型的精度,需要以稳态有功功率误差最小为原则,对 v_{eq} 进行一次修正。

步骤 E:对于采用 CV 策略的等效无功功率控制器,由于其对电压恢复后的机组动态影响较小,输入补偿量 ΔU,根据机组聚合前后稳态无功功率误差最小来寻优确定。

步骤 F:对于采用 CPF 策略的等效无功功率控制器,输入补偿量 ΔQ 根据机组聚合前后动态过程误差最小来寻优确定。优化过程中每次调整 ΔQ 的取值时需一并求取 Q_{loss},方法是先设定 $Q_{loss}=0$,然后根据等效模型的稳态无功功率误差确定 Q_{loss} 的取值,在 Q_{loss} 求得后重新计算对应 ΔQ 下的等效模型动态响应。在求取动态误差时,本节设置有功功率动态误差的权重为 0.9,无功功率动态误差的权重为 0.1。

步骤 G:在 CPF 策略下,若机组风速分布不跨区段,则至多经步骤 F 就可以输出精度满意的风电场等效模型;而当风速分布跨区段时,一般需要同时优化 ΔQ 和等效无功功率控制器的 PI 参数来获得满意的动态精度。Q_{loss} 的确定方法同步骤 F。

4. 算例验证

算例系统与 3.4.1 节一致,下面按照 DFIG 机组所承受风速不同情况和 DFIG 机组采取的不同控制策略分别进行验证。

1)风速分布不跨区段的情况

风电场内各 DFIG 机组的风速如表 3-23 所示,其中以行向 0.5m/s 和列向 0.4m/s 的风速衰减替代了具体的尾流效应计算。如此风速分布下的 DFIG 机组均工作在功率特性曲线的 BC 段,此种情况下只需要对等效无功功率控制单元的相关控制参考值进行调整。

表 3-23 *BC* 段 DFIG 机组的风速分布

行	列 1	列 2	列 3	列 4
行 1	12.0m/s	11.5m/s	11.0m/s	10.5m/s
行 2	11.6m/s	11.1m/s	10.6m/s	10.1m/s
行 3	11.2m/s	10.7m/s	10.2m/s	9.7m/s
行 4	10.8m/s	10.3m/s	9.8m/s	9.3m/s

（1）机组采用 CPF 策略。

表 3-24 给出了按本节方法求得的风电场单机等效模型的相关参数设置（表中 R_{CN} 和 L_{CN} 是集电网络等效阻抗的电阻和电感值），以及与不调整等效控制器参考值的单机等效模型的精度对比数据。图 3-78 给出了对应的动态响应曲线。从中可以看到，当采用 CPF 策略时，是否调整等效控制器的稳态工作点对风电场单机等效模型的动态精度有显著影响。对等效控制器参考值进行调整后，等效模型的动态精度明显提高。需要说明的是，本节方法所得等效模型的无功动态误差达 45.24% 的原因是采用 CPF 策略时风电场实际输出的无功功率数值很小，有偏差时相对误差就显得很大。

表 3-24 CPF 策略下 *BC* 段机组等效模型的精度（风速分布不跨区段）

等效方法	参数设置	稳态误差	动态误差
直接单机等效	$R_{CN}=0.0267\Omega$; $L_{CN}=2.487\times10^{-4}H$ $v_{eq}=10.698m/s$	P: 0.055% Q: 4.835%	P: 13.07% Q: 183.1%
本节方法等效	$R_{CN}=0.0267\Omega$; $L_{CN}=2.487\times10^{-4}H$ $v_{eq}=10.698m/s$; $\Delta Q=0.0166$p.u. $Q_{loss}=1.488\times10^{-3}$p.u.	P: 0.044% Q: 0.184%	P: 3.803% Q: 45.24%

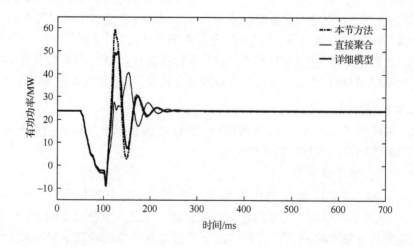

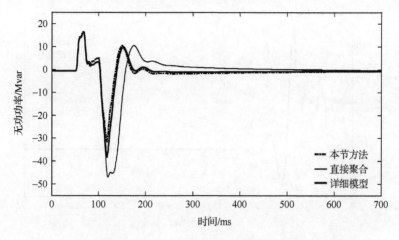

图 3-78　CPF 策略下 BC 段机组等效模型的响应（风速分布不跨区段）

（2）机组采用 CV 策略。

仿真对比结果如表 3-25 和图 3-79 所示。仿真结果表明，对于处于功率特性曲线 BC 段的 DFIG 机组，在使用 CV 策略时，即使不对等效机端电压控制器的参考值进行补偿也有不错的稳态和动态精度；而对其进行补偿后，无功功率的稳态和动态精度又有一定程度的提高。

表 3-25　CV 策略下 BC 段机组等效模型的精度（风速分布不跨区段）

等效方法	参数设置	稳态误差	动态误差
直接单机等效	$R_{CN}=0.0267\Omega;L_{CN}=2.487\times10^{-4}H$ $v_{eq}=10.698m/s$	$P:0.001\%$ $Q:1.673\%$	$P:0.452\%$ $Q:1.610\%$
本节方法等效	$R_{CN}=0.0267\Omega;L_{CN}=2.487\times10^{-4}H$ $v_{eq}=10.698m/s;U=1.484\times10^{-4}p.u.$	$P:0.001\%$ $Q:0.084\%$	$P:0.453\%$ $Q:0.486\%$

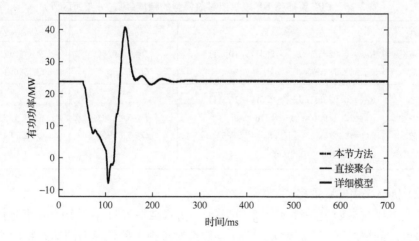

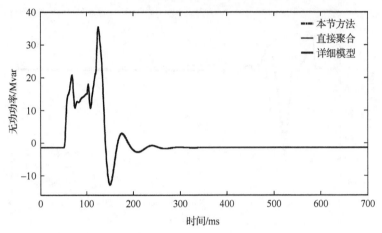

图 3-79　CV 策略下 BC 段机组等效模型的响应(风速分布不跨区段)

2) 风速分布跨区段的情况

风电场内各机组的风速如表 3-19 所示,其中分布在功率特性曲线 DE 段的机组为 3 台,CD 段为 6 台,BC 段为 7 台。此情况下,等效无功功率控制单元和等效有功功率控制单元的参考值都需要进行调整。

(1) 机组采用 CPF 策略。

表 3-26 给出了按本节方法求得的风电场单机等效模型的相关参数设置(其中等效无功功率控制器 PI 参数的原值为 $[0.05, 5]$,功率特性曲线上 C 点对应转速 ω_C 的原值为 1.20),以及与不调整等效控制器参考值的单机等效模型的精度对比数据。图 3-80 给出了对应的动态响应曲线。从中可以看到,当采用 CPF 策略且机组风速分布跨区段时,不进行等效控制器参考值调整的单机等效模型的动态响应与详细模型有巨大差别;而采用本节方法获得的单机等效模型的精度显著提高。

表 3-26　CPF 策略下 BE 段机组等效模型的精度(风速分布跨区段)

等效方法	参数设置	稳态误差	动态误差
直接单机等效	$R_{CN} = 0.0285\Omega$; $L_{CN} = 2.577 \times 10^{-4}$ H $v_{eq} = 12.184$m/s	P: 0.027% Q: 6.450%	P: 15.17% Q: 366.1%
本节方法等效	$R_{CN} = 0.0285\Omega$; $L_{CN} = 2.577 \times 10^{-4}$ H $v_{eq} = 12.179$m/s; $\omega_C = 1.160$p. u. $\Delta Q = 0.020$p. u. ; $[K_p, K_i] = [0.25, 10]$ $Q_{loss} = 8.468 \times 10^{-3}$p. u.	P: 0.022% Q: 0.039%	P: 4.182% Q: 23.69%

(2) 机组采用 CV 策略。

仿真对比结果如表 3-27 和图 3-81 所示。仿真结果表明,在采用 CV 策略且风速分布跨区段的情况下,调整等效机组的 ω_C 取值对于提高等效模型的动态精度有理想的效果。

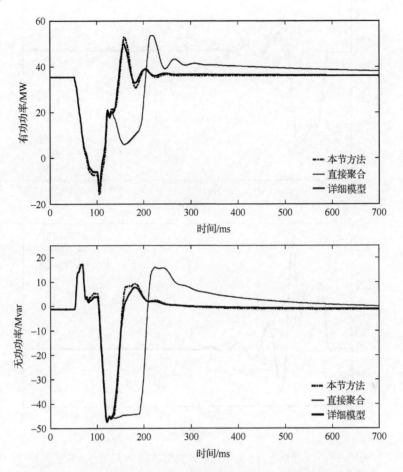

图 3-80 CPF 策略下 *BE* 段机组等效模型的响应（风速分布跨区段）

表 3-27 **CV 策略下 *BE* 段机组等效模型的精度**（风速分布跨区段）

等效方法	参数设置	稳态误差	动态误差
直接单机 等效	$R_{CN}=0.0285\Omega$；$L_{CN}=2.577\times10^{-4}\mathrm{H}$ $v_{eq}=12.184\mathrm{m/s}$	P：0.010% Q：2.221%	P：3.308% Q：5.302%
本节方法 等效	$R_{CN}=0.0285\Omega$；$L_{CN}=2.577\times10^{-4}\mathrm{H}$ $v_{eq}=12.179\mathrm{m/s}$；$\omega_C=1.160\mathrm{p.u.}$ $\Delta U=1.530\times10^{-4}\mathrm{p.u.}$	P：0.008% Q：0.070%	P：0.883% Q：1.841%

　　总结上述通过调整等效控制器的控制参考值来聚合风速差异较大的 DFIG 机组的方法如下：对于采用恒定电压控制策略的等效无功功率控制器，可调节量为机端电压参考值；对于采用恒定功率因素控制策略的等效无功功率控制器，可调节量为无功功率输出参考值，必要时还可调节其 PI 控制器参数；对于等效有功功率控制器，

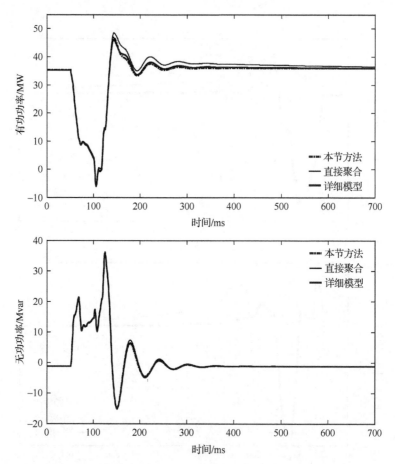

图 3-81　CV 策略下 *BE* 段机组等效模型的响应（风速分布跨区段）

可调节量为能够实现最大功率跟踪的最高转速值。在应用中，如果被聚合 DFIG 机组的风速都分布在功率特性曲线的同一区段上，则建立等效模型时只需要调整等效无功功率控制器的相关参考值；如果被聚合 DFIG 机组并非工作在功率特性曲线的同一区段，则建立等效模型时需同时调整等效有功功率控制器和等效无功功率控制器的相关参考值。

　　这种控制器聚合方法为建立更加简洁的 DFIG 风电场等效模型提供了一种不同于分群聚合的思路，值得进一步研究的是如何根据 DFIG 风电场的各种稳态运行数据简便地确定控制器聚合时所需要的调整量的数值，包括其中的理论依据和工程方法等，从而提高该方法的实用性。

3.4.6　风电场群的动态等值

　　风电场选址时的首要考虑因素是风资源的丰富程度，因此在多风地区往往会在一个风带上集中建设一批风电场，如西北的敦煌地区和江苏的盐城沿海地区，这些地理位置相近的风电场的系统接入点往往也很接近,甚至就是同一个变电站。对于这些临近的风电场,在前面对单个风电场进行动态等效的基础上,还可以考虑进一步对其进行聚合,从而实现一个风带上风电场群的动态等值。这对含风电电力系统的模型降阶具有显著的作用。

图 3-82 是一个 IEEE39 节点系统,其中阴影部分的区域 C 内用 WT1~WT4 表示同一风带上的四个基于 DFIG 机组的风电场,假设这四个风电场已经完成动态等值,均采用单机等效模型表示。下面在这个系统基础上介绍风电场群的动态等值方法。

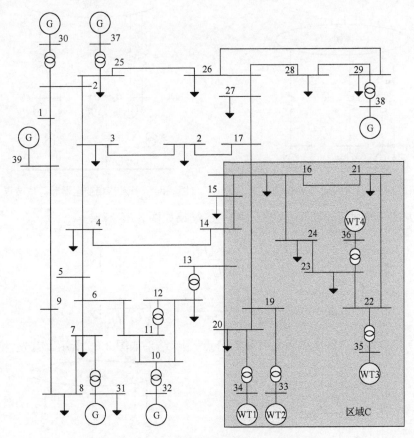

图 3-82 含有四个风电场的 IEEE39 节点图

1. 母线的合并方法

在图 3-82 所示的系统中,要实现 WT1~WT4 这四台等效机组的合并,需要对区域 C 中除编号 16 以外的母线进行合并。这一过程实际上和多台同步发电机动态等值时的母线合并方法相同,下面以图 3-83 所示的系统为例,介绍母线合并的步骤。

（1）设待合并的发电机母线群为$\{c\}$。定义等值节点 t 的电压 $\dot{U}_t$，一般可取其幅值为$\{c\}$母线群各电压幅值$|\dot{U}_k|$的均值，相位也为$\{c\}$母线各电压相位 θ_k 的均值，即

$$|\dot{U}_t| = \frac{\sum\limits_{k \in \{c_{\mathrm{G}}\}} |\dot{U}_k|}{N_{\mathrm{G}}}, \quad \theta_t = \frac{\sum\limits_{k \in \{c_{\mathrm{G}}\}} \theta_k}{N_{\mathrm{G}}} \tag{3-146}$$

如图 3-84 所示，复电压变比为

$$\dot{a}_k = \dot{U}_k/\dot{U}_t = |\dot{a}_k| \angle (\theta_k - \theta_t) \tag{3-147}$$

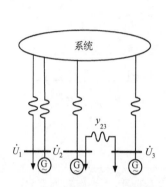

图 3-83　待合并母线的系统

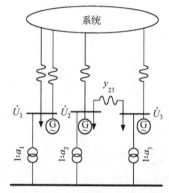

图 3-84　引入移相变压器和等值节点

（2）将$\{c\}$节点群内部的关联支路消去，结果如图 3-85 所示。

$$\begin{cases} \Delta \dot{y}_{20} = \dfrac{\dot{I}_{23}}{\dot{U}_2} = \dfrac{(\dot{U}_2 - \dot{U}_3)\dot{y}_{23}}{\dot{U}_2} = \left(1 - \dfrac{\dot{U}_3}{\dot{U}_2}\right)\dot{y}_{23} \\[4mm] \Delta \dot{y}_{30} = \dfrac{\dot{I}_{32}}{\dot{U}_3} = \dfrac{(\dot{U}_3 - \dot{U}_2)\dot{y}_{23}}{\dot{U}_3} = \left(1 - \dfrac{\dot{U}_2}{\dot{U}_3}\right)\dot{y}_{23} \end{cases} \tag{3-148}$$

（3）将发电机母线上的各量移置到节点 t 上，结果如图 3-86 所示。首先，将发电

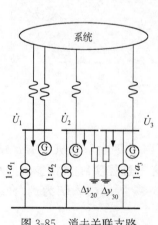

图 3-85　消去关联支路

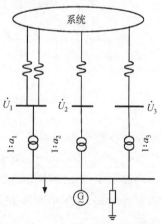

图 3-86　各部分移置至等值节点

机功率移置到节点 t 上并且合并,见式(3-149);其次,将发电机母线对地导纳(含 Δy_{k0})移置到节点 t 上并且合并,见式(3-150)。

$$\dot{S}_G = \sum_{k \in \{c_G\}} \dot{S}_{Gk} \tag{3-149}$$

$$\dot{y}_{t0} = \sum_{k \in \{c_G\}} |\dot{a}_k|^2 \dot{y}_{k0} \tag{3-150}$$

(4) 消去移相变压器。将变压器化为实变比为 $|\dot{a}_k|$ 的非移相变压器。最终等值后系统如图 3-87 所示。

$$\begin{cases} \Delta \dot{y}_{b0} = \dot{y}_{bt}(1\angle\theta_k - 1) \\ \Delta \dot{y}_{t0} = \dot{y}_{bt}|\dot{a}_k|^2(1\angle\theta_k - 1) \end{cases} \tag{3-151}$$

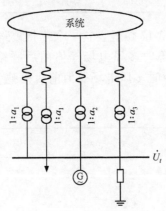

图 3-87　等值后系统

2. 算例验证

首先在 DIgSILENT 软件中搭建了图 3-82 所示的 IEEE39 节点系统。设四个风电场等效机组的参数如表 3-28 所示,未在表中列出的参数取 DIgSILENT 软件中的默认值。这四台等效机组的模型参数和容量各不相同,模拟了实际情况中四个风电场在机组型号和建设规模上的差别。风电机组的聚合采用按容量加权平均的方法,所得参数列于表 3-28 的"聚合参数"列中。

表 3-28　模型中 WT1～WT4 双馈感应发电机详细参数

参数名	WT1	WT2	WT3	WT4	聚合参数
额定容量/MW	20	30	50	100	200
定子电阻/p. u.	0.00706	0.01	0.003	0.01	0.008
定子电抗/p. u.	0.171	0.1	0.125	0.1	0.113
转子电阻/p. u.	0.005	0.01	0.004	0.01	0.157
转子电抗/p. u.	0.156	0.1	0.05	0.1	0.093
激励电抗/p. u.	2.9	3.5	2.5	3.5	3.19

续表

参数名		WT1	WT2	WT3	WT4	聚合参数
转动惯量/(kg·m²)		65	75	101.72	75	80.68
输入风速/(m/s)		11.0	10.0	9.0	8.0	8.85
转子侧电流控制器	K_p	0.3	0.3	0.0496	0.0496	0.1422
	K_i	8	8	0.0128	0.0128	2.0096
转子侧有功控制器	K_p	1	1	4	4	3.25
	K_i	100	100	0.1	0.1	25.075
转子侧无功控制器	K_p	4	4	4	4	4
	K_i	0.05	0.05	0.1	0.1	0.0875

在图 3-82 所示联络线 16-17 位置设置一个三相短路故障,故障时间持续 0.1s。图 3-88 给出了出现短路故障时多风电场等值前后联络线的有功功率变化曲线;图 3-89 给出了出现短路故障时多风电场等值前后松弛节点的有功功率变化曲线。仿真时间设定为 30s。

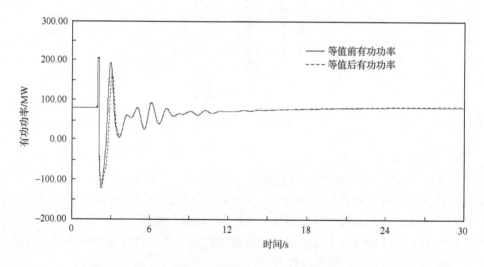

图 3-88　等值前后联络线 16-17 的有功功率

从上述等值前后的仿真曲线可以得出结论:等值后联络线的有功功率、松弛节点的有功功率与等值前的模型曲线变化趋势几乎相同,精度很高,证明了等值的正确性。

3.4.7　风速波动情况下的风电场等效

由于风能的间歇性和随机性,大规模风电的集中接入给电力系统带来了各种安全稳定和运行调控问题。3.2.9 节中指出,对于电磁暂态、机电暂态等问题,由于观

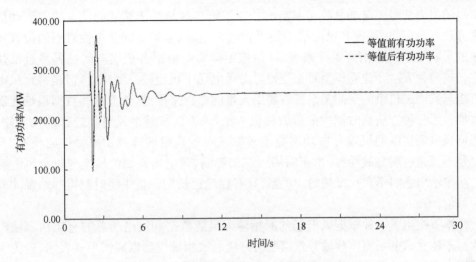

图 3-89 等值前后松弛节点 30 的有功功率

测时间很短可以不考虑风速变化,而对于中长期动态、准稳态等问题则需要计及风电功率的波动。3.4.1～3.4.6 节研究了机电暂态下的风电系统建模问题,其中没有考虑风速的变化。而本节将研究风速波动情况下的风电场等效建模问题,所提出的方法对风电场群也有借鉴作用。

风电功率的产生是风和风电场共同作用的结果,要获得准确的风电场功率波动特性,风速模型和风电场模型是关键。对于风速模型,目前针对不同的时间框架已有相应的模型可供使用。对于调度、调峰等数十分钟到数小时时间尺度的研究,风速波动情况可以通过各种预测模型获得[50,51],离线分析时也可以通过概率分布模型获得,如使用广泛的两参数 Weibull 分布[52,53]。在研究含风电电力系统的动态稳定性或电压闪变等秒级时间尺度的问题时,风速可以采用"四分量"模型[54],或者采用平均风速分量与湍流分量相叠加的"两分量"模型[55],或者采用具有一定功率谱密度特性的 ARMA 模型[56]。但是,这些风速模型都是描述空间中某一个点上的风速变化情况,必须经过风电场的能量转换后才能得到最终的电功率变化情况。

风电场广大的地域分布、地形的起伏和风电机组的排布方式等造成的空间影响因素对风电场输出电功率的波动特性有非常重要的影响。西北电网实际风电场的出力特性记录表明,风传播的时滞使得各风电机组的出力之间存在互补性,降低了风电场的出力变化率[57]。除了时滞效应,风在风电场内部传播时还会受到其他空间因素的影响而导致风速的变化,主要包括尾流效应[58-60]、塔影效应[60-63]、风切变[60-63]等。此外,风速较高时各台机组的桨距角控制器的分散动作也会对风电场输出功率的波动特性产生影响。

在已有研究中,根据风速数据获得风电场功率波动的方法主要有三种。第一种是建立风电场的时域详细模型,然后计算出每台机组经受的风速,再通过累加各台机组的出力获得风电场总的功率输出[64,65]。第二种是基于频域的风电功率波动仿真方法[66,67]，其中风速和风力机采用了频域模型，风电场空间分布性对不同位置风速的影响使用风速相关矩阵来表示，但该矩阵需要根据各机组空间位置参数来建立。这两种方法在建立模型时都需要考虑风电场中机组的空间位置，但是每台风电机组与其周围机组的空间关系都需要用大量的参数来描述，然而这些数据很难准确收集。第三种方法是时域中的等效建模方法，该方法将整个风电场进行单机等效，根据风电场实测的风速和电功率数据求取该等效机组的等效功率特性曲线[68,69]。但是当风速有明显波动时，由于时滞效应的影响，风电场某处的风速与整个风电场的功率输出之间不存在准确对应关系，只有在风速长期保持平稳时测得的结果才较为可信。

本节提出了一种根据风电场的原始输入风速数据和风电场总的有功功率输出数据来建立风电场整体频域等效模型的方法。该频域模型以频谱形式表示，避免了模型方程的建立和参数的求取问题。在频域模型中包含了风电场"风-电"能量转换关系、各种空间因素的影响和桨距角控制器作用；在已知风电场输入风速的情况下，只需要进行简单的频谱运算和频域-时域转换就可以获得风电场总的功率波动数据，或者对应的等效风速数据。

1. 风电场内部空间影响因素的模型

1）尾流效应的模型

尾流效应的作用表现为风在沿主风向从一台机组传播到下一台机组的过程中会损失一部分能量，导致风速的降低。应用最多的 Jensen 尾流模型由瑞典 Risø 实验室的 Jensen 提出，模型中的变量主要为风速、风轮半径和机组之间的距离。该模型较为简单，虽然精度不是很高，但参数的数值比较容易获取，所以应用较为广泛。Jensen 模型的数学表达式为[58]

$$v_x = v_0\left[1 - (1 - \sqrt{1 - C_T})\left(\frac{R}{R + Kx}\right)^2\right] \tag{3-152}$$

式中，v_0 为自然风速；v_x 为受尾流影响的风速；x 为两台风电机组间的距离；R 为风轮半径；K 为尾流下降系数，一般陆上风电场取 0.075，海上风电场取 0.05[59]；C_T 为风电机组的推力系数。

对于 C_T，文献[60]定义轴流诱导因子 a 为

$$a = (v_\infty - v_d)/v_\infty \tag{3-153}$$

式中，v_∞ 为风轮上游风速；v_d 为风轮前风速。并推导了推力系数 C_T 和风能利用系数 C_P 的计算公式：

$$\begin{cases} C_T = 4a(1-a) \\ C_P = 4a(1-a)^2 \end{cases} \tag{3-154}$$

从式(3-154)中可以看到，如果风能利用系数 C_P 恒定，则 C_T 也为常数。对于 DFIG 或 DDPMSG 机组，在输入风速低于额定风速 v_N 时能够实现最大功率跟踪，即

C_P 一直保持在最大值 C_{Pmax}。此时式(3-152)中代表风速衰减的系数 d,即

$$d = \left[1 - (1 - \sqrt{1 - C_T})\left(\frac{R}{R + Kx}\right)^2\right] \qquad (3-155)$$

与 v_0 的大小无关。当风速高于 v_N 时,桨距角控制器通过增大桨距角来减小 C_P,此时 d 与 v_0 的大小相关。

2) 风切变的模型

风切变是指风速在垂直方向上的差异,对于地势高低起伏的风电场需要考虑风切变。风切变通常采用经验模型来表示[60-63],即

$$v(h) = v_0 (h/h_0)^\beta \qquad (3-156)$$

式中,$v(h)$ 为距地面高度 h 处的风速;v_0 对应的高度为 h_0;β 为与地表粗糙程度有关的经验指数,对于海面或沙漠取 0.12,城市区域取 0.2[60]。

3) 塔影效应的模型

塔影效应是指上风向机组的塔架干扰了流过其叶片的气流而使得流向下风向机组的风速降低,其模型表达式为[60-63]

$$v(y,z) = v_0 \left(1 + R_t^2 \frac{z^2 - y^2}{z^2 + y^2}\right) \qquad (3-157)$$

式中,R_t 为考虑塔影影响高度处的塔架半径;y 为计算点到塔架中心的纵向距离,z 为风距离塔架中心的横向距离。

4) 时滞效应的模型

风电场空间分布广阔,但风传播的速度有限,因此必须考虑风的延迟,即风向上后一台机组感受到风速变化的时间要滞后于前一台机组。时滞 t_d 的计算公式为[70,71]

$$t_d = x/\bar{v} \qquad (3-158)$$

式中,$\bar{v}$ 为风向上前一台机组风轮背面的平均风速;x 为前后两台机组在风向上的距离,风向变化时 x 的值也会有所变化。

5) 空间影响因素对风速的综合影响

假设风电场的结构如图 3-90 所示,其中包含了 4 行 4 列共 16 台风电机组。风向设置如图所示,假设其垂直于每一列机组,从而便于清晰地论述本节方法。

未受任何空间因素影响的风电场原始输入风速(original input wind speed,OIWS)在图中以 $v_0(t)$ 表示。由式(3-155)~式(3-157)可以看到,尾流、塔影、风剪切的作用是改变了风速的大小,以下统一用系数 d 表示;且当 OIWS 低于 v_N 时,三种因素的影响都与风速大小无关。此时,第 i 列机组的风速 $v_i(t)$ 可以表示为

$$v_i(t) = D_i v_0(t - T_i) \qquad (3-159)$$

式中,D_i 是 OIWS 传播到第 i 列机组前受到各种空间因素影响后总的变化系数;T_i 是 OIWS 传播到第 i 列机组时产生的累计时滞。D_i 和 T_i 可由公式(3-160)计算:

$$D_i = \prod_{n=1}^{i} d_n, \quad T_i = \sum_{n=1}^{i} t_{dn} \qquad (3-160)$$

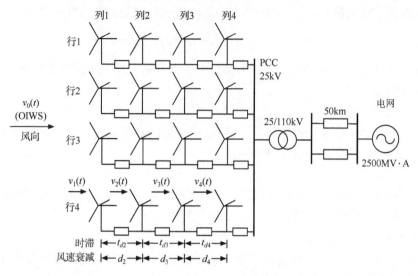

图 3-90 假想风电场的结构

式中，d_n 是风经过第 n 列机组时受空间因素影响产生的变化系数，其数值受风向变化影响；t_{dn} 是风从第 $n-1$ 列机组传播到第 n 列机组所需的时间，其数值受 OIWS 的风向和平均风速大小影响。

公式(3-159)表明，在 OIWS 低于 v_N 时，$v_i(t)$ 和 $v_0(t)$ 之间是一个线性时滞关系。但是当 OIWS 高于 v_N 时，由于桨距角控制器的作用，D_i 将是 $v_0(t)$ 的函数，公式(3-159)不再成立。如何处理桨距角控制器的作用将在下面详细说明。

2. 风电场的频域等效模型

频域分析方法是线性系统的经典研究手段，而对于非线性系统，当其中的非线性因素可以被分离固定且剩余系统表现出线性特性时，频域方法也适用。风电场频域建模问题中典型的非线性因素是不同风过程(指不同时间刮起的风)的风向或平均风速发生的大幅度改变。当风向发生大幅度改变时，空间因素的影响程度会发生明显变化；当风向和平均风速发生很大变化时，风传播的时滞会发生显著改变。要建立风电场的频域模型，可以借鉴线性时变系统中绘制三维时频谱的思路，将某一风向下的平均风速作为风电场频域模型频谱的第三个坐标轴，建立三维频谱。通过风电场运行数据的积累，可以获得各个典型风向下风电场频域模型的三维频谱。下面给出的是在某一个风向和平均风速下的频域等效建模方法。

1) OIWS 低于额定风速时的频域等效模型

对于 DFIG 或 DDPMSG 机组，当输入风速低于额定风速时，机组都工作在最大功率跟踪状态，此时机组的风能利用系数 C_P 保持在最大值 C_{Pmax}。假设在某观测时段 $t \in [0, T]$ 内，第 j 台风电机组承受的风速为 $v_j(t)$，则整个风电场获得的总机械功率 $P_{m\Sigma}(t)$ 为

$$P_{m\Sigma}(t) = \sum_{j=1}^{n} \frac{1}{2}\rho\pi R^2 v_j^3(t) C_{Pmax} \tag{3-161}$$

式中，n 为风电场内风电机组的数量；ρ 为空气密度。

在考虑风电场功率波动时，观测的时间尺度一般在秒级及以上，因此可以忽略电力电子变流器及其控制器的快速动态过程，且在忽略损耗的情况下可以认为风电场的有功功率输出 $P_{e\Sigma}(t)$ 与风电场获得的总机械功率 $P_{m\Sigma}(t)$ 相等。根据公式 (3-159) 将 $v_j(t)$ 表示为 $v_0(t)$ 的函数后代入公式 (3-161) 可得

$$P_{e\Sigma}(t) = \frac{1}{2}\rho\pi R^2 C_{Pmax} \sum_{j=1}^{n} D_j^3 v_0^3(t - T_j) \tag{3-162}$$

从公式 (3-162) 中可以看到，$P_{e\Sigma}(t)$ 与 $v_0(t)$ 的 3 次方之间是一个线性关系，因此对式 (3-162) 两边进行傅里叶变换（下面以 $F[\cdot]$ 表示傅里叶变换，以 $F^{-1}[\cdot]$ 表示傅里叶逆变换），并根据傅里叶变换的线性性质和时移性质可得

$$\begin{cases} F[P_{e\Sigma}(t)] = H(\omega)F[nP_{m0}] \\ H(\omega) = \frac{1}{n}\sum_{j=1}^{n} D_j^3 \mathrm{e}^{-j\omega T_j} \\ P_{m0} = \frac{1}{2}\rho\pi R^2 C_{Pmax} v_0^3(t) \end{cases} \tag{3-163}$$

式中，$F[nP_{m0}]$ 可看做不考虑各种空间影响因素时整个风电场的功率输出；$H(\omega)$ 为代表风电场整体空间影响因素作用的频率响应函数。由于 $v_0(t)$ 和 $P_{e\Sigma}(t)$ 都是可测量的，可以直接根据式 (3-163) 求得 $H(\omega)$，即

$$H(\omega) = F[P_{e\Sigma}(t)] / F\left[\frac{n}{2}\rho\pi R^2 C_{Pmax} v_0^3(t)\right] \tag{3-164}$$

在已知 $H(\omega)$ 的情况下，只需要知道风电场的 OIWS，即 $v_0(t)$，就可以根据图 3-91 所示的框图来求取风电场功率输出，而不必再对风电场进行时域仿真。

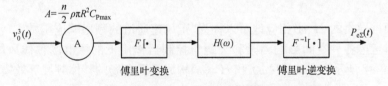

图 3-91 已知 $H(\omega)$ 求风电场输出功率的流程图

2) OIWS 超过额定风速时桨距角控制器的等效

当风速在波动过程中超过额定风速 v_N 时，由于各种空间影响因素的存在，风电场内各台机组的桨距角控制器的动作时间和动作幅度都不尽相同，必须对桨距角控制器的作用做一定的等效处理。

当风速等于 v_N 时，机组的额定输出功率 P_N 为

$$P_N = \frac{1}{2}\rho\pi R^2 v_N^3 C_{Pmax} \tag{3-165}$$

若第 j 台机组的风速为 $v_j(t) = D_j v_0(t - T_j)$，其风能利用系数的变化过程以 $C_{Pj}(t - T_j)$ 表示，则功率 $P_e(t)$ 为

$$P_e(t) = \frac{1}{2}\rho\pi R^2 D_j^3 v_0^3(t - T_j) C_{Pj}(t - T_j) \tag{3-166}$$

当 $v_j(t) \leqslant v_N$ 时，$C_{Pj}(t - T_j) = C_{Pmax}$；当 $v_j(t) > v_N$ 时，桨距角控制器发生动作以保持 $P_e(t) = P_N$，将 $C_{Pj}(t - T_j)$ 与 C_{Pmax} 之间的差值设为 $\Delta C_{Pj}(t - T_j)$，则

$$P_N = \frac{1}{2}\rho\pi R^2 D_j^3 v_0^3(t - T_j)[C_{Pmax} - \Delta C_{Pj}(t - T_j)] \tag{3-167}$$

根据式(3-165)和式(3-167)可以推导出，桨距角控制器的作用可等效为产生了一个数值为负的风速 $v_{j-}(t)$，用于抵消输入风速的多余功率，即

$$v_{j-}(t) = -\sqrt[3]{\Delta C_{Pj}(t - T_j)/C_{Pmax}} \cdot [D_j v_0(t - T_j)] \tag{3-168}$$

由式(3-168)可以看到，负风速 $v_{j-}(t)$ 和机组的输入风速 $v_j(t)$ 具有相同的时滞，且只有当 $v_j(t) > v_N$ 时才会出现。根据其物理意义，可以得到 $v_{j-}(t)$ 的计算公式为

$$v_{j-}(t) = \begin{cases} 0, & v_j(t) \leqslant v_N \\ \sqrt[3]{v_N^3 - v_j^3(t)}, & v_j(t) > v_N \end{cases} \tag{3-169}$$

从而可以将桨距角控制器的作用统一到风的范畴来进行频域等效研究。

3) 风电场的整体频域等效模型

对于 OIWS 部分或全部高于 v_N 的情况，设 $v_0(t)$ 对应的负风速为 $v_{0-}(t)$，考虑到空间影响因素对 $v_0(t)$ 的作用及桨距角控制器的动作原理，各台机组的负风速 $v_{j-}(t)$ 的幅度和持续时间各不相同，即空间影响因素对 $v_{0-}(t)$ 传播的影响是一个非线性过程。这一过程不便于用解析表达式来描述，为此仿照 OIWS 低于 v_N 情况下的推导，将风电场对于 $v_{0-}(t)$ 的整体作用通过一个频率响应函数为 $H_-(\omega)$ 的线性系统近似替代，将其称为"风电场的负风速通道"，并将 $H_-(\omega)$ 称为"负风速通道的频率响应函数"。由于是用线性系统近似描述一个非线性过程，不可避免地会带来一定的误差。

上面推导出的 $H(\omega)$ 相应地可以称为"正风速通道的频率响应函数"。从而可以画出同时考虑各种空间影响因素和桨距角控制器作用下的风电场整体风能转换框图，如图 3-92 所示。其中 $H(\omega)$ 和 $H_-(\omega)$ 构成了风电场的整体频域等效模型。

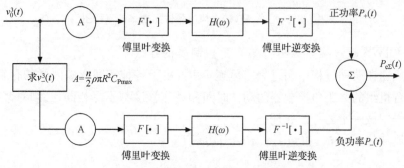

图 3-92　风电场整体频域模型的系统框图

如图 3-92 所示,要求取负风速通道的频率响应函数 $H_-(\omega)$,需要先根据 $H(\omega)$ 求得不考虑桨距角控制器作用的风电场输出正功率 $P_+(t)$,随后根据风电场实测的总输出 $P_{e\Sigma}(t)$ 求得负风速 $v_{0-}(t)$ 输入风电场后的输出负功率 $P_-(t)$,最后根据式(3-170)求得 $H_-(\omega)$:

$$H_-(\omega) = F[P_-(t)]/F\left[\frac{n}{2}\rho\pi R^2 C_{\mathrm{Pmax}} v_{0-}^3(t)\right] \tag{3-170}$$

3. 风电场等效风速的求取方法

在仿真分析风速波动对含风电电力系统的影响时,如果风电场采用等效模型(通常采用单机等效模型),则其输入风速也必须是一个等效的风速。将等效风速记为 $v_{eq}(t)$,根据其物理意义,$v_{eq}(t) \leqslant v_N$。在忽略风电场内部集电网络的损耗时,等效模型的输出功率 $P_{eq}(t)$ 为

$$P_{eq}(t) = \frac{n}{2}\rho\pi R^2 v_{eq}^3(t) C_{\mathrm{Pmax}} \tag{3-171}$$

当 OIWS 小于 v_N 时,风电场的能量转换关系如图 3-91 所示。考虑到风电场在等效前后的输出功率应该相等,根据式(3-164)和式(3-171)可得

$$F[v_{eq}^3(t)] = H(\omega)F[v_0^3(t)] \tag{3-172}$$

对式(3-172)两边做傅里叶逆变换,就可以得到时域中的等效风速 $v_{eq}(t)$ 为

$$v_{eq}(t) = \sqrt[3]{F^{-1}[H(\omega)F[v_0^3(t)]]} \tag{3-173}$$

当 OIWS 的波动能够触发桨距角控制器动作时,风电场的能量转换关系如图 3-92 所示。此时 $v_0(t)$ 存在对应的负风速 $v_{0-}(t)$,因此可将等效风速 $v_{eq}(t)$ 分解成 $v_{eq+}(t)$ 和 $v_{eq-}(t)$,根据公式(3-169),三者满足如下关系:

$$v_{eq}^3(t) = v_{eq+}^3(t) + v_{eq-}^3(t) \tag{3-174}$$

式中,$v_{eq+}(t)$ 代表不考虑桨距角控制器动作时 $v_0(t)$ 输入风电场产生正功率 $P_+(t)$ 的等效风速;$v_{eq-}(t)$ 代表负风速 $v_{0-}(t)$ 输入风电场产生负功率 $P_-(t)$ 的等效风速,如图 3-92 所示。从而得到在已知 $H(\omega)$ 和 $H_-(\omega)$ 的情况下,求取风电场等效风速的完整公式为

$$\begin{cases} v_{eq} = \sqrt[3]{v_{eq+}^3(t) + v_{eq-}^3(t)} \\ v_{eq+}(t) = \sqrt[3]{F^{-1}[H(\omega)F[v_0^3(t)]]} \\ v_{eq-}(t) = \sqrt[3]{F^{-1}[H_-(\omega)F[v_{0-}^3(t)]]} \end{cases} \tag{3-175}$$

4. 算例验证

仿真在 MATLAB 软件的 SimPowerSystems 环境中进行。以该软件 Demo 库中自带的 Wind Farm (DFIG Phasor Model)为模板,搭建如图 3-90 所示的仿真系统。单台风电机组的额定容量设定为 3MW,额定风速设定为 14m/s,列向机组间隔设定为 0.6km。各种空间影响因素的模拟按照公式(3-159)设定每列的变化系数为 0.96,时滞按公式(3-158)进行计算。以下将详细说明风电场整体频域等效模型的求

取步骤和应用方法。

1) 正风速通道频率响应函数 $H(\omega)$ 的求取

选择一个风速波动低于额定风速 υ_N 的过程来求取 $H(\omega)$。仿真使用的风速模型为"四分量模型"[54]，生成的风电场输入风速曲线如图 3-93 所示，其在第 $100\sim 700s$ 发生波动。在此输入风速下，考虑空间影响因素时仿真风电场的有功功率输出如图 3-94 中粗实线所示；不考虑空间影响因素的有功功率输如图 3-94 中的细实线所示。随后根据式(3-164)即可求出正风速通道的频率响应函数 $H(\omega)$，其幅频和相频曲线如图 3-95 所示。

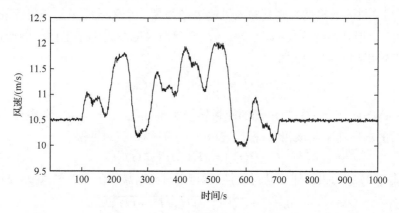

图 3-93　仿真风电场输入风速变化曲线

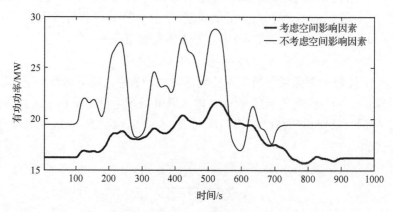

图 3-94　考虑或不考虑空间因素影响的风电场有功输出

2) 负风速通道频率响应函数 $H_-(\omega)$ 的求取

生成一个波动幅度较大的风电场输入风速，如图 3-96 所示。图中给出了受空间因素影响后风向上四列风电机组承受的风速，图中虚线为额定风速指示线，该线以上的风速波动将引起对应机组的桨距角控制器发生动作。

在这样的风速输入下，整个风电场的功率输出 $P_{e\Sigma}(t)$ 如图 3-97 中的粗实线所示。按照求取 $H_-(\omega)$ 的步骤，首先根据求得的 $H(\omega)$ 和公式(3-175)求得不考虑桨

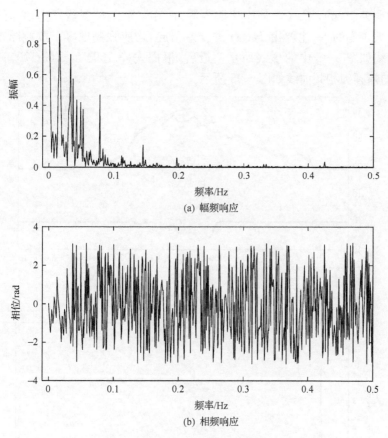

(a) 幅频响应

(b) 相频响应

图 3-95　正风速通道频率响应函数 $H(\omega)$ 的幅频和相频曲线

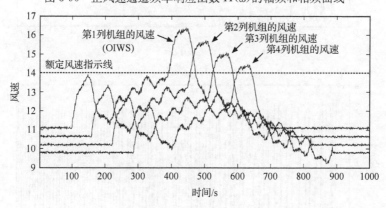

图 3-96　第一次生成的风电场内四列风电机组的风速曲线

距角控制器作用的正等效风速 $v_{\mathrm{eq+}}(t)$，进而求得风电场的正功率输出 $P_{+}(t)$，如图 3-97 中细实线所示。$P_{\mathrm{e\Sigma}}(t)$ 与 $P_{+}(t)$ 的差值即为负风速 $v_{0-}(t)$ 输入风电场后输出的负功率 $P_{-}(t)$。需要注意的是，根据负风速及负功率的物理意义，在各台机组的桨距角控制器均不动作的时间段内，即使 $P_{\mathrm{e\Sigma}}(t)$ 与 $P_{+}(t)$ 的差值不等于零（主要由

$H(\omega)$ 的误差引起),$P_-(t)$ 都应该取为零;而在桨距角控制器发生动作的时段内 $P_-(t)$ 中大于零的点(主要由 $H(\omega)$ 的误差引起)均应强制取零。按此原则求得的 $P_-(t)$ 曲线如图 3-97 中的虚线所示。最后,根据式(3-169)和式(3-170)计算得到 $H_-(\omega)$ 的幅频和相频曲线如图 3-98 所示。

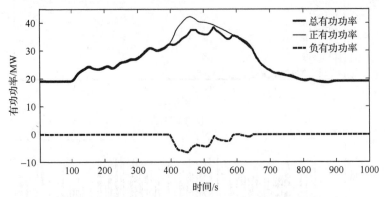

图 3-97　图 3-96 所示风速下的风电场功率输出

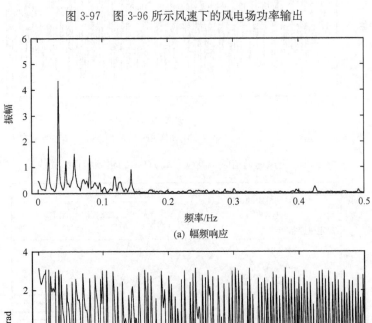

(a) 幅频响应

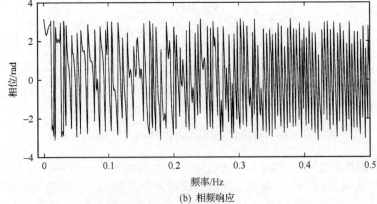

(b) 相频响应

图 3-98　负风速通道频率响应函数 $H_-(\omega)$ 的幅频和相频曲线

3）风电场频域等效模型的应用

在获得代表风电场"风-电"能量转换作用和空间因素影响的正风速通道频率响应函数 $H(\omega)$，以及代表桨距角控制器总体作用的负风速通道频率响应函数 $H_-(\omega)$ 后，可以根据图 3-92 流程或公式(3-175)求取任意风速波动下的风电场输出功率或对应的等效风速。

重新生成的风速曲线如图 3-99 所示，该风速比图 3-96 所示风速的波动幅度更大，桨距角控制器动作时间范围也更长。根据公式(3-175)求得风电场的正等效风速曲线如图 3-100 中细实线所示；求得风电场的负等效风速曲线如图 3-100 中虚线所示；正、负等效风速合成后的完整等效风速曲线如图 3-100 中粗实线所示。

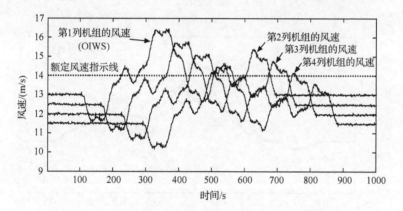

图 3-99　第二次生成的风电场内四列风电机组的风速曲线

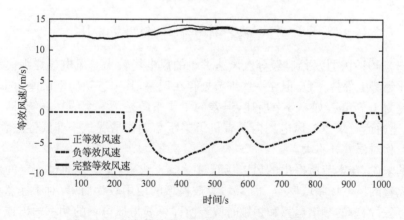

图 3-100　正负等效风速及合成后的完整等效风速曲线

在含风电电力系统的仿真分析中，可以将求得的等效风速作为风电场单机等效模型的输入，从而获得风电场的功率波动情况。在本节算例中，采用等效风速作为输入后的风电场等效模型功率输出与风电场详细模型功率输出之间的对比曲线如图 3-101 所示，误差按公式(3-138)所示的相对误差公式计算。

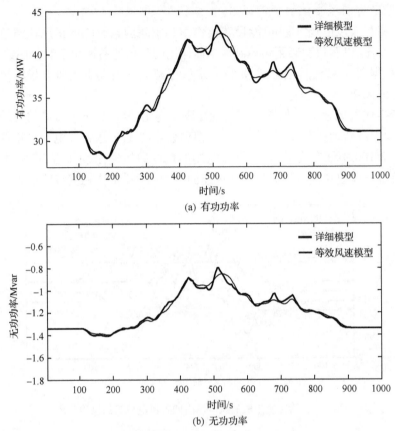

图 3-101 等效风速模型和详细模型的功率输出对比

从图 3-101 中可以看到,经等效风速求得的风电场输出与风电场详细模型的输出在变化趋势上保持一致,但在一些细节处存在误差,其中有功功率误差为 1.01%,无功误差为 1.77%。如 2.3 节所述,误差的主要来源是用一个线性系统,即风电场的"负风速通道",来模拟风电场内所有机组桨距角动作情况这一非线性过程,但从数值上看相对误差并不大。

总的来说,在本节所提出的风电场频域等效方法中,关键是通过一定的数据积累建立完整的风电场频域模型。而频域等效模型的使用较为简单,对于任意输入风速,只需经过简单的频谱运算和频域时域转换即可获得风电场的功率输出或对应的等效风速,而不必进行任何时域建模或仿真。并且,该频域等效建模方法还可以应用于处在同一风带的风电场群。

3.5 风电机组的优化控制

3.5.1 引言

风电机组通常采用电力电子变换器并入电网运行,电力电子变换器对风力发电系统产生隔离作用,使得电网感受不到发电机组的惯性,风力发电系统的整体动态特性,主要取决于电力电子变换器及其控制器。因此,电力电子变换器控制系统的性能对风力发电系统的动态特性具有重要的影响。本节以基于 DFIG 的风力发电系统为研究对象,首先,基于传统的解耦控制策略,提出了线性优化控制策略,优化风力发电系统在小扰动下的动态特性;然后,应用微分几何理论,设计风力发电系统的非线性最优控制器,提高风力发电系统在大扰动下的动态性能;最后,分别通过仿真分析,验证了所提出线性优化控制策略和非线性控制器的有效性。

3.5.2 风电机组的线性优化控制

基于 DFIG 的风力发电系统通常采用如图 3-21 所示的解耦控制,解耦控制由多个 PI 控制器组成,基于解耦控制可分别对有功、无功控制器整定其参数,按照先内环后外环的顺序对各个 PI 控制器的参数依次进行整定,从而得到控制系统的参数[72]。但可以看出,各个 PI 控制独立的整定参数,难以达到相互之间的协调控制,此外,风力发电系统的整体动态特性是由风力发电系统各个控制器的共同作用所决定的。因此,如果能够对风力发电系统控制器参数进行协调优化,有利于提高风力发电系统的动态特性。对风力发电系统控制器参数进行协调优化,是将控制器参数的整定转化为非线性优化问题,应用优化方法,以风力发电系统的动态特性最优为目标,对控制器参数进行寻优,从而实现风力发电系统的优化协调控制。

1. 风电机组优化协调控制方法

由前述内容可知,DFIG 机组变流器的控制器参数有 5 组共 10 个,采用 PSO 算法对参数进行优化,算法如下。

(1) 定义参数空间每个参数取值上下限分别为 $x_{j,\max}$、$x_{j,\min}$,随机产生 200 个粒子群,每个群中的粒子对应一组不同的控制参数。选取第 i 个粒子中的第 j 个参数的初始值为 $x_{ij}(0)$,初始位移量为 $v_{ij}(0)$。

(2) 取适应度为

$$F = \max\{\text{Real}(\lambda_n), n = 1, 2, \cdots, 14\} \tag{3-176}$$

优化目标是找到一组控制器参数,使得风力发电系统最大特征根实部尽量小,从而保证特征值尽量向左远离虚轴,从而获得最优的阻尼特性,即 $\min(F)$。

根据适应度选取目前为止所有迭代次数中参数的局部最优值和全局最优值。

计算下次迭代的位移量 $v_{ij}(t+1)$。

（3）根据位移量调整参数值，由于参数上下限的选取，首先要判断参数值是否在定义域内。若 $x_{ij}(t+1) > x_{j,\max}$，则取 $x_{ij}(t+1) = x_{j,\max}$；若 $x_{ij}(t+1) < x_{j,\min}$，则取 $x_{ij}(t+1) = x_{j,\min}$，否则取 $x_{ij}(t+1) = x_{ij}(t) + v_{ij}(t+1)$

（4）判断是否终止迭代：当达到最大迭代次数或者全局最优点的适应度函数小于给定值时，终止迭代；否则转向执行步骤（2），所有迭代次数中参数全局最优值 x_j^* 就是所求的参数优化值。

2. 风电机组控制器参数灵敏度分析

众所周知，如果在优化过程中被优化的参数过多，会使得优化算法收敛到最优解的概率和计算效率大大下降。而基于 DFIG 风电系统的控制器参数多达十个，如果这些参数同时进行优化，优化的效率将大大下降，难以达到预期中的优化协调效果。然而，各个控制器参数对系统动态响应和特征根的影响是不同的，有的控制器参数对系统的影响较大，而有的控制器参数对系统的影响较小，并且这种影响上的差距是比较明显的。如果仅对这些影响比较大的参数进行优化，而其他参数设置为缺省值，这样优化的效率将大大提高。下面通过时域灵敏度分析和特征根灵敏度分析，确定主导控制器参数，从而为优化提供基础。

如果轨迹 y_i 对参数 θ_i 的灵敏度比较高，那么其相应的轨迹灵敏度就比较大，则参数 θ_i 对系统的轨迹 y_i 的影响比较大，称为主导参数；相反，如果参数 θ_i 对测量的所有系统轨迹几乎没有影响，那么其轨迹灵敏度就很小，则该参数对系统的影响比较小，控制的时候可以采用缺省值。

1）时域灵敏度分析

将基于 DFIG 的风力发电系统接入无穷大系统，如图 3-102 所示，分析各控制器参数的轨迹灵敏度。在输电线路的中间，设置永久性三相接地故障，每相的短路电阻为 20Ω。风力发电系统动态响应的功率及电压振荡大约在 0.1s 以后就平息了。因此，采用 $0\sim0.1s$ 的数据来计算轨迹灵敏度，动态特征量采用风电场出口有功功率。

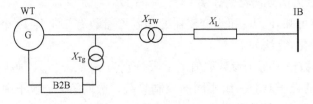

图 3-102 风电场等值系统模型

各参数灵敏度计算的具体步骤如下。

（1）将参数 K_{p1}、K_{i1}、K_{p2}、K_{i2}、K_{p3}、K_{i3}、K_{p4}、K_{i4}、K_{p5}、K_{i5} 分别增大 10% 和减小 10%（其原始值如表 3-1 所示），分别仿真计算得到 575V 母线处风电场输出的有功功率轨迹。

（2）得到风电场输出功率对各个参数的轨迹灵敏度的均值，如表 3-29 所示。

表 3-29 控制器参数灵敏度均值

参数	灵敏度均值	参数	灵敏度均值
K_{p1}	0.1646	K_{i3}	0.1441
K_{i1}	0.1863	K_{p4}	0.0114
K_{p2}	0.2258	K_{i4}	0.0022
K_{i2}	0.0596	K_{p5}	0.0005
K_{p3}	0.0627	K_{i5}	0.0003

对上面求得的控制器参数灵敏度由大到小排序可以得到

$$K_{p2} > K_{i1} > K_{p1} > K_{i3} > K_{p3} > K_{i2} > K_{p4} > K_{i4} > K_{p5} > K_{i5}$$

按照数量级将灵敏度大小分类得到表 3-30。

表 3-30 控制器参数灵敏度数量级分类

灵敏度数量级	参数
第一数量级	K_{p2}、K_{i1}、K_{p1}、K_{i3}
第二数量级	K_{p3}、K_{i2}、K_{p4}、K_{i4}
第三数量级	K_{p5}、K_{i5}

由表 3-30 可以得到，对风机出口功率影响较大的控制器参数为 K_{i1}、K_{p1}、K_{p2}、K_{i3} 等，这是因为这些参数为风机有功功率控制的参数和换流器转子侧电流控制器参数，它们对风机出口功率的影响必然要大于其他的控制器参数。

2）频域灵敏度分析

频域灵敏度也称为特征根灵敏度，特征根是系统动态特性的一个重要表征，特征分析法是多机电力系统动态稳定性最有效的分析方法之一，可得到大量有价值的信息，如特征根、特征向量、特征根与状态变量的相关因子及特征值对参数变化的灵敏度等。

系统状态矩阵 A 是系统中参数 θ 的函数，写为 $A(\theta)$，则 A 的任一特征值 λ_i 也是参数 θ 的函数，写为 $\lambda_i(\theta)$。当改变参数时，$\lambda_i(\theta)$ 将发生相应的变化，$\lambda_i(\theta)$ 的变化即反映了参数变化对系统稳定性的影响。

特征值 λ_i 对参数 θ_j 的灵敏度写为 $\dfrac{\partial \lambda_i(\theta_j)}{\partial \theta_j}$，计算步骤如下。

（1）置 $\theta = \theta_{(0)}$，形成状态矩阵 $A(\theta_{(0)})$。

（2）计算 $A(\theta_{(0)})$ 的特征值 λ_i 和相应的左、右特征向量 v_i^{T} 和 u_i，且 $v_i^{\mathrm{T}} u_i = 1$。

（3）计算 $\left. \dfrac{\partial A(\theta)}{\partial \theta} \right|_{\theta=\theta_{(0)}}$。

（4）计算 $\dfrac{\partial \lambda_i}{\partial \theta_j} = v_i^{\mathrm{T}} \dfrac{\partial A(\theta)}{\partial \theta_j} u_i$。

$\partial \lambda_i / \partial \theta_j$ 是一个复数,它反映了系统参数 θ_j 微小变化时,λ_i 的移动方向(相位)和大小,从而为系统分析提供有价值的信息。

需要说明的是,特征根可以判断系统的稳定性、系统振荡的衰减快慢等,能够反映系统动态的内在特性。所以特征根灵敏度能够反映参数对特征根的影响,也就反映了参数对系统动态内在特征的影响。而轨迹则是系统动态的外在表现,所以轨迹灵敏度主要反映参数对系统动态外在表现的影响。因此,参数的轨迹灵敏度与特征根灵敏度是互相补充的,同时计算两种灵敏度可以综合判断参数对系统动态的内在和外在影响。

对图 3-102 的单机无穷大系统进行特征根分析,分析结果如表 3-31 所示。

表 3-31　系统特征根及相关因子

λ	σ	ω	f	ASV_1	ASV_2
λ_1	-12612	0	0	u_{DC}	—
λ_2	-175	0	0	x_5	x_6
$\lambda_{3,4}$	-70	113	18	E'_q	x_3
$\lambda_{5,6}$	-94	45	7.2	E'_d	x_1
$\lambda_{7,8}$	-2	60	9.6	θ_{tw}	S_r
λ_9	-76	0	0	x_1	x_7
$\lambda_{10,11}$	-0.1	1	0.2	ω_t	β
λ_{12}	-14	0	0	x_5	x_6
λ_{13}	-24	0	0	x_4	x_2
λ_{14}	-25	0	0	x_1	x_2

由表 3-31 可以得出以下四点。

(1) 磁链模式,主要参与变量为 E'_q、E'_d,如特征根 $\lambda_{3,4}$、$\lambda_{5,6}$,其特征频率为 $10\sim100\text{Hz}$,主要反映的是电机内部的电磁暂态,这几种模式下对应的特征根实部相比较远离虚轴。如表 3-31 中的 -70、-94。

(2) 机电模式,主要参与变量为 θ_{tw}、S_r,如特征根 $\lambda_{7,8}$,其特征频率为 10Hz 左右,主要反映的是机电暂态过程。它的特征根实部为 -2。

(3) 与风机转速相关的模式,主要参与变量为 ω_t、β,如特征根 $\lambda_{10,11}$,主要反映的是利用调整输入机械转矩实现风力机调速时的暂态过程。它的特征根实部为 -0.1。

(4) 与励磁控制相关的模式,如特征根 λ_1、λ_2、λ_9、λ_{12}、λ_{13}、λ_{14},分别对应主要参与变量为 u_{DC}、x_1、x_2、x_4、x_5、x_6、x_7。它们的特征根实部为 -12612、-175、-76、-14、-24、-25。

对比以上特征根实部的绝对值:磁链模式 $>$ 与励磁控制相关的模式 $>$ 机电模式 $>$ 与风机转速相关的模式。因此,与风机转速相关的模式是主导模式,对系统的动态影响最大。

由上面可以得到,特征根对参数变化的灵敏度 $\partial \lambda_i / \partial \alpha$ 为

$$\frac{\partial \lambda_i}{\partial \alpha} = \frac{\boldsymbol{v}_i^{\mathrm{T}} \dfrac{\partial \boldsymbol{A}(\alpha)}{\partial \alpha} \boldsymbol{u}_i}{\boldsymbol{v}_i^{\mathrm{T}} \boldsymbol{u}_i}$$

式中, $\partial \boldsymbol{A}(\alpha) / \partial \alpha$ 通过数值微商法求取:

$$\frac{\partial \boldsymbol{A}(\alpha)}{\partial \alpha} = \frac{\partial \boldsymbol{A}(\alpha + \Delta \alpha) - \partial \boldsymbol{A}(\alpha - \Delta \alpha)}{2 \Delta \alpha}$$

其中, $\Delta \alpha$ 为很小的一个微增量,在这里是取 $5\%\alpha$。现分别对 15 个特征根求取对控制器参数的变化灵敏度,如表 3-32 所示。

表 3-32　控制器参数对特征根的灵敏度

参数	K_{p1}	K_{i1}	K_{p2}	K_{i2}	K_{p3}	K_{i3}	K_{p4}	K_{i4}	K_{p5}	K_{i5}
λ_1	2.1498	0.0582	13.2451	0.3588	1.3697	0.0371	33.1027	0.0078	25.9114	1.6111
$\lambda_{2,3}$	0.6847	0.2115	5.8598	1.8098	0.2177	0.0672	0.0630	0.0020	1.1871	0.3508
λ_4	0.0023	0.0042	0.0298	0.0541	0.0010	0.0019	0.2239	0.5523	0.3006	1.8955
$\lambda_{5,6}$	0.0270	0.0584	1.2805	2.7731	0.0849	0.1838	0	0	0.0979	0.2123
$\lambda_{7,8}$	0	0.0043	0.0073	0.0380	0	0	0	0	0	0
λ_9	0.0830	0.2755	0.0252	0.0836	0.0156	0.0517	0	0	0.1196	0.3981
$\lambda_{10,11}$	0.1298	0.4647	0.8342	2.9857	0.0202	0.0725	0	0	0.0808	0.2898
λ_{12}	0	0	0	0	0	0	0	0	0	0
λ_{13}	0	0	0	0	0	0	0.0217	0.5510	0.0212	0.0133
λ_{14}	0.0037	0.0488	0.1836	2.4039	0	0.0038	0	0	0	0.0032
λ_{15}	0	0.0075	0.2131	2.6741	0	0.0089	0	0	0	0.0018

分析控制器参数对特征根的灵敏度,可以得到特征根的主导控制器参数,如表 3-33 所示。

表 3-33　特征根的主导控制器参数

特征根	对该特征根的主导控制器参数按数量级大小分类
λ_1	$K_{p2}, K_{p4}, K_{p5} > K_{p1}, K_{p3}, K_{i5} > K_{i1}, K_{i2}, K_{i3}, K_{i4}$
$\lambda_{2,3}$	$K_{p2}, K_{i2}, K_{p5} > K_{p1}, K_{i1}, K_{p3}, K_{i5} > K_{i3}, K_{p4}, K_{i4}$
λ_4	$K_{i5} > K_{p4}, K_{i4}, K_{p5} > K_{p1}, K_{i1}, K_{p2}, K_{i2}, K_{p3}, K_{i3}$
$\lambda_{5,6}$	$K_{p2}, K_{i2} > K_{i3} > K_{p1}, K_{i1}, K_{p3}, K_{p4}, K_{i4}, K_{p5}, K_{i5}$
$\lambda_{7,8}$	$K_{i2} > K_{i1}, K_{p2} > K_{p1}, K_{p3}, K_{i3}, K_{p4}, K_{i4}, K_{p5}, K_{i5}$
λ_9	$K_{i1}, K_{p5}, K_{i5} > K_{p1}, K_{p2}, K_{i2}, K_{p3}, K_{i3} > K_{p4}, K_{i4}$
$\lambda_{10,11}$	$K_{i2} > K_{p1}, K_{i1}, K_{p2}, K_{i5} > K_{p3}, K_{i3}, K_{p4}, K_{i4}, K_{p5}$
λ_{12}	—
λ_{13}	$K_{i4} > K_{p4}, K_{p5}, K_{i5} > K_{p1}, K_{i1}, K_{p2}, K_{i2}, K_{p3}, K_{i3}$
λ_{14}	$K_{i2} > K_{p2} > K_{p1}, K_{i1}, K_{p3}, K_{i3}, K_{p4}, K_{i4}, K_{p5}, K_{i5}$
λ_{15}	$K_{i2} > K_{p2} > K_{p1}, K_{i1}, K_{p3}, K_{i3}, K_{p4}, K_{i4}, K_{p5}, K_{i5}$

由表 3-33 可得,对于主导特征根 λ_{12},它的主导控制器参数为 K_{i1}、K_{i2}、K_{p1}、K_{p2}。而且可以得到,对大部分的特征根而言起主导控制作用的控制器参数还是集中在 K_{p1}、K_{i1}、K_{p2}、K_{p4}、K_{i4} 这些控制器参数上面。这是可以理解的,因为 K_{p1}、K_{i1} 对应的是有功功率控制,K_{i2}、K_{p2} 对应的是转子侧的变换器的电流控制,K_{p4}、K_{i4} 对应的是直流母线电压控制,这些控制器对风机的动态性能影响比较大。那么在对控制器参数进行优化时,只需要优化这些主导参数,对其他的参数采用系统的默认值即可。

与时域中得到的主导控制器参数相比较,可以发现无论是在时域还是在频域,对系统起主导作用的控制器参数主要集中在 K_{p1}、K_{p2}、K_{i1}、K_{i2}、K_{p4}、K_{i4} 这几个参数上。因此,在对风电系统控制器参数进行优化协调时,可以对主导参数进行同时优化,提高优化协调的效率。

3. 风电机组优化控制效果

对图 3-102 所示系统中风力发电机组的参数进行优化协调,在参数优化时,对如下两种方案进行比较分析。

主参数优化:只优化主导控制器参数 K_{p1}、K_{i1}、K_{p2}、K_{i2}、K_{p4}、K_{i4},而其他的控制器参数采取系统默认值。

全参数优化:系统所有参数统一优化。

在使用粒子群(PSO)算法进行优化时,由于迭代公式中的 w 起到调节个体在全局搜索和局部搜索之间的平衡的作用,对于不同的目标函数最佳的 w 值是不同的,w 的选取最理想应该是动态地自适应的。经过试探,在参数优化中 w 取 0.9,使全局搜索和局部搜索有效结合。

优化前与优化后的参数如表 3-34 所示。

表 3-34　优化前后参数对比

参数	K_{p1}	K_{i1}	K_{p2}	K_{i2}	K_{p3}	K_{i3}	K_{p4}	K_{i4}	K_{p5}	K_{i5}
原参数	1	100	0.3	8	1.25	300	0.002	0.05	1	100
主参数优化	0.6897	94.4746	0.2889	8.8984	1.25	300	0.0010	0.0318	1	100
全参数优化	1.2062	80.3710	0.2719	5.0946	1.4804	219.1246	0.0119	0.0539	0.7338	130.8737

利用两种不同方案得出优化参数,系统的特征值分别如表 3-35 和表 3-36 所示。

表 3-35　主参数优化后系统特征值

λ	λ_1	λ_2	$\lambda_{3,4}$	$\lambda_{5,6}$	$\lambda_{7,8}$	λ_9	$\lambda_{10,11}$	λ_{12}	λ_{13}	λ_{14}
σ	-61976	-271	-63	-84	-2	-85.3	-0.12	-12	-27	-28
ω	0	0	109	61	59	0	1	0	0	0

表 3-36　全参数优化后系统特征值

λ	λ_1	λ_2	$\lambda_{3,4}$	$\lambda_{5,6}$	$\lambda_{7,8}$	λ_9	$\lambda_{10,11}$	λ_{12}	λ_{13}	λ_{14}
σ	-67381	-195	-114	-93	-2	-50	-0.2	-4	-17	-18
ω	0	0	56	78	60	0	1	0	0	0

对比表 3-35、表 3-36 与表 3-31 可以看到,在对控制器参数优化后,系统的振荡模式没有变化,振荡模式的稳定阻尼都得到增强,说明控制器参数优化对提高风电系统小干扰稳定性有较好的作用,下面通过仿真进一步加以验证。

1) 小扰动

扰动设定为控制器电压参考值 v_{s_ref} 下降 $0.1p.u.$,风机端口电压、有功功率和 u_{DC} 的动态响应曲线分别如图 3-103~图 3-105 所示。

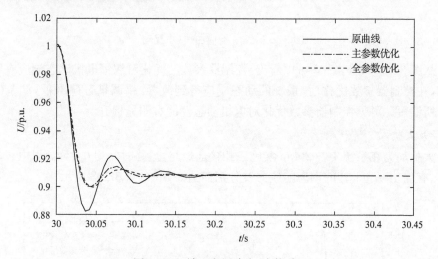

图 3-103　端口电压响应(小扰动)

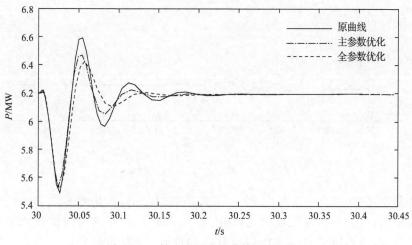

图 3-104　输出有功响应曲线(小扰动)

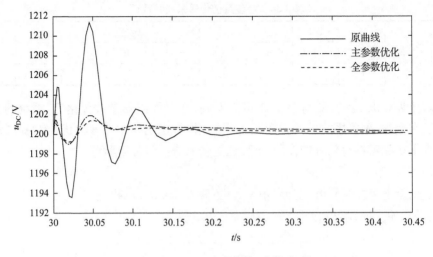

图 3-105 u_{DC} 响应曲线（小扰动）

从图 3-103～图 3-105 可以看出，控制器参数的优化对双馈电机动态响应有明显影响，在控制器参数优化后，系统的动态响应得到改善，超调量普遍降低，调节时间也有所缩短。可见控制器参数优化对电机动态性能有明显提升。

2）大扰动

大扰动为在系统 10～20km 实施三相接地短路，短路时间为 0.15s。风电机端口电压、有功功率和 u_{DC} 的动态响应曲线分别如图 3-106～图 3-108 所示。

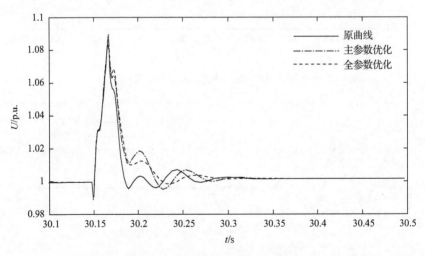

图 3-106   端口电压响应（大扰动）

由图 3-106～图 3-108 可以看出，在大扰动情况下，优化效果因为不同的目标曲线而不同，有的曲线优化效果比较好，如 u_{DC} 曲线，而有的曲线优化效果并不明显，如端口电压响应曲线。之所以出现这种情况，是因为本节是以小扰动情况下

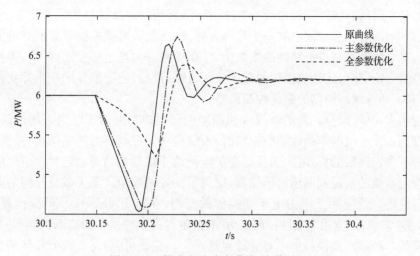

图 3-107 输出有功响应曲线（大扰动）

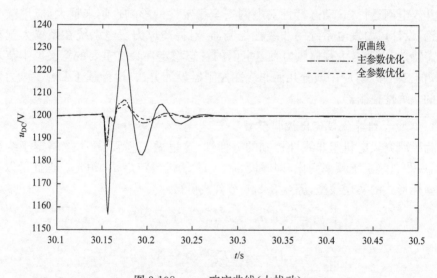

图 3-108 u_{DC} 响应曲线（大扰动）

的目标函数来进行控制器参数优化的,所以在大扰动的情况下优化后的效果并不一定很明显。

3.5.3 风电机组的非线性优化控制

传统的风力发电系统的控制系统都是基于 PI 控制器的,PI 控制器由于结构简单、可靠性高,已经广泛应用于工业控制。但是,必须指出的是,PI 控制器的设置通常基于在平衡点附近线性化的模型,其控制性能在设计的平衡点附件最优,当运行点偏离设计的平衡点较大,或者在大的扰动条件下,其控制性能将大大下降。微分几何方法在非线性控制理论中的应用,为非线性控制器的设计提供了崭新的思路。

基于微分几何的非线性控制器设计方法,首先,采用状态反馈精确线性化方法,在整个状态空间或者状态空间中的一个足够大的域中(能够覆盖控制对象所有可能的运行点),对非线性模型进行精确的线性化,并获得微分同坯坐标变换;然后,采用线性最优控制理论,获得线性化模型的最优控制策略;最后,通过微分同坯坐标变换的逆变换,获得原非线性模型的最优控制策略[73]。

近年来,基于微分几何的非线性控制理论已经成功应用于电力系统控制,设计了大型同步发电机的非线性励磁控制器,不仅提高了控制器对网络结构、参数、系统扰动等不确定因素的鲁棒性,而且提高了电网的小扰动和暂态稳定性[74-76]。应用于水轮发电系统的励磁和调速协调控制,取得了良好的效果。基于微分几何的非线性控制理论还广泛应用于电力电子变换器的控制,在对 PWM AC/DC 变换器,以及 PWM 的"背靠背"应用非线性控制之后,有效地提高了变换器的动态性能,并且能够大大降低"背靠背"变换器中电容器的容量[77,78]。由此可见,基于微分几何的非线性控制理论已经得到了广泛的应用,取得了良好的效果。随着,越来越多的风力发电系统并入电网运行,其动态特性对电网安全稳定性的影响也越来越大,应用微分几何理论,设计风力发电系统的非线性控制器,对提高风力发电系统在系统大扰动下的动态特性,以及含大规模风力发电电网的暂态稳定性具有重要的意义。本节基于 DFIG 的三阶模型,应用微分几何非线性控制器设计方法,设计基于 DFIG 风力发电系统的非线性控制器。

1. 风电机组非线性优化控制模型

为了研究风电机组非线性控制的方便性,这里做一些假设:①忽略定子绕组磁链动态;②忽略系统频率变化,即假设 $\omega_s = 1$;③机械转矩 T_m 恒定。据此可以获得直角坐标形式的实用模型,综合 3.2.6 节公式可得

$$\begin{cases} \dfrac{\mathrm{d}s}{\mathrm{d}t} = \dfrac{1}{T_J} \big[(E_d' i_{ds} + E_q' i_{qs}) - T_m \big] \\[2mm] \dfrac{\mathrm{d}E_q'}{\mathrm{d}t} = -sE_d' - \dfrac{1}{T_0'} \big[E_q' + (X - X') i_{ds} \big] + u_{dr}' \\[2mm] \dfrac{\mathrm{d}E_d'}{\mathrm{d}t} = sE_q' - \dfrac{1}{T_0'} \big[E_d' - (X - X') i_{qs} \big] - u_{qr}' \end{cases} \tag{3-177}$$

下面应用 2.3.2 节介绍的微分几何方法,设计这个系统的非线性控制器。

将式(3-177)写成标准的仿射非线性系统形式:

$$\dfrac{\mathrm{d}\boldsymbol{X}}{\mathrm{d}t} = f(\boldsymbol{X}) + g_1(\boldsymbol{X})u_1 + g_2(\boldsymbol{X})u_2 \tag{3-178}$$

其中

$$\boldsymbol{X} = [s, E_q', E_d']^{\mathrm{T}}, \quad u_1 = u_{dr}, \quad u_2 = u_{qr}$$

$$f(\boldsymbol{X}) = \begin{bmatrix} \dfrac{1}{T_J}(E'_d i_{ds} + E'_q i_{qs} - T_m) \\[2mm] -sE'_d - \dfrac{1}{T'_0}[E'_q + (X - X')i_{ds}] \\[2mm] sE'_q - \dfrac{1}{T'_0}[E'_d - (X - X')i_{qs}] \end{bmatrix}$$

$$g_1(\boldsymbol{X}) = \begin{bmatrix} 0 \\ L_m/L_{rr} \\ 0 \end{bmatrix}, \quad g_2(\boldsymbol{X}) = \begin{bmatrix} 0 \\ 0 \\ -L_m/L_{rr} \end{bmatrix}$$

2. 风电机组非线性优化控制方法

选择如下的输出函数:

$$y_1 = h_1(\boldsymbol{X}) = s - s_0 \tag{3-179}$$

$$y_2 = h_2(\boldsymbol{X}) = |u_t| - u_{t\_ref} = \left| \sqrt{u_{ds}^2 + u_{qs}^2} \right| - u_{t\_ref} \tag{3-180}$$

式中,u_t 为风电系统端口电压幅值;u_{t_ref} 为风电系统端口电压的控制参考值,通常取 $1.0 p.u.$。

与传统的 PI 控制相类似,将 dq 坐标的 d 轴对准风力发电系统的端口电压,这时,$u_{qs} = 0$,而 u_{ds} 等于端口电压的幅值,由 3.2.6 节公式可得

$$y_2 = h_2(\boldsymbol{X}) = u_{ds} - u_{t\_ref} = E'_d - R_s i_{ds} + X' i_{qs} - u_{t\_ref} \tag{3-181}$$

由式(3-178)可以看出,基于 DFIG 的风力发电系统是一个两输入两输出的非线性系统,对于此非线性系统应用微分几何理论,设计其非线性最优控制器。首先,计算风电系统的关系度。

对于式(3-179),当 $i=0$ 时

$$L_{g_1} L_f^i h_1(\boldsymbol{X}) = L_{g_1} L_f^0 h_1(\boldsymbol{X}) = \frac{\partial h_1(\boldsymbol{X})}{\partial \boldsymbol{X}} g_1(\boldsymbol{X}) = \begin{bmatrix} 1 & 0 & 0 \end{bmatrix} \begin{bmatrix} 0 \\ L_m/L_{rr} \\ 0 \end{bmatrix} = 0$$

$$L_{g_2} L_f^i h_1(\boldsymbol{X}) = L_{g_2} L_f^0 h_1(\boldsymbol{X}) = \frac{\partial h_1(\boldsymbol{X})}{\partial \boldsymbol{X}} g_2(\boldsymbol{X}) = \begin{bmatrix} 1 & 0 & 0 \end{bmatrix} \begin{bmatrix} 0 \\ 0 \\ -L_m/L_{rr} \end{bmatrix} = 0$$

当 $i=1$ 时

$$L_f^1 h_1(\boldsymbol{X}) = \frac{\partial h_1(\boldsymbol{X})}{\partial \boldsymbol{X}} f(\boldsymbol{X}) = \begin{bmatrix} 1 & 0 & 0 \end{bmatrix} \begin{bmatrix} \dfrac{1}{T_J}(E'_d i_{ds} - E'_q i_{qs} - T_m) \\[2mm] -sE'_d - \dfrac{1}{T'_0}[E'_q + (X - X')i_{ds}] \\[2mm] sE'_q - \dfrac{1}{T'_0}[E'_d - (X - X')i_{qs}] \end{bmatrix}$$

$$= \frac{1}{T_J}(E'_d i_{ds} + E'_q i_{qs} - T_m)$$

$$L_{g_1}L_f^1 h_1(\boldsymbol{X}) = L_{g_1}\left[\frac{\partial h_1(\boldsymbol{X})}{\partial \boldsymbol{X}}f(\boldsymbol{X})\right] = \frac{\partial\left[\frac{1}{T_J}(E_d' i_{ds} + E_q' i_{qs} - T_m)\right]}{\partial \boldsymbol{X}}g_1(\boldsymbol{X})$$

$$= \frac{1}{T}\begin{bmatrix} 0 & i_{qs} & i_{ds}\end{bmatrix}\begin{bmatrix} 0 \\ L_m/L_{rr} \\ 0 \end{bmatrix} = \frac{L_m i_{qs}}{T_J L_{rr}} \neq 0$$

$$L_{g_2}L_f^1 h_1(\boldsymbol{X}) = L_{g_2}\left(\frac{\partial h_1(\boldsymbol{X})}{\partial \boldsymbol{X}}f(\boldsymbol{X})\right) = \frac{\partial\left[\frac{1}{T_J}(E_d' i_{ds} + E_q' i_{qs} - T_m)\right]}{\partial \boldsymbol{X}}g_2(\boldsymbol{X})$$

$$= \frac{1}{T_J}\begin{bmatrix} 0 & i_{qs} & i_{ds}\end{bmatrix}\begin{bmatrix} 0 \\ 0 \\ -L_m/L_{rr} \end{bmatrix} = -\frac{L_m i_{ds}}{T_J L_{rr}} \neq 0$$

由此可以得出：$n_1 = 2$。

对于式(3-180)，当 $i=0$ 时

$$L_{g1}L_f^i h_2(\boldsymbol{X}) = L_{g1}L_f^0 h_2(\boldsymbol{X}) = \frac{\partial h_2(\boldsymbol{X})}{\partial \boldsymbol{X}}g_1(\boldsymbol{X}) = \begin{bmatrix} 0 & 0 & 1 \end{bmatrix}\begin{bmatrix} 0 \\ L_m/L_{rr} \\ 0 \end{bmatrix} = 0$$

$$L_{g_2}L_f^i h_2(\boldsymbol{X}) = L_{g_2}L_f^0 h_2(\boldsymbol{X}) = \frac{\partial h_2(\boldsymbol{X})}{\partial \boldsymbol{X}}g_2(\boldsymbol{X})$$

$$= \begin{bmatrix} 0 & 0 & 1 \end{bmatrix}\begin{bmatrix} 0 \\ 0 \\ -L_m/L_{rr} \end{bmatrix} = -L_m/L_{rr} \neq 0$$

由此可以得出：$n_2 = 1$。

因此，基于 DFIG 风电系统的关系度为：$n = n_1 + n_2 = 3$，等于模型的阶数，所以，基于 DFIG 风电系统的三阶模型可以转化为布鲁诺夫斯基(Bronovsky)标准型。

选择如下坐标，对风电系统进行精确线性化：

$$\begin{cases} z_1 = h_1(\boldsymbol{X}) = s - s_0 \\ z_2 = L_f h_1(\boldsymbol{X}) = \frac{1}{T_J}(E_d' i_{ds} + E_q' i_{qs} - T_m) \\ z_3 = h_2(\boldsymbol{X}) = u_{ds} - u_{t\_ref} \end{cases} \tag{3-182}$$

可以看出，该坐标变换是光滑并且单值的函数。

坐标逆变换为

$$\boldsymbol{X} = \boldsymbol{\Phi}^{-1}(\boldsymbol{Z}) = \begin{bmatrix} z_1 + s_0 \\ -\dfrac{T_J z_2 - (z_3 + R_s i_{ds} - X' i_{qs} + u_{t\_ref})i_{ds} + T_m}{i_{qs}} \\ z_3 + R_s i_{ds} - X' i_{qs} + u_{t\_ref} \end{bmatrix}$$

当 $i_{qs} \neq 0$ 时，逆变换是光滑并且单值的函数。由于 DFIG 的 q 轴电流是有功电流，在风力发电系统正常运行情况下不可能等于 0，该坐标变换是局部微分同坯。

在模型方程中，T_m可以看做系统的扰动项，由于风电系统的机械动态过程比 DFIG 的机电暂态过程慢得多。因此，在系统故障期间，假定风机输入的机械功率 P_m 恒定。

应用如式(3-182)所示的坐标变换，按式(2-90)～式(2-93)，对基于 DFIG 的风电机组进行精确线性化，可得 Z 坐标系模型：

$$
\begin{cases}
\dfrac{\mathrm{d}z_1}{\mathrm{d}t} = z_2 \\[2mm]
\dfrac{\mathrm{d}z_2}{\mathrm{d}t} = v_1 = L_f^2 h_1(\boldsymbol{X}) + L_{g_1} L_f^1 h_1(\boldsymbol{X}) u_1 + L_{g_2} L_f^1 h_1(\boldsymbol{X}) u_2 \\[2mm]
\dfrac{\mathrm{d}z_3}{\mathrm{d}t} = v_2 = L_f^1 h_2(\boldsymbol{X}) + L_{g_1} L_f^0 h_2(\boldsymbol{X}) u_1 + L_{g_2} L_f^0 h_2(\boldsymbol{X}) u_2
\end{cases}
\tag{3-183}
$$

将式(3-178)、式(3-179)和式(3-181)代入式(3-183)，经推导可得

$$
\begin{cases}
\dfrac{\mathrm{d}z_1}{\mathrm{d}t} = z_2 \\[2mm]
\dfrac{\mathrm{d}z_2}{\mathrm{d}t} = v_1 = -\dfrac{1}{T_J}\Big[-sE_q' i_{ds} + sE_d' i_{qs} + \dfrac{1}{T_0'}(E_d' i_{ds} + E_q' i_{qs})\Big] + \dfrac{L_m}{T_J L_{rr}}(u_{dr} i_{qs} - u_{qr} i_{ds}) \\[2mm]
\dfrac{\mathrm{d}z_3}{\mathrm{d}t} = v_2 = sE_q' - \dfrac{1}{T_0'}\big[E_d' - (X - X') i_{qs}\big] - \dfrac{L_m}{L_{rr}} u_{qr}
\end{cases}
$$

$$\tag{3-184}$$

式(3-184)可以写为

$$
\begin{cases}
\dfrac{\mathrm{d}z_1}{\mathrm{d}t} = z_2 \\[2mm]
\dfrac{\mathrm{d}z_2}{\mathrm{d}t} = v_1 \\[2mm]
\dfrac{\mathrm{d}z_3}{\mathrm{d}t} = v_2
\end{cases}
\tag{3-185}
$$

应用线性系统最优二次型控制器设计方法，Z 坐标中线性系统的最优控制为

$$
v_1^* = -k_1^* z_1 - k_2^* z_2 = -k_1^*(s - s_0) - k_2^* \dfrac{1}{T_J}(E_d' i_{ds} + E_q' i_{qs} - T_m)
\tag{3-186}
$$

$$
v_2^* = -k_3^* z_3 = -k_3^*(u_{ds} - u_{t\_ref})
\tag{3-187}
$$

式中，k_1^*、k_2^*、k_3^* 为最优反馈系数。选择 Riccati 方程中的 $\boldsymbol{Q}$ 和 $\boldsymbol{R}$ 矩阵为单位矩阵，解 Riccati 矩阵方程可得最优反馈系数：$k_1^* = 1, k_2^* = \sqrt{3}, k_3^* = 1$。

对式(3-186)和式(3-187)进行坐标逆变换，可得原系统的最优控制为

$$
\begin{cases}
u_{dr} = -\dfrac{L_{rr}}{L_m i_{qs}}\big\{T_J\big[(s - s_0) + \sqrt{3}(T_s - T_m)\big] \\[3mm]
\qquad\quad + sE_q' i_{ds} - sE_d' i_{qs} - \dfrac{1}{T_0'}(E_d' i_{ds} + E_q' i_{qs})\big\} - \dfrac{i_{ds}}{i_{qs}} u_{qr} \\[3mm]
u_{qr} = \dfrac{L_{rr}}{\omega_s L_m}\Big[sE_q' - \dfrac{1}{T_0'}E_d' + \dfrac{1}{T_0'}(X - X') i_{qs} + (u_{ds} - u_{t\_ref})\Big]
\end{cases}
\tag{3-188}
$$

3. 风电机组非线性优化控制效果

基于 MATLAB 中的风力发电系统的仿真模型,根据式(3-188)所示的非线性控制策略,建立了基于 DFIG 风电系统的非线性控制器,将风电系统接入单机无穷大系统和两区四机系统中进行仿真计算,验证所设计非线性控制的有效性。

单机无穷大系统的结构如图 3-102 所示。由 6 台基于 DFIG 风电机组构成的风电场接入无穷大系统运行,风电场的风速保持 10m/s 不变。在单机无穷大系统中输电线路 50% 的位置,发生三相接地短路,接地电阻为 10Ω,故障在 0.05s 之后消失。在故障期间,风电场端口的电压跌落至 0.7p.u.。在对风电机组进行传统的 PI 控制、线性最优控制,以及非线性最优控制三种情况下进行仿真,仿真结果如图 3-109 所示。

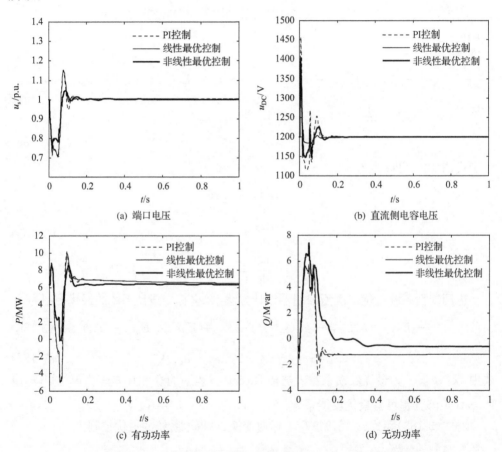

图 3-109　单机无穷大(SMIB)系统中采用非线性控制器的 DFIG 风电机组的动态响应

由图 3-109 可以看出,应用非线性最优控制,基于 DFIG 的风电系统能够稳定运行,并且故障后的机组的功率和端口电压的振荡很快平息。在故障期间,电力电子变换器的直流电压最大值降低了,改善了变换器的运行工况。同时还可以看出,对于线性最优控制,在大扰动下,其对动态性能的改善效果远小于小扰动下的改善效果,也证明了当运行点偏离设计运行点较远时,线性最优控制的控制性能将大大下降的结论。为了更好地比较控制效果,下面仅对线性最优控制和非线性最优控制进行比较。

将基于 DFIG 的风电场接入两区四机系统进行仿真分析,两区四机系统的结构如图 3-110 所示。在两区四机系统中,用风电场替代 3 号同步发电机,进行仿真分析。

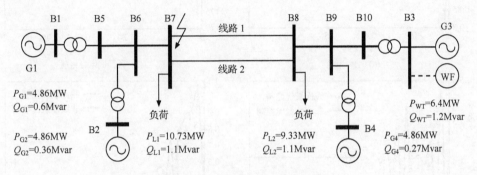

图 3-110　两区四机系统结构图

1) 故障极限切除时间(CCT)计算分析

在区域 2 中的 7♯母线上设置三相接地故障,分别计算原两区四机系统、风电机组采用传统 PI 控制、线性最优控制、非线性最优控制四种情况下的故障极限切除时间,计算结果如表 3-37 所示。

表 3-37　仿真系统采用不同控制策略时的故障极限切除时间

参数	原始系统	含风电系统		
		PI 控制	线性优化控制	非线性优化控制
故障极限切出时间/s	0.6167	0.633	0.65	0.667
增加比例/%	0	2.64	5.4	8.16

由表 3-37 可以看出,当风电场接入两区四机系统之后,系统的故障极限切除时间提高了,当风电机组采用非线性最优控制时,系统的故障极限切除时间最长,暂态稳定最好,因此,应用非线性最优控制,能够有效地提高系统的暂态稳定性。

2) 两区四机系统动态仿真

在两区域之间的 1 号联络线的中间,设置三相接地故障,接地电阻为 0.001Ω,故障 $0.2s$ 之后消失。仿真结果如图 3-111 所示。由图 3-111 可以看出,在多机系统中,风电机组应用非线性最优控制,故障后振荡很快平息,其动态特性显著提高。同时,与风电机组在同一区域的 4 号同步发电机的动态特性也得到了提高,其端口电压的恢复速度更快。

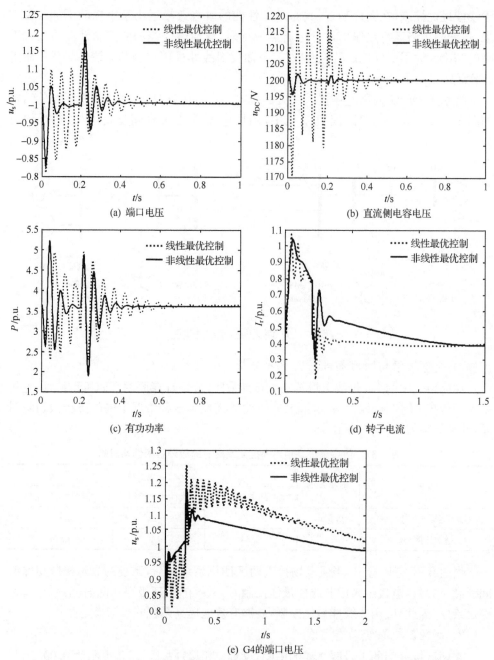

图 3-111　DFIG 采用非线性控制时四机两区系统的动态响应

　　从以上仿真结果可以看到,采用本节设计的 DFIG 机组非线性最优控制,能够显著提高 DFIG 机组在大扰动下的动态特性,同时有助于提高多机系统的暂态稳定性。

3.6 风电场的并网控制

3.6.1 风电场的有功功率控制

1. 风电场有功频率控制概述

随着风资源开发力度的加大,风力发电正在逐步代替常规机组发电,但类比于电网中的常规发电机组,风电场还缺乏针对电网频率控制的调频技术[79,80]。电力系统的频率控制分为一次、二次和三次调频控制[81]。与电网频率控制的目标相适应,可以将风电场的频率控制也分为一次调频控制、二次调频控制和三次调频控制。风电场调频控制的对象包括风电机组和风电场两种,风电机组调频控制的过程快、调节周期短,而风电场调频控制的过程可快可慢,没有调节周期的限制。风电场一次调频的响应速度快,主要用于平衡电网中变化速度快、幅值较小的随机波动,因此,风电场一次调频控制的对象既可以是风电机组又可以是风电场;风电场二次调频的响应速度慢,一般用于调整分钟级和更长周期的负荷波动,因此,风电场二次调频控制的对象只能是风电场;风电场三次调频是电网备用容量再分配的过程,风电场参与电网三次调频的程度主要取决于风功率预测的精度。风电场有功-频率控制是针对系统频率变化做出的功率调整过程,与风电场发电过程中的有功控制方式不尽相同。对于桨距角可控的双馈风电机组,当风电机组正常运行时,控制风力机的桨距角,使其运行在次优风能捕获曲线上;当电网频率发生变化时,根据频率的变化率和频率的偏差,调整桨距角位置,可实现双馈风电机组参与电网的一次调频。还可根据风力机的桨距角位置定义风电机组的调差系数,并确定风电场调差系数。由于桨距角控制从整体上降低了风电场的发电效率,这种频率控制策略仅适合常规机组调频能力不足的系统。

风电机组的惯量控制是通过释放/吸收风力机轴系的旋转能量实现的。风力机释放的最大旋转能量与转动惯量、当前转速和最低转速有关,若风电机组增加的输出功率一定,则风力机持续释放能量的时间有其上限。因此,风电机组利用自身的转动惯量进行调频控制时,有上限时间的限制。通过建立高风速和低风速时的双馈风电机组释放旋转能量的传递函数模型,可计算风力机转速降低至最小转速时所需要的时间。对于惯量控制稳定性的影响因素,可依据最小转速计算风轮的最大可利用旋转能量,以释放风力机旋转能量。由于单纯依靠风电机组的转动惯量进行电网的一次调频控制有控制时间的限制,惯量控制只能是一种临时性的调频控制方法。

风电机组的运行状态不同,频率支撑能力也不相同。在风电机组的频率控制过程中,通常采用桨距角控制和惯量控制相结合的方法。

目前的有功-频率控制策略主要针对风电场参与电网一次调频设计。若要参与电网二次的调频,则风电场必须具备响应电网发电要求的能力,即风电场具有平稳的、集中的有功功率控制方法。

若要参与电网三次调频,则风电场必须具备可信的风功率预测精度。风电场参与电网的二次、三次调频会造成风电场的弃风损失,而利用常规机组提供系统备用容量也会增加电网的运营成本,当弃风损失不大于电网运营成本的增加时,应充分利用风电场参与电网的二次和三次调频。

2. 风电场有功频率控制的必要性

以江苏为例,预计在 2015、2020 水平年,江苏电网正常参与自动发电控制(AGC)调节的协调控制系统(CCS)机组分别约为 160 台、200 台,合计容量约为 6400万 kW、8000 万 kW,其中可调容量约为 2640 万 kW、3300 万 kW,分别约占全省统调装机总容量的 80% 和 33%。火电机组调节速度按照每分钟不低于额定容量 2% 统计,2015 和 2020 水平年全省 CCS 机组每 5min 的调节能力约为 640 万 kW、800 万 kW。

风电出力波动性较强,根据历史年(2010~2011 年)风电波动数据的统计分析,全省风电总出力 5min 内最大上升波动值约为 10.82 万 kW,最大下降波动值约为13.53 万 kW,分别占风电总装机容量的 7.07% 和 8.84%。至 2015 和 2020 水平年,全省风电总装机容量分别按 600 万 kW、1000 万 kW 测算,按照上述波动数值计算,2015 水平年全省风电总出力 5min 内最大上升、最大下降波动值分别将达 42.42 万kW、53.04 万 kW,2020 水平年全省风电总出力 5min 内最大上升、最大下降波动值约为 70.70 万 kW、88.40 万 kW。2015 和 2020 水平年风电引起的调频需求分别约占系统总调节能力的 8% 和 11%。在春节、国庆长假期间,电网开机方式较小,风电占系统总调频容量的比例将会显著增加,风电波动对电网调频带来的影响将不容忽视。

3. 风电场有功控制的相关技术标准

《国家电网公司风电场接入电网技术规定》[82]中对风电机组和风电场的有功频率控制要求如下。

风电场应符合 DL/T 1040 的规定,具备参与电力系统调频、调峰和备用提供的能力;海上风电场应配置有功功率控制系统,具备有功功率调节能力。

当风电场有功功率在总额定出力的 20% 以上时,场内所有运行在额定出力 20% 以上的机组应能够实现有功功率的连续平滑调节,并能够参与系统有功功率控制。风电场应能够接收并自动执行电力系统调度机构下达的有功功率及有功功率变化的控制指令,其有功功率及其变化率应与电力系统调度机构下达的给定值一致。

1) 正常运行情况下有功功率变化

(1) 风电场有功功率变化包括 1min 有功功率变化和 10min 有功功率变化。在海上风电场并网和风速增长过程中,海上风电场有功功率变化应满足电力系统安全稳定运行的要求,其限值应根据所接入电力系统的频率调节特性,由电力系统调度机构确定。

（2）风电场有功功率变化限值的推荐值如表 3-38 所示，该要求也适用于海上风电场的正常停机。允许出现因风速降低或风速超出切出风速而引起的海上风电场有功功率变化超出有功功率变化最大限值的情况。

表 3-38　正常运行情况下风电场有功功率变化最大限值

风电场装机容量/MW	10min 有功功率变化最大限值/MW	1min 有功功率变化最大限值/MW
<30	10	3
30~150	装机容量/3	装机容量/10
>150	50	15

2）紧急控制

（1）在电力系统事故或紧急情况下，海上风电场应根据电力系统调度机构的指令快速调整其输出的有功功率，必要时可通过自动装置快速自动降低海上风电场有功功率输出或切除风电场，此时海上风电场有功功率变化可超出电力系统调度机构规定的有功功率变化最大限值。

① 电力系统事故或特殊运行方式下要求降低海上风电场有功功率，以防止输电设备过载，确保电力系统稳定运行。

② 当电力系统频率高于 50.2Hz 时，按照电力系统调度机构指令降低海上风电场的有功出力，严重情况下切除整个风电场。

③ 在电力系统事故或紧急情况下，若风电场的运行危及电力系统安全稳定，电力系统调度机构应按规定暂时将海上风电场切除。

（2）事故处理完毕，电力系统恢复正常运行状态后，风电场应按调度指令并网运行。

4. 风电机组的常规有功频率控制

风电机组接入电网后对电网频率的影响可从能量平衡角度进行分析。在功率扰动的初始阶段，原动机由于惯性的作用，不参与电网的调频控制，频率的偏移程度由转子释放动能的大小决定。

当电网频率下降时，FSIG 机组能自动增大滑差，增加定子侧输出的电磁功率，阻止频率的进一步下降，具有一定的频率支撑能力。DFIG 机组的频率响应与其控制策略有关，通常认为 DFIG 机组采取最大功率点跟踪（MPPT）控制策略，对电网的频率变化没有响应。

为研究双馈异步发电机在频率响应过程中的惯量大小，需要建立适用于检测惯量响应的 DFIG 机组的五阶模型，研究转子电流带宽对 DFIG 电磁转矩和输出功率的影响，利用转子电流控制环节的时间常数衡量 DFIG 的惯量大小。随着转子电流控制器带宽的增大，控制环节的时间常数减小，DFIG 机组的惯量减小，系统频率变化对双馈异步发电机电磁转矩的影响减小。DDPMSG 定子侧的电磁功率经过整流后由逆变器控制输出。逆变器通过调节其输出端电压矢量的大小和方向来调整输出功率的大小。正常运行时,逆变器通过负反馈控制不断减小输出功率与目标功率的偏差。逆变器的快速动作特性决定了输出功率的调整时间较短,即使在电网频率发生变化时,逆变器也能保证输出功率恒定。逆变器的这种工作特性决定了 DDPMSG 机组的发电功率不受电网频率变化的影响。

5. 基于储能技术的风电机组附加频率控制

储能系统具备向电力系统提供频率控制、快速功率响应等能力[83,84]。利用储能系统作为风力发电系统的能量缓冲环节,能够平滑风电场输出功率,抑制风电场输出功率波动,同时实现有功功率调节,改善系统频率稳定性,因此开展风电、储能系统的互补控制和优化设计具有重要意义。

超导磁储能系统(superconductor magnetics energy storage,SMES)转换效率高、响应速度快、运行灵活、系统寿命长、调控容易,其在电力系统中的应用逐步受到重视[85,86]。在电力系统中,SMES 能够提供有功和无功功率备用,可作为能快速响应的"旋转"备用;可对负荷起"削峰填谷"作用,提高系统运行效益;还能提高电压、频率稳定性;改善电能质量和供电可靠性。本章将超导储能设备与双馈风电场结合,构成 DFIG-SMES 互补系统,引入适当的控制策略,利用 SMES 实现独立快速的四象限有功和无功功率调节,在系统扰动下释放存储的有功功率,从而缓解系统调频压力,提高系统的频率稳定性。

1) DFIG-SMES 互补系统

DFIG-SMES 系统结构如图 3-112 所示,其中,SMES 模块接在 DFIG 母线侧,可通过吸收/释放有功或无功调节 DFIG 输出到母线上的有功功率和无功功率,从而改

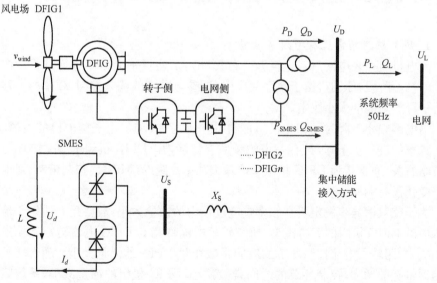

图 3-112　DFIG-SMES 系统结构

善系统的电压和频率特性。DFIG-SMES 系统中的 SMES 元件采用电流源换流器 (CSC) 电流源双桥拓扑结构连接至 DFIG 出口侧。

考虑 SMES 与 DFIG 的连接，如图 3-112 所示，忽略变压器绕组电阻和横向电压偏移，DFIG-SMES 的系统方程可表示为

$$\begin{cases} P_{\mathrm{D}} = P_{\mathrm{SMES}} + P_{\mathrm{L}} \\ U_{\mathrm{D}} = U_{\mathrm{S}} + \dfrac{Q_{\mathrm{SMES}} X_{\mathrm{S}}}{U_{\mathrm{S}}} \end{cases} \tag{3-189}$$

SMES 模块输出的有功功率 P_{SMES} 和无功功率 Q_{SMES} 与 SMES 注入系统的交流电流 I_{S} 之间的关系即为 SMES 与 DFIG 系统的接口方程，可表示为

$$P_{\mathrm{SMES}} + \mathrm{j}Q_{\mathrm{SMES}} = U_{\mathrm{D}} I_{\mathrm{S}}^{*} \tag{3-190}$$

2）DFIG-SMES 控制原理

对于电流型双桥系统，若两组换流器采用不同的触发角进行控制，即相当于换流器均采用 6 脉冲脉冲宽度调制（PWM）控制，在可关断晶闸管（GTO）最小导通时间大于 60s 时，谐波可能无法满足设计要求。若两组换流器采用同样的触发角进行控制，相当于采用 12 脉冲 PWM 控制，将 PWM 的调制比 M 和触发角 α 作为控制量，既可保证有功和无功功率分别控制，又能够确保谐波满足要求。如此，SMES 单元与电网系统交换的功率可表示为

$$\begin{cases} P_{\mathrm{SMES}} = 1.5 M U_{d\max} I_d \cos\alpha \\ Q_{\mathrm{SMES}} = 1.5 M U_{d\max} I_d \sin\alpha \end{cases} \tag{3-191}$$

式中，$U_{d\max} = \dfrac{3\sqrt{2}}{\pi} E$，为理想空载情况下的单桥最大直流电压。

$$\begin{cases} M = \dfrac{\sqrt{P_{\mathrm{SMES}}^2 + Q_{\mathrm{SMES}}^2}}{1.5 U_{d\max} I_d} \\ \alpha = \arctan \dfrac{Q_{\mathrm{SMES}}}{P_{\mathrm{SMES}}} \end{cases} \tag{3-192}$$

将调制比和触发角与其相应控制量的关系可用如下的一阶惯性环节来表示：

$$\begin{cases} \dot{M} = -\dfrac{1}{T}M + \dfrac{1}{T}u_M \\ \dot{\alpha} = -\dfrac{1}{T}\alpha + \dfrac{1}{T}u_\alpha \end{cases} \tag{3-193}$$

式中，T 为调制比和触发角控制环节的时间常数；u_M、u_α 分别为调制比和触发角的控制量。

设 U_P、U_Q 满足

$$\begin{cases} U_P = Q_{\mathrm{SMES}}\alpha + P_{\mathrm{SMES}} u_M - Q_{\mathrm{SMES}} u_\alpha \\ U_Q = -P_{\mathrm{SMES}}\alpha + Q_{\mathrm{SMES}} u_M + P_{\mathrm{SMES}} u_\alpha \end{cases} \tag{3-194}$$

$$\begin{cases} u_M = \dfrac{U_P\cos\alpha + U_Q\sin\alpha}{1.5U_{d\max}I_d} \\[3mm] u_\alpha = \dfrac{-U_P\sin\alpha + U_Q\cos\alpha}{1.5U_{d\max}I_d} + \alpha \end{cases} \tag{3-195}$$

从而得出 SMES 功率控制模型为

$$\begin{cases} \dot{P}_{SMES} = -\dfrac{1}{T'}P_{SMES} + \dfrac{1}{T'}U_P \\[3mm] \dot{Q}_{SMES} = -\dfrac{1}{T'}Q_{SMES} + \dfrac{1}{T'}U_Q \end{cases} \tag{3-196}$$

式中，T' 为 SMES 有功功率和无功功率控制环节的时间常数；U_P、U_Q 分别表示有功功率和无功功率的控制量。

系统的功率缺额可以由 SMES 或风电场备用功率来弥补，根据系统运行的经济性，建立风-储互补频率管理模块，对各种功率进行调度分配。DFIG-SMES 的模糊神经联合控制系统如图 3-113 所示。

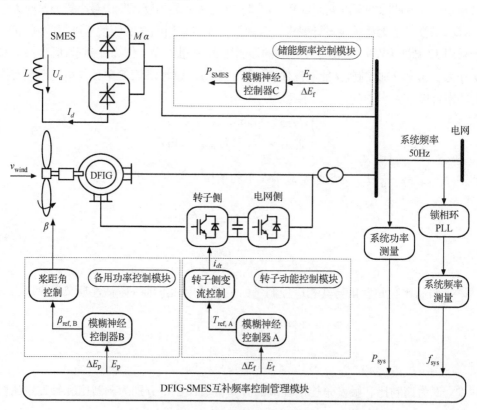

图 3-113　DFIG-SMES 模糊神经联合控制示意图

E_f. 频率偏差；ΔE_f. 频率变化率；$\beta_{ref,B}$. 桨距角参考值；E_p. 转速偏差；ΔE_p. 转速变化率

控制设计的核心是模糊神经控制器 A、模糊神经控制器 B 和模糊神经控制器 C，

其中,控制器 A 和 B 分别控制系统的转子动能和备用功率,目的是优化风-储联合系统的频率控制特性,获得更为合理的转矩参考值 $T_{\text{ref,A}}$ 和桨距角参考值 $\beta_{\text{ref,B}}$,保证双馈风电机组带备用功率运行,当系统发生频率偏移时,释放转子叶片中的动能或备用功率为系统提供频率支撑;控制器 C 的目的是控制 SMES 模块的有功功率输出,当系统发生频率偏移时,利用 SMES 吸收或释放功率,缓解系统调频压力,改善 DFIG-SMES 系统的频率控制能力。

6. 风电场的有功频率控制策略

大规模风电场的接入势必降低常规发电机组在发电系统中的比例。现代风电场大多采用以双馈感应风力发电机和永磁同步风力发电机为代表的变速风电机组,变速风电机组通过变频器与电网连接,其转子转速与电网频率完全解耦,在电网频率发生改变时机组对系统的惯量没有贡献,无法参与系统的频率控制,导致系统发生功率缺额时频率偏移较大,严重时可能导致系统频率越限,甚至导致系统频率崩溃。

为解决风电并网引起的频率稳定问题,可通过增设风电场频率控制附加模块,使得风电场能够在一定程度上像常规发电厂一样参与系统频率控制。风电场的频率控制由全局控制层和本地控制层共同完成,全局控制层和本地控制层的控制示意图如图 3-114 所示。

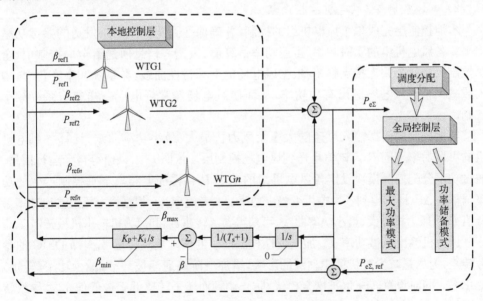

图 3-114　风电场控制信号调度分配

1) 全局控制层/风电场控制层

全局控制层监督、管理整个风电场行为,决定风电场的控制模式、功率参数、协调风电场与常规电厂的频率控制。全局控制层控制整个风力发电场电力生产,发送参考值到各风电机组的本地控制层。

参与频率控制的风电场必须具有一定的功率储备才能更好地参加系统频率控制,否则仅是瞬时释放叶片中的动能,频率支撑能力有限。根据其自身的运行状态,并结合电网的运行方式,风电机组可以有选择地运行在两种模式下。

(1) 最大功率模式。在该模式下,通过附加控制环设计,释放或吸收转子叶片的旋转动能,为系统提供短期有功电力支持,而风电机组本身运行在最大功率追踪模式下,不能额外增大出力来提供频率支撑。

(2) 功率储备模式。在该模式下,通过控制桨距角或调整转速,使风机偏离功率-转速最优曲线来减少风机的部分有功输出留做备用功率;当系统出现较大的频率偏差时,进一步控制桨距角或调整转速,使风机运行在功率-转速最优曲线以释放备用功率,增大风电机组的出力,即像常规机组一样参与系统频率控制。

全局控制层还可对整个风电场的输出功率进行分配,转换成单个风机的功率参考信号。根据系统操作员要求和风电场运作状态,全局控制层计算每个风电机组的参考信号,决定每个风电机组斜率参数,调整功率输出速度,决定是否需要储备容量控制(平衡控制、功率斜率限制、自动频率控制),一般按自身容量比例进行功率调整量的初次分配。在功率储备模式时,风电场必须具备风电机组自身运行信息、合理分配一次备用功率,以确保系统获得理想的储备。

2) 本地控制层/风电机组控制层

本地控制层完成单个风电机组的控制,并确保达到全局控制层发送的参考功率水平。各风电机组的实时功率、可用功率估算值、风速等信息回送给全局控制层,全局控制层测量公共连接点频率,根据风电场的下垂特性曲线,在系统频率变化时,增大或减少整个风电场输出有功功率,从而使风电场像常规电厂一样参与系统频率控制。

本地控制层根据输入风速的大小及风力机最大、最小功率曲线,计算各风电机组的可调功率范围 P_{mg},该值也送到风电场控制层。依照 P_{mg}、风速等自身运行信息,通过功率分配控制模块设定各风电机组的功率 P_{set},再加上频率下垂控制产生的功率调整量 ΔP,即可得到各风电机组输出功率的参考值 P_{ope}。根据风电机组输出功率参考值 P_{ope}、风力机最大、最小功率曲线,可获得参考转速 ω_{ref} 和风力机输出机械转矩 T_{em}。

风力机输出机械功率 T_{em} 加上惯性控制产生的惯性效应转矩 T_{ine},即 DFIG 的参考转矩,为尽量减少对机械驱动链的影响,增加一阶高通滤波环节,减少功率(转矩)变化率。同时设置转速保护恢复模块,防止调频而转子转速低于最低值 ω_{min},导致转速恢复困难,影响系统稳定。当转速低于 ω_{min}(设定为 $\omega_{min}=0.7$)时,转速保护系统启动,不再参与系统频率控制;对于大型风电场,当所有机组同一时间都进入转速恢复模式时,提供的有功功率同时减少,可能导致系统频率的二次跌落。因此,为减少转速恢复功能对有功支撑的削弱,可以采取顺序恢复方法,所有机组按一定延迟时间依次进入转速恢复过程。

7. 风电场自动发电控制系统

风电场内可参与自动发电控制（AGC）的设备主要是风电机组与储能装置[87]。受风能特性约束，风电场 AGC 的功能定位与常规电厂有较大不同。常见的风电机组控制模式有：①输出限制控制，主要服务于电网调峰，一般是在风电出力过大，以致威胁系统安全时不得已的弃风之举；②平滑控制，主要用于维持风电机组在小幅高频的风速波动下出力不变，由于风机群的平滑效应可抵消部分波动，只有在小惯性电网中，风电机组的平滑控制才有必要考虑；③爬坡率限制控制，可用于防止极端情况下风电机组出力过快爬升引起的电网过频问题。一般认为，风电机组不宜闭环参与电网的二次调频，因为它只能单向调频，且受风速波动性影响，风电场作为二次备用的容量可信度较低。

现今配备在大型风场的储能设备以高功率、大容量的电化学储能为主。受充放电次数限制，一般用来调峰；而电磁储能（如 SMES、超级电容器等）的容量较小，无法成为调频主力。总而言之，在目前的技术条件下，风电场直接进行二次调频并非电网的优先选项。风电场 AGC 的定位在于，在电网出现频率偏差较大且常规调频容量不足时，以限制出力、限制风电爬坡率的形式，协助电网进行调频。电网以风功率预测系统发布的风场目前最大可能出力为基础，考虑运行安全与经济约束，修正有功出力参考曲线，并发送至风电场。风电场 AGC 控制风机出力，使整场输出功率曲线与参考曲线相吻合。在目前技术条件下，这种基于预测的风电场 AGC 控制能够兼顾风场经济性与可控性，是较为可行的方案。

3.6.2　风电场的无功功率控制

1. 双馈风电机组的无功电压特性

DFIG 采用灵活的交流励磁调速，能够实现有功、无功的解耦控制，从而实现无功功率在一定范围内的灵活控制[88]。DFIG 输出的无功功率取决于其自身的无功功率控制方式。无功功率控制通常有两种方式：恒功率控制和恒电压控制，可根据风电机组接入电网的实际情况选择具体的控制方案。与常规的同步电机一样，DFIG 的无功调节能力有一定的限度，当达到限值时，DFIG 将不能向系统提供或从系统中吸收更多的无功功率，否则将会危害自身安全。为此，风电机组的无功功率控制，必须考虑风电机组的无功功率极限。

由于 DFIG 的定子直接与电网相连，而转子通过 PWM 环流器与电网相连，DFIG 向电网注入（或从电网吸收）的无功功率主要包含两部分：定子和转子。其中定子侧注入电网无功功率取决于 DFIG 的自身特性，而转子侧注入电网无功功率则取决于网侧 PWM 换流器的特性。

在 $dq0$ 旋转坐标系下，通过定子磁场定向，使同步旋转坐标系的 d 轴与定子合成磁链矢量相重合，则：$\psi_{qs} = 0$、$\psi_{ds} = \psi_s$，忽略定子绕组电阻压降，则：$u_{qs} = U_s$、$u_{ds} = 0$。由发电机电压方程，可得 DFIG 的定子功率：

$$
\begin{cases}
P_{s} = \dfrac{3}{2} u_{qs} i_{qs} = \dfrac{3}{2} \dfrac{L_{m}}{L_{s}} u_{qs} i_{qr} \\[3mm]
Q_{s} = \dfrac{3}{2} u_{qs} i_{ds} = \dfrac{3}{2} \dfrac{L_{m}}{L_{s}} u_{qs} i_{dr} - \dfrac{3u_{qs}^{2}}{2\omega_{1} L_{s}}
\end{cases}
\tag{3-197}
$$

式中，P_{s} 为 DFIG 定子侧输出的有功功率；Q_{s} 为定子侧输出的无功功率；u_{qs}、u_{ds}、i_{qs}、i_{ds} 分别为定子电压、定子电流的 d 轴和 q 轴分量；L_{m}、L_{s} 分别为等值绕组的励磁电感和定子绕组的自感；ω_{1} 为同步旋转角速度。由式(3-197)可得

$$
P_{s}^{2} + \left(Q_{s} + \dfrac{3u_{qs}^{2}}{2\omega_{1} L_{s}} \right)^{2} = \left(\dfrac{3}{2} \dfrac{L_{m}}{L_{s}} U_{s} I_{r} \right)^{2}
\tag{3-198}
$$

式中，定子有功 P_{s} 取决于最大风能捕获。假定最大风能捕获功率为 P_{m}，对应的电机滑差为 s，则 $P_{s} = P_{m}/(1-s)$。同时，考虑到转子侧变流器电流 I_{r} 不应超过最大容许电流 I_{rmax}，则有

$$
\left(\dfrac{P_{m}}{1-s} \right)^{2} + \left(Q_{s} + \dfrac{3u_{qs}^{2}}{2\omega_{1} L_{s}} \right)^{2} \leqslant \left(\dfrac{3}{2} \dfrac{L_{m}}{L_{s}} U_{s} I_{rmax} \right)^{2}
\tag{3-199}
$$

由式(3-199)可以得出定子侧的无功功率范围为

$$
Q_{smin} = -\dfrac{3U_{s}^{2}}{2\omega_{1} L_{s}} - \sqrt{\left(\dfrac{3}{2} \dfrac{L_{m}}{L_{s}} U_{s} I_{rmax} \right)^{2} - \left(\dfrac{P_{m}}{1-s} \right)^{2}}
\tag{3-200}
$$

$$
Q_{smax} = -\dfrac{3U_{s}^{2}}{2\omega_{1} L_{s}} + \sqrt{\left(\dfrac{3}{2} \dfrac{L_{m}}{L_{s}} U_{s} I_{rmax} \right)^{2} - \left(\dfrac{P_{m}}{1-s} \right)^{2}}
\tag{3-201}
$$

$$
Q_{smin} \leqslant Q_{s} \leqslant Q_{smax}
\tag{3-202}
$$

DFIG 转子侧通过 PWM 变流器与电网相连，因此转子侧无功功率调节范围取决于网侧变换器的容量与注入转子的有功功率。正常运行时，若不计变流器功率损耗，则注入网侧变流器的功率 P_{g} 与转子侧功率 P_{r}、定子侧功率 P_{s} 之间的关系为

$$
P_{g} = P_{r} = sP_{s}
\tag{3-203}
$$

若网侧换流器的额定容量为 S_{n}，则无功功率调节范围为

$$
Q_{gmin} = -\sqrt{S_{c}^{2} - \left(\dfrac{sP_{m}}{1-s} \right)^{2}}
\tag{3-204}
$$

$$
Q_{gmax} = \sqrt{S_{c}^{2} - \left(\dfrac{sP_{m}}{1-s} \right)^{2}}
\tag{3-205}
$$

$$
Q_{gmin} \leqslant Q_{g} \leqslant Q_{gmax}
\tag{3-206}
$$

将定子侧和转子侧的无功功率范围的上下限分别进行叠加，可以得到风电机组的无功功率输出范围为

$$
Q_{smin} + Q_{gmin} \leqslant Q_{DFIG} \leqslant Q_{smax} + Q_{gmax}
\tag{3-207}
$$

2. 直驱永磁同步风电机组的无功电压特性

DDPMSG 机组采用全功率变换技术[89]，通过 PWM 换流器与电网相连，其无功功率调节范围仅仅取决于网侧换流器的额定功率和输出的有功功率水平。

由于 DDPMSG 机组的定子不直接与电网相连，所发电力全部通过 PWM 换流

器送入电网。因此,PMSG 风电机组的无功调节能力取决于网侧换流器的控制特性。通常,网侧换流器的无功调节能力 Q_{PMSG} 取决于自身额定容量 S_{Rated} 和输出有功功率水平 P_{PMSG},三者关系如下:

$$Q_{PMSG}^2 + P_{PMSG}^2 = S_{Rated}^2 \tag{3-208}$$

若网侧换流器的额定容量为 S_{Rated},则当有功功率为 P_{PMSG} 时,对应的 PMSG 无功功率范围可表达为

$$Q_{min} = -\sqrt{S_{Rated}^2 - P_{PMSG}^2} \tag{3-209}$$

$$Q_{max} = \sqrt{S_{Rated}^2 - P_{PMSG}^2} \tag{3-210}$$

$$Q_{min} \leqslant Q_{PMSG} \leqslant Q_{max} \tag{3-211}$$

3. 风电场无功补偿技术

虽然 DFIG 和 DDPMSG 具有一定的无功调节能力,但调节能力有限,而风电场大多位于电网末端,电压水平较低,风电场自身的无功调节能力通常难以满足风电场无功电压控制的需求。尤其是早期采用定速异步风电机组建立的风电场,这类风电机组需要从电网吸收无功功率以建立磁场,才能实现发电功能,这将对接入点及其附近电网的电压产生严重影响,必须借助无功补偿装置,补偿风电机组、接入线路、变压器引起的无功损耗,实现风电场及其送出系统的无功平衡,降低风电对系统电压的影响。

对于 FSIG 机组,普遍采用普通异步发电机,这种发电机正常运行在超同步状态,滑差 s 为负值,电机工作在发电机状态,且滑差的可变范围很小($s<5\%$),风速变化时发电机转速基本不变。在正常运行时无法对电压进行控制,不能像同步发电机一样提供电压支撑,不利于电网故障时系统电压的恢复和系统稳定。风速波动时,FSIG 发出的电能也随风速波动而敏感波动,若风速急剧变化,感应电机消耗的无功功率随着转速的变化而不断变化。由于 FSIG 机组自身不能控制无功交换并且需要吸收一定数量的无功功率,通常在机组出口端并联电容器组,但单纯依赖常规补偿电容器无法满足无功功率补偿要求,可能会引起风电并网点附近的电能质量问题(如电压闪变),并影响风电机组在故障条件下的穿越能力。因此,FSIG 机组需要借助静止无功补偿装置优化其在正常条件和故障状态下的运行特性,工程中通常采用静止无功补偿器(SVC)或静止同步补偿器(static synchronous compensator,STAT-COM,又称 SVG)进行无功调节,采用软启动来减小启动时发电机的电流。一般来讲,FSIG 仅适用于容量不高于 600kW 的小功率系统。

由于 FSIG 机组难以实现最大风能追踪,风能利用效率较低,在实际应用中逐渐减少。变速恒频风电机组采用电力电子变频器,通过一定的控制策略可对风电机组有功、无功输出功率进行解耦控制,即可分别单独控制风电机组有功、无功的输出,具备电压的控制能力。变速恒频风电机组在运行时可以将功率因素提高,但在小于额定功率发电时往往功率因素较低,其自身的无功补偿能力仍无法满足系统要求。因此,无论是停机(变压器消耗无功)还是非满功率发电时都会消耗无功,需要加装

静止无功补偿装置以满足系统需求。

1) 风电场无功损耗

风电场无功损耗主要由以下四个部分构成。

(1) 箱式变压器。箱式变压器将风机电压由 690V(风电机端)升压到 10kV 或 35kV(集电网络),一台风机对应一台箱式变压器,750kW 的风机一般选择 800kV·A 的箱变。

(2) 集电网络。风机的电力经过箱式变压器升压后通过集电网络将电力送至风电场升压站,对于单机容量为 1.5MW 的风电机组,通常每条集电线路可以带 10～15 台风电机组,装机容量为 50MW 的风电场要通过三回以上的 35kV 线路将电力送至升压站主变压器的低压侧。

(3) 升压变压器。风电场升压站内升压变压器将集电线路送来的电力升压至 110kV 或 220kV 后送出。变压器容量应根据风电场装机容量进行选择,并留有一定的裕度,亦需考虑风电未来发展的需求。

(4) 风电场送出线路。升压变压器将风电电力升压后经送出线路接入电力系统,在潮流较重时,线路将消耗一定的无功功率。

2) 风电场无功补偿装置

风电场常用的无功补偿方式有分组投切电容器补偿、SVC 静态无功补偿、STATCOM 动态无功补偿[90,91]。

分组投切电容器补偿方法简单、成本低、易实现,但电压调节呈现离散特性,难以维持母线电压的真正恒定。而 SVC、STATCOM 等无功补偿设备的动态响应速度快,能够较好地控制母线电压。

STATCOM 是当今无功补偿领域最新技术的代表,属于灵活柔性交流输电系统(FACTS)的重要组成部分。STATCOM 是并联型无功补偿装置,相当于一个可控无功电流源,其无功电流可快速地跟随负荷无功电流的变化,自动补偿电网所需无功功率。STATCOM 的基本原理是利用可关断大功率电力电子器件(如 IGBT、GTO 等)组成自换相桥式电路,经过电抗器并联在电网上,适当地调节桥式电路交流侧输出电压的幅值和相位,或者直接控制其交流侧电流,就可以使该电路吸收或者发出满足要求的无功电流,实现对无功功率的动态补偿。

SVC 是一种没有旋转部件,快速、平滑可控的动态无功补偿装置。它是将可控的电抗器和电力电容器(固定或分组投切)并联使用。电容器可发出无功功率,可控电抗器可吸收无功功率。通过对电抗器进行调节,可以使整个装置平滑地从发出无功功率改变到吸收无功功率(或反向进行),并且响应速度快至毫秒级。

3) 风电并网的无功电压相关标准

《国家电网公司风电场接入电网技术规定》中对风电机组和风电场无功功率的要求如下[86]。

(1) 当风电机组运行在不同的输出功率时,风电机组的可控功率因素变化范围应在-0.95~0.95。同步发电机的功率因素控制在-0.95~0.95,需要励磁装置有功率因素调节的相关功能。

(2) 风电场无功功率的调节范围和响应速度,应满足风电场并网点电压调节的要求。原则上风电场升压变电站高压侧功率因素按 1.0 配置,运行过程中可按-0.98~0.98 控制。

(3) 风电场的无功电源包括风电机组和风电场的无功补偿装置。首先应充分利用风电机组的无功容量及其调节能力,如果仅靠风电机组的无功容量不能满足系统电压调节需要,则需要考虑在风电场加装无功补偿装置。风电场无功补偿装置可采用分组投切的电容器或电抗器组,必要时采用可以连续调节的静止无功补偿器或其他更为先进的无功补偿装置。由于同步发电机能够提供一定的无功容量,在风电场的无功补偿装置的容量需要相应地减小,一般来说最好不要使用分组投切电容器,宜使用 SVC 或 STATCOM。

《国家电网公司风电场接入电网技术规定》中对风电场运行电压的要求如下。

(1) 当风电场并网点的电压偏差在-10%~10%时,风电场应能正常运行。

(2) 当风电场并网点电压偏差超过 10%时,风电场的运行状态由风电场所选用风力发电机组的性能确定。

(3) 当风电场并网点电压低于额定电压 90%时,风电场应具有一定的低电压维持能力(低电压维持能力是指风电场在电压发生降低时能够维持并网运行的能力)。

(4) 风电场参与电压调节的方式包括调节风电场的无功功率和调整风电场升压变电站主变压器的变比(当低压侧装有无功补偿装置时)。

(5) 风电场无功功率应能够在其容量范围内进行自动调节,使风电场变电站高压侧母线电压正、负偏差的绝对值之和不超过额定电压的 10%,一般应控制在额定电压的-3%~7%。

(6) 风电场变电站的主变压器宜采用有载调压变压器。分接头切换可手动控制或自动控制,根据电力调度部门的指令进行调整。

3.6.3 风电场的低电压穿越技术

随着风电在电网中比例的逐步提升,在风电比较集中的地区,电网故障导致的电压跌落或升高可能使得大规模风电机组瞬间脱网,对电力系统稳定产生严重威胁。为避免因电压跌落或升高引起的风电大规模脱网事故,必须采用具备故障穿越能力的风电机组,使得风电场具备承受一定范围内的电压跌落或升高的能力,即在电网发生故障情况下能够连续运行,为电网提供电源支撑。

2011 年 2 月 24 日零点 34 分,甘肃电网桥西一场 35B4 馈线开关柜下侧电缆头发生 C 相击穿并很快发展为三相短路,60ms 后开关正确动作跳闸,切除该馈线所带的全部 12 台风机,故障导致系统电压大幅跌落。因不具备低电压穿越能力,其他机组在此期间纷纷脱网,共损失出力 377.13MW。故障切除后,系统电压回升,各风电场升压站的 SVC 装置电容器支路因无自动切除功能而继续挂网运行,大量过剩无功功率涌入 330kV 电网,引起系统电压升高。网内部分风电机组由于电压高保护动作,共损失出力 424.21MW。事故造成邻近 11 个风电场共 598 台风电机组脱网,损失出力 840.43 MW,西北主网频率最低至 49.854Hz。

2011 年 4 月 17 日,甘肃瓜州协合风电公司干河口西第二风电场因电缆头击穿,造成 15 个风电场共 702 台机组脱网。同日,河北张家口国华佳鑫风电场也发生类似事故,644 台风电机组脱网;4 月 25 日,酒泉风电基地再次发生同类事故,上千台风机脱网。

风机脱网事故调查表明,当前已投入运营的风电机组多数不具备低电压穿越能力,在电网出现故障导致系统电压降低时容易脱网,酿成电网事故。

为解决这一问题,国家能源局等相关主管部门正在加紧制定相关的标准。目前,风电并网技术国家标准《风电场接入电力系统技术规定》已通过最终审核并已报送国家标准化管理委员会,同时,行业标准《大型风电场并网设计技术规范》也已通过最终审核并报送国家能源局。这两个待颁布的标准都对风电机组应具备的低电压穿越能力进行了详细的规定,确保风电机组在一定的电压跌落范围内保持并网连续运行的能力。

1. 低电压穿越的基本概念

低电压穿越(low voltage ride through,LVRT)是指在电网电压跌落时,风电场需维持一定时间与电网连接而不解列,甚至要求风电场在此过程中能提供无功以支撑电网电压的恢复。

当电网发生短路故障时,在机组定子、转子中产生暂态过电流,这一电流流经变流器;同时,从能量守恒角度分析,系统短路引起机组机端电压骤降,机组无法继续向电网输送电能,其不平衡的能量会引起风电机组加速和直流环节充电,电压升高。无论是转子侧的暂态过电流还是直流环节的过电压都会对电力电子器件造成不利影响。所以如何使风电机组顺利穿越低电压故障,并保护其电力电子器件不受损坏显得尤为重要。风电机组的低电压穿越能力是保证风电场在系统故障情况下不解列,能持续并网发电的前提条件。

2. 低电压穿越的产生机理

1) 变速恒频双馈风电机组

变速恒频风电机组,尤其是 DFIG 机组,在应对电网故障方面存在一定缺陷[92]。电网故障会使得风电机组机端电压跌落,造成发电机定子电流增加,由于定子与转子之间的强耦合关系,快速增加的定子电流会导致转子电流急剧上升,对转子侧换流器产生影响;此外,由于风力机惯性大,调节速度较慢,故障前期风力机吸收的风能变化不大,而发电机由于机端电压的降低将难以正常向电网输送电能,多余的能量将会导致交直交换流器直流环节电容充电和电压的快速升高、发电机转子加速、电磁转矩突变等问题,引起元器件的损坏。为解决这些问题,通常在电网出现不太严重的电压波动时,风电机组就会与电网解列,避免对机组产生伤害。DFIG机组低电压穿越问题的解决重点在于:①当电网故障时,避免过电流、过压损坏变流器;②尽可能减少故障时机械转矩跃变给齿轮箱和风机带来的冲击,防止齿轮箱和风机产生机械损坏;③风电机组承受的故障深度能够满足相关国标的要求。

2) 直驱永磁同步风电机组

与DFIG机组不同,DDPMSG机组采用全换流技术,仅通过网侧换流器与电网相连,风电机组与电网之间仅有电气联系[93]。当电网故障时,机端电压瞬间跌落,风电机向电网注入的功率瞬间降低,由于风力机的机械转速不会瞬时改变,风电机的输入功率和输出功率将出现不平衡,会对换流器直流环节的电容充电,造成电压瞬间升高,危及电力电子器件的安全。如果控制直流环节的电压恒定,在功率接近恒定、电压突降的情况下,将引起电流的激增,损坏换流设备。因此,如何消除输入、输出能量不均衡问题,是全换流风电机组低电压穿越问题的关键。

3. 低电压穿越的国内外标准

1) 国外标准

表3-39给出了部分国家对风电机组低电压穿越的具体要求,在电压跌落深度和持续时间低于表中所给出的限值情况下,风电机组应能保持连续运行状态[94]。

表3-39　风电机组低电压穿越要求

国家标准	故障持续时间/ms	故障持续时间/cycle	最小电压等级（占 U_n）	电压恢复/s
德国	150	7.5	0	1.5
英国	140	7	0	1.2
爱尔兰	625	31.25	15%	3
北欧电网	250	12.5	0	0.75
丹麦(<100kV)	140	7	25%	0.75
丹麦(>100kV)	100	5	0	10
比利时(大电压跌落)	200	10	0	0.7
比利时(小电压跌落)	1500	75	70%	1.5
加拿大(AESO)	625	37.5	15%	3
加拿大(Hydro-Quebec)	150	9	0	1
美国	625	37.5	15%	3
西班牙	500	25	20%	1
意大利	500	25	20%	0.8
瑞典(<100kV)	250	12.5	25%	0.25
瑞典(>100kV)	250	12.5	0	0.8
新西兰	200	10	0	1

为更加形象地描述风电机组的低电压穿越要求,图 3-115 采用曲线形式给出了欧洲部分国家对风电机组低电压穿越能力的要求,其中纵坐标表示风电机组定子电压跌落幅值,以标幺值表示;横坐标表示电网电压跌落的持续时间,单位为 s。当电网电压跌落位于曲线上方区域时,不允许风电机组脱网运行,同时风电机组应能提供一定的无功支撑,提高系统暂态恢复能力。

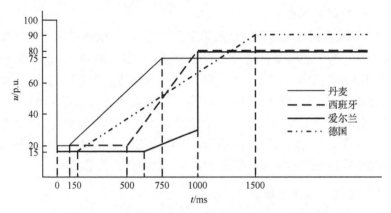

图 3-115 部分欧洲国家对风电机组 LVRT 的要求

从图 3-115 可以看出,不同国家对风电机组低电压穿越能力的要求(跌落深度和持续时间)不尽相同,但总体趋势一致,就是风电机组应具备一定的低电压穿越能力,即当电网故障导致风电并网点电压在一定范围内跌落时,风电机组能够持续并网运行一段时间。

由于各个国家、地区电力系统自身差别较大,风电在系统中所占比重亦不尽相同,另一方面是因为风电装机的快速增长,各国家地区对接入系统的风电会提出新的要求,随着风电机组自身技术的进步,相关技术规定将会持续更新。

2) 国内标准

国家标准《风电场接入电力系统技术规定》和行业标准《大型风电场并网设计技术规范》均对风电装机的低电压穿越能力进行了详细的界定,如图 3-116 所示。

从图 3-116 可以看出,国内对风电机组低电压穿越能力的要求如下:①风电场内的风电机组具有在并网点电压跌至 20% 额定电压时能够保证不脱网连续运行 625ms 的能力;②当风电场并网点电压在发生跌落后 2s 内能够恢复到额定电压的 90% 时,风电场内的风电机组能够保证不脱网连续运行。

此外,对于电网发生不同类型故障的情况,对风电机组/风电场低电压穿越的要求如下。

(1) 当电网发生三相短路故障引起并网点电压跌落时,风电场并网点各线电压在图中电压轮廓线及以上的区域内时,场内风电机组必须保证不脱网连续运行;当风电场并网点任意相电压低于或部分低于图中电压轮廓线时,场内风电机组允许从电网切出。

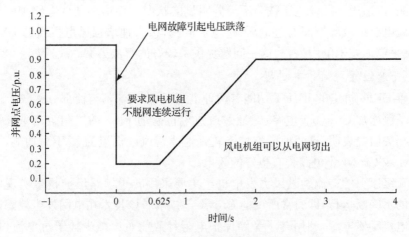

图 3-116 风电场低电压穿越要求

（2）当电网发生两相短路故障引起并网点电压跌落时，风电场并网点各线电压在图中电压轮廓线及以上的区域内时，场内风电机组必须保证不脱网连续运行；当风电场并网点任意相电压低于或部分低于图中电压轮廓线时，场内风电机组允许从电网切除。

（3）当电网发生单相接地短路故障引起并网点电压跌落时，风电场并网点各相电压在图中电压轮廓线及以上的区域内时，场内风电机组必须保证不脱网连续运行；当风电场并网点任意相电压低于或部分低于图中电压轮廓线时，场内风电机组允许从电网切除。

对于电网故障期间没有切出电网的风电场，其有功功率在电网故障切除后应快速恢复，以至少 10% 额定功率/s 的功率变化率恢复至故障前的值。

对于百万千瓦（千万千瓦）风电基地内的风电场，其场内风电机组应具有低电压穿越过程中的动态无功支撑能力，要求如下。

（1）电网发生故障或扰动，机组出口电压跌落处于额定电压的 20%～90% 时，机组需通过向电网注入无功电流支撑电网电压，该动态无功控制应在电压跌落出现后的 30ms 内响应，并能持续 300ms 的时间。

（2）机组注入电网的动态无功电流幅值为：$K(1.0-U_t)I_n$。I_n 为机组的额定电流；U_t 为故障区间机组出口电压标幺值，$U_t=U/U_n$，其中 U 为机组出口电压实际值，U_n 为机组的额定电压，$K \geqslant 2$。

4. 低电压穿越的解决方案

LVRT 功能实现的途径主要有两种：①改进控制策略；②增加硬件电路。改进控制策略只能降低电网故障时风电机组的暂态过电压、过电流，从能量守恒角度来看，不可能从根本上解决故障过程中因暂态能量过剩导致过电压、过电流问题，只能在电压、电流之间寻找一种较好的均衡状态，减小故障期间过电压、过电流对风电机组的影响,仅适用于故障电压跌落不十分明显的状况。而增加硬件电路则能从根本上解决风电机组故障期间的过电压、过电流问题,极大地增强风电机组的 LVRT 功能,尤其是储能技术的引入,为这一问题提供了较好的解决方案。

1) 变速恒频双馈风电机组

改善 DFIG 机组的 LVRT 功能有两种措施:①在变流器直流部分并联 ESS 或在电机转子侧增加 Crowbar 电路;②通过改进电机磁通 Flux 的控制策略来控制转子电流。相关研究表明,这两种措施均能较好地改善风电机组的 LVRT 功能,但增加储能单元或 Crowbar 电路具有更好的效果。

兆瓦级以上的交流励磁风力发电机组主要采用转子短路保护技术实现电网故障期间的不间断运行,即通常所说的 Crowbar 技术。该技术在电网发生故障时通过切除发电机励磁电源,利用转子旁路保护电阻释放能量以减少转子过电流,保护转子励磁回路的大功率器件,之后 Crowbar 电路配合双 PWM 变流器在故障期间运行,向电网输送一定的无功功率,协助稳定电网电压,即实现了风电机组的不脱网运行。

Crowbar 电路目前有很多种结构,具体可分为两大类:被动式 Crowbar 电路结构和主动式 Crowhar 电路结构。被动式 Crowbar 电路结构如图 3-117(a)所示,采用两相交流开关构成的保护电路,其中交流开关由晶闸管反向并联构成,当发生电网电压跌落故障时,通过交流开关将转子绕组短路,进而起到保护变流器的作用。然后这一电路在故障发生时转子电流中通常会存在较大的直流分量,这将使得晶闸管过零关断的特性不再适用,进而可能造成保护电路拒动,另外晶闸管吸收电路的设计也是比较困难的。主动式 Crowhar 电路结构如图 3-117(b)所示,它由二极管整流桥和晶闸管构成,这种电路以直流侧电压为参考信号,当直流侧电压达到最大值时,通过触发晶闸管导通实现对转子绕组的短路,同时断开转子绕组与转子侧变流器的连接,期间保护电路与转子绕组保持连接,直至主电路开关将定子侧彻底与电网断开。这种电路控制较为简单,但是晶闸管不能自行关断,因此当故障消除后,系统不能自动恢复正常运行,必须重新并网。

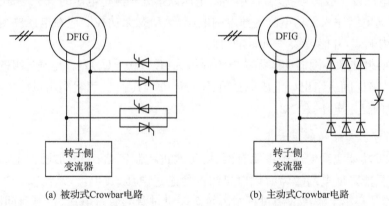

(a) 被动式Crowbar电路   (b) 主动式Crowbar电路

图 3-117　Crowbar 电路结构示意图

相关研究表明,STATCOM/BESS(battery energy storage system)也可用于增强风电机组的 LVRT 能力,其难点在于控制策略设计。增强 DFIG 风电机组的 LVRT 能力属于毫秒级的动态过程,仅有响应时间常数为毫秒级的储能系统才能在电网故障期间迅速吸收多余的能量,保证风电机组不受过电压、过电流的损害,实现增强风电机组 LVRT 能力的目标。

关于应用储能技术增强风电机组 LVRT 能力的研究主要集中在两个方面:①储能技术的选择;②控制策略的设计。鉴于 LVRT 属于电磁暂态过程,为吸收此瞬态过程中的多余能量以保护风电机组免遭损坏,必须选择快速响应的储能技术,采用合适的储能技术配以合理的控制策略才能达到理想的效果。

2)直驱永磁同步风电机组

目前国内外对基于永磁同步发电机的直驱式风力发电系统的低电压穿越特性研究还不是很多。已有的文献对直驱永磁风电系统的控制方法进行了详细说明,通过控制的改进可以在一定程度上提高低电压穿越能力,但是提高程度有限,通常需要增加应对电压跌落等故障的硬件电路,以提高低电压穿越能力。

针对 DDPMSG 机组的低电压穿越控制,相关研究工作涉及的解决方案主要有两种:①与 DFIG 机组一样,在两个变流器之间的直流环节加入储能系统;②在直流环节接入 Buck 变流器,以免外部系统故障时在直流环节产生过电压,同时可以直接用电阻消耗多余的直流能量。研究人员比较了机组定子侧 Crowhar 保护方案、网侧 Crowhar 保护方案、直流侧 Crowbar 保护方案和辅助变流器 Crowbar 保护方案的特性,结果表明直流侧 Crowbar 保护电路具有较高的可靠性和较低的成本;串联辅助变流器 Crowbar 保护具有优良的补偿性能,必将得到较多的研究和应用。

3.6.4 风电场的并网检测

1. 政策法规的要求

中华人民共和国可再生能源法(修正案)第四章第十四条规定:"电网企业应当与按照可再生能源开发利用规划建设,依法取得行政许可或者报送备案的可再生能源发电企业签订并网协议,全额收购其电网覆盖范围内符合并网技术标准的可再生能源并网发电项目的上网电量。发电企业有义务配合电网企业保障电网安全。"

为促进风电技术进步,规范风电产业发展,保证电力系统安全运行,2010 年 12 月 21 日,国家能源局颁布了《风电机组并网检测管理暂行办法》(国能新能〔2010〕433 号文),其中第一章第二条规定:"自 2011 年 1 月 1 日起,新核准风电项目安装并网的风电机组,必须是通过本办法规定检测的机型,只有符合相关技术规定的风电机组方可并网运行。"同时,国家能源局即将出台的《风电场并网检测管理办法》将对风电场的并网检测相关内容进行规定,提出对于未按要求进行检测的风电场,电网企业没有全额收购其上网电量的义务,电网调度机构有权停止其并网运行等规定。

风电并网检测作为并网技术标准符合性检测的手段,是支持上述法律和政策实施的重要环节,是确保法规强有力执行的重要保障。

2. 保障电网安全运行的内在要求

随着风电装机容量迅速增加,风电在电网中所占比例越来越高,对电网的影响范围也从局部逐渐扩大,风电并网稳定运行的问题日益突出,主要体现在风电机组无法适应电网电压变化、频率波动、电压三相不平衡等情况。类似案例已在我国东北、华北、内蒙古、甘肃、山西、山东、河南等地区多次出现,并呈现分布范围越来越广、影响范围越来越大、出现频率越来越高的特点。

2008年,赤峰塞罕坝风电场由于风电机组无法耐受风电场自身产生的谐波,造成当风电场总输出功率超过90MW后,风电场内风电机组大范围跳闸停机。在多方交涉下,Vestas公司调整风电机组控制策略,并增加滤波装置,解决了风电场内风电机组的频繁跳闸停机事故。类似在电网背景谐波满足国家标准要求,由于风电机组发出谐波造成电网谐波污染风电机组无法运行的事情在我国其他地区也有出现。

大唐三门峡风电场紧邻陇海铁路,当重载电力机车经过时会引起电网三相电压不平衡度增加,当三相电压不平衡超过1%时,风电机组全部退出运行。风电机组制造商对变流器控制策略改进后,问题得到解决。类似在电网电压三相不平衡度满足国家标准要求,风电机组无法正常运行的事件在我国西北、华北、内蒙古、山西、山东等多个地区时有发生,涉及厂家众多。

由于风电机组不具备低电压穿越造成风电机组大面积退出运行的事件近年来呈现规模越来越大的趋势,2010年4月12日,吉林电网发生500kV合松线相间短路故障,大量风电机组切除,导致风电出力从805MW降到165MW。承诺具有低电压穿越能力的风电场的风电机组都未能实现低电压穿越。

2011年2月24日,甘肃桥西第一风电场35kV侧设备故障,造成甘肃河西风电出力损失777MW,西北电网全网频率下降,最低至49.854Hz。

截至2010年11月,国家电网公司范围并网风电共发生28次非正常脱网事故,风电机组不具备低电压穿越能力是主要原因之一。风电机组和风电场频繁脱网的大量事实表明,对接入电网的风电机组和风电场必须进行强制检测,这是保证风电机组和风电场满足技术规定的唯一途径,也是保证电网安全稳定运行的必要手段。

3. 风电场所用机组的并网检测

确定风电场所用的风电机组与具有检测报告的风电机组应为同一型号。国家能源局〔2010〕433号文规定,"同一型号的风电机组只需要检测其中的一台。发电机、变流器、主控制系统、变桨控制系统、叶片等影响并网性能的技术参数发生变化的风电机组视为不同型号,需重新检测"。可见,只有发电机、变流器、主控制系统、变桨控制系统和叶片型号等完全一致的机组才能视为同一型号,表3-40为某型号风电机组检测主要参数。

表 3-40 某型号风电机组主要参数表

参数名		参数值
风电机组类型		3叶片、水平轴、上风向、变桨、变速
叶轮直径		82.76m
轮毂高度		80m
额定功率 P_n		1500kW
额定视在功率 S_n		1632kV·A
额定电压 U_n		0.69kV
额定频率 f_n		50Hz
叶片	制造商	国电联合动力技术有限公司
	类型	玻璃纤维增强环氧树脂
	型号	UP40.3
齿轮箱	制造商	南京高精传动设备制造集团有限公司（南高齿）
	类型	两级行星齿轮一级平行圆柱齿轮
	型号	FD1660F-01-00R2
发电机	制造商	湘电集团有限公司
	类型	双馈异步发电机
	型号	DFWG1500/4-7
变流器	制造商	ABB
	类型	双馈变流器
	型号	ACS800-67
变流器 Crowbar	类型	有源
	型号	－ACBU-P1＋ ACS800-67
	容量	200kW·s
变流器 DBR	类型	无
	容量	无
	阻值	无
控制系统	制造商	Aerodyn
	软件版本号	Aerodyn_01t15
变桨系统	制造商	MOOG
	类型	变桨距
	软件版本号	GUP-1.5MW/19108390051

1）检测依据

国家标准有《风力发电机组电能质量测量和评估方法》，电力行业标准有《风力发电机组低电压穿越能力检测规程》、《风电机组低电压穿越建模及验证方法》、《风电场电能质量检测规程》、《风电场低电压穿越建模及验证方法》、《风电场并网验收规范》、《风电场并网检测标准》、《风电机组的电网适应性检测方法》。

2）检测对象

检测主体：风电机组制造企业。

检测机构：并网检测机构应是国家授权的有资质的检测机构，符合 ISO/IEC17025《检测和校准实验室能力的通用要求》。

风电场并网检测和风电机组并网检测的关系如图 3-118 所示，其中低电压穿越检测、频率/电压适应性检测、抗干扰能力检测只能针对风电机组开展，风电场层面的检测引用风电机组检测结果来替代。

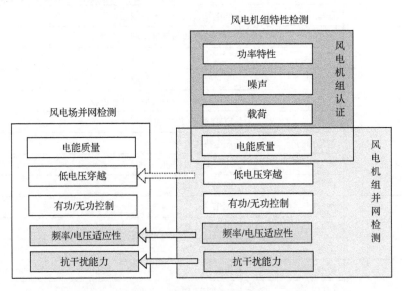

图 3-118 风电场/风电机组并网检测关系

3）国内风电检测能力

张北风电试验基地是由中国电力科学研究院承建的国家能源大型风电并网系统研发（实验）中心的重要组成部分，是世界上规模最大，唯一具备低电压穿越能力检测，唯一具备电网适应性检测，唯一具备开展风光储联合试验运行研究的试验基地。

张北风电试验基地于 2010 年 4 月 16 日正式开工，建设内容主要包括 11 台风机基础（规划建设 30 台风电机组）、3 台试验风电机组、综合研究试验楼、35kV 综合配电室、4 座 35kV 就地配电室、640kW 光伏发电系统、2.5MW 储能系统、实时风能监测系统、固定式电压跌落装置、固定式电网扰动发生装置及综合试验数据采集管理系统等先进试验系统。2010 年 12 月 28 日，首台风电机组开展低电压穿越检测，标志着张北风电试验基地已经全部建设完成，并具备风电检测的全部能力。

张北基地的核心检测装置 35kV/6MV·A 固定电压跌落发生装置能够满足双馈

式、直驱式等各类型风机的低电压穿越试验要求,模拟电压跌落恢复过程中的各种恢复曲线,是世界上自动化程度最高,控制最灵活、方便的电压跌落发生装置。该装置能够适应欧美各国风电并网标准和我国风电并网技术规定的要求,所有过程均为自动控制,代表了目前国际上低电压穿越研究检测最高技术。

张北基地的核心检测装置 35kV/6MV·A 电网扰动发生装置是世界上首套高电压大容量风电机组电网扰动耐受能力的检测装置,可模拟产生电网的各种扰动状态,包括电压波动、频率波动、电压畸变和三相电压不平衡,弥补了常规风电场无法进行风电机组频率、电网适应能力、抗干扰能力等实验和检测工作。该装置首次采用了高频谐波扰动与低频电压扰动相串联的先进拓扑结构,极大地提高了装置的可靠性和灵活性。装置的输入与输出完全隔离,为装置和电网同步正常运行提供了强有力的技术保障。

4. 风电检测的主要内容

1) 风电机组电能质量检测

风电机组电能质量检测是依据《风力发电机组电能质量测量和评估方法》(GB/T 20320—2006)和《风力发电机组电能质量评估和测量方法》(IEC 6140021—2008)标准的要求,在风电场现场对风电机组的电能质量进行检测。检测参数包括最大测量有功功率、无功功率容量、闪变系数、闪变阶越系数、电压变动系数、电流谐波、间谐波及高频分量、电网保护功能和重并网时间等。

风电机组电能质量检测时,风况要满足从切入风速至 15m/s 风速的范围要求,每个 1m/s 的风速区间采集 5 个 10min 数据系列。检测中采用的检测设备主要有电流互感器、数据采集系统和风速计,其中数据采集系统采集频率应大于 20kHz,A/D 采样分辨率为 24 位,存储空间要求应大于 500G,风速计测量误差应在 0.5m/s 范围内。

风电机组电能质量检测时需要采集风电机组出口变压器低压侧或高压侧的三相电压、电流信号和实测的风速信号。风电机组电能质量检测的检测周期主要取决于风电机组运行状况和现场风况,一般为 2～3 个月。

风电机组电能质量测试位置示意图如图 3-119 所示。

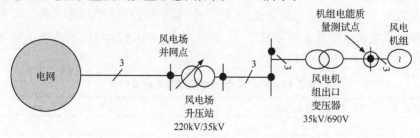

图 3-119　风电机组电能质量测试位置示意图

风电场电能质量检测完成后,检测机构应依据《电能质量 电压波动和闪变》(GB/T 12326—2008)和《电能质量 公用电网谐波》(GB/T 14549—1993)的要求,对风电场并网点的闪变值和谐波电流是否合格进行判定。

2）风电机组有功功率和无功功率控制能力检测

风电机组有功功率和无功功率控制能力检测是依据《风力发电机组电能质量评估和测量方法》(IEC 6140021—2008)的要求，对风电机组的功率控制能力进行检测。检测内容包括风电机组有功功率的设定值控制、升速率限制检测和无功功率设定值控制三个方面，其中有功功率变化又包括 1min 有功功率变化和 10min 有功功率变化两方面。

在进行风电场有功功率控制能力检测时，风电场输出功率应达到其额定输出功率的 75%。在进行正式检测前，风电场业主及并网检测机构应与当地电网调度部门沟通，确定风电场的有功功率设定值变化曲线，进行有功功率设定值检测时需要取消风电场的有功功率变化限制。

风电场有功功率控制能力检测时需要采集风电场并网点的电压、电流和风电场的风向、风速信号。检测时还应记录风电场的有功功率设定值控制信号，检测结束后计算得出风电场跟踪设定值变化的曲线。

检测时需要的检测设备与电能质量检测相同，两者可同步进行。检测周期主要取决于风电机组运行状况和风况，一般为 1~2 周。

3）风电机组及风电场的低电压穿越能力检测

风电机组低电压穿越检测是依据国家电网公司企业标准《风电场接入电网技术规定》(Q/GDW 392—2009)，对风电机组的低电压穿越能力进行检测。

风电机组低电压穿越检测设备由电压跌落发生装置和相应的测量、控制系统组成，利用远程控制系统可以控制电压跌落幅度和持续时间。

风电机组低电压穿越能力检测的测量系统分为中压侧和低压侧两个部分，中压侧测量设备位于电压跌落装置内，用于采集电压跌落期间中压侧的电压和电流数据。低压侧测量是在风电机组出口采集机组的电压、电流数据，同时还要采集风速、桨距角、发电机转速信号和并网开关信号。

风电机组进行低电压穿越检测时，需要在有功功率输出分别在 $0.1P_N < P < 0.3P_N$ 和 $P > 0.9P_N$ 两种工况下进行，利用电压跌落发生装置制造三相故障和两相故障，检验风电机组的低电压穿越能力。风电机组低电压穿越检测的电压跌落幅度和持续时间如表 3-41 所示。

表 3-41　风电机组的电压跌落与持续时间

序号	电压跌落幅值(U_{TP}/U_n)	故障持续时间/ms
1	0.90−0.05	2000±20
2	0.75±0.05	1705±20
3	0.50±0.05	1214±20
4	0.35±0.05	920±20
5	0.20±0.05	625±20

由于目前不具备整个风电场低电压穿越能力的检测手段,风电场的低电压穿越能力只能利用仿真手段予以验证。在进行风电场低电压穿越能力仿真验证时,风电场业主应提交风电机组的低电压穿越检测报告,同时委托并网检测机构对风电场内的风电机组进行抽检以验证风电机组性能与检测报告的一致性。风电机组抽检检测完成后,风电场业主提交验证过的风电机组电气模型和风电场基本资料,然后利用经过验证满足精度要求的风电机组电气模型建立风电场仿真模型,最后在风电场并网点设置不同的电网电压跌落规格,通过仿真结果校验风电场的低电压穿越能力。

4)电网适应性检测

风电机组的电网适应性检测分为风电机组频率/电压变化适应能力检测和抗干扰能力检测等方面的内容,如表 3-42 和表 3-43 所示。

表 3-42　风电机组的频率变化适应能力要求

频率范围	频率设定值	要求运行时间/min
低于 48Hz	机组允许运行的最低频率	10
48～49.5Hz	48Hz	30
49.5～50.2Hz	49.5Hz	60
	50.2Hz	60
高于 50.2Hz	50.5Hz	10
	机组允许运行的最高频率	10

表 3-43　风电机组的三相电压不平衡适应性

三相电压不平衡度设定值/%	持续时间/min
2.0	10
4.0	1

目前,风电机组的电网适应性检测在张北风电试验基地进行。检测时利用电网扰动发生装置产生电网扰动,检验风电机组对电网扰动的适应能力。检测时需要利用的检测设备主要有电压扰动发生装置、电流互感器、电压互感器、数据采集系统和风速计等。

5)电气模型验证

风电机组电气模型验证目前主要是对风电机组的低电压穿越特性进行验证,通过检测数据与仿真数据对比检验模型的精度。进行验证时主要的比较量有风电机组的有功功率、无功功率、有功电流和无功电流,辅助参考量有电压、发电机转速、桨距角和机械转矩等。

进行风电机组电气模型验证时要求仿真模型能够准确反映风电机组的电气性能、保护性能,模型包括电气部分(发电机、变流器)、机械部分(传动系统、桨距控制系统和气动性能)。

参 考 文 献

［1］姚兴佳. 风力发电测试技术. 北京：电子工业出版社,2011.

［2］李建林,许洪华. 风力发电中的电力电子变流技术. 北京：机械工业出版社,2008.

［3］朱永强,张旭. 风电场电气系统. 北京：机械工业出版社,2010.

［4］陈博. 风电场中的集电线路. 上海电力,2008,(6)：507-509.

［5］李萍,卢万里. 海边滩涂风电场集电线路接线方式探讨. 广西电力,2009,(6)：86-88.

［6］王建东,李国杰. 海上风电场内部电气系统布局经济性对比. 电力系统自动化,2009,33(11)：99-103.

［7］王荷生. 风电场等值建模及其暂态运行特性研究. 重庆：重庆大学硕士学位论文,2010.

［8］郭新生. 风能利用技术. 北京：化学工业出版社,2009.

［9］张永斌,袁海文. 双馈风电机组低电压穿越主控系统控制策略. 电力自动化设备,2012,32(8)：106-112.

［10］Akhmatov V. 风力发电用感应发电机.《风力发电用感应发电机》翻译组译. 北京：中国电力出版社,2009.

［11］Kundur P. Power System Stability and Control. New York：McGraw-Hill,1994.

［12］倪以信,陈寿孙,张宝霖. 动态电力系统的理论和分析. 北京：清华大学出版社,2002.

［13］王锡凡,方万良,杜正春. 现代电力系统分析. 北京：科学出版社,2003.

［14］Ahmed-Zaid S,Taleb M. Structural modeling of small and large induction machines using integral manifolds. IEEE Transactions on Energy Conversion,1991,6(3)：499-505.

［15］Yamamoto M,Motoyoshi O. Active and reactive power control for doubly-fed wound rotor induction generator. IEEE Transactions on Power Electronics,1991,6(33)：624-629.

［16］12 Generic type-3 wind turbine-generator model for grid studies,Version 1.1. Salt Lake：WECC Wind Generator Modeling Group,Sep. 2006.

［17］WECC wind power plant dynamic modeling guide. Salt Lake：WECC Renewable Energy Modeling Task Force,Nov. 2010.

［18］Pourbeik P. Proposed changes to the WECC WT3 generic model for type 3 wind turbine generators. Salt Lake：Electric Power Research Institute,2013.

［19］Pourbeik P. Proposed changes to the WECC WT4 generic model for type 4 wind turbine generators. Salt Lake：Electric Power Research Institute,2013.

［20］Price W W,Sanchez-Gasca J J. Simplified wind turbine generator aerodynamic models for transient stability studies. IEEE PES on Power Systems Conference and Exposition,Atlanta,2006：986-992.

［21］詹姆希迪著 M. 大系统建模与控制. 陈中基,黄昌熙译. 北京：科学出版社,1986

［22］文成林. 多尺度动态建模理论及其应用. 北京：科学出版社,2008.

［23］雷文. 多时间尺度电力系统模型降阶与稳定性研究. 广州：华南理工大学硕士学位论文,2003.

［24］雷文,刘永强,吴捷. 慢动态对电力系统中长期失稳机理的影响. 华南理工大学学报(自然科学版),2003,31(7)：6-8.

［25］许可康. 控制系统中的奇异摄动. 北京：科学出版社,1986.

［26］罗晓,陈耀,徐静波,等. 含噪声的多时间尺度动态系统辨识. 数学技术应用科学,2006,1(1)：186-190.

［27］Salmank S,Teo A L J. Windmill modeling consideration and factors influencing the stability of a grid-connected wind power-based embedded generator. IEEE Transactions on Power Systems, 2003, 18(2)：793-802.

［28］Estanqueiro A I. A dynamic wind generation model for power systems studies. IEEE Transactions on Power

Systems,2007,22(3)：920-928.

[29] 尹明,李庚银,周明,等. 双馈感应风力发电机组动态模型的分析与比较. 电力系统自动化,2006,30(13)：22-27.

[30] 迟永宁,王伟胜,刘燕华,等. 大型风电场对电力系统暂态稳定性的影响. 电力系统自动化,2006,30(15)：10-14.

[31] Dai S Q,Shi L B,Ni Y X,et al. Transient stability evaluations of power system with large DFIG based wind farms. Power and Energy Engineering Conference (APPEEC) 2010 Asia-Pacific,Chengdu,2010.

[32] 杨琦,张建华,李卫国. 电力系统接入风电场后的暂态稳定分析. 高电压技术,2009,35(8)：2042-2047.

[33] 曹娜,李岩春,赵海翔. 不同风电机组对电网暂态稳定性的影响. 电网技术,2007,31(9)：53-57.

[34] Slootweg J G,de Haan S W H,Polinder H,et al. Aggregated modelling of wind parks with variable speed wind turbines in power system dynamics simulations. 14th Power Systems Computation Conference,Sevilla,2002.

[35] Slootweg J G,Kling W L. Aggregated modelling of wind parks in power system dynamics simulations. IEEE Bologna Power Tech Conference,Bologna,2003.

[36] Akhmatov V,Knudsen H. An aggregate model of a grid-connected,large-scale,offshore wind farms for power stability investigations—importance of windmill mechanical system. Electrical Power and Energy Systems,2002,24(9)：709-717.

[37] Qiao W,Harley R G,Venayagamoorthy G K. Dynamic modeling of wind farms with fixed-speed wind turbine generators. Power Engineering Society General Meeting,Tampa,2007.

[38] 王鑫. 风电场动态等值模型研究. 北京：华北电力大学硕士学位论文,2008.

[39] Ali M,Ilie I S,Milanović J V,Chicco G. Probabilistic clustering of wind generators. IEEE Power and Energy Society General Meeting,Minneapolis,MN,2010.

[40] 张坤. 用于电力系统仿真的风电场等值模型研究. 北京：华北电力大学硕士学位论文,2011.

[41] Ma Y,Jiang J N,Runolfsson T. Cluster analysis of wind turbines of large wind farm. IEEE/PES Power Systems Conference and Exposition PSCE 09,Seattle,2009.

[42] 陈树勇,王聪,申洪,等. 基于聚类算法的风电场动态等值. 中国电机工程学报,2012,32(4)：11-19.

[43] 苏勋文. 风电场动态等值建模方法研究. 北京：华北电力大学博士学位论文,2010.

[44] Meng Z J,Xue F. An investigation of the equivalent wind method for the aggregation of DFIG wind turbines. Power and Energy Engineering Conference APPEEC 2010,Chengdu,2010.

[45] 曹娜,于群. 风速波动情况下并网风电场内风电机组分组方法. 电力系统自动化,2012,36(2)：42-46.

[46] 周强强,张明山,薛禹胜,等. 基于戴维南电路的双馈风电场动态等值方法. 电力系统自动化,2012,36(23)：42-47.

[47] 黄梅,万航羽. 在动态仿真中风电场模型的简化. 电工技术学报,2009,24(9)：147-152.

[48] 苏勋文,米增强,王毅. 风电场常用等值方法的适用性及其改进研究. 电网技术,2010,34(6)：175-180.

[49] 胡杰,余贻鑫. 电力系统动态等值参数聚合的实用方法. 电网技术,2006,34(24)：26-30.

[50] Soman S S,Zareipour H,Malik O,et al. A review of wind power and wind speed forecasting methods with different time horizons. North American Power Symposium,Arlington,2010.

[51] Wu Y K,Hong J S. A literature review of wind forecasting technology in the world. IEEE Power Tech,Lausanne,2007.

[52] 王松岩,于继来. 短时风速概率分布的混合威布尔逼近方法. 电力系统自动化,2010,34(6)：89-93.

[53] Carta J A,Ramirez P. Analysis of two-component mixture Weibull statistics for estimation of wind speed distributions. Renewable Energy,2007,32(3)：518-531.

[54] Jalili-Marandi V,Lok-Fu P,Dinavahi V. Real-time simulation of grid-connected wind farms using physical

aggregation. IEEE Transactions on Industrial Electronics,2010,57(9): 3010-3021.

[55] Cristian N,Dragos L,Brayima D,et al. Large band simulation of the wind speed for realtime wind tinbine simulators. IEEE Transaction on Energy Conversion,2002,17(4): 523-529.

[56] 李东东,陈陈.风力发电系统动态仿真的风速模型.中国电机工程学报,2005,25(21):41-44.

[57] 肖创英,汪宁渤,陟晶,等.甘肃酒泉风电出力特性分析.电力系统自动化,2010,34(17):64-67.

[58] Marinopoulos A,Pan J P,Zarghami M,et al. Investigating the impact of wake effect on wind farm aggregation. IEEE Power Tech,Trondheim,2011.

[59] Barthelmie R J,Jensen L E. Evaluation of wind farm efficiency and wind turbine wakes at the Nysted offshore wind farm. Wind Energy,2010,13(6): 573-586.

[60] Burton T,Jenkins N,Sharpe D,et al. Wind Energy Handbook. 2nd edition. New York: John Wiley & Sons, Ltd,2011.

[61] 贺德馨.风工程与工业空气动力学.北京:国防工业出版社,2006.

[62] 孔屹钢,顾浩,王杰,等.基于风剪切和塔影效应的大型风力机载荷分析与功率控制.东南大学学报,2010, 40(S1): 229-233.

[63] Dale S L D,Lehn P W. Simulation model of wind turbine 3p torque oscillations due to wind shear and tower shadow. IEEE Transactions on Energy Conversion,2006,21(3): 717-724.

[64] 张硕,李庚银,周明.含风电场的发输电系统可靠性评估.中国电机工程学报,2010,30(7):8-14.

[65] 石文辉,陈静,王伟胜.含风电场的互联发电系统可靠性评估.电网技术,2012,36(2):224-230.

[66] 林今,孙元章,SORENSEN P,等.基于频域的风电场功率波动仿真(一)模型及分析技术.电力系统自动化,2011,35(4):65-69.

[67] 林今,孙元章,SORENSEN P,等.基于频域的风电场功率波动仿真(二)变换算法及简化技术.电力系统自动化,2011,35(5):71-76.

[68] Hayes B P, I lie I,Porpodas A,et al. Equivalent power curve model of a wind farm based on field measurement Data. IEEE Power Tech,Trondheim,2011.

[69] 余洋,刘永光,董胜元.基于运行数据的风电场等效建模方法比较.电网与清洁能源,2009,25(12):79-83.

[70] Attya A B,Hartkopf T. Generation of high resolution wind speeds and wind speed arrays inside a wind farm based on real site data. 11th International Conference on Electrical Power Quality and Utilisation, Lisbon,2011.

[71] Suvire G O,Mercado P E. Wind farm: dynamic model and impact on a weak power system. IEEE/PES Transmission and Distribution Conference and Exposition,Bogota,2008.

[72] Pena R,Clare J C,Asher G M. Doubly fed induction generator using back-to-back PWM converters and its application to variable-speed wind-energy generation. IEE Proceedings-Electric Power Applications,1996, 143 (3): 231-241.

[73] 卢强,孙元章.电力系统非线性控制.北京:科学出版社,1993.

[74] Sun C,Zhao Z,Sun Y,et al. Design of nonlinear robust excitation control for multimachine power systems. IEE Proceedings-Generation Transmission and Distribution,1996,143 (3): 253-257.

[75] Guo G,Wang Y,Hill D J. Nonlinear output stabilization control for multimachine power system. IEEE Transactions on Circuits and systems,Part I,2000,47 (1): 46-53.

[76] Jin M J,Hu W,Liu F,et al. Nonlinear co-ordinated control of excitation and governor for hydraulic power plant. IEE Proceedings-Generation Transmission and Distribution,2005,152 (4): 544-548.

[77] Jung J,Lim S,Nam K. A feedback linearizing control scheme for a PWM converter-inverter having a very small DC-Link capacitor. IEEE Transactions on Industry Application,1999,35 (5): 1124-1131.

[78] Lee D C,Lee G M,Lee K D. DC-Bus voltage control of three-phase AC/DC PWM converters using feedback

linearization. IEEE Transactions on Industry Application,2000,36(3):826-833.

[79] 张文娟,高勇,杨媛. 基于风电机参数辨识的最大风能捕获. 电网技术,2009,33(17):152-156.

[80] 韩民晓,崔军立,姚蜀军. 大量风电引入电网时的频率控制特性. 电力系统自动化,2008,32(1):29-33.

[81] 刘维烈,朱峰,李端超,等. 电力系统调频与自动发电控制. 北京:中国电力出版社,2006.

[82] 国家电网公司. 国家电网公司风电场接入电网技术规定. 北京:国家电网公司,2009.

[83] Lee H,Shin B Y,Han S,et al. Compensation for the power fluctuation of the large scale wind farm using hybrid energy storage applications. IEEE Transactions on Applied Superconductivity,2012,22(3):5701904.

[84] 李强,袁越,谈定中. 储能技术在风电并网中的应用研究进展. 河海大学学报(自然科学版),2010,38(1):115-122.

[85] Gao S,Chau K T,Liu C,et al. SMES control for power grid integrating renewable generation and electric vehicles. IEEE Transactions on Applied Superconductivity,2012,22(3):5701804.

[86] 柳伟,顾伟,孙蓉. 等. DFIG-SMES 互补系统一次调频控制. 电工技术学报,2012,27(9):108-116.

[87] 乔颖,鲁宗相. 考虑电网约束的风电场自动有功控制. 电力系统自动化,2009,33(22):88-93.

[88] 黄守道. 无刷双馈电机的控制方法研究. 湖南:湖南大学博士学位论文,2005.

[89] 姚骏,廖勇,庄凯. 永磁直驱风电机组的双 PWM 变换器协调控制策略. 电力系统自动化,2008,32(20):88-92.

[90] Leon A E,Mauricio J M,Gómez-Expósito A,et al. An improved control strategy for hybrid wind farms. IEEE Transactions on Sustainable Energy,2010,1(3):131-141.

[91] 毛启静. 利用风力发电机的无功功率补偿风电场无功损耗. 电网技术,2009,33(19):175-180.

[92] 贺益康,周鹏. 变速恒频双馈异步风力发电系统低电压穿越技术综述. 电工技术学报,2009,24(9):140-146.

[93] 陈瑶. 直驱型风力发电系统全功率并网变流技术的研究. 北京:北京交通大学博士学位论文,2008.

[94] Gertmar L,Liljestrand L,Lendenmann H. Wind energy powers-that-be successor generation in globalization. IEEE Transactions on Energy Conversation,2007,22(1):13-28.

第4章 太阳能发电系统的建模与控制

4.1 概　述

相比于风能,太阳能具有稳定性好、受季节性影响小的优点,在世界范围内得到了充足的发展,特别是在美国、日本、德国等发达国家已开始了大规模光伏发展计划和太阳能屋顶计划。而规模化和大型化的光伏发电产业已成为我国可再生能源发展战略的重要组成部分,也是引导光伏产业发展的重要途径。但由于太阳能发电不同于传统电源的发电特点,大规模太阳能发电及其并网运行特性的研究成为目前太阳能发电产业和电力领域共同关心的重要课题。

太阳能发电主要有两大方向:太阳能光热发电和太阳能光伏发电[1]。太阳能光热发电是利用集热器将太阳能转换成热能并通过热力循环过程进行发电。世界上现有太阳能光热发电系统大致分为槽式系统、塔式系统和碟式系统三类。

(1) 槽式系统。利用槽式聚光镜将太阳光反射到镜面焦点处的集热管上,并将管内工质加热,产生高温蒸气,驱动常规汽轮机发电。目前,槽式太阳能发电是商业化进展最快的技术之一,全球应用较广[2]。从 1985 年开始,美国在加州 Mojave 沙漠上先后建成 9 个发电装置,总容量 354MW。

(2) 塔式系统。利用一组独立跟踪太阳的定日镜,将太阳光聚集到中心接受塔上,加热工质进而发电。1996 年美国第二座太阳塔 SolarTwo 的发电运行,加速了 30～200MW 的塔式太阳能光热发电系统的商业化进程。以色列 Weizmanm 科学研究所对塔式系统进行改进后使系统总发电效率达 25%～28%。

(3) 碟式系统。利用旋转抛物面反射镜将太阳光聚焦到焦点处放置的斯特林发电装置,在三类系统中,其光学效率最高、启动损失小。美国热发电计划开发了 25kW 的碟式发电系统,适用于大规模的离网和并网应用,并于 1997 年开始运行。2010 年中国科学院理化技术研究所研制了 1kW 碟式太阳能行波热声发电系统[3],利用碟式集热器收集太阳辐射热,通过高温热管换热器将热量传输到行波热声发动机热端,再驱动直线发电机发电。2011 年浙江华仪康迪斯太阳能科技有限公司自主研发的国内首台 10kW 碟式太阳能聚光发电机系统样机投入试运行,填补了中国在太阳能聚光发电方面的空白。

截至 2010 年 8 月,全球太阳能光热发电站装机容量已建 94.07 万 kW,在建 215.44 万 kW,拟建 1747.11 万 kW。国际能源署和欧洲太阳能光热发电协会预测,

2015 年全球光热发电装机容量将达到 1200 万 kW，2020 年达 3000 万 kW，2025 年达 6000 万 kW。与太阳能光伏发电系统相比，其特点在于储能更容易，可实现 24h 不间断发电。此外，该系统能与传统涡轮发电机电站实现无缝结合，改造成本较低。

太阳能光伏发电是利用光伏电池将太阳能直接转变为电能。太阳能光伏发电系统主要由光伏电池板、控制器和逆变器三大部分组成。目前应用最广泛的太阳能电池包括单晶硅光伏电池、多晶硅光伏电池[4]和薄膜光伏电池[5]等。

(1) 单晶硅光伏电池。单晶硅光伏电池是目前开发最快的一种太阳能光伏电池，其结构与生产工艺已基本定型，产品也已广泛用于空间和地面。但是，由于所使用的单晶硅材料与半导体工业所使用的材料具有相同的品质，导致电池材料的成本相当昂贵。单晶硅光伏电池的制造成本虽然最高，但光电转化效率也最高，最高可达 25%。

(2) 多晶硅光伏电池。目前多晶硅光伏电池使用的材料是多晶硅材料，多晶硅光伏电池的晶体方向无规则，使得正负电荷对并不能全部被 PN 结电场分离，所以多晶硅光伏电池的效率比一般的单晶硅稍低，其光电转换效率约 12%。多晶硅光伏电池的材料制造简便、电耗低，生产成本较低，因此得到大力发展。

(3) 薄膜光伏电池。薄膜光伏电池的核心是一种可粘接的薄膜。这种薄膜的优势在于：①可以大批量、低成本地生产；②能更好地利用太阳能。薄膜太阳能电池材料主要有多晶硅、非晶硅，其中多晶硅薄膜太阳能电池技术较为成熟。

美国国家可再生能源实验室研究表明：采用太阳能涂料技术的太阳电池可将 18% 的太阳能转换为电能；英国南安普敦大学的研究人员模拟植物的光合作用制出的光伏装置，可更高效地将光能转换为电能。此外格伦桑能源科技有限公司（Green-Sun）也研制出一种包含各种色彩的太阳电池板，不用直接对准太阳也能收集太阳能。中国学者[6,7]对比了几种太阳能光伏发电方案，并研究了光伏发电系统孤岛运行状态时的故障特性。

现代空间太阳能发电的构想——太阳能发电卫星（solar power satellite，SPS）最早由美国的 Glaser 博士于 20 世纪 60 年代提出[8]。之后一些学者又纷纷提出其他设想，特别是美国的 Criswell 等又建立了以月球为基地的空间电站（lunar-based solar power，LSP）模型。为了加快实现空间发电的构想，一些发达国家如美、日、法、俄等先后开展了空间电站的可行性论证，并对其中的关键技术——无线电能传输技术（wireless power transmission，WPT）做了大量的探索工作。总体认为，空间太阳能电站在技术、经济、社会等方面是可行的，有望于 22 世纪初建立初步的空间太阳能发电 SPS 系统，并于 22 世纪中叶建立起以月球为基地的太阳能电站。

由于目前光热发电在集成优化设计、高温部件制造及维护等方面存在技术瓶颈，还没有进入大规模商业化建设阶段。因此下面主要研究太阳能光伏发电系统的建模与控制。

4.2 太阳能光伏发电系统的原理

4.2.1 太阳能光伏发电系统的类型

太阳能光伏发电系统分为离网型光伏发电系统和并网型光伏发电系统。离网型光伏发电系统根据负载的特点,又可分为直流系统、交流系统和交直流混合系统等,其主要区别在于系统中是否带有逆变器。离网型光伏发电系统主要由太阳能光伏阵列、控制器、蓄电池组、逆变器及负载组成。图4-1为交直流混合系统的太阳能光伏发电系统的结构。

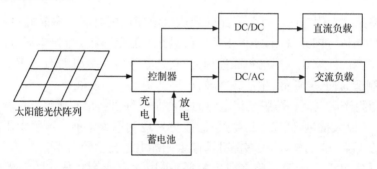

图 4-1 离网型光伏发电系统的结构

并网型太阳能光伏发电系统可分为集中式大型并网光伏发电系统和分散式小型并网光伏发电系统两大类型。大型并网光伏电站的主要特点是所发电力能直接输送到电网,由电网统一调配向用户供电。小型并网光伏发电系统将所发的电能直接分配到住宅的用电负荷上,多余或不足的电力通过电网来调节。并网型太阳能光伏发电系统主要有光伏阵列、控制器、并网逆变器和电网组成,如图4-2所示。

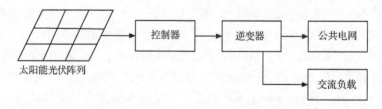

图 4-2 并网型太阳能光伏发电系统的结构

根据是否带有蓄电池作为储能环节,并网光伏发电系统分为两种结构形式:
①带有蓄电池的并网光伏发电系统,称为可调度式并网光伏发电系统;②不带有蓄电池的并网光伏发电系统,称为不可调度式并网光伏发电系统。

4.2.2 太阳能光伏电池原理与结构

光伏电池是太阳能光伏发电的核心器件。1839 年,法国科学家贝克勒尔(Bec-querel)发现:光照能使半导体材料的不同部位之间产生电压差,即"光生伏特效应",简称"光伏效应"。1954 年,美国贝尔实验室的三位科学家成功研制出第一块试用的单晶硅太阳能电池,将太阳能转换为电能的太阳能光伏发电技术诞生[9]。

光伏电池用于把太阳的光能直接转化为电能。地面光伏系统大量使用的是以硅为基底的硅太阳能电池,可分为单晶硅、多晶硅、非晶硅太阳能电池。在能量转换效率和使用寿命等综合性能方面,单晶硅和多晶硅电池优于非晶硅电池。多晶硅比单晶硅转换效率低,但价格更便宜。

1. 太阳能光伏电池的原理

光伏电池基于半导体的光生伏特效应将太阳能转换为电能。当太阳光照射到光伏电池时,光伏电池吸收了其中一部分辐射能,产生电子-空穴对。在电池内建电场的作用下,电子和空穴分离,电子向 N 区移动,空穴向 P 区转移,使得 N 区带负电荷,P 区带正电荷,即在 PN 结附近产生与内建电场方向相反的光生电压,这就是光生伏特效应,如图 4-3 所示。这时若在 P 区和 N 区分别接上金属导线,连接负载,则有"光生电流"流过负载,就有功率输出,实现了光电转换。

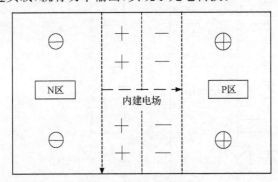

图 4-3　光伏电池工作原理

单体太阳能电池的输出电压、电流和功率都很小。一般来说,输出电压只有 0.5V 左右,输出功率只有 1~2W,不能满足作为电源应用的要求。按照应用需求,太阳能电池经过一定的组合,达到一定的输出功率和输出电压的一组光伏电池,叫光伏组件。若再将多个组件串并联组合起来,就组合成了太阳能光伏阵列。根据光伏电站大小和规模,由光伏组件可组成各种大小不同的阵列。

2. 太阳能光伏组件及光伏阵列的结构

单体太阳能电池的连接方式主要有串联和并联两种,也可以同时采用串、并联的混合连接。如果每个单体电池的性能一致,多个单体电池的串联可以在不改变输出电流的情况下,使得输出电压成比例增加;并联方式则在不改变输出电压的情况下,使得输出电流成比例增加;而串、并联混合连接方式则既可增加组件的输出电压,又可增加组件的输出电流。

太阳能是一种低密度的平面电源,需要用大面积的太阳能电池方阵来采集。而太阳能电池组件的输出电压不高,需要用一定数量的太阳能电池组件经过串、并联构成方阵。一个光伏阵列含有两个或两个以上的光伏组件,具体需要的组件及连接方式由用户来定。按电压等级来分,独立光伏系统电压往往设计成与蓄电池的标准电压相等或是它们的整数倍,而且与使用电器的电压等级一致,如 220V、110V、48V、36V、24V、12V 等。交流光伏供电系统和并网发电系统,光伏阵列的输出电压往往为 110V 或 220V。对于电压等级更高的光伏电站,常用多个光伏阵列串并联,使得其输出电压与电网电压等级相同,如 600V、10kV 等,再与电网连接。

光伏阵列的连接如图 4-4 所示。图中每个光伏组件并联一个旁路二极管,以避免串联回路中被遮蔽组件产生"热斑效应"而损坏;同样,每个并联回路中串联一个阻塞二极管,以避免并联回路中被遮蔽组件产生"热斑效应"而损坏。

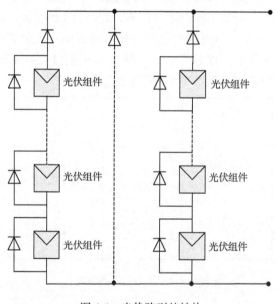

图 4-4　光伏阵列的结构

4.2.3　并网逆变器

太阳能光伏电池输出电压受外界环境影响较大,其输出的是不稳定的直流电压,无法直接给交流负载供电或无法直接并网。因此可通过并网逆变器,使得光伏电池输出满足条件的电能。

1. 并网逆变器的结构

拓扑结构是并网逆变器的关键部分,它关系着逆变器的效率和成本。光伏发电系统所使用的并网逆变器拓扑结构要求成本低、效率高。根据逆变器的输入端和输出端是否隔离,可以将逆变器分为隔离型和非隔离型。隔离型逆变器一般用一个变压器来进行隔离,它又可以分为高频隔离型和工频隔离型;非隔离型逆变器又有单级式与两级式之分。由于无变压器的逆变器与有变压器的逆变器相比,具有效率高、成本低、重量轻、体积小等优点,因此这里主要介绍无隔离型并网逆变器。

图 4-5 是两级型光伏逆变器,分别为前级 DC/DC 变换器和后级 DC/AC 变换器,两者通过直流母线相连。DC/DC 变换器一般采用 Boost 电路,其主要作用为:①向储能电容输送能量,将太阳能光伏阵列输出的较宽范围电压升压至 DC/AC 逆变器需要的电压范围;②通过调节 Boost 开关的占空比改变光伏阵列的工作点,跟踪光伏阵列的最大功率点。DC/AC 逆变器主要负责控制并网电流的波形和相位,实现单位功率因数。两级式拓扑结构的优势在于,直流升压环节降低了对光伏阵列输出电压的要求,各级结构控制目标明确,配置灵活。

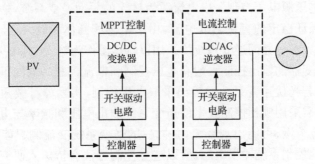

图 4-5　两级型光伏逆变器

单级型逆变器结构中的 MPPT、逆变及并网控制等功能统一由 DC/AC 逆变器处理。与两级逆变器结构相比,其电路更加简洁,功耗更小,效率更高。但由于没有了前级变换器进行电压调整,使得后级逆变器需要适应更宽的直流电压变换范围。

2. 并网 DC/AC 逆变器

DC/AC 逆变器是将直流电变换为交流电的电力变换装置,提高逆变器性能以减少光伏发电系统自身损耗、提高运行效率,是降低光伏发电系统发电成本的一个重要途径。

图 4-6 为电压型三相桥式电压源逆变电路:不导通时节点 a 接于直流电源正端;导通时节点 a 接于直流电源负端。同理,节点 b 和节点 c 也是根据上下管导通与否决定其电位。按照图 4-6 中标号的开关器件的激励信号彼此间相差 60°。若每个晶体管导通 180°,即任何时刻都有三个 IGBT 导通,并按 T_1、T_2、$T_3 \rightarrow T_2$、T_3、$T_4 \rightarrow T_3$、T_4、$T_5 \rightarrow T_4$、T_5、$T_6 \rightarrow T_5$、T_6、$T_1 \rightarrow T_6$、T_1、T_2 顺序导通。

3. DC/AC 逆变器控制策略

DC/AC 逆变系统控制方式可大致分为电流源电流控制、电流源电压控制、电压

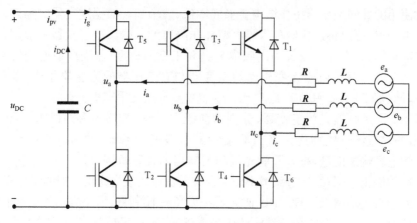

图 4-6   并网光伏电站逆变系统结构图

源电流控制和电压源电压控制。以电流源为输入的并网逆变系统,逆变系统直流侧需串入电感以保证稳定的直流输入电流,由于电感线圈体积较大,经常会致使系统动态响应较差,大部分并网逆变系统均采用以电压源作为输入电源的控制方式。

DC/AC 逆变器的输出控制一般有电压控制和电流控制。电网可等效为容量无穷大的电压源,若光伏逆变系统的输出采取电压控制,实际可看做两个电压源并联运行系统,此时需采用锁相控制技术使逆变系统输出电压和频率与电网一致。由于锁相回路的响应较慢、可能出现环流,并网后的逆变系统交流侧只能检测到电网电压而不能很好地控制系统输出电压,所以这类控制方法有待深入研究。如果并网逆变器的输出采用电流控制,那么只需控制逆变系统的输出电流以跟踪电网电压,使逆变系统输出电流与电网电压同频同相,可达到两者并联运行的目的。由于该控制方法相对简单,所以以电流源为输出的控制方式广泛应用到 DC/AC 逆变系统中。电流控制方式又可分为直接电流控制和间接电流控制两种,直接电流控制方式响应速度快,具有更好的稳定性。

4.3   太阳能光伏发电系统的建模

太阳能光伏发电系统主要包括光伏阵列、DC/DC 变换器、DC/AC 逆变器及其控制系统、蓄电池等模块,本节分别介绍这几个部分的模型结构和参数辨识。

4.3.1   光伏阵列模型

光伏阵列由光伏电池串并联组成,产生的电能通过逆变器和相应的滤波器输送到电网。单独的光伏电池功率很小,一般将大量的光伏电池串并联构成光伏阵列。

1. 光伏电池模型方程

晶体硅光伏电池通常采用双二极管模型结构[9]，如图 4-7(a)所示。根据基尔霍夫定律可得其输出电流与端口电压的关系如下：

$$I = I_{ph} - I_{s1}\left(e^{\frac{q(U+IR_s)}{KT}} - 1\right) - I_{s2}\left(e^{\frac{q(U+IR_s)}{AKT}} - 1\right) - \frac{U + IR_s}{R_p} \tag{4-1}$$

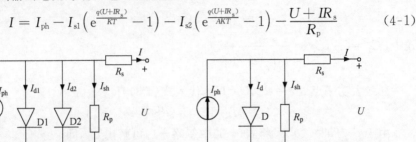

(a) 双二极管模型   (b) 单二极管模型

图 4-7 光伏电池的等效电路

对于非晶体硅光伏电池，图 4-7(b)所示的单二极管模型能更好描述其特性。输出电流可表示为

$$I = I_{ph} - I_s\left(e^{\frac{q(U+IR_s)}{AKT}} - 1\right) - \frac{U + IR_s}{R_p} \tag{4-2}$$

式中，U 和 I 分别为光伏电池的输出端电压和输出端电流；I_{ph} 为光生电流，其值正比于光伏电池的面积和入射光的辐射强度，而且会随环境温度的升高而略有上升；I_{s1}、I_{s2} 分别为二极管 D1 和二极管 D2 的反向饱和电流；I_{sh} 为光伏电池的漏电流；R_s 和 R_p 分别为等效串联阻抗和并联阻抗；T 为光伏电池热力学温度，K；q 为电荷常量为 1.6×10^{-19} C；K 为玻尔兹曼常量为 1.38×10^{-23} J/K；A 为二极管特性参数且 $1 \leqslant A \leqslant 2$，当光伏电池输出高电压时 $A = 1$，当输出低电压时 $A = 2$。

上述根据物理机理建立的光伏电池模型，其准确度较高，可真实反映电池在不同环境下的输出特性。但模型中涉及的光生电流、反向饱和电流等参数与电池的外特性参数没有对应关系，难以通过实际测量获取；且这些参数还与环境因素有关，通常为一定的取值范围。

工程上常采用非机理建模的方法[10,11]不对光伏电池的物理本质进行描述，而仅模拟电池的外部特性。建模时根据电池的短路电流及开路电压等实测参数构建出光伏电池输出特性表达式，具体推导如下。

在式(4-2)的模型中，通常 R_p 数值较大，R_s 数值较小。当忽略这两个参数时，$I_{ph} = I_{sc}$，$U = U_D$，则式(4-2)可变为

$$I = I_{sc} - I_s\left(e^{\frac{qU}{AKT}} - 1\right) = I_{sc}\left[1 - \frac{I_s}{I_{sc}}\left(e^{\frac{qU}{AKT}} - 1\right)\right] \tag{4-3}$$

开路时，$I = 0$，$U = U_{oc}$，则有

$$\frac{AKT}{q} = \frac{U_{oc}}{\ln\left(\frac{I_{sc}}{I_s} + 1\right)} \tag{4-4}$$

代入式(4-3)可得

$$I = I_{sc}\left[1 - C_1\left(e^{U/(C_2 U_{oc})} - 1\right)\right] \tag{4-5}$$

式中, $C_1 = \frac{I_s}{I_{sc}}, C_2 = \dfrac{1}{\ln\left(\dfrac{1}{C_1} + 1\right)}$。

在最大功率点处, $I = I_m, U = U_m$,代入式(4-5)有

$$I_m = I_{sc}\left[1 - C_1\left(e^{U_m/(C_2 U_{oc})} - 1\right)\right] \tag{4-6}$$

由于 $e^{U_m/(C_2 U_{oc})} \gg 1$,将式(4-5)中忽略 -1 ,可解出 C_1 ,即

$$C_1 = \left(1 - \frac{I_m}{I_{sc}}\right)e^{-U_m/(C_2 U_{oc})} \tag{4-7}$$

将式(4-7)代入式(4-5)可得

$$I = I_{sc}\left[1 - \left(1 - \frac{I_m}{I_{sc}}\right)e^{-U_m/(C_2 U_{oc})}\left(e^{U/(C_2 U_{oc})} - 1\right)\right] \tag{4-8}$$

开路时 $I = 0, U = U_{oc}$,则式(4-8)化为

$$0 = I_{sc}\left[1 - \left(1 - \frac{I_m}{I_{sc}}\right)e^{-U_m/(C_2 U_{oc})}\left(e^{1/C_2} - 1\right)\right] \tag{4-9}$$

由于 $e^{1/C_2} \gg 1$,忽略 -1 这一项,可根据式(4-9)求解得 C_2 ,即

$$C_2 = \left(\frac{U_m}{U_{oc}} - 1\right)\Big/\ln\left(1 - \frac{I_m}{I_{sc}}\right) \tag{4-10}$$

式中, U 和 I 为电池的输出电压和电流; I_{sc} 、 U_{oc} 、 I_m 、 U_m 分别表示标准条件下[标准电池温度 $T_{ref}(25℃)$ 和标准光照强度 $S_{ref}(1000\text{W/m}^2)$]的光伏电池板的短路电流、开路电压、最大功率点电流和最大功率点电压。

为得到不同温度及光照强度下的输出特性,需要对上述模型进行修正。常用的方法是根据环境变化对光伏电池的输出电压和电流进行修正。具体如下:

$$\Delta T = T - T_{ref} \tag{4-11}$$

$$\Delta S = \frac{S}{S_{ref}} - 1 \tag{4-12}$$

$$I'_{sc} = I_{sc}\frac{S}{S_{ref}}(1 + a\Delta T) \tag{4-13}$$

$$U'_{oc} = U_{oc}(1 - c\Delta T)(1 + b\Delta S) \tag{4-14}$$

$$I'_m = I_m\frac{S}{S_{ref}}(1 + a\Delta T) \tag{4-15}$$

$$U'_m = U_m(1 - c\Delta T)(1 + b\Delta S) \tag{4-16}$$

式中, S 和 T 为实际的光照强度和环境温度; I'_{sc} 、 U'_{oc} 、 I'_m 、 U'_m 分别为实际环境下的短路电流、开路电压、最大功率点电流和最大功率点电压; a 、 b 、 c 是常数,分别取值为 $a = 0.0025℃^{-1}, b = 0.0005(\text{W/m}^2)^{-1}, c = 0.00288℃^{-1}$ 。

2. 光伏电池的外特性

图 4-8 给出了在某光照强度和环境温度下的光伏电池 I-U 及 P-U 外特性曲线[12]。图中，I_{sc} 为短路电流，U_{oc} 为开路电压；A 点为最大功率点，I_m 和 U_m 分别为最大功率点处的电流和电压。

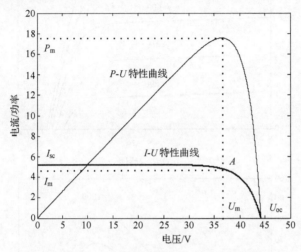

图 4-8　光伏电池的典型 I-U 及 P-U 曲线

从图 4-8 可以看出，当光伏电池输出电压比较小时，随着电压的变化，输出电流的变化很小，光伏电池近似为一恒流源；当光伏电池输出电压超过一定的临界值时，光伏电池输出电流急剧下降，光伏电池可近似为一恒压源。光伏电池的输出特性是非线性的，既非恒流源又非恒压源（在最大功率点左侧为近似恒流源段，在最大功率点右侧为近似恒压源段），且在一定的电池温度和光照强度下有唯一的最大功率输出点 A。

图 4-9 和图 4-10 分别给出了不同光照强度、不同电池温度下光伏电池的 I-U 及 P-U 外特性。

由图 4-9 可知，当温度一定时，光伏电池短路电流及最大功率点随光照强度的增加而增加，开路电压随光照强度的增加略有增加，但增加很小。由图 4-10 可知，当光照强度一定时，电池温度升高，开路电压及最大功率点减小，而短路电流略有增加。

3. 光伏电池模型参数对外特性的影响

下面进一步给出了参数变化对光伏电池外特性[13]的影响。在机理模型所描述的光伏电池的 5 个参数（R_s、R_p、I_{ph}、A、I_s）中，固定其中的四个参数，改变其中的某一参数，各参数变化对光伏电池外特性的影响如图 4-11 所示。

由图 4-11(a)可知，串联电阻对光伏电池 I-U 外特性曲线最大功率点附近的形状有较大的影响。由图 4-11(b)可知，当并联电阻数值较小时，对光伏电池 I-U 外特性影响较大，当并联电阻数值较大时，不同并联电阻下光伏电池外特性接近。由

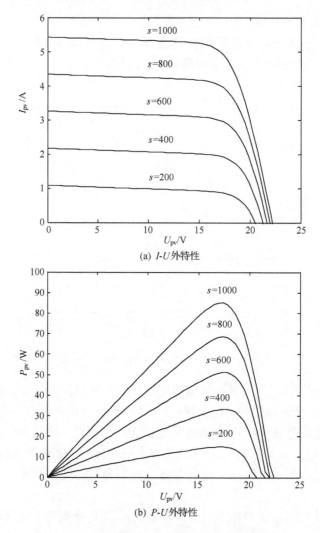

(a) I-U外特性

(b) P-U外特性

图 4-9　光照强度对光伏电池外特性的影响

图 4-11(c)可知,光生电流对光伏电池的输出电流有较大的影响,对光伏电池的输出电压影响较小,随着光生电流的增大,输出电压略微增大。由图 4-11(d)和图 4-11(e)可知,二极管特性参数及反向饱和电流对光伏电池输出电压影响较明显,对光伏电池的输出电流影响较小。

由图 4-11 可见,不同参数对光伏电池外特性的不同区域影响较大,因此在参数辨识时,可基于不同区域的光伏电池外特性,采用该区域中的简化模型进行光伏电池参数辨识。

4. 光伏阵列模型方程

太阳能光伏电池的基本单元是光伏电池片。一个光伏电池片只有不到 1V 大小

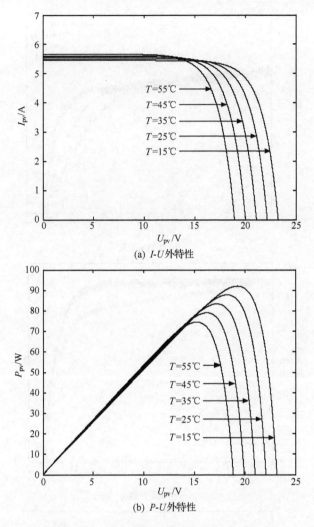

(a) I-U外特性

(b) P-U外特性

图 4-10 电池温度对光伏电池外特性的影响

的输出电压,输出功率的最大值也只是 1W 左右,容量极其有限。基本上单个光伏电池片既不能满足负载用电的需要,又不易于安装使用,所以一般情况下不使用单个光伏电池片进行发电。根据负载用电的需要,将多片单体光伏电池经过串、并联连接起来构成光伏电池片的组合体,再进行组合体的封装,才可以发电。组合体在封装前称为光伏电池模块组件;封装后称为光伏电池板。除此之外,还可以根据需要将多个光伏电池进行串、并联,构成大功率的发电装置,这就是光伏阵列,如图 4-12所示。

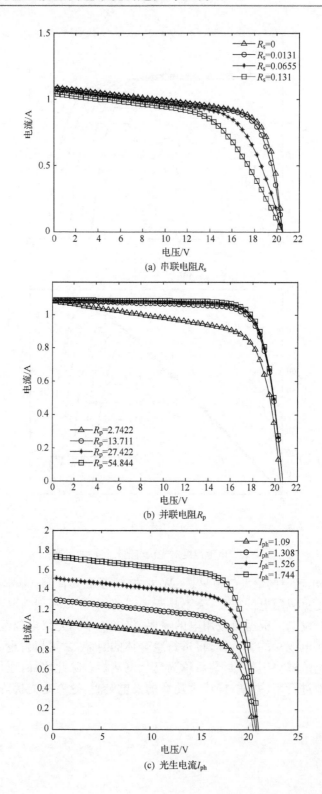

(a) 串联电阻R_s

(b) 并联电阻R_p

(c) 光生电流I_{ph}

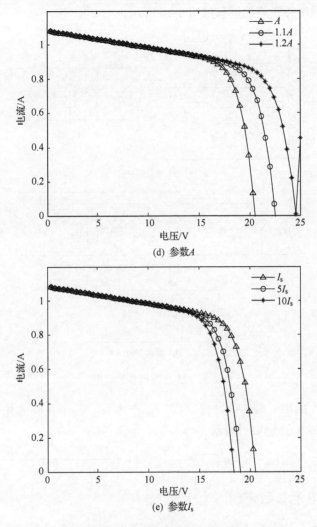

(d) 参数A

(e) 参数I_s

图 4-11　参数与光伏电池外特性

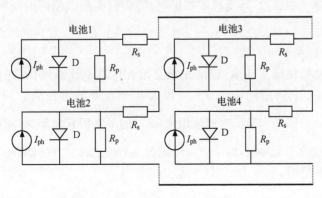

图 4-12　光伏阵列

光伏电池的串并联等效过程如图 4-13 所示。

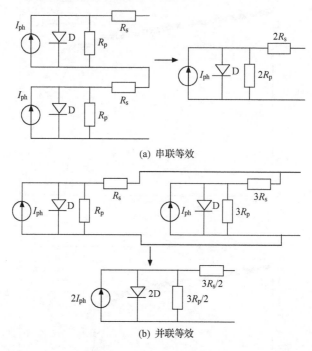

(a) 串联等效

(b) 并联等效

图 4-13 光伏阵列等效电路

根据图 4-13 的串并联等效过程,当有 N_s 个串联、N_p 个并联的光伏电池组成光伏阵列时,其等效电路模型可表示为

$$I = N_p \Big[I_{ph} - I_s \Big(\mathrm{e}^{\frac{q[U/N_s + (I/N_p)R_s]}{AKT}} - 1 \Big) - \frac{U/N_s + (I/N_p)R_s}{R_p} \Big] \tag{4-17}$$

4.3.2 光伏电池参数辨识

式(4-2)中由 5 个参数即 I_{ph}、I_s、R_s、R_p 和 A 描述了太阳能电池的外特性。由于这些参数受实际光照强度、环境温度的影响,需根据实测太阳能电池的外曲线,辨识其模型参数[14-23]。

1. 参数辨识基于的方程

厂家通常会提供标准环境(标准光照强度和标准电池温度)下光伏电池测量参数,如开路电压 $U_{oc.ref}$、短路电流 $I_{sc.ref}$、最大功率点处的电压 $U_{m.ref}$ 和电流 $I_{m.ref}$ 及 $\frac{\mathrm{d}I}{\mathrm{d}U}\Big|_{U=0}$ 和 $\frac{\mathrm{d}I}{\mathrm{d}U}\Big|_{I=0}$ 等。当光伏电池采用式(4-2)的单二极管模型时,可根据这些观测量辨识光伏电池的 5 个参数,即 $I_{ph.ref}$、$I_{s.ref}$、$R_{s.ref}$、$R_{p.ref}$、A。方法如下。

光伏电池开路时,根据 $I=0$、$U=U_{oc.ref}$ 可得

$$0 = I_{ph.ref} - I_{s.ref} \Big(\mathrm{e}^{\frac{U_{oc.ref}}{AKT/q}} - 1 \Big) - \frac{U_{oc.ref}}{R_{p.ref}} \tag{4-18}$$

光伏电池短路时，根据 $I=I_{\text{sc. ref}}$、$U=0$ 可得

$$I_{\text{sc. ref}} = I_{\text{ph. ref}} - I_{\text{s. ref}}\left(\text{e}^{\frac{I_{\text{sc. ref}}R_{\text{s. ref}}}{AKT/q}} - 1\right) - \frac{I_{\text{sc. ref}}R_{\text{s. ref}}}{R_{\text{p. ref}}} \tag{4-19}$$

最大功率点处，$I=I_{\text{m. ref}}$、$U=U_{\text{m. ref}}$，可得

$$I_{\text{m. ref}} = I_{\text{ph. ref}} - I_{\text{s. ref}}\left(\text{e}^{\frac{U_{\text{m. ref}}+I_{\text{m. ref}}R_{\text{s. ref}}}{AKT/q}} - 1\right) - \frac{U_{\text{m. ref}} + I_{\text{m. ref}}R_{\text{s. ref}}}{R_{\text{p. ref}}} \tag{4-20}$$

将式(4-2)两边对电压 U 求微分，可得

$$\frac{\text{d}I}{\text{d}U} = -\frac{\dfrac{I_{\text{s}}}{AKT/q}\text{e}^{\frac{U+IR_{\text{s}}}{AKT/q}} + \dfrac{1}{R_{\text{p}}}}{1 + \dfrac{I_{\text{s}}R_{\text{s}}}{AKT/q}\text{e}^{\frac{U+IR_{\text{s}}}{AKT/q}} + \dfrac{R_{\text{s}}}{R_{\text{p}}}} \tag{4-21}$$

在 $I=0$、$U=U_{\text{oc. ref}}$ 处，有

$$\left.\frac{\text{d}I}{\text{d}U}\right|_{I=0} = -\frac{\dfrac{I_{\text{s}}}{AKT/q}\text{e}^{\frac{U_{\text{oc. ref}}}{AKT/q}} + \dfrac{1}{R_{\text{p}}}}{1 + \dfrac{I_{\text{s}}R_{\text{s}}}{AKT/q}\text{e}^{\frac{U_{\text{oc. ref}}}{AKT/q}} + \dfrac{R_{\text{s}}}{R_{\text{p}}}} \tag{4-22}$$

在 $I=I_{\text{sc. ref}}$、$U=0$ 处，有

$$\left.\frac{\text{d}I}{\text{d}U}\right|_{U=0} = -\frac{\dfrac{I_{\text{s}}}{AKT/q}\text{e}^{\frac{I_{\text{sc. ref}}R_{\text{s}}}{AKT/q}} + \dfrac{1}{R_{\text{p}}}}{1 + \dfrac{I_{\text{s}}R_{\text{s}}}{AKT/q}\text{e}^{\frac{I_{\text{sc. ref}}R_{\text{s}}}{AKT/q}} + \dfrac{R_{\text{s}}}{R_{\text{p}}}} \tag{4-23}$$

由于 P 是 U 的单峰函数，因此在最大功率点处，有

$$\left.\frac{\text{d}P}{\text{d}U}\right|_{U=U_{\text{m. ref}}} = \left.\frac{\text{d}(UI)}{\text{d}U}\right|_{U=U_{\text{m. ref}}} = I_{\text{m. ref}} + U_{\text{m. ref}}\left.\frac{\text{d}I}{\text{d}U}\right|_{U=U_{\text{m. ref}}} = 0 \tag{4-24}$$

将式(4-24)改写为

$$\left.\frac{\text{d}I}{\text{d}U}\right|_{U=U_{\text{m. ref}}} = -\frac{I_{\text{m. ref}}}{U_{\text{m. ref}}} \tag{4-25}$$

因此

$$-\frac{I_{\text{m. ref}}}{U_{\text{m. ref}}} = \left.\frac{\text{d}I}{\text{d}U}\right|_{U=U_{\text{m. ref}}} = -\frac{\dfrac{I_{\text{s. ref}}}{AKT/q}\text{e}^{\frac{U_{\text{m. ref}}+I_{\text{m. ref}}R_{\text{s. ref}}}{AKT/q}} + \dfrac{1}{R_{\text{p. ref}}}}{1 + \dfrac{I_{\text{s. ref}}R_{\text{s. ref}}}{AKT/q}\text{e}^{\frac{U_{\text{m. ref}}+I_{\text{m. ref}}R_{\text{s. ref}}}{AKT/q}} + \dfrac{R_{\text{s. ref}}}{R_{\text{p. ref}}}} \tag{4-26}$$

根据式(4-18)、式(4-19)、式(4-22)、式(4-23)、式(4-26)五个独立的方程，根据已知值 $U_{\text{oc. ref}}$、$I_{\text{sc. ref}}$、$I_{\text{m. ref}}$、$U_{\text{m. ref}}$ 及 $\left.\dfrac{\text{d}I}{\text{d}U}\right|_{U=0}$、$\left.\dfrac{\text{d}I}{\text{d}U}\right|_{I=0}$，采用 Newton-Raphson 法便可辨识参数 $I_{\text{ph. ref}}$、$I_{\text{s. ref}}$、$R_{\text{s. ref}}$、$R_{\text{p. ref}}$ 和 A。

2. 初值计算

参数初值的确定对 Newton-Raphson 法正确快速搜索到真值非常重要，下面将讨论参数的初值确定。定义

$$R_{s0} = -\left.\frac{\mathrm{d}U}{\mathrm{d}I}\right|_{I=0} \tag{4-27}$$

$$R_{p0} = -\left.\frac{\mathrm{d}U}{\mathrm{d}I}\right|_{U=0} \tag{4-28}$$

将方程式(4-18)与式(4-19)相减,可得

$$I_s\left(\mathrm{e}^{\frac{U_{oc}}{AKT/q}} - \mathrm{e}^{\frac{I_{sc}R_s}{AKT/q}}\right) - I_{sc}\left(1 + \frac{R_s}{R_p}\right) + \frac{U_{oc}}{R_p} = 0 \tag{4-29}$$

由式(4-22)可得

$$(R_{s0} - R_s)\left(\frac{1}{R_p} + \frac{I_s}{AKT/q}\mathrm{e}^{\frac{U_{oc}}{AKT/q}}\right) - 1 = 0 \tag{4-30}$$

由式(4-23)可得

$$\frac{1}{R_p} - \frac{1}{R_{p0} - R_s} + \frac{I_s}{AKT/q}\mathrm{e}^{\frac{I_{sc}R_s}{AKT/q}} = 0 \tag{4-31}$$

由式(4-26)可得

$$I_s\mathrm{e}^{\frac{U_{oc}}{AKT/q}} + \frac{U_{oc} - U_m}{R_p} - \left(1 + \frac{R_s}{R_p}\right)I_m - I_s\mathrm{e}^{\frac{U_m + R_s I_m}{AKT/q}} = 0 \tag{4-32}$$

由光伏电池的特性参数可知 $\mathrm{e}^{\frac{U_{oc}}{AKT/q}} \gg \mathrm{e}^{\frac{I_{sc}R_s}{AKT/q}}$,因此方程式(4-29)中可忽略 $\mathrm{e}^{\frac{I_{sc}R_s}{AKT/q}}$;又因为 $R_p \gg R_s$,因此 $1 + \frac{R_s}{R_p} \approx 1$;且方程式(4-30)中 $\frac{I_s}{AKT/q}\mathrm{e}^{\frac{U_{oc}}{AKT/q}} \gg \frac{1}{R_p}$,方程式(4-26)中 $\frac{I_s}{AKT/q}\mathrm{e}^{\frac{I_{sc}R_s}{AKT/q}}$ 远小于其他项的数值。根据上述分析,忽略方程式(4-29)~式(4-32)中数值较小的项,上述四个方程变化为

$$I_s\mathrm{e}^{\frac{U_{oc}}{AKT/q}} - I_{sc} + \frac{U_{oc}}{R_p} = 0 \tag{4-33}$$

$$(R_{s0} - R_s)\frac{I_s}{AKT/q}\mathrm{e}^{\frac{U_{oc}}{AKT/q}} - 1 = 0 \tag{4-34}$$

$$R_p = R_{p0} \tag{4-35}$$

$$I_s\mathrm{e}^{\frac{U_{oc}}{AKT/q}} + \frac{U_{oc} - U_m}{R_p} - I_m - I_s\mathrm{e}^{\frac{U_m + R_s I_m}{AKT/q}} = 0 \tag{4-36}$$

从方程式(4-28)~式(4-31)可解得

$$A = \frac{U_m + I_m R_{s0} - U_{oc}}{\frac{KT}{q}\left[\ln\left(I_{sc} - \frac{U_m}{R_{p0}} - I_m\right) - \ln\left(I_{sc} - \frac{U_{oc}}{R_p}\right) + \frac{I_m}{I_{sc} - U_{oc}/R_{p0}}\right]} \tag{4-37}$$

$$I_s = \left(I_{sc} - \frac{U_{oc}}{R_p}\right)\mathrm{e}^{-\frac{U_{oc}}{AKT/q}} \tag{4-38}$$

$$R_s = R_{s0} - \frac{AKT}{qI_s}\mathrm{e}^{-\frac{U_{oc}}{AKT/q}} \tag{4-39}$$

$$I_{ph} = I_{sc}\left(1 + \frac{R_s}{R_p}\right) + I_s\left(\mathrm{e}^{\frac{I_{sc}R_s}{AKT/q}} - 1\right) \tag{4-40}$$

根据方程式(4-35)、式(4-37)~式(4-40),可求得各参数的初始值。

3. 基于 Newton-Raphson 方法的参数辨识

设由式(4-18)、式(4-19)、式(4-22)、式(4-23)、式(4-26)组成的五个方程统一写成如下形式：

$$y = f(x) = \begin{bmatrix} f_1(x) \\ f_2(x) \\ \vdots \\ f_n(x) \end{bmatrix} \tag{4-41}$$

式中，$x = [I_{ph}, I_s, A, R_s, R_p]$。根据给定的数值 y，寻找状态量 x，使得方程式(4-41)成立。将方程式(4-41)的右边在平衡点附近泰勒展开，可得

$$y = f(x_0) + \frac{\mathrm{d}f}{\mathrm{d}x}\bigg|_{x=x_0}(x - x_0) + \cdots \tag{4-42}$$

忽略其高阶项，可得

$$x = x_0 + \left[\frac{\mathrm{d}f}{\mathrm{d}x}\bigg|_{x=x_0}\right]^{-1}[y - f(x_0)] \tag{4-43}$$

表示为如下的迭代公式：

$$x(i+1) = x(i) + J^{-1}(i)[y - f(x(i))] \tag{4-44}$$

每一次迭代中的 Jacobi 矩阵为

$$J(i) = \frac{\mathrm{d}f}{\mathrm{d}x}\bigg|_{x=x(i)} = \begin{bmatrix} \dfrac{\partial f_1}{\partial x_1} & \dfrac{\partial f_1}{\partial x_2} & \cdots & \dfrac{\partial f_1}{\partial x_5} \\[2mm] \dfrac{\partial f_2}{\partial x_1} & \dfrac{\partial f_2}{\partial x_2} & \cdots & \dfrac{\partial f_2}{\partial x_5} \\[2mm] \vdots & \vdots & & \vdots \\[2mm] \dfrac{\partial f_5}{\partial x_1} & \dfrac{\partial f_5}{\partial x_2} & \cdots & \dfrac{\partial f_5}{\partial x_5} \end{bmatrix} \tag{4-45}$$

设方程式(4-18)、式(4-19)、式(4-22)、式(4-23)、式(4-26)分别为 $f_1(x) \sim f_5(x)$，可得 Jacobi 矩阵中各元素的表达式为

$$J(1,1) = 1, \quad J(1,2) = -\mathrm{e}^{\frac{U_{oc}}{AKT/q}} + 1, \quad J(1,3) = \frac{qI_s U_{oc}}{A^2 KT}\mathrm{e}^{\frac{U_{oc}}{AKT/q}}$$

$$J(1,4) = 0, \quad J(1,5) = -\frac{U_{oc}}{R_p^2}, \quad J(2,1) = 1, \quad J(2,2) = -\mathrm{e}^{\frac{I_{sc}R_s}{AKT/q}} + 1$$

$$J(2,3) = \frac{qI_s I_{sc} R_s}{A^2 KT}\mathrm{e}^{\frac{I_{sc}R_s}{AKT/q}}, \quad J(2,4) = -\frac{I_s I_{sc}}{AKT/q}\mathrm{e}^{\frac{I_{sc}R_s}{AKT/q}} - \frac{I_{sc}}{R_p}$$

$$J(2,5) = \frac{I_{sc}R_s}{R_p^2}, \quad J(3,1) = 0, \quad J(3,2) = \frac{R_s - R_{s0}}{AKT/q}\mathrm{e}^{\frac{U_{oc}}{AKT/q}}$$

$$J(3,3) = \frac{(AKT + qU_{oc})qI_s(R_{s0} - R_s)}{A^3 K^2 T^2}\mathrm{e}^{\frac{U_{oc}}{AKT/q}}, \quad J(3,4) = \frac{I_s}{AKT/q}\mathrm{e}^{\frac{U_{oc}}{AKT/q}} + \frac{1}{R_p}$$

$$J(3,5) = \frac{R_{s0} - R_s}{R_p^2}, \quad J(4,1) = 0, \quad J(4,2) = \frac{R_s - R_{p0}}{AKT/q}\mathrm{e}^{\frac{I_{sc}R_s}{AKT/q}}$$

$$J(4,3) = \frac{(R_{p0} - R_s) I_s q (AKT + q I_{sc} R_s)}{A^3 K^2 T^2} e^{\frac{I_{sc} R_s}{AKT/q}}$$

$$J(4,4) = \frac{I_s}{AKT/q} e^{\frac{I_{sc.ref} R_s}{AKT/q}} - \frac{q^2 (R_{p0} - R_s) I_s I_{sc}}{A^2 K^2 T^2} e^{\frac{I_{sc.ref} R_s}{AKT/q}} + \frac{1}{R_p}, \quad J(4,5) = \frac{R_{p0} - R_s}{R_p^2}$$

$$J(5,1) = 0, \quad J(5,2) = \frac{(I_m R_s - U_m)}{AKT/q} e^{\frac{U_m + I_m R_s}{AKT/q}}$$

$$J(5,3) = \frac{q I_s (U_m - I_m R_s)(AKT + q U_m + q I_m R_s)}{A^3 K^2 T^2} e^{\frac{U_m + I_m R_s}{AKT/q}}$$

$$J(5,4) = \frac{q I_m I_s}{AKT} e^{\frac{U_m + I_m R_s}{AKT/q}} + \frac{q^2 I_s R_s (I_m^2 - U_m)}{A^2 K^2 T^2} e^{\frac{U_m + I_m R_s}{AKT/q}} + \frac{I_m}{R_p}, \quad J(5,5) = \frac{U_m - I_m R_s}{R_p^2}$$

根据计算得到的初始值,根据式(4-44)的迭代过程,便可得到参数 $\boldsymbol{x} = [I_{ph.ref},$ $I_{s.ref}, R_{s.ref}, R_{p.ref}, A]$ 的辨识结果。

4. 实际环境下的参数辨识

要获得在任意光照强度和电池温度下的光伏电池参数值,文献[15]给出了各参数随光照强度和电池温度的影响,具体如下。

定义

$$\mu_{U_{oc}} = \left.\frac{\partial U}{\partial T}\right|_{I=0} = \frac{U_{oc.ref} - U_{oc.T}}{T_{ref} - T} \tag{4-46}$$

$$\mu_{I_{sc}} = \left.\frac{\partial U}{\partial T}\right|_{U=0} = \frac{I_{sc.ref} - I_{sc.T}}{T_{ref} - T} \tag{4-47}$$

$$A = A_{ref} \frac{T}{T_{ref}} \tag{4-48}$$

$$I_s = I_{s.ref} \left(\frac{T}{T_{ref}}\right)^3 e^{\frac{1}{k}\left(\frac{E_{ref}}{T_{ref}} - \frac{E}{T}\right)}, \quad E = E_{ref}[1 - 0.0002677(T - T_{ref})] \tag{4-49}$$

$$I_{ph} = \frac{S}{S_{ref}} \frac{M}{M_{ref}} [I_{ph.ref} + \mu_{I_{sc}}(T - T_{ref})] \tag{4-50}$$

$$R_s = R_{s.ref} \tag{4-51}$$

$$R_p = R_{p.ref} \frac{S_{ref}}{S} \tag{4-52}$$

式中,E 为材料的禁带宽度(energy band gap),这里 $E_{ref} = 1.121eV$;S 为光照强度;M 为气团调节器;下标 ref 表示参考值。

4.3.3 DC/AC 逆变器及其控制系统模型

1. DC/AC 逆变器模型

对于直流电容:

$$i_{dc} = -C \frac{du_{DC}}{dt} = i_g - i_{pv} \tag{4-53}$$

式中,u_{DC} 是光伏电池最大功率输出直流电压,i_{pv} 是光伏电池经 DC/DC 电路后的输出电流;i_g 为注入 DC/AC 逆变器电流。

光伏逆变器的模型:

$$\begin{cases} e_a = u_a - Ri_a - L\dfrac{di_a}{dt} \\[2mm] e_b = u_b - Ri_b - L\dfrac{di_b}{dt} \\[2mm] e_c = u_c - Ri_c - L\dfrac{di_c}{dt} \end{cases} \tag{4-54}$$

式中,R、L 分别为逆变器输出端滤波电感及升压变压器的总电阻、总电感;e_a、e_b 和 e_c 为电网侧电压;u_a、u_b 和 u_c 为三相整流桥输入电压。

将式(4-54)进行坐标变换,可得 dq 坐标系下的光伏逆变器模型:

$$\begin{cases} e_d = u_d - Ri_d - L\dfrac{di_d}{dt} + \omega Li_q \\[2mm] e_q = u_q - Ri_q - L\dfrac{di_q}{dt} - \omega Li_d \end{cases} \tag{4-55}$$

式中,电阻 R 通常可以忽略。

2. DC/AC 逆变器控制系统模型

以 DC/AC 逆变器采用电压源输入、电流输出的控制方式,即以电压外环电流内环控制方式为例。因为光伏发电系统的输出具有明显的间歇性,不能要求按照负荷需求量发电,所以逆变控制系统要达到并网控制要求,需实现光伏阵列输出功率 P-Q 解耦控制,使发电量始终为光伏发电系统能输出的最大功率。

1) 控制系统的 P-Q 解耦控制策略

为实现解耦控制,首先采用 Park 变换,将 abc 坐标系下的三相交流电流 i_a、i_b、i_c 转换成 $dq0$ 坐标系下的直流电流 i_d、i_q 和 i_0。

$$\begin{bmatrix} i_d \\ i_q \\ i_0 \end{bmatrix} = \frac{2}{3} \begin{bmatrix} \cos\theta & \cos(\theta - 120°) & \cos(\theta + 120°) \\ -\sin\theta & -\sin(\theta - 120°) & -\sin(\theta + 120°) \\ \dfrac{1}{2} & \dfrac{1}{2} & \dfrac{1}{2} \end{bmatrix} \begin{bmatrix} i_a \\ i_b \\ i_c \end{bmatrix} \tag{4-56}$$

式中,θ 为 a 相电流滞后于 q 轴电流的角度。按相同的方法将 abc 坐标系下的三相交流电压 u_a、u_b、u_c 转换成 $dq0$ 坐标系下的直流电压 u_d、u_q 和 u_0。则光伏阵列输出的有功和无功经变换可表示为

$$\begin{cases} P = \dfrac{3}{2}(u_d i_d + u_q i_q) \\[2mm] Q = \dfrac{3}{2}(u_d i_q - u_q i_d) \end{cases} \tag{4-57}$$

设电网电压与 u_d 同相,则有 $u_q = 0$,因此有

$$\begin{cases} P = \dfrac{3}{2}u_d i_d \\ Q = \dfrac{3}{2}u_d i_q \end{cases} \tag{4-58}$$

由式(4-56)可知,对输出功率的控制可以转换为对输出电流的控制,有功功率由 i_d 控制,无功功率由 i_q 控制,由此可实现光伏阵列输出功率的解耦控制。

由式(4-55)可知, dq 轴变量互相耦合,无法对 i_d、i_q 单独控制。为此引入 i_d、i_q 的前馈解耦控制,对 u_d、u_q 进行前馈补偿,采用 PI 调节器作为电流内环控制,即

$$\begin{cases} u_d = e_d - \omega L i_q - \left(K_{PI} + \dfrac{K_{II}}{s}\right)(i_{d\_ref} - i_d) \\ u_q = e_q + \omega L i_d - \left(K_{PI} + \dfrac{K_{II}}{s}\right)(i_{q\_ref} - i_q) \end{cases} \tag{4-59}$$

经补偿后,可实现对 i_d、i_q 单独控制,即有功功率、无功功率解耦控制。

2) 控制系统的模型

控制器框图如图 4-14 所示。

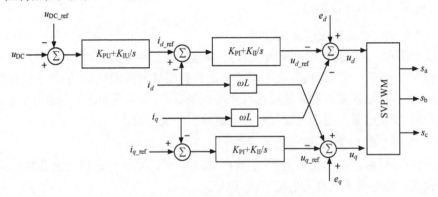

图 4-14　逆变控制系统框图

K_{PU}、K_{IU} 分别为电压外环 PI 控制器的比例、积分系数;K_{PI}、K_{II} 分别为电流内环 PI 控制器比例、积分环节系数

在光伏逆变器的控制系统设计中,采用电压外环、电流内环的双闭环控制结构。将电容电压 u_{DC} 与给定参考电压 u_{DC_ref} 比较后,经过 PI 控制器,电压控制环节的输出信号作为网侧电流有功分量的参考值 i_{d_ref},同时为达到单位功率因数,设定无功分量参考值 $i_{q\_ref} = 0$。将 i_{d_ref}、i_{q_ref} 与网侧经变换后的反馈值比较后,经过电流内环 PI 控制器。将信号 u_d、u_q 经过 SVPWM 后,输出六路控制信号,实现对逆变器的控制。

电压外环的控制器模型为

$$\begin{cases} \dfrac{\mathrm{d}x_1}{\mathrm{d}t} = u_{DC} - u_{DC\_ref} \\ i_{d\_ref} = K_{PU}(u_{DC} - u_{DC\_ref}) + K_{IU}x_1 \end{cases} \tag{4-60}$$

式中, x_1 为中间变量。

电流内环控制器模型为

$$\begin{cases} \dfrac{\mathrm{d}x_2}{\mathrm{d}t} = i_{d\_ref} - i_d \\ u_d = e_d - \omega L i_q - K_{\mathrm{PI}}(i_{d\_ref} - i_d) - K_{\mathrm{II}}x_2 \end{cases} \tag{4-61}$$

$$\begin{cases} \dfrac{\mathrm{d}x_3}{\mathrm{d}t} = i_{q\_ref} - i_q \\ u_q = e_q + \omega L i_d - K_{\mathrm{PI}}(i_{q\_ref} - i_q) - K_{\mathrm{II}}x_3 \end{cases} \tag{4-62}$$

式中，x_1、x_3 为中间变量。

光伏发电系统并网模型结构如图 4-15 所示。

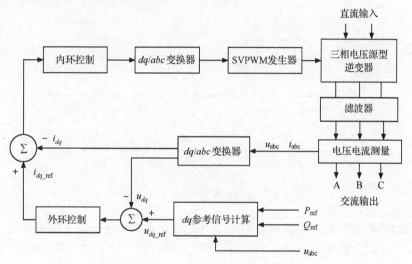

图 4-15　内光伏发电系统并网结构图

4.3.4　DC/AC 逆变器控制参数辨识

如 4.3.3 节所述，在光伏并网逆变器的控制模型中，需要辨识的参数包括电压外环 PI 控制器的比例积分系数 $[K_{\mathrm{PU}}, K_{\mathrm{IU}}]$、电流内环 PI 控制器的比例积分系数 $[K_{\mathrm{PI}}, K_{\mathrm{II}}]$、逆变器输出端滤波电感和升压变压器的总电感值 L（忽略总电阻 R）5 个。由于 DC/AC 逆变器采用双环控制，内外环 PI 控制器处于级联状态，在以往单纯采用一次侧电压跌落扰动或控制参考值阶跃扰动的情况下，无法解决参数不可唯一辨识的问题。

本节将沿用 3.3.3 节所述的在二次侧的量测信号上施加或屏蔽扰动的思路来辨识 DC/AC 逆变器的控制参数，只是施加扰动的形式有较大差别。由于施加的扰动会引起逆变器输出电流的较大变化，对于实际的 DC/AC 逆变器，应该使用较大功率的直流稳压电源替代光伏面板接于逆变器直流侧电容两端。本节对 MATLAB 2013b 所提供的光伏并网逆变器详细模型进行参数辨识，详细流程如下。

1）辨识电压外环控制器参数 $[K_{\mathrm{PU}}, K_{\mathrm{IU}}]$

首先使用可编程直流稳压电源的输出替代电容电压量测信号 u_{DC}，并网端的电压、电流为真实的量测信号;然后分以下三个步骤施加扰动。

(1) 逆变器启动时,先设定 $u_{DC}=u_{DC\_ref}=500V$,根据式(4-60),此时逆变器输出电流 $i_d=0$,即此时不输出有功功率。

(2) 设置虚拟量测信号 u_{DC} 阶跃至 505V,即 $\Delta u_{DC}=0.01$p.u.,持续时间 $t_k=0.05s$ 后恢复到 500V,波形如图 4-16 所示。经过该扰动后,由直流稳压电源供电的逆变器开始向外输出有功功率,逆变器响应的观测量选为并网侧 d 轴电流分量。

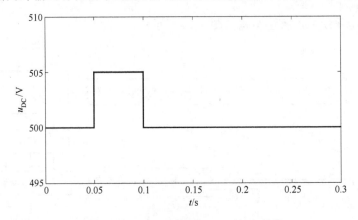

图 4-16   虚拟量测信号 u_{DC} 的扰动波形

该扰动经过 PI 控制器的理想输出如图 4-17 所示。图中标出了输出曲线 i_d 各段与输入信号和控制器参数之间的关系,理论上根据图 4-17 就可以求得控制参数 $[K_{PU},K_{IU}]$。但是,在计及电力电子器件动态(使用 DC/AC 逆变器的详细模型)时的 i_d 输出如图 4-18 所示,从图中可以看到,实际输出波形中的谐波含量很大,与理想输出相比,在两个虚拟量测信号阶跃发生点上的波形畸变严重,要从中准确计算出 K_{PU} 较为困难。

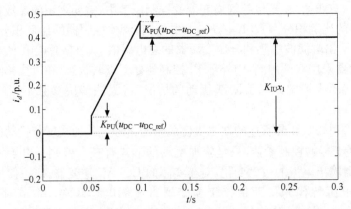

图 4-17   虚拟量测信号 u_{DC} 扰动经 PI 控制器后的理想输出

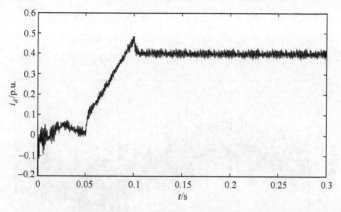

图 4-18　虚拟量测信号 u_{DC} 扰动下逆变器的实际输出波形

考虑到虚拟量测信号 u_{DC} 扰动结束后,逆变器输出电流 i_d 的大小与 K_{IU} 有关,即

$$i_d = \int_0^{t_k} K_{IU} \Delta u_{DC} \mathrm{d}t = K_{IU} \Delta u_{DC} t_k \tag{4-63}$$

因此,根据扰动结束后的 i_d 输出值计算得到 K_{IU},在图 4-18 所示的 i_d 输出曲线中取 0.2～0.3s 段的数据计算得到 $i_{d0}=0.3999$,根据式(4-63)可得 $K_{IU}=799.8$(K_{IU} 的真实值为 800)。

(3) 再对虚拟量测信号 u_{DC} 叠加一个幅度为 $\Delta u_{DC}=1\mathrm{V}$($\Delta u_{DC}=0.002\mathrm{p.u.}$),频率 $f=2\mathrm{Hz}$ 的正弦扰动信号。叠加后的虚拟量测信号为 $u_{DC}+\Delta u_{DC}\sin(4\pi t)$,其输入 PI 控制器后的响应为

$$i_d = i_{d0} + K_{PU}\Delta u_{DC}\sin(4\pi t) + K_{IU}\Delta u_{DC}\int_0^t \sin(4\pi x)\mathrm{d}x$$

$$= i_{d0} + K_{PU}\Delta u_{DC}\sin(4\pi t) - \frac{K_{IU}\Delta u_{DC}}{4\pi}[\cos(4\pi t)-1] \tag{4-64}$$

忽略电流内环控制器的快速调节过程,直接测量逆变器输出的 i_d,如图 4-19 所示。

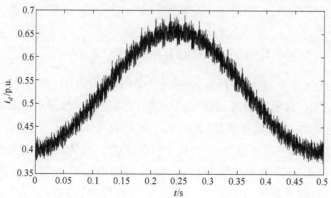

图 4-19　虚拟量测信号 u_{DC} 施加正弦扰动信号后逆变器的输出

由于 $i_{d0}=0.3999$，$K_{IU}=799.8$，$\Delta u_{DC}=0.002$p.u.，所以由式(4-64)可得

$$K_{PU}\sin(4\pi t) = (i_d - i_{d0})/\Delta u_{DC} + K_{IU}[\cos(4\pi t) - 1]/4\pi \qquad (4\text{-}65)$$

并可由图 4-19 所示的 i_d 实测值求得 $K_{PU}\sin(4\pi t)$ 的曲线如图 4-20 所示。

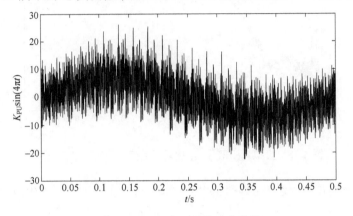

图 4-20 $K_{PU}\sin(4\pi t)$ 的响应曲线

由图 4-20 可见，其中的谐波分量较多，对其做傅里叶变换(FFT)，取频率 $f=2\text{Hz}$ 分量的幅值即 K_{PU}，FFT 结果如图 4-21 所示，从而得出 $K_{PU}=6.914$（K_{PU} 的真实值为 7）。

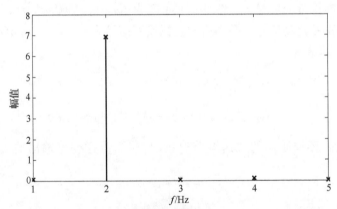

图 4-21 $K_{PU}\sin(4\pi t)$ 的响应曲线的 FFT 分析结果

通过以上三个步骤，电压外环的控制器参数 $[K_{PU}, K_{IU}]$ 可以在不采用优化算法的情况下直接求出，且精度很高，展示出采用虚拟量测扰动来辨识参数的便利性。

2）辨识电流内环控制器参数 $[K_{PI}, K_{II}]$ 和电感值 L

在辨识电流内环控制器参数 $[K_{PI}, K_{II}]$ 和电感值 L 时，需要对电容电压量测信号和并网点电压量测信号的变化进行屏蔽，同时制造电流量测信号的扰动。在本节中，电容电压量测信号是由可编程直流稳压电压替代的，只要保持可编程直流稳压电源的输出等于电容额定电压即可实现屏蔽量测信号 u_{DC} 的变化；屏蔽电压量测信

号变化的方法同3.3.3节。在3.3.3节中电流扰动设置为阶跃扰动,而在这里提出一种在电流量测信号上实施q轴电流分量正弦扰动的参数辨识方法。

为在电流量测信号上实施q轴电流分量正弦扰动,需要使用如图4-22所示的扰动施加电路,图中U、I为逆变器并网侧的实际电压、电流量测值。DSP根据电压U的相位对电流I进行d、q分解,得到稳态电流量测信号i_{d0}、i_{q0},并以此构造虚拟电流量测信号。虚拟电流量测信号的d轴分量$i'_d = i_{d0}$、q轴分量$i'_q = i_{q0} + \Delta i_q$,考虑到控制器中$q$轴电流参考值$i_{q\_ref} = 0$,即稳态时$i_{q0} = 0$,则$i'_q = \Delta i_q$。这里设置$\Delta i_q = -A\sin(4\pi t)$,其中幅值$A = 0.01$p. u.。然后将$i'_d$、$i'_q$恢复成虚拟的三相电流量测信号后送入逆变器。

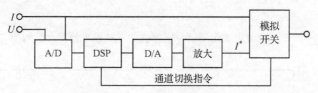

图4-22 在电流量测信号上实施q轴电流分量正弦扰动的电路

将$i'_q = i_{q0} + \Delta i_q$代入式(4-62)可得

$$u_q = e_q + \omega L i'_d - \Omega(i_{q\_ref} - \Delta i_q) = e_q + \omega L i_{d0} - \Omega(-\Delta i_q) \tag{4-66}$$

式中,$\Omega(-\Delta i_q)$是i'_q经过内环电流PI控制器后的输出。将式(4-66)代入式(4-55)得到

$$\omega L i_{d0} - \omega L i_d = \Omega(-\Delta i_q) + L\frac{\mathrm{d}i_q}{\mathrm{d}t} \tag{4-67}$$

式中,i_q为电路中真实的q轴电流,当设置的量测信号扰动Δi_q很小且变化缓慢时,忽略$L\dfrac{\mathrm{d}i_q}{\mathrm{d}t}$项。将$\Delta i_q = -A\sin(4\pi t)$,代入式(4-67)可得

$$\omega L(i_{d0} - i_d) = K_{\mathrm{IP}}A\sin(4\pi t) - \frac{K_{\mathrm{II}}A}{4\pi}\left[\cos(4\pi t) - 1\right] \tag{4-68}$$

如果并网点的电压处于额定频率,即$\omega = 1$,则

$$i_{d0} - i_d = \frac{K_{\mathrm{IP}}}{L}A\sin(4\pi t) - \frac{K_{\mathrm{II}}}{L}\frac{A}{4\pi}\left[\cos(4\pi t) - 1\right] \tag{4-69}$$

从式(4-69)可以看到,在q轴电流量测信号正弦扰动下能够确定内环控制器三个待辨识参数之间的比值,即K_{IP}/L、K_{II}/L和$K_{\mathrm{IP}}/K_{\mathrm{II}}$。

DC/AC逆变器详细模型的仿真曲线如图4-23所示,其中灰色曲线为详细模型仿真得出的$i_{d0} - i_d$,其中谐波较多;黑色曲线是根据式(4-69)等号右边的分量计算得出的,这表明式(4-69)是正确的。

比值K_{IP}/L、K_{II}/L和$K_{\mathrm{IP}}/K_{\mathrm{II}}$的求取步骤如下。

(1) 根据式(4-69)等号右边的表达式,首先对图4-23中灰色曲线做FFT,取FFT结果中的直流分量和2Hz频率分量,结果如图4-24所示。

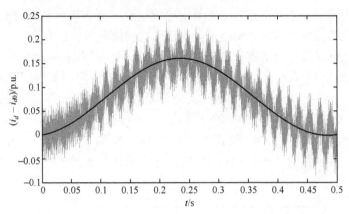

图 4-23　q 轴电流量测信号正弦扰动下 d 轴电流的真实输出

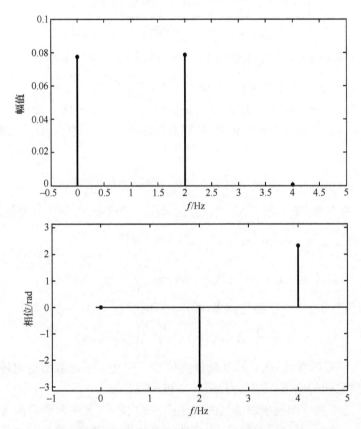

图 4-24　q 轴电流量测信号正弦扰动下 d 轴电流真实输出的 FFT 结果

(2) FFT 结果中的直流分量即 $\dfrac{K_{\mathrm{II}}}{L}\dfrac{A}{4\pi}=0.0775$，由于 $A=0.01\mathrm{p.\,u.}$，从而可以得到 $K_{\mathrm{II}}/L=97.389$（真实值为 $K_{\mathrm{II}}/L=20/0.2=100$）。

(3) 取 $t=0.125s(4\pi t=\pi/2)$，在 2Hz 频率分量中

$$(i_{d0}-i_d)\mid_{t=0.125}=\frac{K_{IP}}{L}A=0.0143$$

从而可以得到 $K_{IP}/L=1.425$（真实值为 $K_{IP}/L=0.3/0.2=1.500$）。

(4) 从而 $K_{IP}/K_{II}=1.425/97.389=0.01463$（真实值为 $K_{IP}/K_{II}=0.3/20=0.01500$）。

至此，电流内环控制器三个参数之间的比值已经较为精确地确定下来，现在只需要求得其中任何一个参数即可求出全部三个参数。

如果认为 L 就是实际逆变器中滤波电感和升压变压器的真实总电感，那么可以直接测量该电感的数值，打开逆变器外壳和测量 L 的过程不会对逆变器本身造成伤害。测量方法可分为两种：一种是直接测量电感值，绕线电感的测量已有成熟方法不再赘述，变压器电感可以根据铭牌参数计算，这个方法可在断电的情况下实施，比较安全；另一种是在逆变器工作时测量滤波电感和变压器两端的电压和流过的电流，从而计算出电感值。获得 L 数值后，$[K_{IP},K_{II}]$ 就可以根据其与 L 的比值来确定。

如果要通过辨识方法来确定这三个参数，则可以在端口电压的量测信号上设置一个虚拟的电压跌落，并以逆变器的输出功率为观测量来优化参数。这种方法模拟了日常电网扰动时，关注光伏电源功率响应的场景，而且，由于是在二次侧的量测信号上施加扰动，实施安全、操控方便。

这里设置一个幅度 5%、持续 50ms 的三相电压量测信号扰动，同时观测 P、Q 的响应（计算误差时权重各取 50%），只辨识 L 一个参数，$[K_{IP},K_{II}]$ 根据其与 L 的比值确定。辨识过程中采用 PSO 算法，设置总共 10 个粒子，最多迭代 50 次，L 的搜索范围为 $[0.01,0.5]$，学习因子 $c_1=c_2=2$，惯性权重从 0.9～0.45 递减。由于是单参数寻优，所以 PSO 寻优速度很快，最终的辨识结果为：$[K_{IP},K_{II},L]=[0.296,20.237,0.208]$（真值为 $[0.3,20,0.2]$），功率响应曲线的对比如图 4-25 所示。

至此，DC/AC 逆变器的 5 个参数都得到了辨识，且具有很好的辨识精度，如表 4-1 所示。

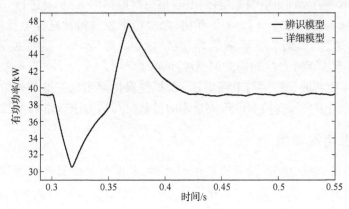

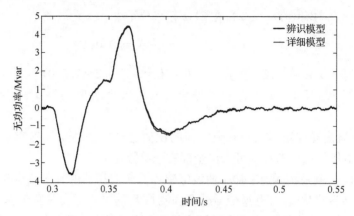

图 4-25　详细模型与辨识模型的功率响应曲线对比

表 4-1　光伏逆变器控制参数辨识结果

辨别结果	电压外环		电流内环		
	K_{PU}	K_{IU}	K_{PI}	K_{II}	L
真实值	7	800	0.3	20	0.2
辨识值	6.914	799.8	0.296	20.237	0.208
辨识误差/%	1.229	0.025	1.333	1.185	4.000

综合以上步骤,可以画出采用二次侧量测信号扰动来辨识光伏并网 DC/AC 逆变器控制参数的完整流程,如图 4-26 所示。

4.3.5　PLL 锁相环

同步锁相环产生与电网电压同步的主参考电流作为电流跟踪环的给定,由于电流跟踪环中有附加外环的存在,使输出电流可无相差跟随给定电流,从而实现了并网电流与电网电压的同频、同相的控制目标。

PLL 锁相环用于锁定电网侧电压相位,然后对电网侧电流 i_{abc} 进行 Clark 变换得到 $i_{\alpha\beta}$,再经 Park 变换得到 i_{dq} 和 i_{dq} 与有功、无功功率控制器及直流电压控制器产生的 i_{dq_ref} 作差,通过 PI 调节及解耦运算得到 u_{dq_ref}。再经 Park 逆变换得到调制波 u_{abc_ref},最终传至 PWM 产生相应的调制脉冲。

PLL 的主要功能是提供与电网电压 u_{abc} 相位保持同步的基准相位信号,以实现相关物理量的同步坐标变换和电压矢量定向控制。其结构原理如图 4-27 所示。

4.3.6　储能电池模型

电池自身的充放电特性具有高度的非线性,其电气参数具有很强的时变性,建立其完整的充放电模型难度较大。在研究电力系统机电动态时,其时间尺度在分钟以内,该时间内反映电池特性的指标如电池荷电状态(state of charge,SOC)、开路电

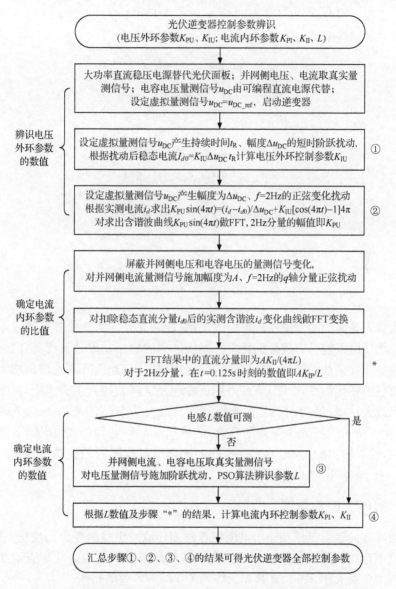

图 4-26 采用量测信号扰动辨识 DC/AC 逆变器控制参数的流程图

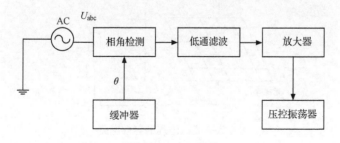

图 4-27 PLL 结构

压等基本不变。因此,可以认为电池的充放电特性和参数是线性和非时变的。在此基础上建立的储能电池的等效电路模型如图4-28所示。

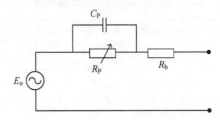

图 4-28　储能电池的等效电路

E_o为储能电池的开路电压;R_P和C_P分别为储能电池的等值电阻和电容;
R_b为储能电池在SOC=1下的等值极化电阻

4.4　太阳能光伏发电系统的控制

光伏阵列是太阳能发电系统电能的来源,能否充分发挥光伏阵列的效率对整个太阳能光伏发电系统具有重要的意义。光伏阵列的输出功率是其所受日照强度、电池温度的非线性函数。即使在外部环境一定的情况下,光伏阵列的输出功率也会随着外部负载的变化而变化。只有在外部负载和光伏阵列达到阻抗匹配时,光伏阵列才会输出最大功率,该功率点称为光伏阵列的最大功率点(maximum power point,MPP)。为了充分发挥光伏阵列的效能,需根据外部环境和负载情况调节光伏阵列的工作点,使其输出的功率为最大,将此功率调节过程称为最大功率点跟踪(maximum power point tracking,MPPT)。

4.4.1　MPPT控制原理

光伏阵列的输出电压和输出电流随着外部环境或负载的变化而变化,在特定的工作环境下存在一最大功率输出点。光伏阵列能否工作在最大功率点取决于光伏阵列所带的负载大小,图4-29是光伏阵列工作时的等效电路图。

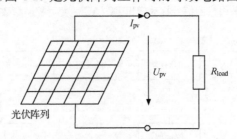

图 4-29　光伏阵列的等效电路

图 4-30 为 MPPT 控制的基本原理图。图中特性曲线 1 和特性曲线 2 是光伏阵列在不同光照下的 *I-U* 特性，*A* 点是特性曲线 1 的最大功率点，*B* 点是特性曲线 2 的最大功率点。设在某一时刻光伏阵列的输出特性为曲线 1，并运行在最大功率点 *A* 处，负荷曲线为 1。当光照强度增加时，光伏阵列的输出特性变为曲线 2，而此时负荷曲线仍为 1。则光伏阵列工作在特性曲线 2 的 *A'* 点，将偏离特性曲线 2 的最大功率点 *B*，不能输出最大功率。要使光伏阵列工作在最大功率点 *B*，必须适时改变其所接的负载，使系统的负荷特性由曲线 1 变为曲线 2。

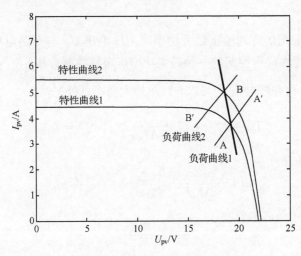

图 4-30　MPPT 控制的基本原理

改变所接负载数值的方法是在负载和光伏阵列之间加入一个阻抗变换器。目前阻抗变换器一般采用 DC/DC 变换器来实现，通过调节变换器开关的占空比来调节负载，从而实现光伏阵列的最大功率点跟踪。图 4-31 是常用的最大功率点跟踪的 DC/DC 变换器电路，MPPT 算法模块采样光伏阵列的输出电压和电流，并将计算出的 U_{out1} 与光伏阵列系统输出电压进行比较，经过 PI 环节形成输入电压的闭环控制，最后输出 PWM 驱动信号来控制 DC/DC 变换电路，调节光伏阵列的输出电压，实现最大功率点跟踪。

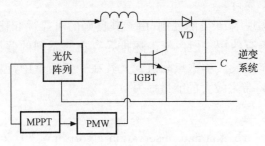

图 4-31　常用最大功率点跟踪电路

4.4.2 MPPT 控制算法

最大功率点跟踪过程实际上是动态寻优过程,通过控制光伏电池输出电压控制最大功率输出,其原理是检测光伏阵列在不同工况的最大功率点,通过比较寻优,确定光伏阵列在一定光照和温度条件下输出最大功率时对应的工作电压,使阵列在不同的日照和温度环境下智能输出最大功率。目前常用的最大功率跟踪算法有恒压法、扰动观察法及电导增量法[24]等。

1. 恒压法

恒压法是利用光伏阵列输出最大功率时工作电压 U_m 与开路电压 U_{oc} 存在近似的比例关系这一特性进行控制的一种最大功率点跟踪控制方法。

忽略电阻 R_s 及并联电阻 R_p,式(4-2)在最大功率点处 $\dfrac{\mathrm{d}P}{\mathrm{d}U}\Big|_{U=U_m,\,I=I_m}=0$,可得

$$I_{ph}+I_s-I_s\left(1+\frac{q}{AKT}U_m\right)\mathrm{e}^{\frac{qU_m}{AKT}}=0 \tag{4-70}$$

式(4-60)变化为

$$\left(1+\frac{q}{AKT}U_m\right)\mathrm{e}^{\frac{qU_m}{AKT}}=\frac{I_{ph}+I_s}{I_s} \tag{4-71}$$

式(4-2)在开路情况下有

$$\mathrm{e}^{\frac{U_{oc}}{AKT/q}}=\frac{I_{ph}+I_s}{I_s} \tag{4-72}$$

结合式(4-61)和式(4-62)可得

$$\left(1+\frac{q}{AKT}U_m\right)\mathrm{e}^{\frac{qU_m}{AKT}}=\mathrm{e}^{\frac{qU_{oc}}{AKT}} \tag{4-73}$$

假设开路电压 U_{oc} 不变,式(4-70)右边为常数,左边的两项都随着 U_m 的增大而增大。故对每一个 U_{oc}、U_m 存在唯一解。由光伏电池的外特性可知:当光强减小时,开路电压下降,但下降的比例不大;但当温度升高时,开路电压下降,且下降的比例较大。因此当光伏阵列温度不变时,可假设开路电压 U_{oc} 不变,从而使光伏阵列输出最大功率的工作点电压 U_m 不变。系统控制目标就是使光伏阵列的输出电压稳定在 U_m 上,控制方案简单易行。

采用恒压方式实现 MPPT 的控制,由于其良好的可靠性和稳定性,目前在太阳能光伏发电系统中仍有使用。但由于上述推导存在一系列的假设,实际工作中,光伏阵列只是近似工作在最大功率点附近。尤其在一年四季中,温度变化较大,如果始终保持 U_m 不变,将带来较大的能量损失。

2. 扰动观察法

扰动观察法(perturbation and observation algorithm,PO)又称爬山法[25],由于其结构简单,需要测量的参数较少,所以它普遍应用于光伏电池的最大功率点跟踪。其原理就是要引入一个小的变化,与前一个状态进行比较,由比较的结果不断调整

光伏电池的输出工况。具体做法是：使光伏电池的输出电压改变一定量，然后实时采样光伏电池的输出电压和电流，计算出功率，与前一次的功率做比较：如果小于前一次的值，则说明本次控制使功率输出降低了，这时需要改变控制方向，使输出电压升高；如果大于前一次的值就保持原来增大或减小的方向，这样就使光伏电池的输出功率向着增大的方向变化。不断进行如此反复的扰动、观测和比较，就能使光伏电池达到最大功率点附近，实现最大功率的输出。

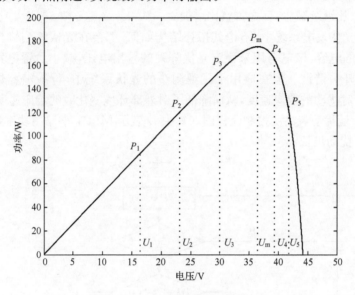

图 4-32　扰动观察法跟踪情况

图 4-32 可以说明扰动观察法的跟踪过程。首先假设光伏电池工作于 U_1，P_1 为其输出功率，并将其作为初始功率。如果工作点移到 $U_2 = U_1 + \Delta U$，此时的输出功率为 P_2，将功率 P_2 和 P_1 进行比较：如果 $P_2 > P_1$，则改变光伏电池的扰动量 ΔU，如果输出功率增大，说明这时工作点仍处在最大功率值 P_m 的左边，需要继续向功率增大的方向变化；当工作点已经超过 P_m 且达到了 U_4 时，若再增加 ΔU 工作点将到达 U_5，进行比较后，若 $P_5 < P_4$，则工作点在 P_m 右边，说明此时需要改变扰动量的变化方向，使输出功率向减小的方向变化，就这样反复不断地进行比较，最终可使工作点在最大功率点处附近。

这种方法只能保证光伏电池的工作点在最大功率点附近，输出功率接近最大功率，且会在 P_m 附近振荡，这样就造成能量损耗较大，降低了光伏电池的效率。尤其在外界环境变化较慢时，能量损耗会更大。因为当外界环境变化缓慢时，光伏电池产生的电流和电压基本不变，但扰动观察法一直在不断扰动，使光伏电池输出功率不断变化，这样就会造成更多的能量损耗，这便是扰动法的最大缺点。虽然能够通过减小扰动量来降低振荡、减少能量损耗，但是当光照强度或者温度变化较大时，采用这种方法跟踪，速度就会很慢，同样会造成大量的能量浪费。因此在使用扰动观察法时,扰动量的大小非常重要,需要使用人工进行调节[26]。

对工作点实施的扰动可以是光伏阵列的工作电压或工作电流等,但实现起来比较麻烦。考虑到大多数情况下 MPPT 通过连接在光伏阵列和负载之间的 DC/DC 变换器实现,为了减少系统的复杂性,可取 DC/DC 变换器的占空比为扰动对象。扰动对象为占空比时算法如下:假设增加变换器的占空比,若光伏阵列输出功率增加,则占空比继续增加,反之占空比减少;假设减少变换器的占空比,若光伏阵列输出功率增加,则占空比继续减少,反之占空比增加。

通常在光伏发电系统中,不论其拓扑结构如何,都会在光伏阵列输出端并联一个较大容值的电容,该电容用来稳定光伏阵列的输出电压,减小后置电力电子变换装置导致的开关谐波。但在应用干扰观测法的光伏系统中,母线电容过大会影响 MPPT 方法对扰动的响应速度,从而降低了对外部环境变化时的响应速度。

图 4-33 是扰动观察法控制流程图。其中 D 表示 MPPT 电路中功率器件的占空比,ΔU 表示扰动步长。

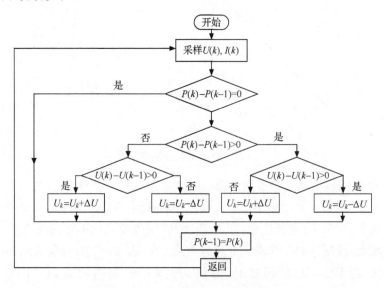

图 4-33　扰动观察法控制流程图

扰动观察法具有结构简单、跟踪算法简单、容易实现、被测参数少、对传感器精度要求不高等优点。其缺点在于:①引入扰动后的系统将在最大功率点附近来回振荡,造成功率损失;②扰动步长大小的选取要兼顾系统的动态性能和稳态性能,步长大,稳态时来回振荡范围大,能量损失也大,但外界环境突变时跟踪速度快;步长小,稳态时来回振荡范围小,能量损失小,但外界环境突变时跟踪速度慢;③当外部环境发生较快变化时,扰动观察法会损失较大的功率,并且很有可能发生误判。发生误判的原因如下。

当光照强度变化时,光伏阵列的 $P\text{-}U$ 特性也变化。假设光伏阵列当前工作在 a

点,端口电压为 U_a,输出功率为 P_a,当电压扰动向右移到 b 点时,端口电压为 U_b,输出功率为 P_b。如果光照强度不变,由于输出功率 $P_b > P_a$,所以电压扰动方向继续向右,扰动方向正确。如果控制过程中光照强度减小,光伏阵列的输出特性下降,则扰动后测得 b 点的功率为 P_c,由于输出功率 $P_c < P_a$,此时将改变扰动方向向左移动,系统误判了扰动方向,如图 4-34 所示。如果光照强度继续减弱,系统不断误判,使工作点在 a、b 之间波动,不能跟踪到最大功率点 P_m。实际实施时,可以通过减小扰动周期和扰动步长来消除光照强度变化造成的误判。

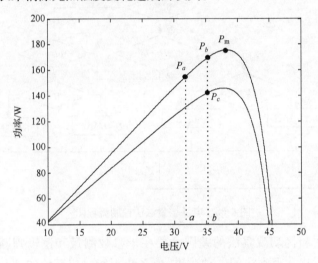

图 4-34 扰动观察法误判原理图

3. 电导增量法

电导增量法也是常用的一种 MPPT 控制方法,它通过比较光伏阵列的瞬时电导和电导的变化量来实现最大功率跟踪。由于光伏阵列的 P-U 特性曲线是一个单峰曲线,在最大功率点必定有 $dP/dU = 0$,即

$$\frac{dP}{dU} = \frac{d(UI)}{dU} = I + U\frac{dI}{dU} = 0 \tag{4-74}$$

可以得到如下的判据:

$$\begin{cases} dP/dU = 0, & U = U_m \\ dP/dU > 0, & U < U_m \\ dP/dU < 0, & U > U_m \end{cases} \tag{4-75}$$

由于 $\frac{1}{U}\frac{dP}{dU} = \frac{1}{U}\frac{d(UI)}{dU} = \frac{1}{U}\left(I + U\frac{dI}{dU}\right) = G + dG$($G$ 为电导)。因此可通过判断 $G + dG$ 的符号判断光伏阵列是否工作在最大功率点:当符号为负时,表明此时在最大功率点右侧,下一步要减小光伏阵列的输出电压;当符号为正时,表明此时在最大功率点左侧,下一步要增大光伏阵列的输出电压;当等于 0 时,表明此时在最大功率点处,维持光伏阵列的输出电压不变。当然调整光伏阵列的输出电压也可以直接对

占空比进行调整。

图 4-35 是电导增量法控制流程图,其中 D 表示 MPPT 电路中功率器件的占空比,ΔU 表示迭代步长。

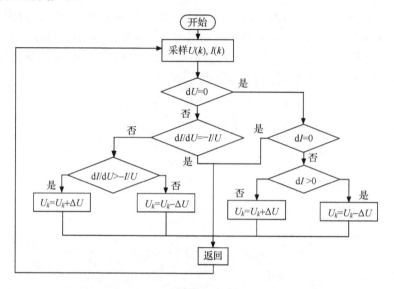

图 4-35　电导增量法法控制流程图

增量电导法和扰动观察法的差别主要在于参数测量和逻辑判断的取舍不同。增量电导法是对扰动观察法的一种改进,使系统更能适应环境的变化,并通过修改逻辑判断减少了振荡,能量损耗减小,适用于大气条件变化较快的场合。其缺点在于:①对硬件的要求特别是对传感器的精度要求比较高,系统各个部分响应速度都要求比较快,因此整个系统的硬件造价也会比较高;②迭代步长大小的选取要兼顾系统的动态性能和稳态性能。当迭代步长大时,系统跟踪速度快,但是光伏发电系统很有可能不是工作在真正的最大功率点,并且在最大功率点附近的波动会加大;当迭代步长小时,系统跟踪速度慢,但是光伏发电系统在最大功率点附近的波动会减小。

除了上述方法,MPPT 还有模糊控制法、最优梯度法、神经网络控制法、基于优化算法的控制方法等,这些方法在系统复杂度、实现难易程度、跟踪速度和精度、硬件要求等方面各有优缺点,但控制的基本思想类似。

参 考 文 献

[1] 闫云飞,张智恩,张力,等. 太阳能利用技术及其应用. 太阳能学报,2012,33(S1):47-56.

[2] 钱伯章. 太阳能技术与应用. 北京:科学出版社,2010.

[3] 吴张华,罗二仓,李海冰,等. 1kW 碟式太阳能行波热声发电系统的研制. 2010 年中国特种发动机工程及应用学术会议论文集,上海,2010:29-34.

[4] 黄庆举,林继平. 硅太阳能电池的应用研究与进展. 材料开发与运用,2009,12(6):93-96.

［5］ 张锐. 薄膜太阳能电池的研究现状与应用介绍. 广州建筑，2007，(2)：8-10.

［6］ 陈则韶，莫松平，胡芃，等. 几种太阳能光伏发电方案的热力分析与比较. 工程热物理学报，2009，30(5)：725-730.

［7］ Chen Z S，Mo S P，Hu P，et al. Thermo dynamic analysis and comparison of several solar photovoltaic power generation schemes. Journal of Engineering Thermophysics，2009，30(5)：725-730.

［8］ Glaser P E. Power from the sun：Its future. Science，1968，162(3856)：857-866.

［9］ Gow J A，Manning C D. Development of a photovoltaic array model for use in power electronics simulation studies. IEE Proceedings on Electronic Power Applications，1999，146(2)：193-200.

［10］ 苏建徽，余世杰，赵为，等. 硅太阳电池工程用数学模型. 太阳能学报，2001，22(4)：409-412.

［11］ 孙园园，肖华锋，谢少军. 太阳能电池工程简化模型的参数求取和验证. 电力电子技术，2009，43(6)：44-46.

［12］ Hansen A D，Sorensen P，Hansen L H，et al. Models for a stand-alone PV system. Roskilde：Riso National Laboratory，2000.

［13］ Kim W，Choi W. A novel parameter extraction method for the one-diode solar cell model. Solar Energy，2010，84：1008-1019.

［14］ Dzimano G. Modeling of photovoltaic systems. Columbus：The Ohio State University，2008.

［15］ De Soto W，Klein S A，Beckman W A. Improvement and validation of a model for photovoltaic array performance. Solar Energy，2006，80(1)：78-88.

［16］ Piazza M C D，Ragusa A，Luna M，et al. A dynamic model of a photovoltaic generator based on experimental data. International Conference on Renewable Energies and Power Quality，Granada，2010.

［17］ Xiao W D，Dunford W G，Capel A. A novel modeling method for photovoltaic cells. Proceedings of IEEE 35th Annual Power Electronics Specialists Conference，Aachen，2004：1950-1956.

［18］ Chenni R，Makhlouf M，Kerbache T，et al. A detailed modeling for photovoltaic cells. Solar Energy，2007，32：1724-1730.

［19］ Bouzidi K，Chegaar M，Bouhemadou A. Solar cells parameters evaluation considering the series and shunt resistance. Solar Energy Materials & Solar Cells，2007，91：1647-1651.

［20］ Haouari-Merbah M，Belhamel M，Tobias I，et al. Extraction and analysis of solar cell parameters from the illuminated current-voltage curve. Solar Energy Materials & Solar Cells，2005，87(1-4)：225-233.

［21］ Piazza M C D，Ragusa A，Vitale G. Identification of photovoltaic array model parameters by robust linear regression methods. International Conference on Renewable Energies and Power Quality，Valencia，2009.

［22］ 查琚，程晓舫，丁金磊，等. 基于一条 I-V 曲线提取硅太阳电池参数的一种新方法. 太阳能学报，2007，28(9)：992-995.

［23］ 翟载腾，程晓舫，杨臧健，等. 太阳电池一般电流模型参数的解析解. 太阳能学报，2009，30(8)：1078-1082.

［24］ 崔岩，蔡炳煌，李大勇，等. 太阳能光伏系统 MPPT 控制算法的对比研究. 太阳能学报，2006，27(6)：536-539.

［25］ 王立乔，孙孝峰. 分布式发电系统中的光伏发电技术. 北京：机械工业出版社，2010.

［26］ 李慧慧. 基于模糊控制的光伏系统最大功率点跟踪研究. 太原：太原科技大学硕士学位论文，2010.

第 5 章 海洋能发电系统的建模与控制

5.1 概 述

5.1.1 研究背景与意义

海洋覆盖了地球 70% 的表面,蕴涵着无穷的能量,其中可利用的能量大大超过了目前全球能源需求的总和,并且海洋能是清洁的可再生能源,科学的开发和利用对缓解能源危机和环境污染问题具有重要的意义。海洋能的种类多种多样,主要有海上风能、波浪能、潮汐能、潮流能、温差能、盐差能等。人类从 18 世纪末期就开始研究利用海洋能,但是由于其运行环境恶劣等原因没有付诸实施。随着现代科学技术,尤其是材料、密封、防腐等技术的发展,为利用海洋能打下了基础。近几十年来,海洋能发电技术取得了迅速的发展,各国的科技工作者开发了各种海洋能发电系统,部分已经建成试验电站,进入商业化运营。可以预见,在不远的将来,海洋能发电将成为继风力发电、光伏发电之后又一个成熟的可再生能源发电系统。

中国海岸线漫长,海洋能资源丰富[1],并且中国东部沿海地区经济发达、电力负荷密集、电网强大,为大规模海洋能的开发和利用创造了有利条件。与此同时,中国正在实施海洋资源开发和可再生能源等发展战略,海洋能作为一种重要的海洋资源和清洁的能源,其开发和利用是国家发展战略的必然要求。由此可见,海洋能的开发和利用必将成为研究的热点问题,海洋能是中国未来能源结构中的重要组成部分。

5.1.2 海洋能发电发展现状

1) 海上风力发电

海上风力发电[2]和陆上风力发电的原理完全一致,都是利用空气的流动驱动叶片旋转,进而带动发电机的转子旋转,将风能转化为电能。相比陆上风电场的开发,海上风电场的开发有节约土地资源、减少噪声及公众视觉冲击、风速高、风能资源好、发电量明显增加、湍流强度低等优点。然而,由于海上的环境恶劣,海上风电场开发也受到基础昂贵、电网接入集成成本高、安装成本高、运行和维护困难等因素的制约。目前,海上风电场的开发大部分在丹麦、德国、荷兰、英国、瑞典、爱尔兰等欧洲国家。1990 年瑞典安装了第一台示范海上风电机组,单机容量为 220kW;1991 年建成 Vindeby 风电场,由 11 台 Bonus 450kW 的风电机组组成。2002 年,在丹麦西部海岸建成一个总装机容量为160MW的大型海上风电场。我国于2010年6月建成了第一个大型海上风电场——上海东海大桥10.2万kW海上风电示范项目,并成功并网,同时江苏沿海的海上风电场建设项目已经相继开工建设,预计2014年投入运行。根据"十二五"规划,中国海上风电装机规模有望达到500万kW,在2020年有望达到3000万kW。

2) 潮汐能发电

在月亮和太阳的引力作用下,地球表面的海水周期性的涨落潮,在潮涨潮落的过程中,海水表面的垂直升降称为潮汐。潮汐能发电是在海边建坝,涨潮时将海水蓄在水库中,潮落之后,利用潮差进行发电,其发电原理与水力发电原理类似。利用潮汐能发电始于20世纪初,世界上最早的潮汐发电站是德国1912年建成的布苏姆潮汐电站,距今已有一百年的历史;著名的法国朗斯河口潮汐电站,建成于1966年,总装机容量为240MW,是目前正在运行的最大的潮汐能发电站,已经成功运行了近40年。另外,韩国正在建设世界上最大的潮汐电站——Shihwa湖潮汐电站,其装机容量为254MW,其建成将大大缓解韩国对进口石油的依赖。我国自20世纪50年代开始发展潮汐能发电,其中最著名是80年代建成的江夏潮汐电站,已经成功运行了近30年。由此可以看出,国内外潮汐电站的成功运行,证实了潮汐能电站技术的可行性,潮汐能发电是成熟的海洋能发电技术。

3) 波浪能发电

海洋表层的海水在风力的作用下产生波浪,波浪中所存储的能量称为波浪能,包括势能和动能。波浪能发电系统主要是利用物体在波浪作用下的升沉和摇摆运动将波浪能转换为机械能,利用波浪的爬升将波浪能转换成水的势能来发电。波浪发电装置的形式多种多样,主要可以分为以下几类技术。

(1) 振荡水柱技术(OWC)。OWC通过空气作为转换介质,气室的下部开口在水下,与海水连通,上部开口(气嘴)与大气相通,在波浪的作用下,气室中的水柱上下振荡,压缩空气往复通过气嘴,将波浪能转化为气体的动能,具有一定压力和速度的空气驱动透平旋转,进而带动发电机发电,将波浪能转换为电能。OWC发电装置主要有英国的LIMPET[3]、中国的100kW固定式电站等。

(2) 筏式技术。筏式波能发电装置由铰接的筏体和液压系统组成,筏体随波运动,将波浪能转换为筏体运动的机械能,然后驱动液压泵,将机械能转换为液压能,驱动液压电动机转动,进而带动发电机发电,将波浪能转换为电能。筏式波浪发电装置主要有英国Cork大学和女王大学研究的McCabe波浪泵和苏格兰Ocean Power Delivery公司的Pelamis波能装置,在葡萄牙已经建成三台容量为750kW的Pelamis,并进入商业化试运行[4]。

(3) 收缩波道技术。收缩波道波浪发电装置由收缩波道、高位水库、水轮机、发电机组成。波浪在逐渐变窄的收缩波道中,波高不断放大,直至波峰溢过收缩波道边墙,进入高位水库,高位水库与外海间的水头落差可达3~8m,然后,利用水轮发电机发电,将波浪能转化为电能。收缩波道电站主要有挪威 350kW 的固定式收缩波道装置和丹麦的 WaveDragon[5]等。

(4)点吸收技术。点吸收波浪发电系统通常采用直接驱动方式将波浪能转化为电能,其结构简单、效率高。以浮子式为例,浮于海面的浮子随着波浪上下移动,浮子通过缆绳与直线永磁发电机的转子相连,带动转子上下运动,从而将波浪能转化为电能。主要的点吸收式波浪发电装置有英国的 AquaBuOY 装置、阿基米德波浪浮子、PowerBuoy 等[6]。

(5)鸭式技术。鸭式波浪发电装置具有一垂直于来波方向安装的转动轴,装置的横截面轮廓呈鸭蛋形,其前端(迎浪面)较小,其后部(背浪面)较大,水下部分为圆弧形,圆心在转动轴心处,装置在波浪作用下绕转动轴往复转动,带动发电机发电,将波浪能转化为电能。鸭式波浪发电装置主要有中国科学院广州能源研究所在珠海万山岛建成的鸭式波浪发电装置。

4)潮流能发电

在月亮和太阳的引力作用下,地球表面的海水周期性的涨落潮,在潮涨潮落的过程中,海水在水平方向的运动称为潮流。潮流能发电装置的形式与风力发电装置类似,潮流能发电装置的叶轮放置在海水中,在潮流的驱动下旋转,进而带动发电机发电,将潮流能转化为电能,俗称"水下风车"。潮流能发电装置通常可以分为水平轴式和垂直轴式。

(1)水平轴式。水平轴式潮流能发电系统的结构形式与现在商业化运营的风力发电装置结构形式基本一致,运行时需要将叶片与潮流的方向相垂直,利用升力驱动叶轮旋转,其特点是效率较高,但是,由于潮流流动具有双向性,要实现双向发电,必须旋转发电装置或者叶片,给装置的设计和运行带来了困难。英国 Marine Current Turbine 公司是目前世界上在潮流发电领域取得最大成就的单位,该公司设计了世界上第一台大型水平轴式潮流能发电样机,目前,该公司已成功开发了商业规模的 1.2MW 双叶轮结构的"Seagen"样机。另外,挪威的 Hammerfest Strom 公司,美国 Verdant Power 公司,我国浙江大学、东北师范大学开发的潮流能发电装置都采用了水平轴的结构。

(2)垂直轴式。垂直轴式潮流能发电系统的旋转轴和叶片都垂直向下,利用阻力驱动叶片旋转,垂直轴式潮流能发电装置最大的特点是,其发电效率与潮流的方向无关,也就是说,不管潮流方向如何,垂直轴潮流能发电装置都能够发电,并且保持发电效率基本不变,当然,其效率比水平轴发电装置稍低。加拿大 Blue Energy 公司较早开展了垂直轴潮流能发电装置研究,并开发了著名的 Davis 四叶片垂直轴涡轮机,另外,意大利 Ponte di Archimede International SpA 公司、美国 GCK Technology 公司,以及我国的哈尔滨工程大学、中国海洋大学开发的潮流能发电装置都采用了垂直轴的结构。

综上所述,海上风电的模型及其控制原理与陆上风电基本一致,前面已经做了详细的介绍,与此同时,潮汐能发电系统是成熟的海洋能发电技术,并且已经有不少的书籍,对其发电原理、模型、运行等进行了详细的介绍,本书不再赘述。温差能和盐差能发电装置的开发还处于原始研发阶段,其发电原理和装置还不成熟。而波浪能和潮流能发电近年来发展迅速,多种发电装置进入实海况运行或商业化试运营,是目前研究的热点。因此,本章重点阐述波浪发电系统、潮流能发电系统和综合发电系统的建模与控制问题。

5.2　波浪能发电系统的建模与控制

5.2.1　波浪能发电原理

在海洋能中,波浪能具有最高的能量密度,是最有可能实现商业化应用的可再生能源之一。调查研究表明[7],全球可利用的波浪能与全世界的能量消耗总和基本相当。因此,如果能够很好地利用波浪能,能源紧张问题就能够大大地缓解。我国拥有很长的海岸线和广阔的领海,具有丰富的波浪能资源,如果能够有效利用,波浪能将成为我国能源的一个重要组成部分。因此可以预见,波浪能的开发和利用不久将成为新的研究热点问题。

各国研究人员开发的多种波浪发电装置,按照能量转化形式可以分为间接驱动式和直接驱动式两大类。间接驱动式波浪发电系统一般是先将波浪能转化为其他形式的能,如水的势能,然后驱动旋转发电机发电;直接驱动式波浪发电系统是直接利用水的浮力或者水的重力直接驱动直线式永磁电机发电。因此,与间接驱动式相比,直接驱动式具有效率较高和系统结构简单等特点。

直驱式波浪发电系统通常由浮子、直线式永磁发电机和系统的自然频率调节系统组成。图 5-1 是基于阿基米德浮子(AWS)的波浪发电系统的结构图[6],基于

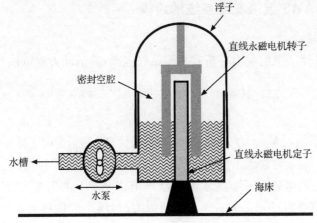

图 5-1　基于 AWS 波浪发电系统的结构图

AWS的波浪发电系统主要由空腔和盖子(通常称为浮子)组成。空腔中充满密封的空气,当波峰来临时,由于水的重力作用,浮子向下运动,发电装置中空气的压力增大,当波谷来临时,由于空气的压力作用,浮子向上运行,这样浮子在水的重力和空气压力的作用下上下往复运行,直线发电机的定子固定在海底,其 translator 由永磁材料组成(translator 在直线电机中往复运动,为了与传统的旋转电机相统一,以下将 translator 翻译为转子),与浮子直接相连,随着浮子上下运动。这样直线永磁电机的转子也相对于定子来回往复运行,从而将波浪能转化为电能,其原理示意图如图 5-2 所示。

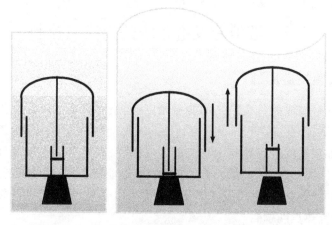

图 5-2　基于 AWS 波浪发电系统原理示意图

　　本节首先介绍了基于 AWS 波浪发电系统的详细模型,在此基础上提出了应用于直线永磁发电机的 Park 变换,在 dq 坐标下建立了基于 AWS 波浪发电系统的模型,其中 dq 坐标随着直线永磁发电机的转子做直线往复运动。基于所建立的模型,提出了 AWS 波浪发电系统的最优控制策略。最后通过动态仿真验证了模型的正确性和最优控制策略的有效性。

5.2.2　基于 AWS 波浪发电系统的建模

1. 详细机械模型

根据 AWS 浮子上的受力分析和牛顿第二定律,其运动方程可以写为

$$m_f \frac{d^2 x}{dt^2} = F_{RAD} + F_{BEAR} + F_{DRAG} + F_{GEN} + F_{WB}$$
$$+ F_{AIR} + F_{NITRO} + F_{GRAV} + F_{HS} + F_{WAVE} \tag{5-1}$$

式中, m_f 为浮子的质量; x 为 AWS 浮子运动的位移; F_{RAD} 为由于浮子在水中运动而产生的辐射力; F_{BEAR} 为轴承上的摩擦力; F_{DRAG} 为水对浮子的拉力; F_{GEN} 为直线发电机作用在浮子上的电磁力; F_{WB} 为水制动器作用在浮子上的阻尼力; F_{AIR} 为压缩空气作用在浮子上的弹力; F_{NITRO} 为氮气气柱的弹力,与浮子的位移成正比; F_{GRAV} 为浮子所受到的重力; F_{HS} 为作用在浮子外面的流体静力学压力; F_{WAVE} 为所有到来的波浪

作用在浮子上的动态压力,这个是 AWS 浮子运动的驱动力。

浮子上的受力主要可以分为以下四种。

1) 辐射力 F_{RAD}

辐射力是浮子加速度、速度和浮子运动路径的函数。可以写为

$$F_{RAD} = -m_{add\infty}\frac{\mathrm{d}^2 x}{\mathrm{d}t^2} - \int_0^t R(t-\tau)\frac{\mathrm{d}x}{\mathrm{d}\tau}\mathrm{d}\tau \tag{5-2}$$

式中,$m_{add\infty}$ 为随浮子运动水体的附加质量;$R(t)$ 是浮子运动路径的延迟函数。

2) 阻尼力 F_{BEAR}、F_{DRAG}、F_{GEN}、F_{WB}

阻尼力通常是速度的函数,它们可以写为

$$F_{BEAR} = -\mu_{BEAR}F_{HOR}\,\mathrm{sign}(v) \tag{5-3}$$

$$F_{DRAG} = \begin{cases} -1/2\rho S_f v \mid v \mid C_{DUP}, & v \geqslant 0 \\ -1/2\rho S_f v \mid v \mid C_{DDW}, & v < 0 \end{cases} \tag{5-4}$$

$$F_{GEN} = -\beta_{GEN}v \tag{5-5}$$

$$F_{WB} = -\beta_{WB}v \tag{5-6}$$

式中,v 为浮子运动的速度,$v = \dfrac{\mathrm{d}x}{\mathrm{d}t}$;$\mu_{BEAR}$ 为轴承的摩擦系数;F_{HOR} 为波浪和潮流作用在浮子上的横向力;S_f 为浮子的表面积;C_{DUP} 和 C_{DDW} 分别为浮子向上和向下运动时的拉力系数;β_{GEN} 为发电机的阻尼系数;β_{WB} 为水制动器的阻尼系数。

3) 弹力 F_{AIR}、F_{NITRO}、F_{GRAV}、F_{HS}

弹力通常是浮子运动位移的函数,由于浮子的重力在浮子可通过减小位移而增加弹力来与之平衡,所以将浮子的重力也归为弹力。它们可以写为

$$F_{AIR}(x) = S_f p_a(x) \tag{5-7}$$

$$F_{NITRO}(x) = -S_n p_n(x) \tag{5-8}$$

$$F_{GRAV} = -m_f g \tag{5-9}$$

$$F_{HS}(x) = -S_f[\rho g(d_f + \eta_T - x) + p_{amb}] \tag{5-10}$$

式中,p_a 为 AWS 浮子内部的空气压力;S_n 为氮气气柱的表面积;p_n 为氮气气柱的压力;g 为重力加速度;d_f 是浮子的中点到水文零点之间的距离;η_T 为潮位到水文零点的距离;p_{amb} 为环境压力。

那么 AWS 浮子总的弹力系数 k_S 可以表示为

$$k_S = -\frac{\mathrm{d}(F_{AIR} + F_{NITRO} + F_{GRAV} + F_{HS})}{\mathrm{d}t}\bigg|_{x=x_0} \tag{5-11}$$

$$= k_a + k_n + k_h$$

式中,k_a、k_n 和 k_h 分别为空气、氮气和水静力学弹性系数;x_0 为浮子的静态平衡位置。

4) 激励力 F_{WAVE}

$$F_{WAVE}(\omega) = H(\omega)A \tag{5-12}$$

式中,ω 为波浪的角频率;A 为波浪的幅值;$H(\omega)$ 为波浪力和波浪幅值之间的转换函数。

2. 简化机械模型

在详细模型的基础上做如下假设,可对浮子的运动方程进行简化。

(1) 忽略阻尼力中水对浮子的拉力和轴承的摩擦力,由于它们相对于水制动器和直线电机的阻尼力要小得多。

(2) 在平衡位置附近,弹力与浮子的位移呈线性关系,总的弹力可以表示为

$$F_{spring} = k_S x \tag{5-13}$$

(3) 辐射力中仅计及由于随浮子运动水体的加速而产生的惯性力。

基于以上假设条件,并将式(5-2)、式(5-5)、式(5-6)和式(5-13)代入式(5-1)可得简化模型为

$$(m_f + m_{add\infty}) \frac{d^2 x}{dt^2} + \beta_{GEN} v + \beta_{WB} v + k_S x = F_{WAVE} \tag{5-14}$$

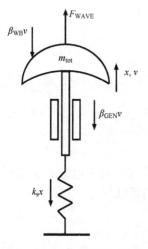

波浪发电系统通常通过电力电子元件与电网相连,因此,从电网侧感受不到 AWS 的惯性,所以,用于电力系统分析的波浪发电系统模型中,AWS 的运动方程可以采用简化模型。简化的模型可以采用图 5-3 所示的单弹性质量块模型来描述。

3. 直线永磁发电机详细模型

直线永磁发电机本质上是永磁发电机,其结构示意图如图 5-4 所示。与传统的旋转永磁发电机的主要区别是发电机转子的运动规律不同。传统的旋转电机旋转速度和旋转方向保持不变,而直线永磁电机的转子(translator)是进行来回往复运动,其速度的大小和方向是变化的。根据直线永磁发电机转子的运动特点,分为转子运动速度大于零和小于零两种情况来讨

图 5-3 单弹性质量块模型

论直线永磁发电的模型。

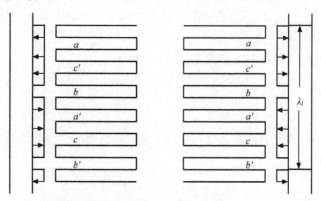

图 5-4 直线永磁发电机结构示意图

1）$v>0$

假定直线永磁发电机是对称的，并且当发电机的转子位移为零时，匝链在 a 相绕组上的磁链等于零。并采用与同步发电机相同的正方向定义，abc 坐标下的直线永磁发电机的模型可以写为如下形式。

定子磁链方程为

$$\boldsymbol{\psi}_s = -\boldsymbol{L}\boldsymbol{i}_{abc} + \boldsymbol{\psi}_{PM\_abc} \tag{5-15}$$

式中，$\boldsymbol{\psi}_s$ 为定子磁链向量，$\boldsymbol{\psi}_s = [\psi_a, \psi_b, \psi_c]^T$；$\boldsymbol{i}_{abc}$ 为定子电流向量，$\boldsymbol{i}_{abc} = [i_a, i_b, i_c]^T$；$\boldsymbol{L}$ 为电感矩阵；$\boldsymbol{\psi}_{PM\_abc}$ 为匝链在定子绕组上的转子磁链。$\boldsymbol{L}$ 和 $\boldsymbol{\psi}_{PM\_abc}$ 可以写为

$$\boldsymbol{L} = \begin{bmatrix} L_{ss} & M & M \\ M & L_{ss} & M \\ M & M & L_{ss} \end{bmatrix}, \quad \boldsymbol{\psi}_{PM\_abc} = \begin{bmatrix} \psi_{PM}\sin(2\pi x/\lambda) \\ \psi_{PM}\sin(2\pi x/\lambda - 2\pi/3) \\ \psi_{PM}\sin(2\pi x/\lambda + 2\pi/3) \end{bmatrix}$$

式中，λ 为直线永磁发电机的极距；ψ_{PM} 为永磁转子的磁链；L_{ss} 为定子绕组的自感；M 为定子绕组之间的互感。由于直线永磁发电的转子要比定子长得多，通常在其运动过程中能够覆盖整个定子，所以 L_{ss} 和 M 都保持恒定。

abc 坐标下定子电压方程为

$$\boldsymbol{u}_{s\_abc} = -\boldsymbol{R}\boldsymbol{i}_{abc} + \frac{\mathrm{d}\boldsymbol{\psi}_s}{\mathrm{d}t} \tag{5-16}$$

式中，$\boldsymbol{u}_{abc}$ 为定子端电压向量；$\boldsymbol{R}$ 为定子电阻矩阵，$\boldsymbol{R} = \mathrm{diag}(R_s, R_s, R_s)$，$R_s$ 为定子绕组的电阻。

将式(5-15)代入式(5-16)，定子电压方程可以写为

$$\boldsymbol{u}_{s\_abc} = -\boldsymbol{R}\boldsymbol{i}_{abc} + \frac{\mathrm{d}(-\boldsymbol{L}\boldsymbol{i}_{abc} + \boldsymbol{\psi}_{PM\_abc})}{\mathrm{d}t} \tag{5-17}$$

参照传统旋转发电机的 Park 变换，选择如下的变换将直线永磁发电机在 abc 坐标下的模型变换为 dq 坐标下的模型。坐标变换如下：

$$f_{dq0} = \boldsymbol{D}f_{abc} \tag{5-18}$$

并且

$$\boldsymbol{D} = \frac{2}{3} \begin{bmatrix} \cos\alpha & \cos\left(\alpha - \dfrac{2\pi}{3}\right) & \cos\left(\alpha - \dfrac{4\pi}{3}\right) \\ -\sin\alpha & -\sin\left(\alpha - \dfrac{2\pi}{3}\right) & -\sin\left(\alpha - \dfrac{4\pi}{3}\right) \\ \dfrac{1}{2} & \dfrac{1}{2} & \dfrac{1}{2} \end{bmatrix}$$

式中，$\alpha = \dfrac{2\pi}{\lambda}x - \dfrac{\pi}{2}$。需要指出，在稳态情况下，用于同步发电机建模 dq 坐标的旋转速度和旋转方向保持不变，而这里的 dq 坐标是固定在直线发电机的转子上，并且随着直线发电机的转子做来回往复运动，因此，dq 坐标运动速度的大小和方向是随时间变化的。

电压方程式(5-17)左右两边同时乘以变换矩阵 $\boldsymbol{D}$ 可得

$$\boldsymbol{u}_{dq0} =-\boldsymbol{R}\boldsymbol{i}_{dq0} -L_s\frac{\mathrm{d}\boldsymbol{i}_{dq0}}{\mathrm{d}t} -L_s\boldsymbol{A}\boldsymbol{i}_{dq0} +\boldsymbol{S}\omega\psi_{\mathrm{PM}} \tag{5-19}$$

式中

$$\boldsymbol{A} = \boldsymbol{D}\frac{\mathrm{d}\boldsymbol{D}^{-1}}{\mathrm{d}t} = \omega\begin{bmatrix} 0 & +1 & 0 \\ -1 & 0 & 0 \\ 0 & 0 & 0 \end{bmatrix}, \quad \boldsymbol{S} = \boldsymbol{D}\begin{bmatrix} \cos(2\pi x/\lambda_l) \\ \cos(2\pi x/\lambda_l - 2\pi/3) \\ \cos(2\pi x/\lambda_l + 2\pi/3) \end{bmatrix} = \begin{bmatrix} 0 \\ 1 \\ 0 \end{bmatrix}$$

将 $\boldsymbol{A}$ 和 $\boldsymbol{S}$ 代入式(5-19),可得

$$u_{ds} =-R_s i_{ds} +\omega L_s i_{qs} -L_s\frac{\mathrm{d}i_{ds}}{\mathrm{d}t} \tag{5-20}$$

$$u_{qs} =-R_s i_{qs} -\omega L_s i_{ds} -L_s\frac{\mathrm{d}i_{qs}}{\mathrm{d}t} +\omega\psi_{\mathrm{PM}} \tag{5-21}$$

式中,ω 为直线永磁发电机的电角速度,$\omega = 2\pi v/\lambda$;$L_s = L_{ss} - M$。

2) $v < 0$

当直线永磁发电机的转子向相反的方向运动,运动到任意一个位置时,定子的速度大小及匝链在定子绕组上的磁链与转子正方向运动时是相等的,只是速度的方向相反,所以在定子上感应出的电压和电流的方向大小相同,而方向相反,所以在 abc 坐标中具有如下关系:

$$\boldsymbol{f}_{abc,v>0}(x) =-\boldsymbol{f}_{abc,v<0}(x) \tag{5-22}$$

另外由式(5-18)可以看出,坐标变换只与位置 x 有关,所以式(5-18)对转子到达的任何位置都适用,式(5-22)左右两边同时乘以 $\boldsymbol{D}$ 可得

$$\boldsymbol{f}_{dq0,v>0}(x) =-\boldsymbol{D}\boldsymbol{f}_{abc,v<0}(x) =-\boldsymbol{f}_{dq0,v<0}(x) \tag{5-23}$$

将 $-u_{ds}$、$-u_{qs}$、$-i_{qs}$、$-i_{ds}$ 和 $-\omega$ 代入式(5-20)和式(5-21)中可得

$$u_{ds} =-R_s i_{ds} -\omega L_s i_{qs} -L_s\frac{\mathrm{d}i_{ds}}{\mathrm{d}t} \tag{5-24}$$

$$u_{qs} =-R_s i_{qs} +\omega L_s i_{ds} -L_s\frac{\mathrm{d}i_{qs}}{\mathrm{d}t} +\omega\psi_{\mathrm{PM}} \tag{5-25}$$

综合式(5-20)、式(5-21)、式(5-24)和式(5-25),直线永磁发电机在 dq 坐标中的模型可以写为

$$L_s\frac{\mathrm{d}i_{ds}}{\mathrm{d}t} =-R_s i_{ds} +X_s i_{qs} -u_{ds} \tag{5-26}$$

$$L_s\frac{\mathrm{d}i_{qs}}{\mathrm{d}t} =-R_s i_{qs} -X_s i_{ds} -u_{qs} +\omega\psi_{\mathrm{PM}} \tag{5-27}$$

式中,X_s 为直线永磁发电机的同步电抗,$X_s = |\omega|L_s$。

4. 直线永磁发电机简化模型

在电力系统动态分析计算中,由于发电机定子的动态过程相对比较短,通常忽略发电机的定子暂态,即令

$$\frac{\mathrm{d}\psi_{ds}}{\mathrm{d}t} = \frac{\mathrm{d}\psi_{qs}}{\mathrm{d}t} = 0 \tag{5-28}$$

由于是永磁发电机,定子直轴磁链 ψ_{ds} 和定子交轴磁链 ψ_{qs} 可以写为

$$\psi_{ds} = L_s i_{ds} + \psi_{PM} \tag{5-29}$$

$$\psi_{qs} = L_s i_{qs} \tag{5-30}$$

由此可得

$$\frac{\mathrm{d}i_{ds}}{\mathrm{d}t} = \frac{\mathrm{d}i_{qs}}{\mathrm{d}t} = 0 \tag{5-31}$$

则实用模型的定子电压方程变为

$$u_{ds} = -R_s i_{ds} + X_s i_{qs} \tag{5-32}$$

$$u_{qs} = -R_s i_{qs} - X_s i_{ds} + \omega \psi_{PM} \tag{5-33}$$

功率方程为

$$P = u_{ds} i_{ds} + u_{qs} i_{qs} \tag{5-34}$$

$$Q = u_{qs} i_{ds} - u_{ds} i_{qs} \tag{5-35}$$

5. 仿真分析

根据基于 AWS 波浪发电系统的详细模型和简化模型,在 MATLAB 中搭建了仿真系统,在波浪发电系统空载和带 $R\text{-}C$ 负荷两种情况下进行仿真,验证所建立模型的正确性,并且在带 $R\text{-}C$ 负荷情况下,比较了两种模型的精确度。仿真时采用的数据为实际装置的参数[8]。仿真时所施加波浪的周期为 6s,波浪作用在 AWS 上面的力为 0.9MN,那么

$$F_{\text{WAVE}} = 0.9 \times 10^6 \cos\left(\frac{2\pi t}{6}\right)(\text{N}) \tag{5-36}$$

1) 空载运行

在直线永磁发电机空载情况下进行仿真,直线永磁发电机的空载电动势、$\omega\psi$、AWS 转子的位移,以及 AWS 转子速度的变化过程如图 5-5 所示。由图 5-5 可以看出,在规则波浪作用下,AWS 转子的位移、速度,以及 dq 坐标中发电机的空载电势都随时间按照正弦规律变化。空载电势与发电机的转子速度是同相位的,并且超前转子的位移90°电角度。如果站在转子上进行观察,空载电动势向量是在 q 轴上进行上下往复运动,当转子的位移达到最大值时,速度减小为零,然后向反方向运动,这时候空载电动势的相位也变换180°。

2) 带 $R\text{-}C$ 负载运行

在直线发电机的端口连接一个 $R\text{-}C$ 并联负载,$R=6\Omega$,$C=2\text{mF}$,如图 5-6 所示。在式(5-36)所示力的作用下,直线发电机在 dq 坐标下的定子电流、abc 坐标下的定子电流及输出的有功、无功功率如图 5-7 所示。由图 5-7 可以看出,在发电机转子运动一个周期内,定子电流的幅值和频率时时刻刻变化,直线发电机输出的有功和无功功率以两倍转子运动的频率变化。电流和有功功率的波形图与实测的波形图类

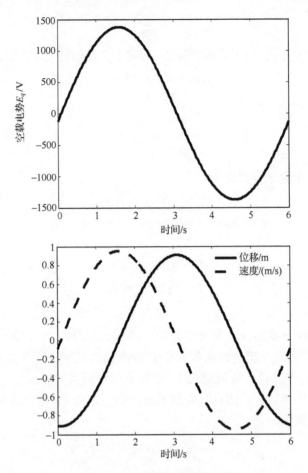

图 5-5　波浪发电系统空载运行

似[8]，并且幅值也比较接近（表 5-1）。

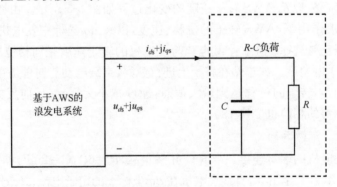

图 5-6　波浪发电系统带 R-C 负荷运行

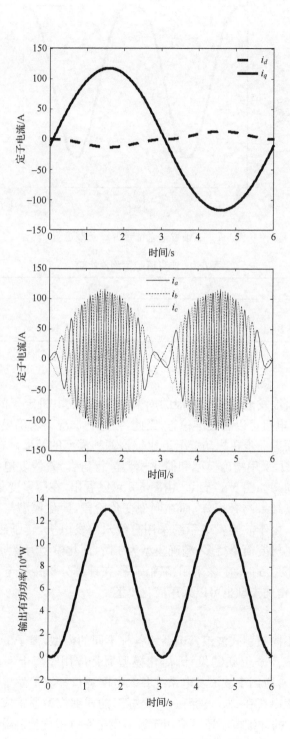

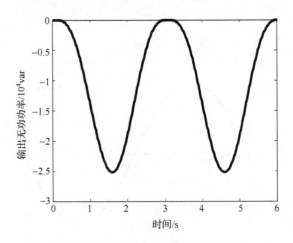

图 5-7　波浪发电系统带 R-C 负载运行

表 5-1　仿真值和实测值比较

参数	仿真	实测 *	偏差
电流幅值/A	117.5	110	6.82%
有功幅值/W	130.82	125	4.65%

* 该数值由实测曲线估算得到[8]。

3）模型精度比较

由于施加在波浪发电装置上波浪的周期为 6s,而发电机定子的暂态过程很短,远小于 6s,这时发电机可以看做准稳态,因此,在这种情况下精确模型和简化模型是相互等价的。下面进一步在扰动情况下比较这两种模型的精度。在 2s 时将负载电阻由 6Ω 减小为 2Ω,采用精确模型和简化模型进行仿真,直线发电机的定子电流和输出有功功率的动态如图 5-8 所示。由图 5-8 可以看出,在缓慢变化阶段,简化模型与精确模型的仿真结果吻合很好;而在剧烈变化阶段,简化模型与精确模型的仿真结果有一些差别。由于波浪发电系统采用直线永磁发电机,转子磁链恒定不变,模型相对于同步发电机要简单得多,精确模型为 4 阶,简化模型为 2 阶。所以在计算分析电机本身的动态过程时,应该采用精确模型;在计算分析接入电力系统的动态过程时,既可以采用精确模型也可以采用简化模型。

6. 模型应用

上面给出了不同直驱式波浪发电系统各种不同的模型,浮子的详细模型通常应用于波浪发电系统浮子形状的设计,简化模型通常应用于海上实验过程中模型验证,线性化模型通常应用于波浪发电系统并入电网运行和波浪发电系统最优控制器设计。永磁直线发电机在 abc 坐标和 dq 坐标下的详细模型通常应用于发电机的实验验证,dq 坐标下的详细模型还可应用于波浪发电系统最优控制器的设计,而 dq 坐标下的简化模型可应用于波浪发电系统并网运行的仿真分析和计算。各种模型的

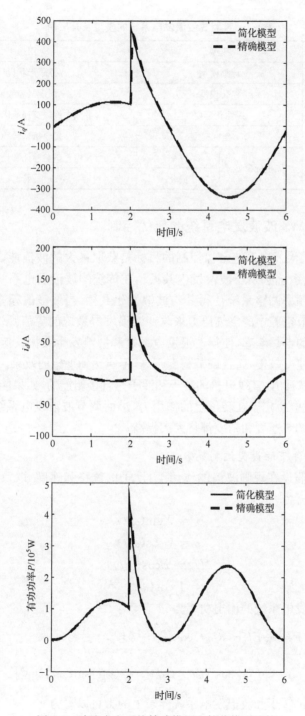

图 5-8　波浪发电系统精确模型和简化模型比较

适用场合归纳如表 5-2 所示。

表 5-2　直驱式波浪发电系统的模型及其应用

部件	模型		用途
浮子	详细模型		浮子形状设计
	简化模型		海上试验验证
	线性化模型		并入电网计算和最优控制设计
直线永磁发电机	abc 坐标模型		发电机试验验证
	dq 坐标模型	详细	发电机试验验证和控制器设计
		简化	并入电网计算分析

5.2.3　基于 AWS 波浪发电系统的最优控制

基于 AWS 波浪发电系统最优控制的目标是获取最大的波浪能,要获取最大的波浪能,波浪发电系统必须与波浪发生共振。在传统的波浪发电系统最优控制中,通常通过其自然频率调整系统使得其与波浪发生共振,当波浪的频率变化时,波浪发电系统通过调节空腔中的空气压力来改变波浪发电系统的等值弹性系数,从而改变波浪发电系统的自然频率,使得波浪发电系统和波浪发生共振。但是这种机械式的调节方法响应速度较慢,而且调节精度不高,不能达到理想的效果。

由图 5-1 可以看出,直线电机的转子和浮子是直接相连的,如果能够通过对发电机的控制,改变发电机定子在转子上的作用力,进而调节波浪发电系统的自然频率,这样自然频率的调节速度和精度都将大大提高。

1. 规则波条件下的最优控制策略

根据图 5-5,假设在规则波浪的作用下,浮子的位移和速度,以及直线发电机的内电势和定子电流为

$$x = X\sin(\omega_f t) \tag{5-37}$$

$$v = V\cos(\omega_f t) \tag{5-38}$$

$$E_q = E\cos(\omega_f t) \tag{5-39}$$

$$i_q = I_q\cos(\omega_f t - \phi) \tag{5-40}$$

直驱式波浪发电系统的输出功率为

$$P = \frac{3}{2}EI_q\cos(\omega_f t)\cos(\omega_f t - \phi)$$

$$= \frac{3}{2}EI_q\left[\cos^2(\omega_f t)\cos\phi + \cos(\omega_f t)\sin(\omega_f t)\sin\phi\right] \tag{5-41}$$

作用在发电机转子和波浪发电系统浮子上的力可以写为

$$F_{GEN} = \frac{P}{v}$$

$$= \frac{3}{2} \frac{EI_q \cos(\omega_f t) \cos(\omega_f t + \phi)}{V \cos(\omega_f t)}$$

$$= \frac{3}{2} \frac{EI_q}{V} [\cos(\omega_f t) \cos\phi + \sin(\omega_f t) \sin\phi] \tag{5-42}$$

假设波浪作用在波浪发电系统上的力为：$F_{WAVE} = F_w \cos(\omega_f t - \phi_w)$，并将式(5-37)、式(5-38)和式(5-42)代入式(5-14)可得

$$-m_{tot} \omega_f^2 X \sin(\omega_f t) + \frac{3EI_q \cos\phi}{2V} \cos(\omega_f t) + \frac{3EI_q \sin\phi}{2V} \sin(\omega_f t)$$

$$+ \beta_{WB} V \cos(\omega_f t) + k_s X \sin(\omega_f t)$$

$$= F_w \cos(\omega_f t) \cos\phi_w - F_w \sin(\omega_f t) \sin\phi_w \tag{5-43}$$

式(5-43)可以分解为

$$\frac{3EI_q \cos\phi}{2V} \cos(\omega_f t) + \beta_w V \cos(\omega_f t) = F_w \cos(\omega_f t) \cos\phi_w \tag{5-44}$$

$$-m_{tot} \omega_f^2 X \sin(\omega_f t) + \frac{3EI_q \sin\phi}{2V} \sin(\omega_f t) + k_s X \sin(\omega_f t) = -F_w \sin(\omega_f t) \sin\phi_w \tag{5-45}$$

式中

$$\frac{3EI_q \cos\phi}{2V} \cos(\omega_f t) = \frac{3E \cos(\omega_f t) I_q \cos(\omega_f t) \cos\phi}{2V \cos(\omega_f t)} = \frac{3E_q i_{q1}}{2v}$$

$$\frac{3EI_q \sin\phi}{2V} \sin(\omega_f t) = \frac{3E \cos(\omega_f t) I_q \sin(\omega_f t) \sin\phi}{2V \cos(\omega_f t)} = \frac{3E_q i_{q2}}{2v}$$

式(5-44)和式(5-45)可以写为

$$\frac{3E_q i_{q1}}{2v} + \beta_{WB} v = F_w \cos(\omega_f t) \cos\phi_w \tag{5-46}$$

$$-m_{tot} \omega_f^2 x + \frac{3E_q i_{q2}}{2v} + k_s x = -F_w \sin(\omega_f t) \sin\phi_w \tag{5-47}$$

根据获取最大波浪能的条件：①当波浪发电系统与波浪共振时，波浪发电系统的速度与波浪同相位，即 $\phi_w = 0$；②直线永磁发电机的阻尼力等于波浪的阻尼力。可得

$$-m_{tot} \omega_f^2 x + \frac{3E_q i_{q2}}{2v} + k_s x = 0 \tag{5-48}$$

$$\frac{3E_q i_{q1}}{2v} = \beta_{WB} v \tag{5-49}$$

由此可得，只要控制直线发电机的定子电流满足式(5-48)和式(5-49)，即可从波浪中获取最大的波浪能，定子电流的控制参考值为

$$i_{qs\_ref} = i_{q1} + i_{q2} = \frac{\beta_{WB} \lambda v}{3\pi\psi_{PM}} + \frac{(m_{tot} \omega_f^2 - k_s)\lambda x}{3\pi\psi_{PM}} \tag{5-50}$$

$$i_{ds\_ref} = 0 \tag{5-51}$$

2. 非线性波浪条件下的最优控制策略

考虑到实际工况下波浪是非线性的,有

$$F_w = F_1 \cos(\omega_1 t + \phi_{w1}) + F_2 \cos(\omega_2 t + \phi_{w2}) \tag{5-52}$$

将式(5-52)代入式(5-14)可得

$$m_{tot}\frac{dv}{dt} + \frac{3\pi\psi_{PM}i_q}{\lambda} + \beta_{WB}v + k_s x = F_1 \cos(\omega_1 t + \phi_{w1}) + F_2 \cos(\omega_2 t + \phi_{w2}) \tag{5-53}$$

式中,等式右边为系统的输入量;v 和 x 为状态变量;i_q 是控制变量;m_{tot}、π、ψ_{PM}、λ、β_{wb} 和 k_s 是常量,因此这是一个线性系统,可以分解成如下两个子系统:

$$\text{子系统 1:} m_{tot}\frac{dv_1}{dt} + \frac{3\pi\psi_{PM}i_{q1}}{\lambda} + \beta_{WB}v_1 + k_s x_1 = F_1 \cos(\omega_1 t + \phi_{w1}) \tag{5-54}$$

$$\text{子系统 2:} m_{tot}\frac{dv_2}{dt} + \frac{3\pi\psi_{PM}i_{q2}}{\lambda} + \beta_{WB}v_2 + k_s x_2 = F_2 \cos(\omega_2 t + \phi_{w2}) \tag{5-55}$$

对式(5-54)应用最优控制策略,可得子系统 1 的最优控制策略:

$$i_{qs11\_ref} = \frac{\beta_{WB}\lambda v_1}{3\pi\psi_{PM}} \tag{5-56}$$

$$i_{qs12\_ref} = \frac{m_{tot}\lambda \dfrac{dv_1}{dt} - k_s \lambda x_1}{3\pi\psi_{PM}} \tag{5-57}$$

同理可得子系统 2 的最优控制策略:

$$i_{qs21\_ref} = \frac{\beta_{WB}\lambda v_2}{3\pi\psi_{PM}} \tag{5-58}$$

$$i_{qs22\_ref} = \frac{m_{tot}\lambda \dfrac{dv_2}{dt} - k_s \lambda x_2}{3\pi\psi_{PM}} \tag{5-59}$$

因此,直驱式波浪发电的最优控制策略可以写为

$$i_{qs\_ref} = i_{qs11\_ref} + i_{qs12\_ref} + i_{qs21\_ref} + i_{qs22\_ref}$$

$$= \frac{\beta_{WB}\lambda v_1}{3\pi\psi_{PM}} + \frac{\beta_{WB}\lambda v_2}{3\pi\psi_{PM}} + \frac{m_{tot}\lambda \dfrac{dv_1}{dt} - k_s \lambda x_1}{3\pi\psi_{PM}}$$

$$+ \frac{m_{tot}\lambda \dfrac{dv_2}{dt} - k_s \lambda x_2}{3\pi\psi_{PM}} \tag{5-60}$$

$$= \frac{\beta_{WB}\lambda v}{3\pi\psi_{PM}} + \frac{m_{tot}\lambda \dfrac{dv}{dt} - k_s \lambda x}{3\pi\psi_{PM}}$$

$$i_{d\_ref} = 0 \tag{5-61}$$

3. 仿真验证

在 MATLAB 中搭建了波浪发电系统的仿真模型以及最优控制策略,在不规则

波浪条件下验证最优控制器的有效性。假定作用在波浪发电系统上的力为

$$F_{\mathrm{w}} = F_1 \sin(\omega_1 t) + \frac{F_1}{2} \sin(2\omega_1 t)$$

式中，$F_1 = 9 \times 10^5 \mathrm{N}$；$\omega_1 = \dfrac{2\pi}{12} \mathrm{rad/s}$。

作用在波浪发电系统上力的波形如图 5-9 所示，波浪发电系统的浮子位移、浮子的速度、直线发电机的定子电流和输出的功率曲线如图 5-10 所示。

由图 5-10(a)和图 5-10(b)可以看出，浮子的位移领先于浮子的速度 $\pi/2$。由图 5-10(b)和图 5-9 可以看出，当使用最优控制策略时，浮子的速度和作用在浮子上的力是同相位的。由图 5-10(d)可以看出，使用最优控制器的波浪发电系统输出的平均功率为 123.86kW，而没有使用最优控制器的波浪发电系统输出的平均功率为

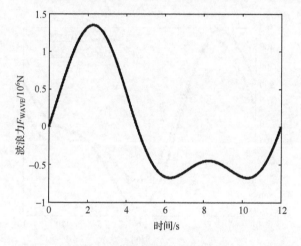

图 5-9　波浪在浮子上的作用力

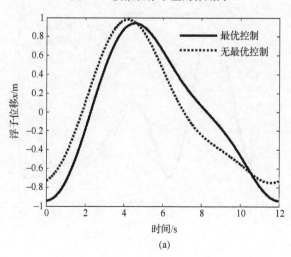

(a)

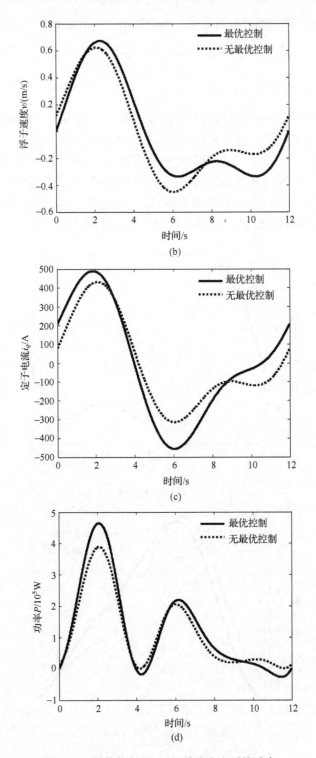

图 5-10　最优控制下 AWS 波浪发电系统动态

111.47kW。由此可见使用本项目提出的最优控制策略,能够在不规则波浪条件下,提高从波浪中获取的能量,进而提高波浪发电系统的效率。

5.2.4　基于 AWS 波浪发电系统并网运行与控制

1. 联网变换器及其控制器设计

由于直驱式波浪发电系统端口电压的频率和幅值都随时间变化,所以必须采用全功率的"背靠背"电力电子变换器与电网相连。采用基于 VSC 的背靠背电力电子变换器,其结构如图 5-11 所示。

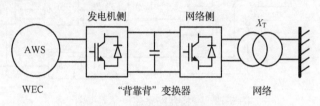

图 5-11　"背靠背"变换器结构

与直驱永磁风力发电系统联网变换器的控制系统相类似,分别设计直驱式波浪发电系统联网变换器的发电机侧控制器和网络侧控制器。

背靠背变换器发电机侧控制器的控制目标为从波浪中获取最大的能量和使得发电机的损耗最小,控制器的框图如图 5-12 所示。控制器中 i_{q_ref} 设置如式(5-60),使得直驱式波浪发电系统与波浪发生共振,同时使得波浪发电系统受到的水的阻尼和发电机的阻尼相等,从而获取最大的波浪能;保持 i_{d_ref} 为 0,从而使得直线永磁发电机的损耗最小。

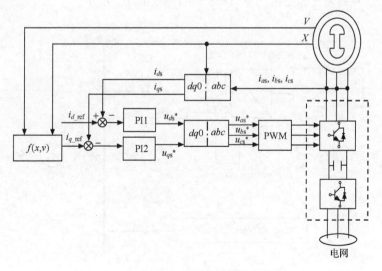

图 5-12　变换器发电机侧控制器框图

背靠背变换器网络侧控制器的控制目标为维持输出的电压和功率恒定,控制器的框图如图 5-13 所示。控制器维持背靠背变换器的电容电压的平均值恒定,通过电容储能来平滑直驱式波浪发电系统输出的功率;控制网络侧的 d 轴电流,来维持波浪发电系统输出的电压恒定。

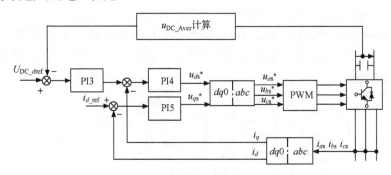

图 5-13 变换器网络侧控制器框图

必须指出的是,上述变换器采用电容器作为储能元件,进而维持输出的功率恒定,这样电容器的容量达到 0.4F[9]。0.4F 的电容的体积很大,很难嵌入波浪发电系统的背靠背变换器中,因此提出采用电池储能来平滑波浪发电系统输出的功率。利用储能平滑功率系统结构,有以下两种。

1) 嵌入式

嵌入式的储能系统(distributed battery energy storage,DBES)是将储能设备与背靠背变换器的电容器相并联,DBES 吸收波浪发电系统输出实时功率与其平均值之间的偏差,从而输出恒定的功率,DBES 结构如图 5-14 所示。

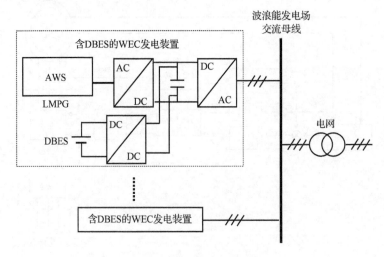

图 5-14 DBES 结构

波浪发电系统输出的实时功率可以表示为

$$P = E_q i = \frac{3}{2} E_p I_p \cos(\omega_t t) \cos(\omega_t t)$$
$$= \frac{3}{4} [E_p I_p \cos(2\omega_t t) + E_p I_p] \tag{5-62}$$

式中,下标 p 表示幅值。那么波浪输出功率的平均值为

$$P_{\text{avg1}} = \frac{3}{4} E_p I_p \tag{5-63}$$

储能系统吸收的功率为

$$P_{\text{DBES}} = \frac{3}{4} E_p I_p \cos(2\omega_t t) \tag{5-64}$$

由式(5-64)可以看出,DBES 所吸收的功率的最大值与波浪发电系统输出功率的平均值是相同的。因此波浪发电场中 DBES 的容量总和应该与整个波浪发电系统的额定容量相等。

2) 集中式

集中式的储能系统(aggregated battery energy storage,ABES)是将储能系统安装在波浪发电场并网的公共母线上,平滑整个波浪发电场输出功率的波动,其结构如图 5-15 所示。

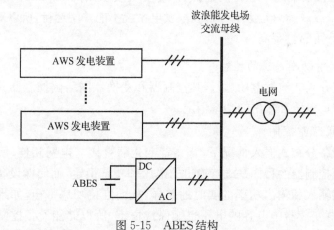

图 5-15　ABES 结构

假定波浪发电场由两组波浪发电系统构成,每组有 n 个波浪发电装置构成,两组波浪发电系统输出的功率可以表示为

$$P_{\text{g1}} = \frac{3n}{4} [E_p I_p \cos(2\omega_t t) + E_p I_p] \tag{5-65}$$

$$P_{\text{g2}} = \frac{3n}{4} \{E_p I_p \cos[2(\omega_t t + \phi)] + E_p I_p\} \tag{5-66}$$

那么波浪发电场输出功率的平均值和 ABES 所吸收的功率为

$$P_{avg2} = \frac{3n}{2}E_{p}I_{p} \tag{5-67}$$

$$P_{ABES} = \frac{3}{4}\{E_{p}I_{p}\cos(2\omega_{t}t) + E_{p}I_{p}\cos[2(\omega_{t}t + \phi)]\} \tag{5-68}$$

由式(5-68)可以看出，ABES 所吸收功率的最大值随着 ϕ 的变化而变化。

$$P_{ABES\_P} = 0, \qquad\qquad \phi = \frac{\pi}{2}, \frac{3\pi}{2} \tag{5-69}$$

$$P_{ABES\_P} = \frac{3n}{2}E_{p}I_{p}, \qquad\qquad \phi = 0, \pi \tag{5-70}$$

$$0 < P_{ABES\_P} < \frac{3n}{2}E_{p}I_{p}, \qquad 其他 \tag{5-71}$$

由此可以看出，当 $\phi = \frac{\pi}{2}, \frac{3\pi}{2}$ 时，两组波浪发电系统输出的功率正好反相、相互平滑，ABES 所吸收的功率最大值最小，为 0；当 $\phi = 0, \pi$ 时，两组波浪发电系统输出的功率正好同相，ABES 所吸收功率的最大值最大，等于波浪发电场的额定发电容量总和。如果波浪发电装置能够根据当地海域的波浪情况进行最优的分布，各组波浪发电系统之间能够进行相互的平滑，因此，ABES 的容量可以选择得小一些，投资可以降低一些。但是，ABES 的可靠性对波浪发电场能否并网运行具有决定性作用，一旦 ABES 故障，波浪发电场不能并网运行，则需要安装备用的 ABES，同时投资费用也将提高；而 DBES 故障只是影响一台波浪发电系统不能并网运行，所以对于波浪发电场，采用 DBES 可靠性提高。

2. 储能平滑功率系统的控制

储能系统并入波浪发电场运行，其控制器和变换器网络侧控制器共同来维持波浪发电场的端口电压和输出的功率恒定。

1）嵌入式储能控制

在储能设备分布式嵌入情况下，背靠背变化器直接与电网相连，所以背靠背变化器的网络侧控制器的目标是维持输出的电压和功率恒定，而储能设备要吸收背靠背变换器两端输入和输出功率的实时的差异，从而维持功率平衡，如果两端功率平衡，那么背靠背变换器中电容的电压也能保持恒定，所以储能设备控制器的目标是能够维持电容器电压恒定，背靠背变换器网络侧和储能设备的控制框图分别如图 5-16 和图 5-17 所示。

2）集中式储能控制

储能集中接入，波浪发电系统的网络侧变换器控制的电压控制与分布式接入相类似，而有功控制的目标是维持变换器电容器电压恒定，而储能设备的控制器是吸收波浪发电系统的波动，它们的控制框图如图 5-18 和图 5-19 所示。

3. 仿真验证

将波浪发电场并入图 5-11 所示的无穷大系统进行仿真，验证所设计储能系统及

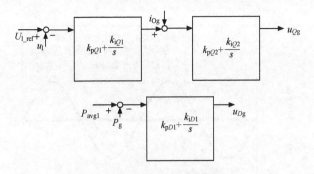

图 5-16　网络侧变换器控制框图

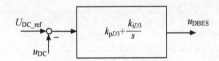

图 5-17　DBES 控制框图

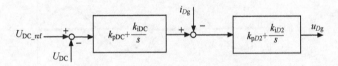

图 5-18　网络侧变换器控制框图

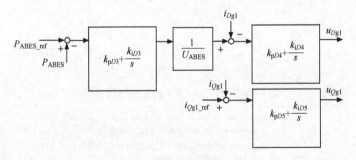

图 5-19　ABES 控制器框图

k_{pQ1}、k_{iQ1}、k_{pQ2}、k_{iQ2}、k_{pD1}、k_{iD1}、k_{pD3}、k_{iD3}、k_{pDC}、k_{iDC}、k_{pD2}、k_{iD2}、k_{pD4}、k_{iD4}、k_{pD5}、k_{iD5} 为控制器参数；
i_{Dg}、i_{Qg} 分别为网络侧的 D、Q 轴电流；i_{Dg1} 和 i_{Qg1} 分别为储能支路的 D、Q 轴电流

其控制器的有效性。

1）功率平滑验证

当 ϕ 等于 0 和 $5\pi/12$ 时对储能系统集中接入进行仿真，其动态如图 5-20 所示，储能系统分布式接入情况下的动态如图 5-21 所示。由图 5-20 和图 5-21 可以看出，储能系统不管是集中接入还是分布式接入，都能够很好地平滑波浪发电系统的输出功率。

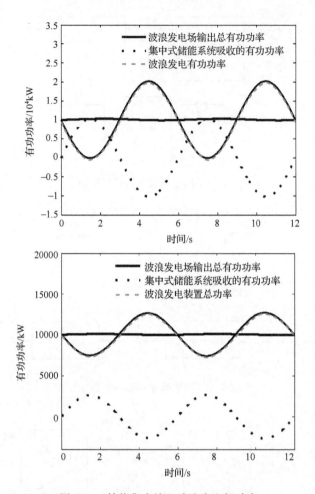

图 5-20　储能集中接入波浪发电场动态

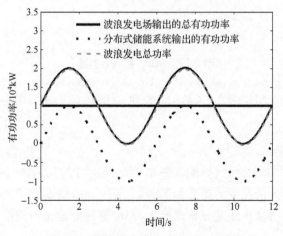

图 5-21　储能分布接入波浪发电场动态

2）扰动情况下动态

在波浪发电系统的端口发生接地故障，端口电压跌落到 0.85p.u.，波浪发电系统的动态如图 5-22 所示。由图 5-22 可以看出，当储能集中接入时，其动态比分布式接入要好，主要是由于集中式接入的储能直接接在波浪发电场的端口，对故障条件下波浪发电系统的整体输出动态特性具有好的控制作用。

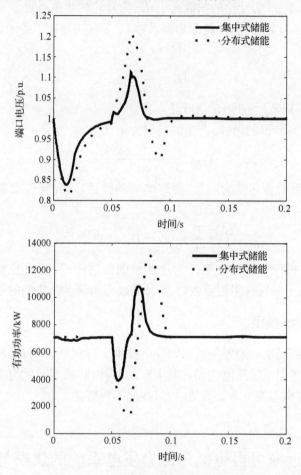

图 5-22　波浪发电系统故障条件下动态

5.3　潮流能发电系统的建模

潮流能发电系统，俗称"水下风车"，其发电原理和装置结构与风力发电系统相类似，所以，其模型与风力发电系统也基本相同。这里仅对它们不同的地方进行介绍。

5.3.1 机械系统模型

根据 Betz 极限理论,水平轴潮流能发电系统从潮流能中捕获的功率可表示为

$$P = \frac{1}{2}\rho S v^3 C_\text{p} \tag{5-72}$$

式中,ρ 为海水密度;S 为叶轮的扫截面积;C_p 为叶轮的功率系数。

对于定桨距的叶轮结构,叶轮的功率系数 C_p 是叶尖速比 λ 的函数,即

$$\begin{cases} C_\text{p} = f(\lambda) \\ \lambda = \dfrac{\omega R}{v} \end{cases} \tag{5-73}$$

式中,ω 为叶轮的旋转角速度;R 为叶轮半径。

由式(5-72)可得叶轮旋转时产生的机械力矩 T 为

$$T = \frac{P}{\omega} = \frac{1}{2}\frac{\rho S v^3 C_\text{p}}{\omega} \tag{5-74}$$

假设叶轮轴系的各连接为刚性,并忽略轴的弹性,则叶轮传动系统的力矩平衡方程为

$$T - \frac{T_\text{g}}{i} - T_\text{f} - B\omega = J\frac{\text{d}\omega}{\text{d}t} \tag{5-75}$$

式中,T_g 为发电机产生的反力矩;i 为增速箱的传动比;T_f 为叶轮轴系上的摩擦力矩;B 为叶轮轴系上的黏性阻尼系数;J 为叶轮轴系折算到叶轮侧的等效转动惯量。

5.3.2 电气系统模型

水平轴式潮流能发电装置是从风力发电技术上发展而来的,潮流能发电系统的电气部分也基本采用双馈感应式和直驱永磁式两种,其模型与风力发电系统中的模型是一致的,具体模型参见 3.2 节的内容,在此不再赘述。

5.4 近海可再生能源综合发电系统的建模与控制

近年来,波浪能和潮流能发电系统虽然取得了可喜的进展,但必须指出,波浪能和潮流能装置的可靠性差是制约其不能实现商业化运营的主要因素之一。由于海洋环境恶劣,波浪能和潮流能发电装置在海洋中运行,如果没有稳固的平台对其进行承载,当风暴潮来临时,漂浮的发电装置很容易损坏,这样不仅由于装置的损毁造成较大的经济损失,同时还对相同海域的过往船只、海上建筑物和海堤的安全产生巨大的威胁。因此不管是从提高波浪能和潮流能发电装置可靠性,还是从海域和海岸的安全出发,都必须可靠地固定和承载波浪能和潮流能发电装置。与此同时,值得注意的是,近海风力发电装置的基础平台技术成熟,如果能够利用近海风电的基

础平台,融合近海风力发电、波浪能发电和潮流能发电,构建近海可再生能源综合发电系统平台,不仅能够大大提高近海可再生能源发电系统的可靠性,还为近海可再生能源的商业化运营奠定基础。

关于近海可再生能源综合发电系统方面的研究主要包括综合发电平台的搭建、发电装置的选型和布置、能源综合评估、建模与控制,以及并网运行等。本节主要讨论近海可再生能源发电系统的建模与控制问题,根据前述的各种近海可再生能源的模型,搭建近海可再生能源综合发电系统的模型,仿真分析其动态特性。

5.4.1 近海可再生能源综合发电系统的构建

近海可再生能源综合发电系统构成如图 5-23 所示,采用导管架式基础平台结构。

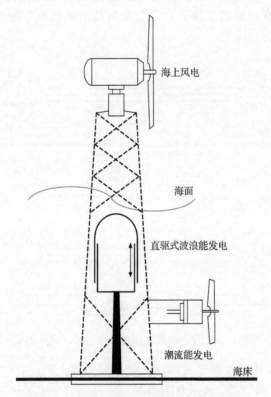

图 5-23　近海可再生能源综合发电系统构成

风力发电装置位于海平面以上,安装于基础平台的顶部。相对垂直轴式风机而言,水平轴式风机技术成熟、自启动性能好、发电效率高,因此本节采用水平轴式风机将风能转换为机械能。波浪能发电装置位于海面,安装固定于导管架式基础平台内部。波浪能发电装置多种多样,主要可以分为间接驱动式和直接驱动式两大类。其中,直接驱动式波浪发电系统直接利用水的浮力或者水的重力直接驱动直线式永磁电机发电,与间接驱动式相比,其具有效率较高和系统结构简单等特点,本节采用直驱式波浪能发电装置。潮流能发电装置位于海面以下,安装于基础平台底部,必要时可以升至海面以便于维护。其原理与风力发电类似,同样选用水平轴式潮流能机组。

5.4.2 近海可再生能源综合发电系统的模型构建

由于近海可再生能源发电系统中各发电装置可以采用不同的发电机类型和不同的汇流方式,所以综合发电系统有多种组合方案,本节将对各种组合方案进行仿真对比。各种组合方案如下。

(1) 风力发电和潮流能发电均采用双馈异步发电机(DFIG),其并网结构示意图如图 5-24 所示(DFIG-AWS-DFIG)。此时波浪能发电的直线永磁电机(LPMG)在"背靠背"电力电子变换器的交流侧和风力发电及潮流能发电的双馈感应发电机出口分别连接升压变后并网。

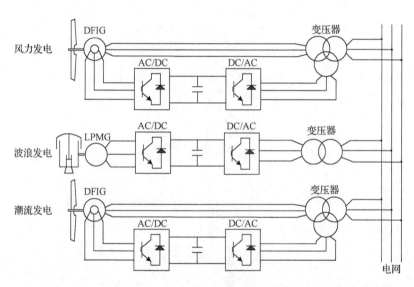

图 5-24　组合 1:风力发电和潮流能发电均采用双馈异步风力发电机

(2) 风力发电采用间接驱动式的双馈异步风力发电机,潮流能发电采用直驱永磁发电机(DDPM),其并网结构示意图如图 5-25 所示(DFIG-AWS-DDPM)。此时波浪能发电的直线永磁发电机和潮流能发电的直驱永磁发电机在"背靠背"电力电子变换器的直流侧并联,然后通过升压变与风力发电的双馈异步风力发电机一起并网。

(3) 风力发电和潮流能发电均采用直驱永磁发电机,其并网结构示意图如图 5-26所示(DDPM-AWS-DDPM-DC)。此时三种发电装置均在"背靠背"电力电子变换器的直流侧并联,然后通过换流站接入交流电网。

(4) 风力发电和潮流能发电均采用直驱永磁发电机,其并网结构示意图如

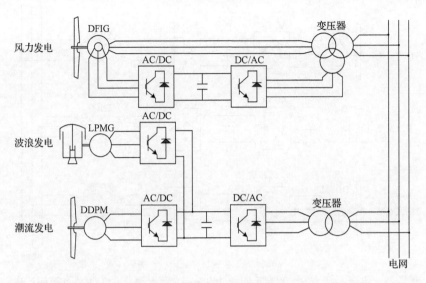

图 5-25 组合 2:风力发电采用双馈异步风力发电机,潮流能发电采用直驱永磁发电机

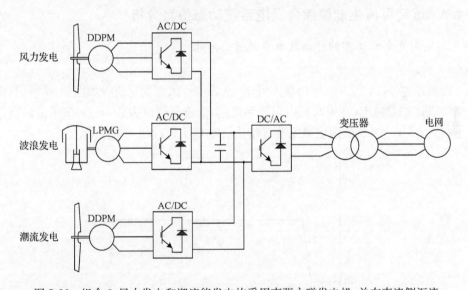

图 5-26 组合 3:风力发电和潮流能发电均采用直驱永磁发电机,并在直流侧汇流

图 5-27所示(DDPM-AWS-DDPM-AC)。此时三种发电装置分别在"背靠背"电力电子变换器的交流侧连接升压变后接入交流电网。

下面分别针对图 5-24～图 5-26 的不同发电机类型的综合发电系统,以及图 5-26 和图 5-27 的不同汇流方式的综合发电系统进行仿真分析。

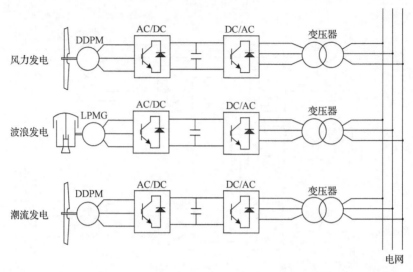

图 5-27　组合 4:风力发电和潮流能发电均采用直驱永磁发电机,并在交流侧汇流

5.4.3　近海可再生能源综合发电系统动态仿真分析

1. 不同发电机类型的综合发电系统仿真对比

1) 风速变化时的仿真对比

设风速在 4s 时由 10m/s 斜坡上升至 10.5m/s,风速变化曲线如图 5-28 所示;由于潮流流速相对稳定,在短时间内可视为恒定,潮流流速设为 2.5m/s;波浪的波高设为正弦波,从而 AWS 波浪能发电装置输出有功功率也近似为正弦波。

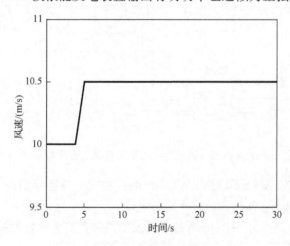

图 5-28　风速变化曲线

系统总输出有功功率如图 5-29 所示,从图中可以看出,在风速变化时,对于不同发电机类型的综合发电系统,系统的输出功率均能够跟踪风速的变化,且最终输出

功率基本保持一致。所以,对于风速变化,采用不同发电机的几种综合发电系统在性能上没有明显差别。

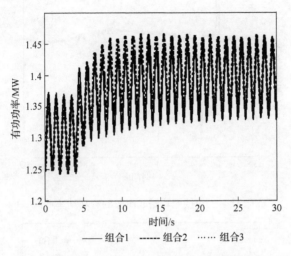

图 5-29　风速变化时的有功功率曲线

2）电网故障下的仿真对比

将近海可再生能源综合发电系统接入如图 5-30 所示的单机无穷大系统中,4s 时线路 1 中点处设置三相接地短路,0.1s 后故障切除,故障时接地电阻为 10Ω。仿真时设置风速和潮流流速恒定,分别为 10m/s 和 2.5m/s,波浪波高同样设为正弦波,不同发电机类型的综合发电系统输出有功功率、无功功率和端口电压曲线分别如图 5-31、图 5-32 和图 5-33 所示。

由图可以看出,在三相接地短路故障下,对于不同发电机类型的综合发电系统,组合 3 的动态响应最好,组合 2 次之,而组合 1 的波动最大。

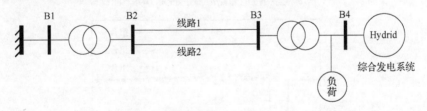

图 5-30　近海可再生能源综合发电系统并入无穷大系统运行

3）低电压运行特性仿真对比

近年来,可再生能源发电系统的低电压穿越能力已越来越受到人们的重视。为此,对所搭建的综合发电系统也进行了低电压运行特性的仿真分析。选取两种电压跌落情况来进行仿真:一是比较典型的 50% 电压跌落持续 0.5s;二是比较严重的 85% 电压跌落持续 0.2s。

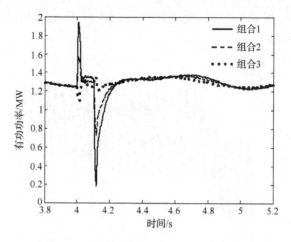

图 5-31　三相接地短路故障下的有功功率曲线

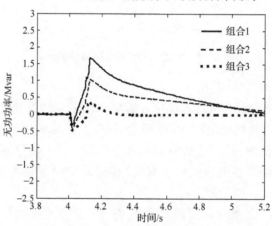

图 5-32　三相接地短路故障下的无功功率曲线

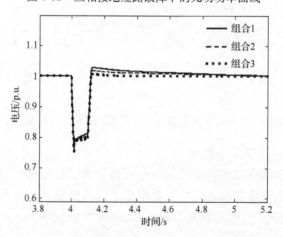

图 5-33　三相接地短路故障下的端口电压曲线

（1）电压跌落 50％。

在图 5-30 所示的单机无穷大系统中，4s 时电网电压跌落 50％，持续 0.5s，如图 5-34所示。电压跌落期间，不同发电机类型的综合发电系统输出有功功率、无功功率、直流母线电压和风力发电机的转速分别如图 5-35～图 5-38 所示。

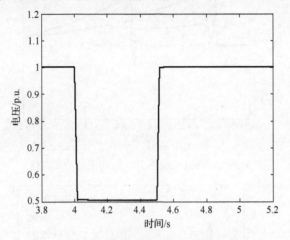

图 5-34　电网电压跌落 50％示意图

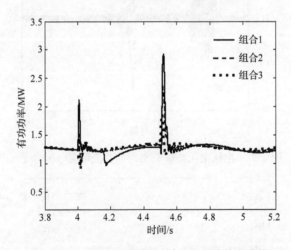

图 5-35　电网电压跌落 50％时的有功功率曲线

从图中可以看出，当电网电压跌落 50％时，组合 3 的有功功率、无功功率和转速的波动最小，动态响应最好，低电压穿越能力最强，而组合 1 受电压跌落的影响最大。这主要是因为组合 3 的综合发电系统与电网之间通过"背靠背"变流器实现了隔离，也因此使得电容上有大量功率交换，造成其直流母线电压波动比其他两种组合方式大。

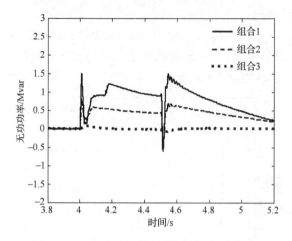

图 5-36　电网电压跌落 50％时的无功功率曲线

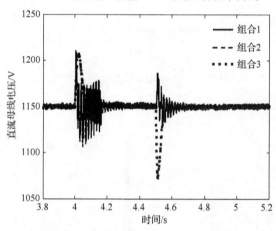

图 5-37　电网电压跌落 50％时的直流母线电压曲线

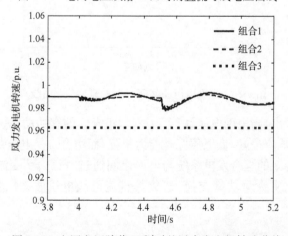

图 5-38　电网电压跌落 50％时的风力发电机转速曲线

（2）电压跌落85%。

当电网电压跌落幅度很大时，直流侧电容的输入和输出功率会发生不平衡，输入功率远大于输出功率，如果不采取相应措施，会使得直流母线电压大幅升高，影响器件寿命和系统运行。所以本节在直流侧增加了卸荷电路(Crowbar)来调节直流母线的电压。

本节采用的卸荷电路如图5-39所示，主要由可控电力电子开关器件和卸荷电阻组成。当直流母线电压超过设定的上限时，自动投入卸荷电阻，消耗多余功率；当直流母线电压恢复到设定值以下时，自动切出卸荷电阻。

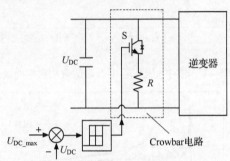

图 5-39　卸荷电路原理图

安装卸荷电路后，在图 5-30 所示的单机无穷大系统中，4s 时电网电压跌落85%，持续 0.2s，如图 5-40 所示。电压跌落期间，不同发电机类型的综合发电系统输出有功功率、无功功率、直流母线电压和风力发电机的转速分别如图 5-41～图 5-44所示。

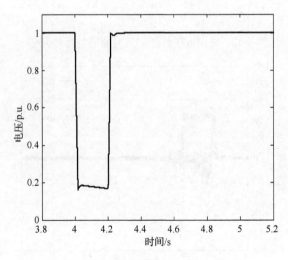

图 5-40　电网电压跌落 85%示意图

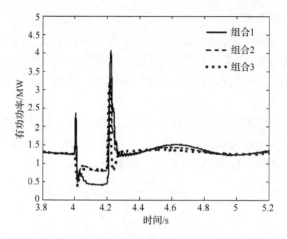

图 5-41　电网电压跌落 85％时的有功功率曲线

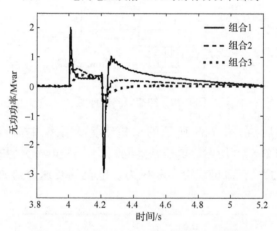

图 5-42　电网电压跌落 85％时的无功功率曲线

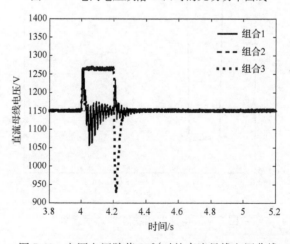

图 5-43　电网电压跌落 85％时的直流母线电压曲线

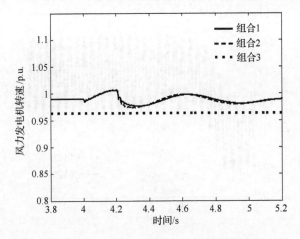

图 5-44　电网电压跌落 85％时的风力发电机转速曲线

从图中可以看出,安装卸荷电路后,当电网电压跌落 85％时,也是组合 3 的波动最小(直流母线电压除外),动态响应最好,而组合 1 受电压跌落的影响最大。

仿真结果表明,组合 3 的综合发电系统实现了输出有功功率、无功功率的解耦控制,当电网电压跌落时,基本不会对发电机和机组的运行产生影响,在低电压运行能力上比其他两种含 DFIG 的综合发电系统具有更大的优势。同时,组合 3 中采用的均是直驱永磁发电机,省去了变速箱的成本,也降低了维护费用。

2. 不同汇流方式的综合发电系统仿真对比

这里针对 DDPM-AWS-DDPM 组合(即组合 3 和组合 4),分别对比在直流侧和交流侧汇流并网的性能。

1) 风速变化时的仿真对比

设风速在 4s 时由 10m/s 斜坡上升至 10.5m/s,风速变化曲线如图 5-28 所示;潮流流速设为 2.5m/s;波浪的波高同样设为正弦波。

系统总输出有功功率如图 5-45 所示,从图中可以看出,在风速变化时,对于不同汇流方式的综合发电系统,系统的输出功率均能够跟踪输入信号的变化,且最终输出功率基本保持一致。

2) 电网故障下的仿真对比

在图 5-30 所示的单机无穷大系统中,4s 时线路 1 中点处设置三相接地短路,0.1s 后故障切除,故障时接地电阻为 10Ω。仿真时设置风速和潮流流速恒定,分别为 10m/s 和 2.5m/s,波浪波高同样设为正弦波,不同汇流方式的综合发电系统输出有功功率和无功功率分别如图 5-46 和图 5-47 所示。

从图中可以看出,在三相接地短路故障下,对于不同汇流方式的综合发电系统,交流汇流方式(组合 4)的动态响应略好。

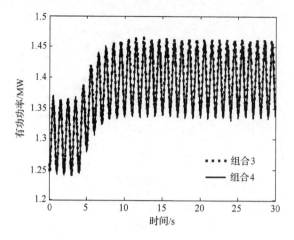

图 5-45　风速变化时的有功功率曲线

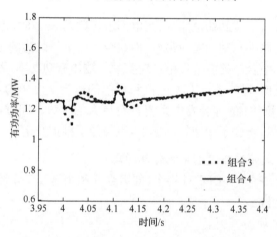

图 5-46　三相接地短路故障下的有功功率曲线

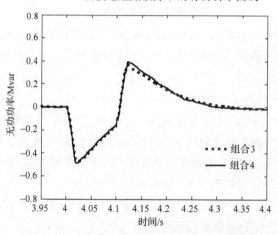

图 5-47　三相接地短路故障下的无功功率曲线

3）低电压运行特性仿真对比

在前面分析基础上，安装卸荷电路，在图 5-30 所示的单机无穷大系统中，4s 时电网电压跌落 85%，持续 0.2s，如图 5-40 所示。电压跌落期间，不同发电机类型的综合发电系统输出有功功率、无功功率、直流母线电压和风力发电机的转速分别如图 5-48～图 5-51 所示。

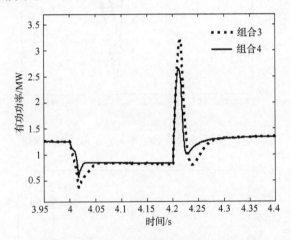

图 5-48　电网电压跌落 85% 时的有功功率曲线

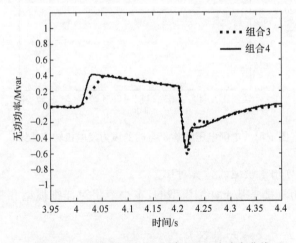

图 5-49　电网电压跌落 85% 时的无功功率曲线

仿真结果表明，当电网电压跌落时，风力发电和潮流能发电均采用直驱永磁发电机的综合发电系统，不管是交流汇流还是直流汇流，基本不会对发电机和机组的运行产生影响，都具有较强的低电压运行能力。相比较而言，交流汇流方式比直流汇流方式在低电压运行能力上略好，但交流汇流方式中采用了更多的背靠背变流器，使得系统结构更复杂，设备成本更高。

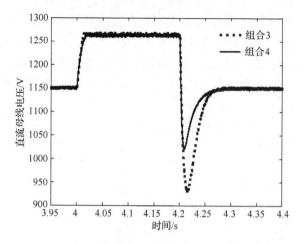

图 5-50　电网电压跌落 85％时的直流母线电压曲线

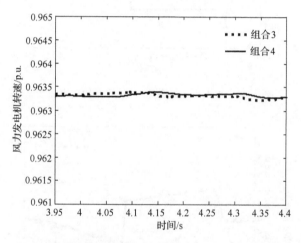

图 5-51　电网电压跌落 85％时的风力发电机转速曲线

3. 详细模型与相量模型的仿真对比

本节前面的仿真都是基于详细模型的,本小节将对详细模型和相量模型进行仿真对比。

1) 详细模型与相量模型的区别

详细模型是离散模型,它对电力电子变换器的结构和 PWM 控制进行了详细的表示。为了提高准确度,必须用相对较小的时间步长(本节取 5 μs)对模型进行离散化。详细模型能很好地用于短时间内(通常几百毫秒到 1s)观测谐波和控制系统动态性能。

相量模型是连续的,它将正弦电压和电流用系统标称频率下的相量(复数)形式表示,这与暂态稳定分析软件中使用的技术相同。相量模型更适用于在长时间段内(几十秒到几分钟)模拟系统低频机电振荡。

下面以 DDPM-AWS-DDPM-DC 直流汇流的综合发电系统为例,对详细模型和相量模型进行仿真对比,并保持两种模型中的各参数值一致。

2)风速变化时的仿真对比

设风速在 4s 时由 10m/s 斜坡上升至 11m/s,如图 5-52 所示,潮流流速设为 2.5m/s,波浪的波高同样设为正弦波。

详细模型和相量模型的系统总输出有功功率如图 5-53 所示,由图中可以看出,在风速变化时,不管是相量模型还是详细模型,系统的输出功率均能够跟踪输入信号的变化,且最终输出功率基本保持一致。

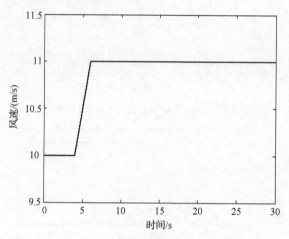

图 5-52　风速变化曲线

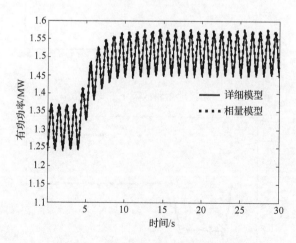

图 5-53　风速变化时的有功功率曲线

3)三相接地短路故障下的仿真对比

在图 5-30 所示的单机无穷大系统中,4s 时线路 1 中点处设置三相接地短路,0.1s 后故障切除,故障时接地电阻 10Ω。仿真时设置风速和潮流流速恒定,分别为 10m/s 和 2.5m/s,波浪波高同样设为正弦波,详细模型和相量模型的输出有功功率、无功功率和综合发电系统端口电压曲线分别如图 5-54～图 5-56 所示。

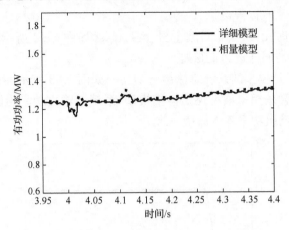

图 5-54　三相接地短路故障下的有功功率曲线

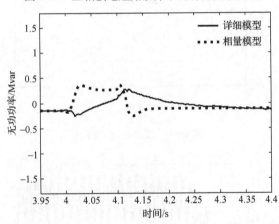

图 5-55　三相接地短路故障下的无功功率曲线

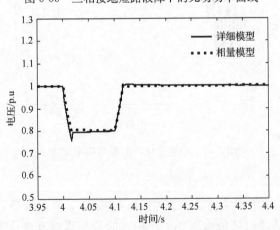

图 5-56　三相接地短路故障下的端口电压曲线

从图中可以看出,在三相接地短路故障下,详细模型和相量模型的输出有功功率、无功功率和端口电压曲线变化趋势类似,相量模型的有功及无功功率曲线波动略大,但差别并不突出。

4)两相接地短路故障下的仿真对比

在图 5-30 所示的单机无穷大系统中,4s 时线路 1 中点处设置 BC 两相接地短路,0.15s 后故障切除,故障时接地电阻 1Ω。仿真时设置风速和潮流流速恒定,分别为 10m/s 和 2.5m/s,波浪波高同样设为正弦波,详细模型和相量模型的输出有功功率、无功功率和综合发电系统端口电压曲线分别如图 5-57～图 5-59 所示。

从图中可以看出,在两相接地短路故障下,详细模型和相量模型的输出有功功率、无功功率和端口电压曲线变化趋势也类似,差别不大。

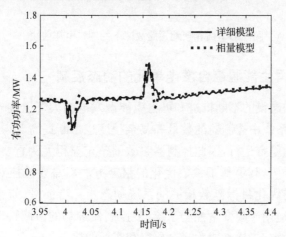

图 5-57 两相接地短路故障下的有功功率曲线

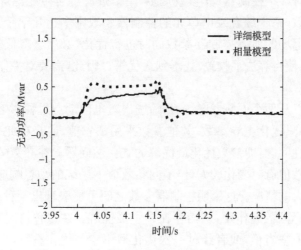

图 5-58 两相接地短路故障下的无功功率曲线

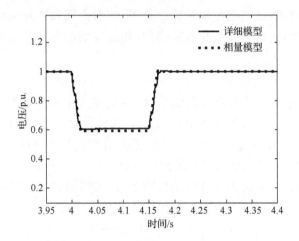

图 5-59　两相接地短路故障下的端口电压曲线

5.4.4　近海可再生能源综合发电单元的动态控制

随着智能电网建设的不断推进和可再生能源发电的大规模接入,现代电力系统规模越来越庞大,系统中控制器的数量和复杂程度也不断提高[10,11]。控制器的性能直接关系到系统的稳定运行,因此控制器参数的整定显得尤为重要。控制器参数整定方法多种多样[12-15],其中基于参数优化的整定方法不需要被控对象的数学模型,只需要实验测取与优化目标函数相关的系统动态指标特征量(如过渡过程时间、超调量、偏差量等),适用于多变量控制系统、多控制器参数的协调整定,并且既可以离线整定也可以在线整定,逐渐成为当今研究和实践的热点。

然而系统中有多个控制器,其参数众多,单个近海可再生能源综合发电单元有十几个控制器参数,整个综合发电单元的控制器参数则多达几十个。可以预见,如果对多个综合发电场的所有控制器参数同时进行优化,必然会降低优化效率,甚至会造成“维数灾”,使得算法不收敛,找不到最优解。因此,需要对控制器的优化整定进行降阶处理。

降阶处理可以从两个方面考虑:一是筛选出对电网动态过程影响较大的主导参数,在优化过程中只优化主导参数,其他参数采用缺省值;二是在此基础上,研究主导参数的可区分性问题,即参数优化最优解的唯一性问题。在参数的优化过程中可能出现控制器参数值有时变化较大,但不同参数值下系统的动态响应或优化的目标函数终值相差不大的情况。这说明控制器参数之间可能表现出某种关系,并共同对动态响应或者目标函数起作用,从而存在多个最优解。在这种情况下,相应的主导控制器参数可以取缺省值,或者经过一次优化后不参与优化整定,从而进一步降低控制器优化的维数,提高优化效率。

由于在大多数情况下,无法获得优化目标与控制器参数之间的解析关系,这时要靠解析方法分析可区分性就非常困难。轨迹灵敏度描述了系统动态轨迹与参数的相互关系,广泛应用于电力系统建模与稳定性分析。本节提出了一种基于轨迹灵敏度的可区分性数值分析方法,提出通过分析参数灵敏度的大小得到影响控制器性能的主导参数,通过分析灵敏度曲线是否同时过零点确定不可区分的控制器参数,并将其应用于近海可再生能源综合发电单元的控制器参数优化整定,从而提高含综合发电单元电网的动态性能。

1. 近海可再生能源综合发电单元控制器可区分性分析

1) 算例系统

算例系统如图 5-60 所示,选择如图 5-25 所示的近海可再生能源综合发电单元的连接方式,即风力发电采用 DFIG 机组,潮流能发电采用 DDPM 机组,接入四机两区域系统。

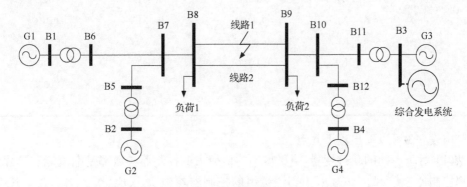

图 5-60　四机两区域系统图

分别以综合发电单元出口处有功功率 P_{Hybrid}、无功功率 Q_{Hybrid}、母线 B3 电压 U_{B3}作为轨迹变量,研究控制器参数的可区分性。在母线 B9 处设置单相短路故障,0.15s 后切除。

对于综合发电单元中波浪能发电所采用的 LPMG 和潮流能发电所采用的 DDPM,由于两者通过全功率"背靠背"电力电子变换器与电网相连,实现了机侧和网侧的"隔离"。当电网侧发生扰动时,其控制器参数轨迹灵敏度很小,如果对两者的机侧控制器进行参数优化,系统的动态响应变化不明显。因此本节仅对潮流能发电和 AWS 的电网侧控制器参数(6 个)及风力发电所采用的 DFIG 机组的"背靠背"变流器控制器参数(10 个,不含桨距角控制器参数)的可区分性进行分析。

2) 主导控制器参数的确定

各控制器参数在缺省值的基础上上下变动 10%,计算综合发电单元控制器参数的轨迹灵敏度。表 5-3 为各控制器参数对不同参考轨迹灵敏度的平均值。

表 5-3　综合发电单元控制器参数轨迹灵敏度

控制器参数		P_{Hybrid}	Q_{Hybrid}	U_{B3}
潮流能及 AWS 网侧控制器	K_{pQ1}	**0.016773**	**0.006367**	**0.006373**
	K_{iQ1}	**0.043591**	**0.06205**	**0.01547**
	K_{pD1}	0.003179	0.00115	0.00078
	K_{iD1}	0.001321	0.00058	0.000175
	K_{pQ2}	0.003909	0.0042	0.00169
	K_{iQ2}	0.004278	0.0034	0.001019
DFIG 控制器	K_{p1}	**0.080**	**0.04067**	**0.00877**
	K_{i1}	**0.0774**	**0.0368**	**0.00707**
	K_{p2}	**0.1988**	**0.1611**	**0.04351**
	K_{i2}	**0.04517**	**0.0378**	**0.00897**
	K_{p3}	**0.05776**	**0.0675**	**0.01879**
	K_{i3}	**0.1188**	**0.1315**	**0.036**
	K_{p4}	0.00227	0.00117	0.00029
	K_{i4}	0.00137	0.0009	0.00041
	K_{p5}	0.00178	0.00113	0.00051
	K_{i5}	0.00137	0.0009	0.00041

由表 5-3 可以看出以下几点。

（1）对于不同的轨迹变量，灵敏度平均值较大的控制器参数都是潮流能和 AWS 网侧控制器参数 K_{pQ1}、K_{iQ1} 及 DFIG 机组的控制器参数 K_{p1}、K_{i1}、K_{p2}、K_{i2}、K_{p3}、K_{i3}，即这 8 个参数对系统动态轨迹的影响较大，可作为主导控制器参数。

（2）在三种参考轨迹变量中，有功功率 P_{Hybrid} 和无功功率 Q_{Hybrid} 对应的控制器参数灵敏度数值较大，端口电压 U_{B3} 对应的控制器参数灵敏度数值较小。因此后面将 P_{Hybrid} 和 Q_{Hybrid} 作为轨迹变量研究控制器参数灵敏度的相位关系。

（3）灵敏度与可区分性。主导控制器参数中的 K_{p2} 和 K_{p3} 的轨迹灵敏度曲线如图 5-61 所示，K_{i2} 及 K_{i3} 的轨迹灵敏度曲线如图 5-62 所示。其中图 5-61(a) 和图 5-62(a) 以无功功率 Q_{Hybrid} 为轨迹变量，图 5-61(b) 和图 5-62(b) 以有功功率 P_{Hybrid} 为轨迹变量。由图 5-61 可以看出，对于两种不同的轨迹变量，K_{p2} 和 K_{p3} 的灵敏度曲线均基本同时过零，从而这两个控制器参数不可区分，即不能唯一确定。同理，由图 5-62 可以看出，K_{i2} 和 K_{i3} 也不可区分。

3）仿真验证

本节分别采取两种不同的方法验证上述两组控制器参数是否不可区分。

（1）第一组参数 K_{p2} 和 K_{p3}。

对于第一组参数 K_{p2} 和 K_{p3}，在算例系统的母线 B9 处设置单相短路故障，0.15s

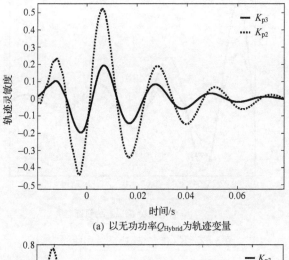

(a) 以无功功率Q_{Hybrid}为轨迹变量

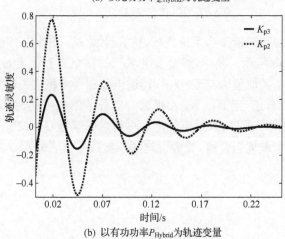

(b) 以有功功率P_{Hybrid}为轨迹变量

图 5-61　K_{p2}和K_{p3}轨迹灵敏度曲线

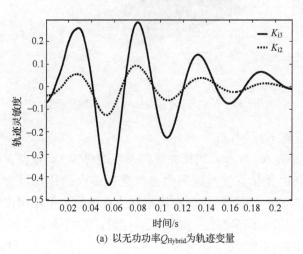

(a) 以无功功率Q_{Hybrid}为轨迹变量

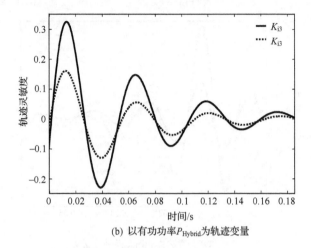

(b) 以有功功率 P_{Hybrid} 为轨迹变量

图 5-62　K_{i2} 和 K_{i3} 轨迹灵敏度曲线

后切除。以 Q_{Hybrid} 的超调量作为系统指标，仿真计算 K_{p2}、K_{p3} 分别变化时 Q_{Hybrid} 的超调量 M_{p_Q}，如图 5-63 所示。其中，综合发电单元的其余控制器参数取缺省值，K_{p2} 的取值为 $0.1\sim60$，K_{p3} 的取值为 $0.5\sim7.1$，超过该范围系统将失去稳定。

由图 5-63 可以看出，当 K_{p2}、K_{p3} 在很大一部分范围内变化时，Q_{Hybrid} 的超调量基本不变。从优化的角度看，如果采用优化算法对目标函数 $J=\text{Min}(M_{p\_Q})$ 进行寻优，则 K_{p2}、K_{p3} 存在多个最优组合解，或者说这两个参数不可区分。

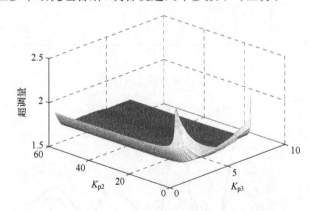

图 5-63　K_{p2}、K_{p3} 分别变化时 Q_{Hybrid} 的超调量

（2）第二组参数 K_{i2} 和 K_{i3}。

对于第二组参数 K_{i2} 和 K_{i3}，同样在算例系统的母线 B9 处设置单相短路故障，0.15s 后切除。利用优化算法对这两个参数进行多次优化，目标函数仍然为 $J=\text{Min}(M_{p\_Q})$。优化过程中，参数初始值由优化算法在参数取值范围内随机获得，多次优化的参数结果不相同，但多次优化结果所对应的动态响应非常接近。这里任意选取多次优化结果中的四组参数，分别为：①$K_{i2}=30.03$，$K_{i3}=30.14$；②$K_{i2}=20.48$，

$K_{i3}=12.4$；③$K_{i2}=42.13$，$K_{i3}=54.5$；④$K_{i2}=37.4$，$K_{i3}=23.6$。

图 5-64 给出了 K_{i2} 和 K_{i3} 分别取上述四组最优解时，系统动态响应曲线的对比。

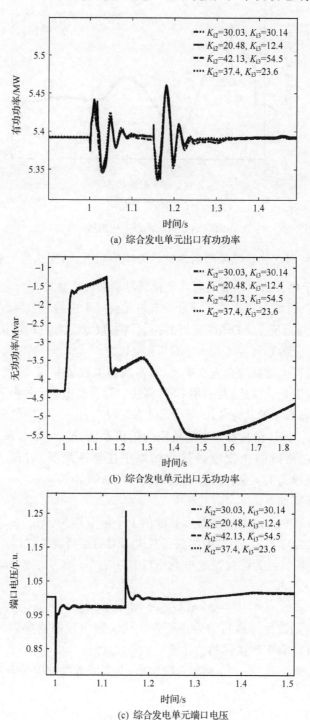

(a) 综合发电单元出口有功功率

(b) 综合发电单元出口无功功率

(c) 综合发电单元端口电压

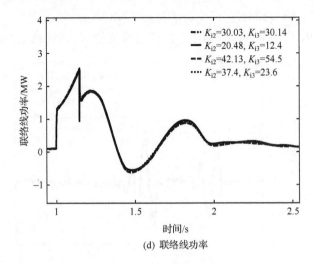

(d) 联络线功率

图 5-64　系统动态响应曲线

从图中可以看出,四次优化结果所对应的动态响应相近,从而这两个参数不可区分。

2. 基于粒子群算法的综合发电单元控制器参数优化整定

由前面所述,近海可再生能源综合发电单元有 8 个主导参数:潮流能和 AWS 网侧控制器参数 K_{pQ1}、K_{iQ1} 及 DFIG 机组的控制器参数 K_{p1}、K_{i1}、K_{p2}、K_{i2}、K_{p3}、K_{i3}。其中有两组不可区分参数:①K_{p2} 和 K_{p3};②K_{i2} 和 K_{i3}。

对于近海可再生能源综合发电单元,其控制器参数总共有 28 个,同时对其全部进行优化会出现困难。因此,在利用 PSO 算法对综合发电单元控制器参数进行优化时,只优化主导参数中的其余 4 个,即 K_{pQ1}、K_{iQ1}、K_{p1}、K_{i1}。第一组不可区分参数在图 5-63 所示 Q_{Hybrid} 超调量基本不变的范围内随机取值:$K_{p2}=1.4$,$K_{p3}=3.5$;第二组不可区分参数在前述的 4 次参数优化结果中任意选取其一:$K_{i2}=30.03$,$K_{i3}=30.14$;综合发电单元的其余控制器参数则设为默认值。

参数优化步骤如下。

(1) 定义参数空间每个控制器参数取值上下限分别为 $x_{j,\max}$、$x_{j,\min}$,在该范围内随机产生 100 个粒子群,每个群中的粒子对应不同的控制器参数。

(2) 适应度函数设为综合发电单元出口有功功率、无功功率和端口电压的超调量最小,即

$$J = \mathrm{Min}(M_{p\_Q} + M_{p\_P} + M_{p\_U}) \tag{5-76}$$

根据适应度函数值选取目前为止所有迭代次数中控制器参数的局部最优值和全局最优值。并计算下次迭代的位移量 $v_{ij}(t+1)$。

(3) 根据位移量 $v_{ij}(t+1)$ 调整参数取值,并判断本次取值是否在参数上下限范围内:

若 $x_{ij}(t+1) > x_{j,\max}$,则取 $x_{ij}(t+1) = x_{j,\max}$;

若 $x_{ij}(t+1) < x_{j,\min}$，则取 $x_{ij}(t+1) = x_{j,\min}$；

否则取 $x_{ij}(t+1) = x_{ij}(t) + v_{ij}(t+1)$。

（4）判断是否终止迭代。本节采用的终止迭代条件有两个：一是判断是否达到最大迭代次数；二是设置计数器累计迭代过程中适应度函数值未发生变化的迭代次数，适应度函数值每改变一次则计数器清零，判断计数值是否达到设定的最大值。一旦满足两个判断条件的其中一个，算法停止，输出最优参数，否则跳转到步骤（2）。

最终参数优化结果为：$K_{pQ1} = 7.92$，$K_{iQ1} = 1.87$，$K_{p1} = 5.23$，$K_{i1} = 303.15$。适应度函数的变化如图 5-65 所示。

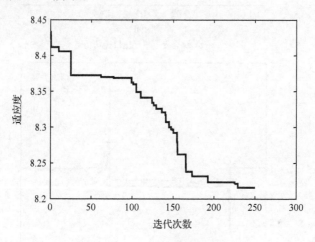

图 5-65　适应度函数变化曲线

为了验证控制器参数优化的效果，在图 5-60 所示算例系统的母线 B9 处设置两相接地短路，0.2s 后切除。系统的动态响应如图 5-66 所示，由此可以看出，优化参数的动态响应明显好于初始参数。

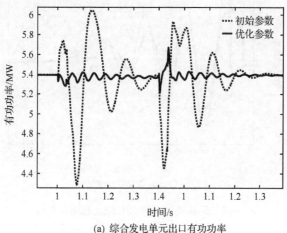

（a）综合发电单元出口有功功率

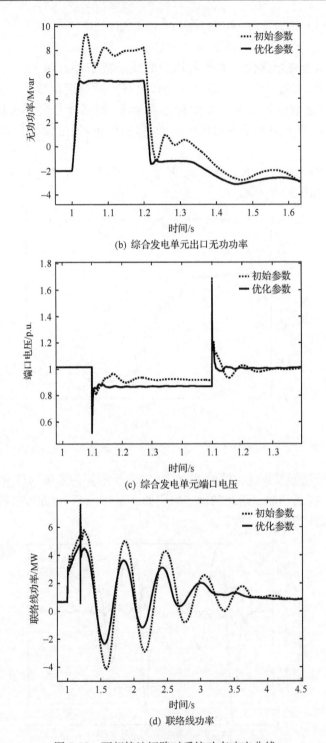

(b) 综合发电单元出口无功功率

(c) 综合发电单元端口电压

(d) 联络线功率

图 5-66　两相接地短路时系统动态响应曲线

5.4.5 近海可再生能源综合发电系统的稳态控制

近海可再生能源综合发电单元融合了近海风力发电、波浪能发电和潮流能发电,其内部的三种发电装置具有不同的输出特性:风力发电随机性较强且难以准确预测;波浪能发电在一个周期内周期性变化,且具有一定的随机性;潮流能发电则相对平稳,并可精确预测。由于近海风电和波浪能发电输出功率的随机性,近海可再生能源发电系统接入电网运行后,将对电能质量和电网的平稳运行产生重要影响。

本节分别针对近海可再生能源综合发电单元及由多个发电单元组成的综合发电场,提出相应的输出功率平滑控制策略,从而提高近海可再生能源综合发电系统输出功率的平稳性。

1. 基于转子惯性的综合发电单元功率平滑控制

综合发电单元中的风力发电装置和潮流能发电装置发电机的转子中存储了大量的旋转动能[16-19],并且,两种发电机均采用解耦控制策略,可以通过对电力电子变流器的控制灵活调整发电机转速。因此,为应对综合发电系统的短期有功功率随机波动,可以提高风力发电和潮流能发电装置的转子转速,从而增加转子中储存的旋转动能,并在需要的时候释放。该方案不需要增加额外的储能设备,可以有效降低投资成本。考虑到目前海上风力发电装置和潮流能发电装置大都采用 DFIG 机组,所以本节以此为背景进行研究。

1) DFIG 机组运行特性

DFIG 机组的理想功率特性曲线如第 3 章中图 3-5 所示。从图中可以看出,功率特性曲线具有明显的分段特征。图中的 AB 段为低风/流速区,转子转速基本固定在最低转速 ω_{r_min}($\omega_{r\_min}=0.7\mathrm{p.u.}$)而无法按 MPPT 运行。图中的 BC 段为中风/流速区,DFIG 机组能够捕获最大风功率,其转速为最优转速 ω_{r_opt}。图中的 CD 段,转子转速已达最大转速 ω_{r_max}($\omega_{r\_max}=1.2\mathrm{p.u.}$),此时无法追踪最优转速。图中的 DE 段为高风/流速区,此时透平功率输出已达额定有功功率,必须增大桨距角,从而将功率输出限制在其额定值。

2) DFIG 机组转子动能

在 DFIG 机组运行过程中,其转子中储存着大量的旋转动能,为

$$E = \frac{1}{2}J\omega_r^2 \tag{5-77}$$

式中,J 为 DFIG 机组转子的转动惯量。为了更直观地显示动能的大小,定义惯性时间常数 H 为

$$H = \frac{E}{P_n} = \frac{J\omega_r^2}{2P_n} \tag{5-78}$$

式中,P_n 为 DFIG 机组额定有功功率。

由式(5-78)可知,惯性常数 H 表示在仅靠转子动能支撑的情况下,DFIG 机组以

额定有功功率进行输出的时间。通常来说,DFIG 机组的惯性时间常数为 $2\sim6\mathrm{s}$,与常规火电机组相当。如果加入控制环节对 DFIG 机组的转子转速进行控制,则其有能力为综合发电系统提供有功功率支撑。

一般情况下,DFIG 机组控制系统的控制目标是令转子转速始终运行在最大功率跟踪点,即按 MPPT 进行控制。但是按照 MPPT 运行的 DFIG 机组在需要增加功率时可提供的转子动能有限。如果 DFIG 机组转子速度能够提高,则可以增加转子中储存的动能,并在需要的时候释放。此外,在较高转速下降到最优转速的过程中,透平的捕能系数也会提高,从而提高 DFIG 机组有功出力,进一步达到支撑有功的目的。

需要指出的是,DFIG 机组的超速控制只能在低、中风/流速区,即图 3-5 中 *ABC* 段实现,并且风/流速越高,其转子转速越接近最大转速 $\omega_{\mathrm{r\_max}}$,能够超速的量越小。在图 3-5 的 *CDE* 段,由于转速已经达到 $\omega_{\mathrm{r\_max}}$,不能采用超速控制。因此在实际运行过程中,可以采用转速和桨距角的协调控制策略[20]。在单纯超速控制不能满足要求的情况下,通过变桨距控制保留一定的功率备用,从而在需要时进一步提供有功支撑。

3) 利用潮流能发电平滑综合发电单元输出功率波动的思路

某组实测的海上风速、波浪波高和潮流流速如图 5-67 所示,从图中可以看出以下几点。

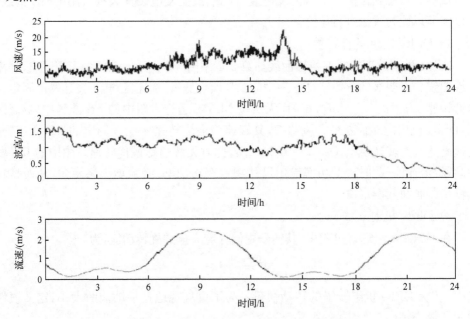

图 5-67　近海风速、波浪波高、潮流流速实测曲线

(1) 风速和波浪波高具有较强的随机性,而潮流流速相对平稳且具有一定的规律性,可以预测。因此,近海可再生能源综合发电单元的短期功率随机波动主要由海上风速和波浪的随机性引起。

（2）潮流随着潮汐的涨落会改变大小和方向。如图 5-67 所示，潮流流速在长期时间范围内有时候流速较大，有时候流速较小甚至接近于 0。对于近海可再生能源综合发电单元内部的潮流能发电装置，在常规运行方式下，如果潮流流速大于启动流速，潮流能发电机组正常发电；如果潮流流速小于启动流速，潮流能发电机组停止运行。

为了平滑近海可再生能源综合发电单元的短期随机功率波动，本节提出综合发电单元内部发电装置之间的协调控制思路，即充分利用潮流流速的可预测性及周期性，改变潮流能发电装置的运行方式，使其对近海风电和波浪能发电输出功率的波动进行补偿，从而保持综合发电单元整体输出功率平稳，综合发电单元功率平滑控制示意图如图 5-68 所示。

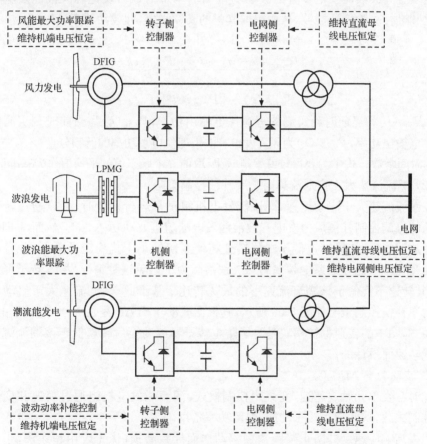

图 5-68　近海可再生能源综合发电单元平滑控制策略

根据潮流流速的周期性，将潮流能发电的运行方式分为以下两个阶段。

（1）当潮流流速大于启动流速时，潮流能发电机组不运行在最大功率跟踪点，而是通过发电机转子转速和桨距角的协调控制，实时补偿近海风电和波浪能发电的波动功率量，维持综合发电单元总输出功率的平稳。

（2）当潮流流速小于启动流速时，将潮流能发电装置作为飞轮储能使用。利用潮流能发电机组电力电子变流器的解耦控制，实现潮流能发电机在电动/发电两种状态的切换。当近海风电和波浪能发电的功率波动量大于 0 时，发电机工作在电动状态，发电机转子加速，将电能转换为发电机转子的动能；当功率波动量小于 0 时，发电机工作在发电状态，发电机转子减速，将转子动能转换为电能，从而提高综合发电单元整体输出功率的平稳性。

4）潮流能发电装置的波动功率补偿控制策略

（1）风力发电和波浪能发电波动功率的提取。

要实现潮流能发电装置转子侧控制器的波动功率补偿控制目标，首先要获取风力发电装置和波浪能发电装置的波动功率 ΔP，本节对风力发电和波浪能发电输出功率之和进行一阶低通滤波，从而提取其中的高频噪声，即波动功率 ΔP：

$$P_{\text{smooth}}(k) = \alpha P_{\text{avg}} + (1 - \alpha)\left[P_{\text{wind}}(k) + P_{\text{wave}}(k)\right] \tag{5-79}$$

$$P_{\text{avg}} = \frac{P_{\text{smooth}}(k - n) + \cdots + P_{\text{smooth}}(k - 1)}{n} \tag{5-80}$$

$$\Delta P = P_{\text{smooth}}(k) - \left[P_{\text{wind}}(k) + P_{\text{wave}}(k)\right] \tag{5-81}$$

式中，$P_{\text{wind}}(k)$ 为当前时刻实测的近海风电输出功率；$P_{\text{wave}}(k)$ 为当前时刻实测的波浪能发电输出功率；$P_{\text{smooth}}(k)$ 为风力发电和波浪能发电总功率的低频分量；α 为一阶滤波器的时间常数。式中为获得较好平滑效果，取前 n 个状态值的平均值作为基准值。

（2）潮流流速大于启动流速时功率补偿控制策略。

在潮流流速大于启动流速，潮流能发电机组正常运行发电时，可以通过转速和桨距角的协调控制补偿风力发电和波浪能发电的随机波动功率 ΔP。然而，DFIG 机组在释放动能后，如果转速低于最优转速将使系统的小干扰稳定性降低，并且在转速回复过程中可能导致系统频率的二次跌落。为了避免这种情况发生，转子释放动能后，其转速不宜低于该潮流流速下的最优转速。基于此，潮流流速大于启动流速时的功率补偿控制策略如图 5-69 所示，其根据波动功率 ΔP 是否大于 0 触发相应的控制模式，图中的转速保护模块是为了防止转子释放动能后转速低于该潮流流速下的最优转速而设计的。

① 波动功率 $\Delta P \leqslant 0$。

此时触发单元触发超速/变桨距控制模式，潮流能发电机组通过超速和变桨距协调控制减载，从而储存转子动能，保留功率备用。

为提高响应速度并防止桨距角频繁动作而导致磨损，优先应用超速法，当超速法无法满足减载需求时，再启用变桨法。根据实际潮流流速 v_{tidal} 和桨距角 β 可以计算出最优功率 $P_{\text{opt\_tidal}}$ 减载 ΔP 所对应的发电机转子超速后的转速 $\omega_{\text{r\_overspeed}}$。设实际风机转子转速上限为 $\omega_{\text{r\_max}}$，如果 $\omega_{\text{r\_max}} - \omega_{\text{r\_overspeed}} < 0$，则表示单纯通过超速控制无法满足 ΔP 的减载。此时根据 $\omega_{\text{r\_max}}$ 计算出最大可减载水平 $\Delta P_{\text{overspeed}}$，并利用桨距角控制实现剩余（$\Delta P - \Delta P_{\text{overspeed}}$）的减载，其控制流程图如图 5-70 所示。

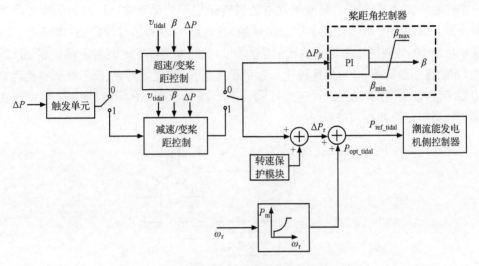

图 5-69 潮流能机组转速桨距角协调控制框图

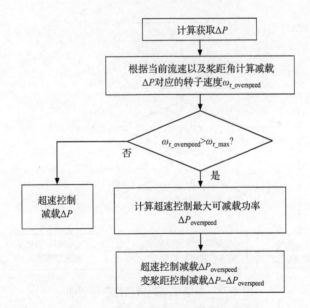

图 5-70 超速变桨距协调控制流程图

② 波动功率 $\Delta P > 0$。

此时触发单元触发减速/变桨距控制模式,潮流能发电装置通过减小桨距角及释放转子动能为风力发电和波浪能发电提供有功支撑。为防止转子释放动能后转速低于该潮流流速下的最优转速,一方面优先通过减小桨距角增加潮流能发电有功出力,若桨距角控制无法满足需求,再降低转子转速释放动能;另一方面设计转速保护模块,其结构如图 5-71 所示。如果当前实际转速大于最优转速,即 $\omega_r > \omega_{r\_opt}$,则图中乘法器的比例系数取0,潮流能发电装置转子根据波动功率ΔP减速从而提供功率支撑。如果当前实际转速小于最优转速,且持续的时间超过设定值(本节中时间设定值取20s),则图中乘法器的比例系数取1,此时潮流能发电装置不再按照ΔP减速,而是将当前转速ω_r与最优转速ω_{r_opt}的偏差通过PI控制器,从而不断调整机组有功参考值,使ω_r尽快达到最优转速ω_{r_opt}。图5-72给出了$\Delta P>0$时潮流能发电装置减速和桨距角协调控制流程图。

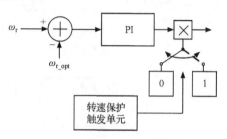

图5-71   转速保护模块结构

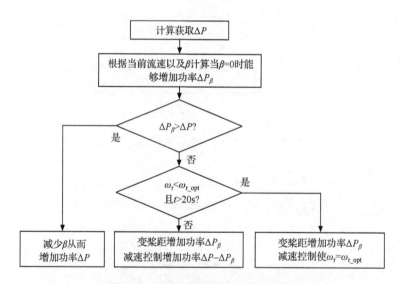

图5-72   减速变桨距协调控制流程图

(3) 潮流流速小于启动流速时功率补偿控制策略。

当潮流流速小于启动流速时,在正常运行方式下,潮流能发电装置停止运行,不能发电。然而,DFIG机组通过交流励磁控制调节电机输出的有功和无功,其转子和电网之间可以进行双向功率交换,从而既可以作为发电机也可以作为电动机。因此当潮流流速小于启动流速时,可以把潮流能机组作为飞轮储能使用,一方面平滑近海风电和波浪能发电的波动功率,另一方面提高潮流能发电装置的利用率。

潮流能发电装置浸没于海水中，其叶片旋转会承受海水的阻力。为了保证 DFIG 发电机作为飞轮储能时的正常运行，可以在其增速齿轮箱内加装一个离合器。当潮流流速小于启动流速，需要将 DFIG 发电机用做飞轮储能使用时，将离合器关闭，使得潮流能叶轮转子轴与 DFIG 发电机转子轴在机械上分离，从而大大降低摩擦阻力。

当潮流能发电装置的 DFIG 发电机作为飞轮储能时，其控制器结构不变，只是将风力发电和波浪能发电的波动功率 ΔP 作为转子侧控制器的有功功率参考值。当 $\Delta P > 0$ 时，DFIG 工作在电动状态，发电机转子加速，将电能转换为转子的旋转动能；当 $\Delta P < 0$ 时，DFIG 工作在发电状态，发电机转子减速，将转子动能转换为电能，从而保证综合发电单元整体输出功率的平稳。

5）仿真算例

本节将针对前面提出的近海可再生能源综合发电单元功率平滑控制策略进行验证，仿真系统如图 5-30 所示。仿真设置综合发电单元的输入风速如图 5-73 所示，其由 9m/s 的基本风和变化周期 2s、变化率 0.5m/s 的随机风叠加而成。波浪能发电的输入为施加在 AWS 浮子上的波浪力，设置为振幅 9×10^5N、周期 6.5s 的正弦波信号。对于 5.2.4 节中计算风力发电和波浪能发电波动功率时的滤波参数，时间常数 $\alpha = 0.9$，$n = 50$。

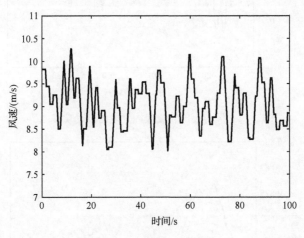

图 5-73　输入风速

（1）潮流流速大于启动流速。

当潮流流速大于启动流速时，如果潮流流速较小，正常运行方式下潮流能发电机转速较低，其可以变化的范围较大，则一般情况下仅通过转速控制即可实现对波动功率的补偿。如果潮流流速较大，有可能仅通过转速控制不能满足功率平滑需求，因此需要转速变桨距协调控制。为此，仿真算例中对潮流能大于启动流速的情况设置两种潮流流速。

① 低流速,潮流流速设置为 2.2m/s。

此时转子转速较小,因此无需触发变桨距控制即可实现综合发电单元输出功率平滑。风力发电和波浪能发电的波动功率 ΔP 仿真曲线如图 5-74 所示。潮流能参与波动功率补偿后,其转子转速如图 5-75 所示。从图中可以看出,当 $\Delta P<0$ 时,潮流能转子转速增加,从而储存动能;当 $\Delta P>0$ 时,潮流能转子转速降低,从而释放动能,提供有功支撑。近海可再生能源综合发电单元内部风力发电和波浪能发电输出功率之和以及潮流能发电装置输出功率如图 5-76 所示,从图中可以看出,两条曲线的功率波动有互补的关系。图 5-77 给出了采用功率平滑控制和未采用功率平滑控制两种情况下综合发电单元的输出功率。从图中可以看出,通过功率平滑控制,综合发电单元整体输出功率波动得到了有效抑制,从而验证了平滑控制策略的有效性。

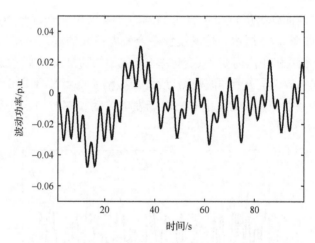

图 5-74　风力发电和波浪能发电的波动功率 ΔP

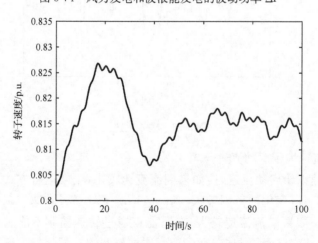

图 5-75　潮流能发电装置转子转速

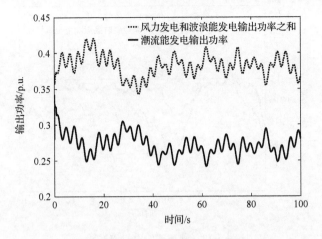

图 5-76　综合发电单元内部发电装置输出功率

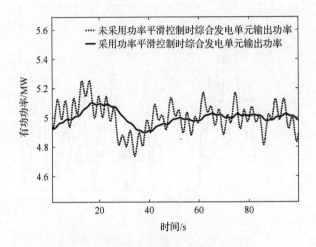

图 5-77　综合发电单元整体输出功率

② 高流速,潮流流速设置为 2.8m/s。

当潮流流速较大时,其发电机转子转速也大,在实施转速控制的过程中转子转速有可能超出最大值($\omega_{r\_max}=1.2$p.u.),因此需要转速变桨距的协调控制实现输出功率平稳。图 5-78 给出了仅采用转速控制和采用转速变桨距协调控制两种情况下,潮流能发电机转速曲线。从图中可以看出,单纯采用转速控制时,潮流能发电机转速超过了最大转速限制;而采用转速变桨距协调控制时,发电机转速不会超过最大转速。潮流能发电机组的桨距角变化如图 5-79 所示,桨距角的变化与转子转速在最大转速附近的情况相对应。图 5-80 给出了采用功率平滑控制和未采用功率平滑控制两种情况下综合发电单元的输出功率,从图中可以看出,在采用转速变桨距协调控制时,综合发电单元输出功率相对平稳。

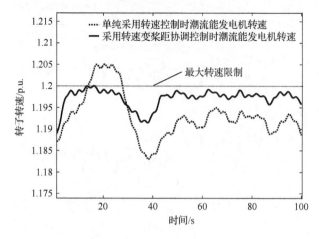

图 5-78　潮流能发电机组转速

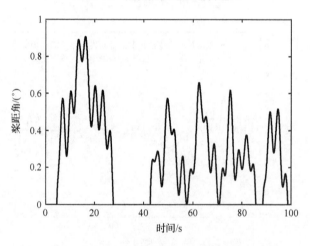

图 5-79　潮流能发电装置桨距角

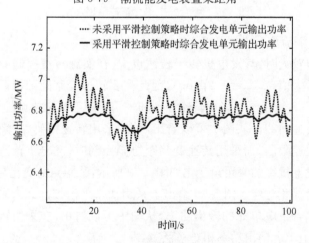

图 5-80　综合发电单元整体输出功率

（2）潮流流速小于启动流速。

当潮流流速小于启动流速，潮流能发电装置作为飞轮储能使用时，其仿真曲线如图 5-81 所示。从图中可以看出以下几点。

① 飞轮储能输出功率有时大于 0，有时小于 0。当作为电动机运行时，其输出功率小于 0，吸收波动功率；当作为发电机运行时，其输出功率大于 0，提供有功支撑。

② 飞轮储能的输出功率与风力发电和波浪能发电输出功率之和有互补性。

③ 综合发电单元整体输出功率波动较小，相对平稳。

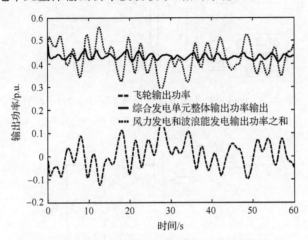

图 5-81　综合发电单元输出功率

2. 基于电池储能的综合发电单元功率平滑控制

储能系统广泛应用于风电场，能够有效平滑风电能量输出，减小风电场的不稳定性对电力系统的冲击。储能可分为物理储能（如飞轮储能）、电化学储能（如铅酸、镍镉、锂离子等电池储能）和电磁储能（如超导储能和超级电容储能）。本节选取的是电池储能（battery energy storage system，BESS），其经济性较优，工程应用技术最成熟。本节将 BESS 与近海综合发电系统单元相结合，平滑短时输出功率的波动，并考虑电池 SOC，提出在防止电池过充过放的同时尽可能保持系统输出功率平稳的协调控制策略，并通过 MATLAB/Simulink 仿真验证了该控制策略的正确性和有效性。

1）基于电池储能的综合发电系统

近海可再生能源综合发电单元采用如图 5-26 所示的组合 3，储能系统通过 DC/DC 变换器与"背靠背"变换器的直流侧相连，系统拓扑结构如图 5-82 所示。

电池组[21]的等效电路如图 5-83 所示。其中，R_{BT} 为电池等效内阻，取决于电池的个数和串并联方式；R_{BS} 为连接电阻；电阻 R_{BP} 与电容 C_{BP} 组成的并联电路，用于电池的自放电，u_{BOC} 为电容 C_{BP} 两端的电压；由于自放电电流较小，R_{BP} 所取的阻值较大；

与之串联的是一个由电阻 R_{B1} 和电容 C_{B1} 组成的电路,用以描述超电势 u_{B1};$i_{Battery}$ 为电池的注入电流;电池的端口电压用 $u_{Battery}$ 表示。

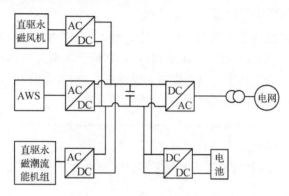

图 5-82　近海可再生能源综合发电系统单元的拓扑结构

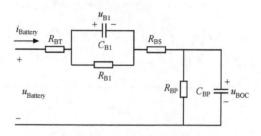

图 5-83　电池组等效模型

根据图 5-83 可知

$$C_{BP}\frac{\mathrm{d}u_{BOC}}{\mathrm{d}t} = i_{Battery} - \frac{u_{BOC}}{R_{BP}} \tag{5-82}$$

$$C_{B1}\frac{\mathrm{d}u_{B1}}{\mathrm{d}t} = i_{Battery} - \frac{u_{B1}}{R_{B1}} \tag{5-83}$$

$$i_{Battery} = \frac{u_{Battery} - u_{BOC} - u_{B1}}{R_{BT} + R_{BS}} \tag{5-84}$$

电池模型中的 C_{BP} 的选取决定于电池的储能容量和 u_{BOC} 的取值范围,U_{BOC_max} 和 U_{BOC_min} 分别为 u_{BOC} 取值的上下限,其关系为

$$\frac{1}{2}C_{BP}(U_{BOC\_max}^2 - U_{BOC\_min}^2) = Q \times 3600 \times 10^3 \tag{5-85}$$

式中,Q 为电池容量,$\mathrm{kW \cdot h}$。

同时,电池 SOC 也取决于电池的最大电量 Q',单位为 $\mathrm{A \cdot h}$,其表达式如下:

$$\mathrm{SOC} = 1 - \frac{1}{Q'}\int_0^t i_{Battery}(t)\mathrm{d}t \tag{5-86}$$

Q' 与 Q 之间关系如下:

$$Q' = Q/U_{Battery\_nom} \tag{5-87}$$

式中，$U_{Battery\_nom}$ 为电池端口的额定电压。

一般，为使电池能够有效运行，并延长其寿命，需要将 SOC 控制在 $0.2 \sim 0.9^{[21-23]}$。

2）考虑电池的协调控制策略

（1）正常控制模式。

为了在平抑综合发电系统输出功率波动的同时防止电池的过充过放，本节综合考虑电池的 SOC，提出了含 BESS 的综合发电系统的协调控制策略。该策略在短时间内功率波动超出电池可调节范围条件下，一方面能保证电池正常工作，另一方面使输出功率保持平稳。协调控制策略示意图如图 5-84 所示，其包含三种控制模式，分别为正常控制模式、电池过充控制模式、电池过放控制模式。为了将电池 SOC 控制在 $0.2 \sim 0.9$，本节设置电池过放、过充控制的触发点为 0.3 和 0.8，即当 SOC≤0.3 时触发过放控制模式，当 $0.3 <$ SOC < 0.8 时触发正常控制模式，当 SOC≥0.8 时触发过充控制模式。

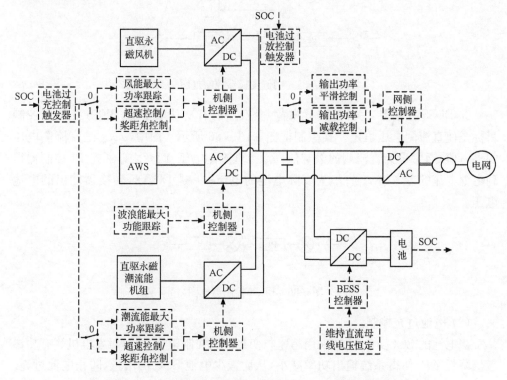

图 5-84　含储能的近海可再生能源综合发电系统控制框图

正常工作模式下，BESS 通过充放电平抑综合发电系统输出功率波动。系统控制器包含三个部分：机侧控制器、网侧控制器和 BESS 控制器。

① 机侧控制器。综合发电系统机侧控制器的控制目标是使三种发电装置能够

实现最大功率跟踪。

② 网侧控制器。网侧控制器的控制目标是平滑网侧功率波动,并维持网侧电压恒定。通过对网侧变换器的解耦控制,实现对端电压及功率的独立控制,其结构如图 5-85 所示。图中,U_{1_ref} 是端电压的参考值,通常设为 1(标幺值);u_1 为端电压;两者之差通过比例-积分(proportional integral,PI)控制器得到网侧变换器 q 轴电流的参考值 i_{qg_ref};i_{qg} 为实际网侧变换器 q 轴电流;P_g 为变换器交流端的实际有功功率,其参考值 P_{g_ref} 由机侧总功率经过由 s 函数编写的一阶滤波器得到;有功的偏差控制得到网侧变换器 d 轴电流的参考值 i_{dg_ref};i_{dg} 为实际网侧变换器 d 轴电流;而 u_{dg}、u_{qg} 分别为变换器 d 轴和 q 轴的电压,是控制变量。网侧功率的参考值 P_{g_ref} 由三种发电装置机侧有功功率之和经过一阶低通滤波得到(式 5-79 和式 5-80)。

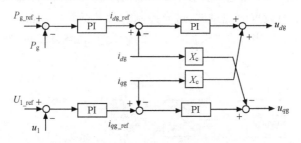

图 5-85　网侧变换器控制框图

③ BESS 控制器。为保证"背靠背"变换器的有功功率平衡,BESS 控制器控制目标是使直流侧电压恒定。其控制框图如图 5-86 所示。图中,u_{DC_ref} 是直流侧电压的参考值,通常设为直流侧的额定值;u_{DC} 为直流侧电压;两者之差通过 PI 控制器得到电池电流的参考值 i_{b_ref};i_b 为实际电池的电流;u_b 是 DC/DC 转换器输出的电池电压。

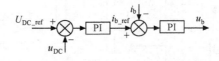

图 5-86　BESS 控制器框图

(2)电池过充控制。

当电池的 SOC≥0.8 时,采用超速与变桨协调控制策略,通过对发电机侧有功参考值降低 ΔP,使得系统输出功率减小,从而减少电池 SOC 的增量,防止电池过充。为提高响应速度,并防止桨距角频繁动作而导致磨损,优先应用超速法,当超速法无法满足减载需求时,再启用变桨法,其控制流程图如图 5-72 所示。超速和变桨距控制既适用于风力发电,又适用于潮流能发电。在实际控制过程中,根据风力发电机和潮流能发电机实际转速选取相应的控制策略,具体步骤如下。

① 根据发电机侧功率和网侧功率设定值计算减载水平 ΔP。如图 5-87 所示，当电池充电时，在一个采样周期 Δt 内，电池充电电量 ΔQ 为机侧功率 P_s 和网侧功率设定值 P_{g_ref} 所围成的面积，如图中的阴影部分，也可表示为

$$\Delta Q = [P_s(t - \Delta t) - P_{g\_ref}(t - \Delta t)]\Delta t \\ + \Delta t[P_s(t) - P_s(t - \Delta t)]/2 \tag{5-88}$$

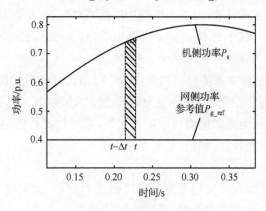

图 5-87　电池充电面积

假设在一个采样周期 Δt 内，网侧功率设定值基本保持不变，即

$$P_{g\_ref}(t) = P_{g\_ref}(t - \Delta t) \tag{5-89}$$

在触发电池过充控制后，为防止电池继续充电，要使 $\Delta Q = 0$，则由式(5-88)和式(5-89)可得

$$[P_s(t - \Delta t) - P_{g\_ref}(t - \Delta t)]\Delta t + \Delta t[P_s(t) - P_s(t - \Delta t)]/2 = 0 \tag{5-90}$$

为防止电池继续充电，当前时刻(t 时刻)的机侧功率为

$$P_s(t) = 2P_{g\_ref}(t - \Delta t) - P_s(t - \Delta t) \tag{5-91}$$

则当触发电池过充控制后，当前时刻(t 时刻)机侧的减载水平 $\Delta P(t)$ 为

$$\Delta P(t) = P_s(t) - P_s(t - \Delta t) \\ = 2P_{g\_ref}(t - \Delta t) - 2P_s(t - \Delta t) \tag{5-92}$$

② 分别计算风机和潮流能机组有功功率减载 ΔP 所对应的发电机转速 ω_{rwind_d} 和 ω_{rtidal_d}。

③ 将 ω_{rwind_d} 和 ω_{rtidal_d} 与其对应的发电机转子最大转速 ω_{rwind_max} 和 ω_{rtidal_max} 相比较。

若两者均小于其最大转速，则说明风机和潮流能机组均可以通过超速控制实现 ΔP 的功率减载，此时选择裕度较大的一个进行超速控制。

若风机和潮流能机组的其中一个满足 $\omega_{r\_d} < \omega_{r\_max}$，则对其进行超速控制，即可满足减载 ΔP 的要求。

若两者均大于其最大转速，则表示单一超速控制无法满足 ΔP 的功率减载，此时

299

对风机和潮流发电机均进行超速控制。若在此基础上仍不能满足要求,则再对风机和潮流能机组进行桨距角控制。

然而,由于近海可再生能源的随机性,电池 SOC 可能会出现在 0.8 的边缘来回浮动的情况,从而风力发电机、潮流能发电机可能会频繁进行超速与变桨距控制,即控制模式有可能出现频繁切换。为此,本节的控制策略可进行如下改进。

① 在进行过充控制时,适当增大机侧功率的减载幅度,从而增大 SOC 的下降幅度。令 $\Delta P^* = K\Delta P$。其中 K 为超速变桨距增益,且大于 1,ΔP 为由式(5-92)计算得到的减载水平,ΔP^* 为实际的减载水平。

② 在模式切换过程中增加延时判定:当 SOC 通过过充控制降低到 0.8 以下时,系统不立即切换到正常控制模式,而是延时一段时间(如 10s),若 SOC 没有再一次上升至 0.8 以上,则认为此时电池可以正常工作,系统切换到正常控制模式,反之,则系统依然处于电池过充控制模式。

(3) 电池过放控制。

电池过放主要是由综合发电系统发电机侧出力较小,而网侧有功的参考值设定过高导致的。通过降低功率参考值,可以有效防止电池过放。由于电池功率和总发电机输出功率相差较大,网侧功率的降低可以控制在较小范围内,对功率平滑效果影响不大。

当 SOC≤0.3 时,触发电池过放控制,网侧有功参考值降低的 $g\%$ 将由 SOC 通过 PI 偏差控制得到,如图 5-88 所示。

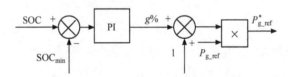

图 5-88　网侧有功功率控制器框图

3) 仿真分析

为了验证储能系统在近海可再生能源综合发电系统平抑功率波动的性能,以及上述协调控制策略的有效性,包含 BESS 的综合发电系统如图 5-30 所示的单机无穷大系统。

风速基准值设为 9m/s,加以均值为 0 且方差为 0.6m/s 的随机波动;潮流流速相对平稳,设为 2m/s;波浪捕获装置的输入为施加在 AWS 浮子上的波浪力,为一振幅为 $9 \times 10^5 N$ 且周期为 6.5s 的正弦波信号。

在实际系统中,电池容量的设定一般基于功率预测技术。在本节算例中,基于设定的风速、流速和波浪力数据,通过仿真获得不考虑电池储能时综合发电系统的输出功率,并根据式(5-119)计算平滑后的输出功率,电池容量即两者之差对时间积分的绝对值最大值,本节设其为 2.3kW·h,电池其他参数详见表 5-4。表中 $I_{Battery\_max}$ 为电池最大允许的充放电电流。

表 5-4 电池参数

参数	数值
U_{BOC_min}/V	900
U_{BOC_max}/V	1100
C_{BP}/F	41.4
C_{B1}/F	1
$(R_{BT}+R_{BS})/\Omega$	0.03
$R_{BP}/k\Omega$	10
R_{B1}/Ω	0.001
$I_{Battery\_max}/A$	1000

设定直流侧电压恒定在 1200V,超速控制时风力发电机和潮流能发电机转子转速的最大值均为 1.2p.u.。

在电池正常工作时,仿真结果如图 5-89 所示。从图 5-89 可以看出,电池系统能够有效平滑功率波动。

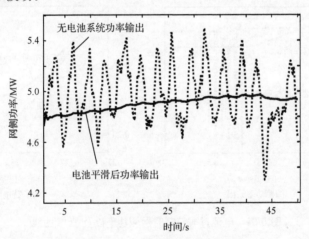

图 5-89 电池正常工作时网侧功率

在此基础上,改变系统风速,在原有风速的基础上加正扰动,模拟实际情况中可能出现的正方向阵风,使电池有过充趋势,从而触发系统的电池过充控制,仿真结果如图 5-90 所示。当 SOC 过大导致电池过充时,电池将失去对输出功率的调节能力。而通过电池过充控制,SOC 可以继续维持在 0.9 范围内,与此同时,系统输出功率仍能保证相对平稳。

电池过放一般是由风速的负扰动造成的。实际情况中,有可能出现反方向的阵

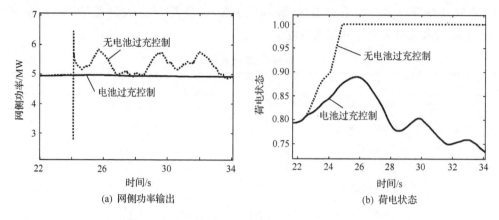

(a) 网侧功率输出　　　　　　　(b) 荷电状态

图 5-90　电池过充控制时的网侧功率以及 SOC 曲线

风而导致风机输出功率突降。电池为平滑这一功率下降而有过放趋势,从而触发电池过放控制,仿真结果如图 5-91 所示。由图 5-91 可以看出,当无电池过放控制时,SOC 将降低至最低限 0.2,此时电池不能正常工作,输出功率有大幅振荡,而当加入电池过放控制时,SOC 的下降趋势得以遏制,使其保持在 0.2 以上,并且减载后的输出功率仍较为平滑。

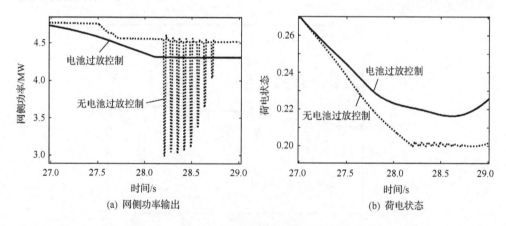

(a) 网侧功率输出　　　　　　　(b) 荷电状态

图 5-91　电池过放控制时网侧功率以及 SOC 曲线

3. 近海可再生能源综合发电场的功率平滑控制

对于由多个综合发电单元组成的综合发电场,在实际运行中,发电场内各发电单元同一时刻的风速、流速、波高往往不尽相同。为了平滑综合发电场的功率波动,需要对各发电单元所发出的有功功率进行分配。综合发电场控制方案如图 5-92 所示,发电场控制系统通过一阶低通滤波(与前节算法相同)获取发电场的有功功率波动 ΔP_{Farm},根据各发电单元当前的风速、流速等输入信号对其转速和桨距角进行控制。需要指出的是,由于波浪能发电装置的额定功率较小,所述的控制方案不对其进行功率分配,波浪能发电装置总是按 MPPT 运行。此外,与前面不同的是,所述的控制方案对不仅对潮流能发电装置进行功率分配,而且同时对风力发电装置也调制其有功出力。

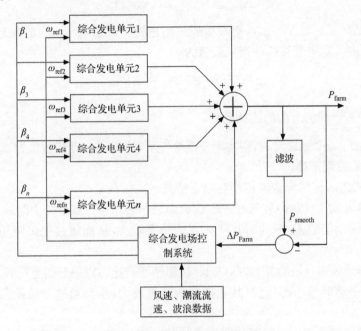

图 5-92　综合发电场控制方案

1) 综合发电场有功功率分配策略

本节提出的综合发电场有功功率分配策略有两种。

(1) 根据实时的风速、潮流流速、转子转速和桨距角,对发电场内所有的风力发电装置和潮流能发电装置按比例分配有功出力。

(2) 将综合发电场内各发电装置进行分类。对风速(流速)较低的一类发电装置实施超速控制,从而滤除综合发电场有功出力中的高频谐波;对风速(流速)较高的一类发电装置实施桨距角控制,以此调整综合发电场有功出力的低频缓慢波动。

下面分别对两种策略进行介绍。

(1) 转子动能按比例分配策略。

转子动能按比例分配的基本思路是根据各发电装置在当前风速(流速)、转子转速和桨距角下实际的超速(减速)能力进行功率分配。

本节以综合发电场的波动功率 $\Delta P_{Farm} < 0$ 时,对发电场内各发电装置实施超速控制为例介绍按比例分配策略。而 $\Delta P_{Farm} > 0$ 时,减速控制的按比例分配策略与其类似,因此不再赘述。

① 根据实际的风速(流速)、转子转速和桨距角计算发电场内各发电装置仅通过超速能够实现的最大功率减载量 $\Delta P_{r\_max}(i)$,$i = 1, 2, \cdots, n$,n 为发电场内风力发电装

置和潮流能发电装置的总数。

② 计算整个综合发电场能减载的总功率：

$$\Delta P_{r\_sum} = \sum_{i=1}^{n} \Delta P_{r\_max}(i)$$

③ 若 $|\Delta P_{Farm}| < |\Delta P_{r\_sum}|$，则表示通过超速控制可实现 ΔP_{Farm} 的减载。实际分配给发电场内各发电装置的超速减载量为

$$\Delta P_r(i) = \frac{\Delta P_{r\_max}(i)}{\Delta P_{r\_sum}} \Delta P_{Farm} \tag{5-93}$$

式中，$\dfrac{\Delta P_{r\_max}(i)}{\Delta P_{r\_sum}}$ 即为分配的比例系数。

④ 若 $|\Delta P_{Farm}| > |\Delta P_{r\_sum}|$，则实际分配给各发电装置的超速减载量为 $\Delta P_{r\_max}(i)$。

(2) 分类控制策略。

DFIG 机组的转速和变桨控制有以下特点。

① 当输入风速（流速）较低时，DFIG 机组转子转速可以提升的空间较大，从而可以储存的转子动能较多；但此时其能捕获的功率较小，从而通过变桨距角改变功率的能力较弱。

② 当输入风速（流速）较高时，DFIG 机组转子转速可以提升的空间较小，从而可以储存的转子动能较小；但此时其能捕获的功率较大，从而通过变桨距角改变功率的能力较强。

③ 转速控制基于交流变频控制技术，其动态响应速度快；桨距角控制受限于叶片的机械特性，其动态响应速度慢。因此转速控制适用于平滑有功出力的高频波动，桨距角控制适用于调整有功出力的低频缓慢变化。

综合发电场中，各发电装置的风速（流速）往往不尽相同。因此，可对风速（流速）较低的一类发电装置实施转速控制，从而滤除综合发电场有功出力中的高频谐波；对风速（流速）较高的一类发电装置实施桨距角控制，以此调整综合发电场有功出力的低频缓慢波动，其控制策略示意图如图 5-93 所示。分类控制策略在实施的过程中需要经过两次滤波，分离波动功率的高频分量和低频分量。而图中高速发电机

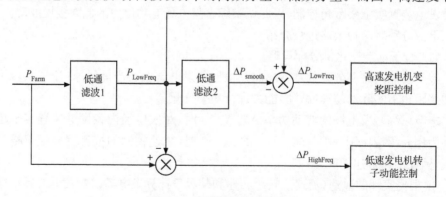

图 5-93　分类控制策略示意图

变桨距控制对 $\Delta P_{\text{LowFreq}}$ 的分配及低速发电机转子动能控制对 $\Delta P_{\text{HighFreq}}$ 的分配均遵循按比例分配策略。

2）仿真算例

算例系统如图 5-94 所示，发电场包含 4×2 共 8 台综合发电单元，通过 25kV 公共母线接入电网，综合发电场内风向和潮流流向如图中所示。仿真设置 4 排基准风与变化周期 2s，变化率 0.5m/s 的随机风叠加，每一排基准风风速各不相同，风速的仿真曲线如图 5-95 所示。综合发电场内各潮流流速均设置为按 1～4 排逐渐递减的恒定流速。

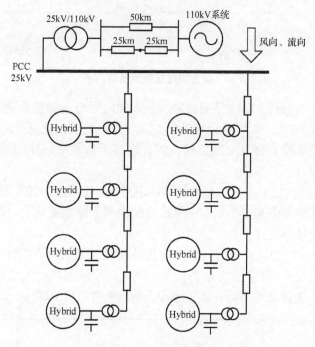

图 5-94 仿真算例系统

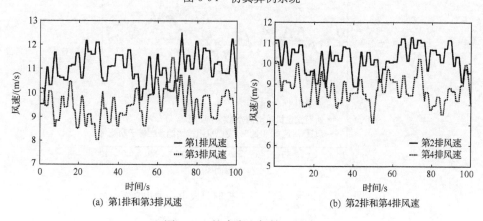

(a) 第1排和第3排风速   (b) 第2排和第4排风速

图 5-95 综合发电场输入风速

通过两次滤波分离发电场输出功率的高频波动和低频波动如图 5-96 所示。

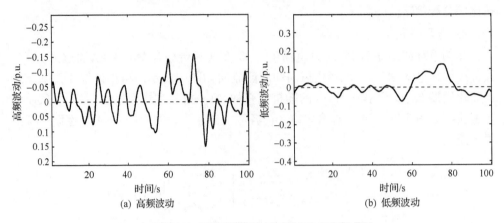

(a) 高频波动　　　　　　　　(b) 低频波动

图 5-96　综合发电场输出波动功率分解

首先对比仅采用转子动能控制滤除高频谐波时发电场的输出功率。图 5-97 给出了对综合发电场内全部共 16 台风力(潮流能)发电装置按比例分配转子动能及对其中风(流)速较低的 8 台发电装置按比例分配转子动能时,发电场输出功率曲线。从图中可以看出以下几点。

(1) 两种方法均能够对发电场的波动功率进行一定程度上的平滑,图中 50～60s 内两条曲线的功率下降是由于发电场原始输出功率下降幅度较大,仅通过转子动能无法提供足够的功率支撑。

(2) 由于高风(流)速发电装置的发电机转速可以变化的范围较小,其储存释放转子动能的能力较弱,两条曲线差别不大。因此对于发电场出力的高频功率波动,可以仅对风(流)速较低的发电装置实施转子动能控制即可平抑。

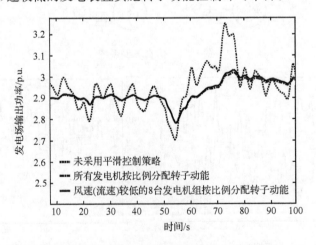

图 5-97　只采用转子动能控制时发电场输出功率

　　图 5-98 给出了只采用转子动能控制和采用分类控制策略时综合发电场的有功出力。需要指出的是,当采用分类控制策略时,为了提高桨距角调整低频功率波动的能力,对高风(流)速发电机初始减载,即设置桨距角初始值不为 0。算例中实施变桨距控制的发电装置有 4 台,每一台发电装置的桨距角初始值为 2.5°。因此图 5-98 中发电场输出功率小于图 5-97,即采用分类控制策略时,综合发电场的发电效率会有一定的降低。由图 5-98 可以看出,采用分类控制策略后,总体而言,发电场输出功率的平稳性优于单纯转子动能控制。尤其是图中 50~60s 的功率下降,采用分类控制,当转子动能不足以提供有功支撑时,控制器减小初始减载的桨距角而增加有功功率(图 5-99),因此输出功率平稳性更优。

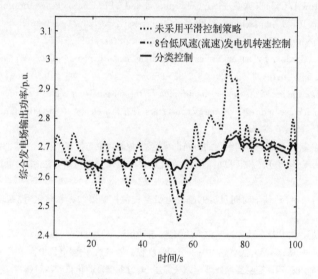

图 5-98　发电场输出功率

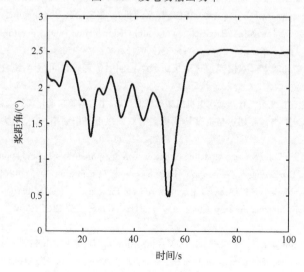

图 5-99　桨距角变化曲线

参 考 文 献

[1] 王传崑,卢苇.海洋能资源分析方法及储量评估.北京:海洋出版社,2009.

[2] 邢作霞,郑琼林,姚兴佳.近海风力发电技术的现状及展望.电机与控制应用,2005,32(9):55-60.

[3] Falcao A F O, Justino P A P. OWC wave energy devices with air flow control. Ocean Engineering,1999, 26(12):1275-1295.

[4] Henderson R. Design,simulation,and testing of a novel hydraulic power take-off system for the Pelamis wave energy converter. Renewable Energy,2006,31(1):271-283.

[5] Kofoed J P,Frigaard P,Friis-Madsen E,et al. Prototype testing of the wave energy converter wave dragon. Renewable Energy,2006,31(2):181-189.

[6] Polinder H,Mecrow B C,Jack A G,et al. Conventional and TFPM linear generators for direct-drive wave energy conversion. IEEE Transactions on Energy Conversion,2005,20(2):260-267.

[7] Ross D. Power From the Waves. Oxford:Oxford University Press,1995.

[8] Sousa Prado M G,Gardner F,Damen M, et al. Modelling and test results of the Archimedes wave swing. Journal of Power and Energy,2006,220(A8):855-868.

[9] Brooking P R M, Mueller M A. Power conditioning of the output from a linear vernier hybrid permanent magnet generator for use in direct ave energy converters. IEE Proceedings Generation Transmission and Distribution,2005,152(5):673-681.

[10] 卢强,盛成玉,陈颖.巨型风电并网系统的协同自律控制.控制理论与控制工程,2011,28(10):1491-1495.

[11] 戴先中,张凯锋,臧强.基于结构化模型的电力系统原件非线性分散控制方法.中国电机工程学报,2008, 28(22):15-22.

[12] 邵立伟,廖晓钟,张宇河.基于时间尺度的感应电机自抗扰控制器的参数整定.控制理论与应用,2008, 25(2):205-209.

[13] 王伟,张晶涛,柴天佑.PID参数先进整定方法综述.自动化学报,2000,26(3):347-355.

[14] 张采,周孝信,蒋林,等.学习方法整定电力系统非线性控制器参数.中国电机工程学报,2000,20(4):2-5.

[15] 刘镇,姜学智,李东海.PID控制器参数整定方法综述.电力系统自动化,1997,21(8):79-83.

[16] Ekanayake J, Jenkins N. Comparison of the response of double fed and fixed speed induction generator wind turbines to changes in network frequency. IEEE Transactions on Energy Conversion,2004,19(4):800-802.

[17] de Almeida R G,Pecas Lopes J A. Participation of doubly fed induction wind generators in system frequency regulation. IEEE Transactions on Power Systems,2007,22(3):944-950.

[18] 关宏亮,迟永宁,王伟胜,等.双馈变速风电机组频率控制的仿真研究.电力系统自动化,2007,31(7): 61-65.

[19] 曹军,王虹富,邱家驹.变速恒频双馈风电机组频率控制策略.电力系统自动化,2009,33(13):78-82.

[20] 张昭遂,孙元章,李国杰,等.超速与变桨协调控制的双馈风电机组频率控制.电力系统自动化,2011, 35(17):20-25.

[21] Lu C F,Liu C C,Wu C J. Dynamic modeling of battery energy storage system and application to power system stability. IEE Proceeding of Generation, Iransmission & Distribution,1995,142(4):429-435.

[22] Giannoutsos S V, Mamias S N. A cascade control scheme for a grid connected battery energy storage system(BESS). IEEE Internal Energy Conference and Exhibition (ENERGYCOW). Italy: IEEE, 2012: 469-474.

[23] Dang J, Seuss J, Suneja L,et al. SOC feedback control for wind and ESS hybrid power system frequency regulation. IEEE Power Electronics and machines in wind Applications (PEMWA). Golden: University Denver and National Renewable Energy Laboratory,2012:16-18.

第6章　含分布式可再生能源
微电网的建模与控制

6.1　概　　述

6.1.1　分布式可再生能源发电概述

分布式电源主要包括太阳能光伏发电、风力发电、燃料电池、微型燃气轮机和内燃机等。其中,分布式可再生能源发电一般都有分散性和规模小的特点,且受到自然条件的制约。另外,由于没有大型转子,基于逆变器的分布式发电装置不能满足瞬时功率变化的要求,因而,包含大量微电源的微电网系统运行在孤岛模式下需要借助储能装置保证能量平衡[1]。目前,用于电力系统的储能技术主要包括超导储能、蓄电池储能、超级电容器储能和飞轮储能等。储能有多种形式,需根据系统稳定的需求选择储能种类和安装方式[2]。如美国电能可靠性技术解决方案研究协会(The Consortium for Electric Reliability Technology Solutions,CERTS)认为,可在微电网中每个微电源的直流侧母线上安装直流储能装置来保证供电可靠性,同时借助附加电源保证微电网在任一元件故障的情况下仍然能正常运行。

6.1.2　微电网概述

CERTS对微电网的定义为:微电网是由负荷和微电源组成并且可提供电能和热能的系统。内部的微电源主要基于电力电子装置进行能量转换,并进行灵活控制;微电网相对于大电网表现为单一受控的单元,并满足用户的可靠性和安全性的需求[3]。

欧盟认为微电网是利用分布式能源、储能装置和可控负荷共同组成的低压网络;容量范围从几百千瓦到几兆瓦;能够与配电网并列运行,在上一级电网故障时可脱网自治运行,故障恢复后可重新并网[4]。

日本对微电网提出了自己的见解,其中东京大学认为微电网是含有分布式电源的独立系统,通过联络线与大系统相连,由于供求关系的不平衡,微电网可与主网互供或独立运行。三菱公司的定义为:微电网是一种包含电源和热能设备及负荷的小型可控系统,对外表现为整体单元并可以接入主网运行。

总之,微电网必须具备以下关键元素[5]:①以分布式发电技术为基础,融合储能装置、控制装置和保护装置的一体化单元;②靠近用户终端负荷;③接入电压等级是配电网;④能够工作在并网和自治两种模式下。

相对于微电网在国际上的发展状况,中国发展微电网应从实际国情出发,具备以下几点内涵[6-10]:

1) 大电网的有力补充

(1) 电网支撑。当受端电网发生功率振荡或并网点电压跌落时,微电网可以及时提供有功或无功功率,维持电网的稳定性,作为备用电源向电网提供支撑。同时由于微电网的可灵活调度性,能够起到对电网削峰填谷的作用。

(2) 防震减灾。我国是个自然灾害频发的国家,当灾害来临时,具有独立运行特点的微电网可以迅速与大电网解列形成"孤网",从而保证政府、医院、矿山、广播电视、通信、交通枢纽等重要负荷的不间断供电;另外,在自然灾害多发地区,微电网的黑启动能力能够在发生灾害后迅速就地恢复对重要负荷的供电。

(3) 实现农村电气化。在我国农村适合的地区,因地制宜地利用分布式能源,以户/村为单位,组建各种形式和规模的微电网,解决农村无电和缺电人口的供电问题。

2) 提高能效、节能降耗

(1) 可再生能源利用。微电网的最大优点是将原来布局分散的可再生能源进行整合,并通过储能装置和控制保护装置实时平滑功率波动,维持供需平衡和系统稳定。能够有效克服分布式电源随机性和间歇性的缺点,解决分布式电源的接入问题。因此,微电网作为可再生能源发电的有效载体能够显著提高可再生能源的利用效率。

(2) 提高能效。微电网与中小型热电联产相结合,通过实现温度对口、梯级利用和能质匹配,减少不同能源形态的转换,做到满足用户供电、供热、制冷、湿度控制和生活用水等多种需求,从而显著提高能源利用效率,优化能源结构,并减少污染排放,实现节能降耗的目标。

6.1.3 智能微电网概述

1. 智能微电网的概念

智能微电网的概念在国际上已经出现[11-13]。Galvin Electricity Initiative 认为智能微电网(smart microgrids)是大型电力系统的现代化、小型化的形式,能够提供更高的供电可靠性、更易满足用户增长的需求、最大可能利用清洁能源和促进技术的创新。Valence Energy 认为智能微电网是多种能源发电设备和终端用户设备的智能优化和管理,能够在达到持续发展的目标下最大化实现投资效益。

笔者认为[14],智能微电网即微电网的智能化,通过采用先进的电力技术、通信技术、计算机技术和控制技术在实现微电网现有功能的基础上,满足微电网对未来电力、能源、环境和经济的更高发展需求。智能微电网信息交互关系和各信息类型及其说明如图 6-1 和表 6-1 所示。

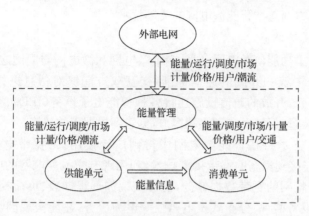

图 6-1 智能微电网信息交互关系

表 6-1 信息类型说明

信息类型	说明
能量	电能、制冷、制热等能量利用信息
潮流	电压、频率、相位、负荷、储运损耗、电能质量等信息
运行	保护、控制、系统状态、供需关系、气象、备用容量、短路水平、计划储运、孤岛控制、恢复时间等信息
调度	调度供能单元和负荷的控制信号
市场	电能、输电权、价格、服务、规则等信息
价格	电价、费率、成本等信息
计量	电/气/热读表、计量数据管理
用户	费用清单、家用设施控制、碳排放、订制选择、消费历史、客服、电网计划信息、需求侧响应等
交通	即插式混合动力车、汽车电网等控制信息

智能微电网应当具备以下特点：①真正实现自治，满足高度供电可靠性的要求；②满足用户多样化的需求；③更有效利用分布式能源尤其是可再生能源；④实现经济效益最大化；⑤实现环境效益最大化。

微电网与智能电网的关系密不可分[8,9]。第一，配电和用电都是微电网和智能电网作用的重要环节；第二，微电网自治运行的特点与智能电网的自愈相类似；第三，微电网和智能电网都需要根据用户的信息进行动态调整，实现供需平衡和优化运行；第四，微电网是智能电网安全防御和抵御自然灾害体系的重要组成部分；第五，微电网和智能电网都能够满足未来用户需求的电能质量；第六，微电网和智能电网都允许接入多种发电和储能单元。总之，随着电网配电和用电环节逐步实现智能化，微电网将作为智能电网的有机组成部分发挥更大作用。

2. 智能微电网的关键技术

实现智能微电网涉及众多技术领域，这里主要从通信、传感与计量、能量管理、分析和设备五个方面总结智能微电网的关键技术[14,15]。

1）集成的通信体系

提供两大基本功能使微电网自身、多个微电网和微电网与配网之间的信息交换变得实时互动。①统一开放的通信标准，交互双方能够对信息进行识别和重组；②兼容的物理媒介，开放的通信设施连接各种智能电子设备（IED）、智能电表、控制中心、电力电子装置、保护系统和终端客户，创建即插即用的环境。

高级的通信技术将在智能微电网中得到广泛使用：①宽带电力线接入技术（BPL），是一种连接到家庭的宽带接入技术，利用现有交流配电网的中、低压电力线路传输和接入因特网的宽带数据业务，能够实现如远程抄表、负荷控制、数据分析、电能质量监测、设备监视、分布式发电监控等电力服务，还能实现因特网宽带接入、视频传输、病毒防御、故障诊断等用户网络服务，BPL 技术发展迅速，是未来智能微电网通信技术的主导力量；②无线通信技术，包括目前发展迅速的 WiFi 技术，新兴的 3G、WiMax 技术和正在开发的 WMN 技术都可以引入微电网，实现各设备间及其与能量管理的无线通信。

智能微电网集成通信体系至少满足以下要求：①普遍性，所有潜在对象都能有机会参与；②开放性，参与主体都能对等使用基础设施；③标准化，所有通信技术基于统一技术标准；④安全性，能抵御外来攻击，保障信息安全；⑤扩展性，通信设施具有足够的带宽来支持未来的需要。

2）高级传感与计量技术

基于数字通信技术的高级传感和计量技术能够迅速在网络各节点进行数据采集和数据融合，诊断智能微电网的健康度和完整度。同时具备自动抄表、消费计额、窃电检测等功能，并能缓解电力阻塞，提供需求侧响应和新的控制策略。

高级传感技术是微电网智能化技术的重要组成部分并有着很好的应用前景。例如，无线传感网络由密集型、低成本、随机分布的节点组成，具有很强的自组织性和容错能力，不会因为某些节点在恶意攻击中的损坏而导致整个系统崩溃。将无线传感技术引入微电网，可有效提高微电网的安全防御能力并为微电网实现自治提供有效基础。

目前国内主要采用机电式电表进行电能计量，对用户侧计量数据采集精细度不够，数据没有充分利用。高级读表体系（AMI）已经在国外得到了广泛应用，许多国家已经装上了智能电表。AMI 能够实现电能计量、记录三表（电表、气表和水表）消费信息，并且能够双向通信进行远程阅读。此外用户端口技术（consumer portal）也在深度研究中，它在能源供应者和消费者之间建立通信端口提供能量服务功能，这些功能包括：①需求侧响应和实时定价；②损耗检测；③远程连接/断开；④支持配网运行；⑤电能质量监测；⑥完善用户信息。

微电网融合了电能生产者和消费者，需要向运行机构提供实时电力信息以平衡电能供需。作为电网尤其是配电网智能化的实现环节，AMI 在微电网智能化中的作用不可或缺。此外微电网包含商业用户、社区用户和部分中小型工业用户,用户端口技术作为通向用户室内的网关,也在微电网中起着积极作用。未来智能微电网高级计量技术能够实现的有:①高级读表;②实时定价和实时计费;③根据实时电价信息进行负荷调节,控制负荷开关的自动连接式断开;④即时为电力消费者和供应者提供电力消费信息;⑤远程电能质量的监测和控制;⑥远程设备性能监测和诊断;⑦电能损耗监测;⑧提供更高一级的电力服务(如电网运行信息、计划用电方案、停电信息等),与用户实现信息共享。

3)高级能量管理

高级能量管理(AMGEM)是智能微电网的核心组成部分,能够根据能源需求、市场信息和运行约束等条件迅速做出决策,通过对分布式设备和负荷的灵活调度实现系统最优运行。

微电网能量管理系统(MGEMS)与传统 EMS 的关键区别在于:①由于微电网内集成热负荷和电负荷,MGEMS 需要热电匹配;②能够与电网自由进行能量交换;③MGEMS能够提供分级服务,特殊情况下可以牺牲非关键负荷或延迟对其需求响应,为关键负荷提供优质电力保障。

MGEMS 已开发的功能有:①热能利用,利用储能装置实现对热电联产(CHP)的运行控制与采暖通风和空调系统(HVAC)的管理;②控制系统,包含专家控制系统、分散控制和分层控制系统;③与配网进行能量交互,提供无功支持和热备用;④分级服务,保障重要负荷用电。

从现状来看,MGEMS 还处于较低水平,未来 MGEMS 能够在如下方面进行完善:①发展高级控制策略,协调用户控制系统;②基于实时电价的快速需求侧响应;③完善监测系统,包括智能预警和市场信息;④完善数据采集和处理技术;⑤快速故障定位、隔离和服务恢复技术;⑥网络重构和保护技术;⑦综合考虑环境效益、经济效益的调度决策技术;⑧决策可视化技术。

4)高级分析技术

高级分析技术是高级能量管理的功能化,是实现智能微电网自治运行的工具,包括系统性能监测与模拟、测量分析系统、综合预测系统、实时潮流分析和市场模拟系统。

(1)系统性能监测与模拟。①实时监测微电网内各节点电气参数;②根据实时数据验证完善离线系统模型;③基于在线或模拟故障的微电网稳定/恢复最优策略。

(2)测量分析系统。①检测电压或电流的瞬时值;②分析微电网暂态过程;③监测微电网紧急事件;④支持实时状态估计;⑤改进微电网动态模型;⑥提供更好的数据可视化平台。

(3)综合预测系统。①更准确的气象预测;②更精确的负荷预测;③预测故障发生概率;④预测运行风险概率;⑤预测关键设备终止服务后的微电网系统响应。

(4)实时潮流分析。①可视化展示安全运行限制区域;②给出最优协调方案(如多微电网和配网之间),扩大安全运行区域,减少输电阻塞、最优损耗管理和改进系统规划分析。

(5)市场模拟系统。为微电网经济性分析与控制模拟各种市场因素(如市场成员的不同特点、动态学习能力和自我判断决策能力及成员间的相互作用),并提供开放的程序开发环境实现软件升级与信息共享。

5)先进设备技术

(1)高级电力电子技术。目前电力电子技术在微电网的应用体现在:①分布式电源和储能的并网接口;②提供本地电源控制和保护;③孤岛/反孤岛检测。

高级电力电子技术能够极大提高微电网性能。例如,统一潮流控制器(UPFC)能够全面改善微电网的无功补偿和潮流控制;配电网静止无功补偿器(D-STATE-COM)或动态无功补偿(D-VAR)能够有效提供电压支撑,抑制电压闪变,缓解分布式发电并网的影响;快速转换开关能够提供稳定的功率,实现微电网在并/离网两种模式下的无缝转换。

材料技术(如 SiC 和 GaN)的快速发展加速推动电力电子技术向高频化和智能化发展。并网接口研发和应用的加强有助于降低分布式发电成本,接口控制的完善和谐波治理有助于改善电能质量,辅助提高微电网经济、稳定的运行。

(2)超导电力技术。作为 21 世纪关键的前瞻技术,已在电缆、变压器、限流器和储能等方面进入试运行阶段,尤其是超导电缆已在 2008 年 4 月于美国投入商业运行,通过三根 138kV 电缆可同时满足 30 万户家庭用电需要。超导电力技术是解决电力安全、高品质供电、高密度供电和高效率输电等难题的新的技术途径。将其引入微电网,能有效起到保障优质电力服务、降低输电损耗、减少占地、降低电磁污染等优势,为微电网的高效运行提供保障。

(3)新型储能技术。储能技术是微电网实现自治的重要部分,按照能量转化形态可分为物理、电磁、电化学和相变储能四种类型。微电网内集成了大量高渗透率的可再生能源发电单元,由于其固有的随机性和间歇性,将会带来电压和频率的稳定性、低电压穿越、电能质量和经济性等问题。由于各种储能技术在功率范围、响应时间、转化效率和技术成熟度等方面的差异,发展不同储能单元之间的联合控制技术是解决上述问题、实现微电网智能化转变的重要环节。

6.1.4　我国微电网发展概述

1. 发展微电网的目的[6]

1)最大化接纳分布式电源

我国目前除了少数地区的风能、太阳能、生物质能等能源可大规模集中利用,大部分可再生能源都是以分布式电源出现的。由于这些分布式电源具有明显的随机性、间歇性和布局分散性的特征,随着分布式发电越来越多地与大电网联合运行,将会给电力系统的运行和控制带来不利影响。

微电网的最大优点在于将原来分散的分布式电源进行整合,集中接入同一个物理网络中,并利用储能装置和控制保护装置实时调节以平滑系统的波动,维持网络内部的发电和负荷的平衡,保证电压和频率的稳定。当微电网并网运行时,它作为灵活调度的负荷,能根据主网的需要迅速做出响应,满足电力系统安全性的要求;当微电网独立运行时,又能利用储能环节和控制保护环节维持自身的稳定运行。所以,微电网独特的组网形式能够有效克服分布式电源随机性和间歇性的缺点,解决分布式电源的接入问题。

　　2) 节能降耗,提高能效

　　我国在能源建设利用方面取得了令人瞩目的成就。一是能源利用效率大幅度提高,二是取得了相当大的环境效益。但中国目前的能源利用效率依然严重偏低,环境污染问题未得到根本控制,并且长期存在能源结构不合理等问题。

　　可再生能源逐渐得到国家重视,我国已出台《可再生能源法》,"十一五"规划也将可再生能源发展作为重点发展战略之一。因此,如何经济、高效地利用可再生能源是我们面临的一个严峻课题。

　　微电网将多种具有可互补性的分散型能源集中在同一物理网络中,通过多个能量转换环节,实现一次能源到二次能源的转化,有效提高对一次能源的利用效率;再者,目前大多数分布式能源的热电转换效率还不高,微电网作为一个整体供能系统,在满足用户供电需要的同时,还能满足供热、制冷、湿度控制和生活用水等多种需求,显著提高了能源的利用效率;此外,储能单元的参与,有利于对系统内部的能量进行调节控制,实现能量高效合理的利用。

　　3) 实现农村电气化

　　"建设社会主义新农村"是我国现代化进程中的重大历史任务。我国目前农村电气化水平还非常低,"十一五"初期农村用电量只占全国总用电量的18%,尤其是中、西部农村地区,远低于东部农村的平均水平,因此大力发展农村电气化事业具有重大的现实意义。

　　随着国家西部大开发政策的持续扶持及城市化对农村的影响,农村用电量将得到快速的增长,这必将给我国的能源形势增加更多的压力,在我国农村大力倡导和发展可再生能源是行之有效的出路。预计到2020年,将利用可再生能源累计解决无电地区约1000万人口的基本用电问题,改善约1亿户农村居民的生活用能条件。为了能够更经济地利用可再生能源,采用微电网的形式是一种比较有效的途径。

　　在我国农村适合的地区,应以户、村为单元组成不同规模的微电网,根据当地的实际情况采用合适的分布式电源。例如,在水利资源丰富的地区,应大力开发农村水电,以小水电作为微电网的主力电源;在风能资源充足的地区,应合理开发中小型风电场,发展家用风电;在太阳光照充足的地区,应发挥太阳能光伏适宜分散供电的优势,推广使用户用光伏发电系统或建设小型光伏电站,推进光伏系统和建筑一体化。通过因地制宜地组建各种形式、规模的微电网,从而解决农村无电和缺电人口的供电问题,逐步实现社会主义新农村的电气化。

4) 提高供电可靠性,满足多用户电能质量需求

随着社会对电力和能源的需求日益增加,对供电的质量与安全可靠也提出了越来越高的要求。

微电网能够提高对内部负荷供电的可靠性。微电网具备实时在线监控的预警能力。通过在并网点加装传感器,实时监测大电网的运行状态。如果大电网发生失步、低压、振荡等异常情况,微电网能够在控制和保护的配合下,迅速通过主分离开关从并网点解列进入"孤岛"运行,保证其内部负荷的供电不受影响。

微电网能够满足不同用户的电能质量需求。随着用电设备的数字化程度提高,其对电能质量也越来越敏感。尤其是政府、医院、矿山、广播电视、通信、交通枢纽等重要负荷,电能质量问题可以导致终端系统的故障甚至瘫痪,对社会经济发展带来重大损失。根据用户对供电质量的不同需求,微电网将负荷进行分级。对于重要负荷,微电网可通过多电源向其供电;对于可中断负荷,微电网可将其共同支接在同一条电力馈线上,当微电网遭受异常情况时,可通过切除连接可中断负荷的馈线来维持自身的正常运行。

5) 提高电网整体抗灾能力和灾后应急供电能力

电力工业是国民经济的重要基础产业。2008年我国先后遭受了两起重大自然灾害,造成电力设施大面积损毁,给经济社会发展和人民群众生活造成严重影响。为保障能源安全和经济正常运行,必须采取有效措施,加强电力系统抗灾能力建设。

国家发改委、电监会在《关于加强电力系统抗灾能力建设的若干意见》中明确提出:鼓励以清洁高效为前提,因地制宜、有序开发建设小型水力、风力、太阳能、生物质能等电站,适当加强分布式电站规划建设,提高就地供电能力。

微电网对提高电网整体抗灾能力和灾后应急供电能力注入了一种新的思路。首先,作为大电网的一种补充形式,在特殊情况下(如发生地震、暴风雪、洪水、飓风等意外灾害情况),微电网可作为备用电源向受端电网提供支撑;同时,微电网能够独立运行,可以迅速与大电网解列形成"孤网",从而保证重要用户不间断供电;另外,在自然灾害多发地区,通过组建不同形式和规模的微电网,能够在发生灾害后迅速就地恢复对重要负荷的供电,具有"黑启动"的能力。

6) 智能电网的有机组成部分

智能电网的概念最早是美国为了解决日益老化的电网而提出的一种解决方案,旨在通过升级改造原有电网的发电、输电、配电和用电环节达到更加环保、高效、互动的现代化电力系统。智能电网的主要特征是自愈、互动、安全、兼容、经济和优质。

2. 发展微电网的方向[6]

国家电网公司已于今年明确提出智能电网的发展计划,即加快建设以特高压电网为骨干网架,各级电网协调发展,具有信息化、自动化和互动化特征的统一的坚强智能电网。在此背景下,微电网作为智能电网的有机组成部分,应积极贯彻我国建

设坚强智能电网的发展战略。同时又需要结合自身特点,着眼我国实际国情,将包容性、灵活性、定制性、经济性和自治性作为微电网发展的基本方向,积极推进微电网在我国的发展和应用。

1)包容性

包容是微电网发展的重要方向。微电网的包容性主要体现在以下几个方面。

(1)微电网能够有效接纳分布式电源。通过引入储能技术和智能控制技术,可有效缓解分布式电源的波动性及间歇性对电网的影响。

(2)微电网与大电网相兼容作为补充单元参与并网运行。

(3)微电网能够包容先进的电力技术,如快速仿真计算、电源优化控制、分布式储能、先进的能量管理和高级计量等技术。

(4)微电网可根据自身发展需要允许更多小型模块化的装置接入,易于扩展规模,且可即插即用。

2)灵活性

充分发挥微电网小型化、模块化、分散式的特点来弥补大电网的不足。

(1)微电网具有单一可控、灵活调度的特点,可作为备用电源。在大电网异常情况下,确保重要负荷的供电。

(2)微电网运行模式的灵活切换可以保证在紧急情况下能够从大电网解列实现独立运行,提高所辖负荷的供电可靠性;同时具备"黑启动"能力,能够提高灾后应急能力。

(3)微电网可以实现偏远地区供电,其灵活组网的特点能适用在偏远农村地区,通过因地制宜地组建不同形式和规模的微电网,解决偏远地区用电难的问题。

3)定制性

微电网的定制性体现在用户对电力的需求。

(1)微电网可以组建在中心城区,通过对负荷分级,提供分级供电,满足不同用户的电能质量需求,实现灵活供电。

(2)微电网通过利用电力电子装置、固态控制器、快速故障解除开关、储能系统等元件,向电能质量敏感的用户提供所需的可靠性水平和电能质量水平。

4)经济性

微电网融合了电能的生产、交换、分配、消费等环节,不仅涉及发电商和用户的利益,还与整个电网的经济利益密切相关。

(1)有利微电网内部用户的利益。在外部电网出现故障时能够保证用户的用电质量,尤其是减少商业用户因停电带来的经济损失;同时可以引导用户根据自身需求消费电能,节约电力消费。

(2)有利微电网内发电商的利益。微电网孤网运行的特点能够为其内部的发电商延长能量出售,从而提供额外的经济效益。

(3)有利整个电网的经济利益。微电网通过与大电网的协调控制,能够综合优化能量利用、运行效率和环境排放,对市场交易和资产配置统一管理,延缓电网的投资,实现整个电网的经济高效运行。

5) 自治性

自治运行是微电网的基本特点。作为小型能源网络,自治要求微电网能够实时维持自身的能量平衡,可脱离主网独立运行。

(1) 基于实时通信、快速控制和储能单元,微电网能够在稳态和暂态过程中实现功率平衡和电压/频率的稳定。

(2) 通过实时监控对故障前兆及时预警,降低故障概率,并能对已发生的故障自动采取措施进行控制和纠正,使系统迅速恢复到正常运行状态,确保微电网安全可靠地运行。

3. 发展微电网的前景[6]

1) 技术前景

世界上发达国家已经将微电网的技术水平从理论层面过渡到应用层面,通过进一步开发应用,实现微电网的生产力。我国应发展适合中国特色的微电网,大力挖掘技术潜力,积极攻克技术壁垒,实现技术创新,从而为微电网的广泛应用奠定坚实的技术基础。

(1) 微电网发展的初期,在基础理论研究、核心技术突破、关键装备开发等方面有巨大的技术需求,如微电网或含微电网电力系统的快速仿真技术、规划设计理论、计算理论、电源技术、保护与控制技术、微电网的运行与能量管理、信息与通信技术、先期评估和后期评价体系等。同时要积极研制分布式电源并网装置、分布式储能装置、控制和保护装置、微电网快速分离开关、接地网、计量装置、能量管理系统和通信系统。

(2) 微电网有助于促进电力行业相关技术的发展。一方面,微电网提供了多种新技术应用的平台,能够将新能源发电技术、新型储能技术、冷热电三联供技术、轻型直流输电技术、智能用电技术、安全防御技术和新型电力市场机制等技术与微电网相结合;另一方面,微电网与各种新技术的融合,能够发现微电网实际应用中的技术障碍,衍生出新的技术问题,需要新方法、新思路去解决,从而加快技术的创新,促进技术的发展。

(3) 微电网技术能够广泛应用在其他领域。例如,在铁路行业,微电网的智能计量装置有利于电气化铁路电力需求参与电力市场竞争;快速分离开关和电能质量监测系统的开发有助于减轻冲击负荷对电网的影响。此外,微电网技术还能作为军事备用,通过在舰船电力系统的应用,能够显著提高军事作战能力。不仅如此,微电网技术在通信、能源、交通、机械、医疗、教育等行业和领域都能得到广泛应用。

2) 应用前景

(1) 微电网要积极利用可再生能源发电,发挥可再生能源优势。可再生能源发电在我国发展迅速。2008年,我国风电已突破达到1000万kW,预测到2015年将达到 5000 万 kW；我国已经成为全球最大的光伏电池生产基地。预计"十二五"期间，光伏发电将以年均 40％的速度增长，有望在 2020 年达到 1000 万 kW。发展可再生能源要做到灵活多样，不仅需要大型化、规模化的开发，也要注重能源中小型化的利用，如家用风电、屋顶光伏。但是，可再生能源分布广、能量密度较低，特别是具有随机性和间歇性，如何使可再生能源发电融入现代电力系统，是推动可再生能源开发利用的一项重要任务。微电网的最大优点是将原来布局分散的可再生能源进行整合，并通过储能装置和控制保护装置实时平滑功率波动，维持供需平衡和系统稳定。因此，作为可再生能源发电的有效载体，是微电网应用的重要前景。

（2）微电网要积极与中小型热电联产相结合，发挥综合利用优势，提高能效、降低消耗、减少排放。提高热能利用效率的根本方向是实现"温度对口、梯级利用、能质匹配"。提高化石燃料使用效率的根本途径是减少不同能源形态的转换，做到供热发电同时进行。热电联产目前主要以大型、集中供热为主，但是只强调大机组，会阻碍热电联产的发展，影响热电联产机组效益的发挥。因此应根据热负荷来确定机组的大小和机型，同时与微电网结合，满足用户供电、供热、制冷、湿度控制和生活用水等多种需求，从而显著提高能源利用效率，优化能源结构，减少污染排放，实现节能降耗的目标。

（3）微电网能解决边远地区用电问题，改善农村生活用能条件。我国农村有丰富的水资源，尤其是小水电，数量众多、分布广泛，在可再生能源中能量密度最高。2005 年，全国农村小水电装机容量已达 4309 万 kW，占全国水电装机总容量的37％，发电量占全国水电量的 34.3％。预测到 2020 年，全国小水电装机容量将达到7500 万 kW，占全国水电装机总容量的 25％，因此小水电是我国重要的分布式能源。在这些水资源丰富的地区，应优先开发小水电，将其作为组建微电网的主力电源。在缺乏小水电的地区，因地制宜推广使用小风电、户用光伏发电、风光互补发电，并结合户用沼气、生物质能发电组建微电网，从而改善农村生活条件，提高农民生活质量，实现农村电气化。

（4）微电网能够提高电力系统防御能力。在灾害多发地区组建微电网，有助于电力企业根据本地区灾害特点，建立健全电力抗灾预警系统，形成与气象、防汛、地质灾害预防等部门的信息沟通和应急联动机制；有助于电网企业针对灾害可能造成的电网大面积停电、电网解列、"孤网"运行等情况，制定和完善电网"黑启动"等应急预案；有助于电力企业执行抢险救灾任务，做好灾后重建工作；还有助于保证医院、矿山、学校、广播电视、通信、铁路、交通枢纽、供水供气供热、金融机构等重要用户和居民的电力供应。

6.2 微电网的构成

6.2.1 微电源

1. 风力发电

风力发电系统是一种将风能转换为电能的能量转换系统。近年来,作为一种可再生能源,风能的开发、利用得到了极大的关注,风力发电技术日臻成熟,大量风力发电系统已经投入运行。按照是否与常规的电力系统并网运行划分,风力发电系统可分为并网型和离网型两种。前者正常的运行方式是与电力系统并网运行,在某些情况下可与储能及其他分布式电源系统组成微电网独立运行;后者则独立向负荷供电。

并网型风力发电系统的分类方法有多种。按照发电机的类型划分,可分为同步发电机型和异步发电机型;按照风力机驱动发电机的方式划分,可分为直驱式和使用增速齿轮箱驱动;另一种更为重要的分类方法是根据风机转速是否可调将其分为恒速/恒频和变速/恒频。

2. 光伏发电

利用太阳能发电的方式很多,其中最典型的是太阳能热发电和太阳能光伏发电,后者又称为光伏电池发电。与太阳能热发电系统相比,光伏电池具有结构简单、体积小、清洁无噪声、可靠性高、寿命长等优点,近年来发展十分迅速。按照采用的材料不同,光伏电池可分为硅型光伏电池、化合物光伏电池、有机半导体光伏电池等。目前,硅型光伏电池应用最为广泛,这种电池又可分为单晶硅、多晶硅和非晶硅薄膜光伏电池等。其中,单晶硅光伏电池光电转换效率最高,但价格也最贵;多晶硅、非晶硅薄膜光伏电池虽然光电转换效率相对较低,但由于具备其他一些优点,近年来应用也日益广泛。从光伏电池的技术发展现状看,硅型光伏电池在今后相当长的一段时间内都将是太阳能光伏电池的主流。

光伏阵列为一种直流电源,通常需经电力电子装置将直流电变换为交流电后接入电网。光伏阵列自身具有的伏安特性使其必须通过最大功率跟踪环节才能获得理想的运行效率。同时,为了提高光伏阵列并网运行的安全性和可靠性,光伏发电系统还需要并网控制环节,以保证光伏阵列的输出在较大范围内变化时,始终以较高的效率进行电能变换。光伏阵列、电力电子变换装置、最大功率控制器、并网控制器几部分构成了一个完整的光伏并网发电系统。根据电力电子变换装置结构的不同,光伏并网发电系统可分为单级、双级和多级三种类型。其中多级式结构的电力电子装置十分复杂,成本较高;单级式和双级式并网方式应用广泛。

3. 燃气轮机发电

微型燃气轮机发电系统是以可燃性气体为燃料,可同时产生热能和电能的系统,它具有有害气体排放少、效率高、安装方便、维护简单等特点,是目前实现冷、热、电联产的主要系统。

微型燃气轮机是一种涡轮式热力流体机械,由压气机、燃烧室、燃气涡轮等主要部件组成,为提高循环热效率,在微型燃气轮机动力装置中通常还附有空气冷却器、回热器、废气锅炉等。压气机的作用是从周围大气吸入空气,并进行压缩增压,连续不断地向燃烧室提供高压空气,实现热力循环中的空气压缩过程。燃烧室的作用是将经压气机增压后的空气与燃料进行混合并进行有效的燃烧,将燃料的化学能以热能的形式释放出来,从而使燃烧室出口的气体(即燃气)温度大大升高,以提高燃气在燃气涡轮中膨胀做功的能力,是微型燃气轮机的重要部件。燃气涡轮的作用是将燃气的热能和压力能转变为轴上的机械能,一部分用于带动压气机工作,另一部分为发电机提供原动力。

目前,微型燃气轮机发电系统主要有两种结构类型:一种为单轴结构;另一种为分轴结构。单轴结构微型燃气轮机发电系统的压气机、燃气涡轮与发电机同轴,发电机转速高,需采用电力电子装置进行整流逆变,这一点与直驱型风力发电并网系统有些相似,但风力发电系统的轴系转速较低,一般采用低速永磁同步发电机,而单轴结构燃气轮机发电系统中的永磁同步发电机转速比较高;分轴结构微型燃气轮机发电系统的动力涡轮与燃气涡轮采用不同转轴,动力涡轮通过变速齿轮与发电机相连,由于降低了发电机转速,可以直接并网运行。

1) 单轴结构微型燃气轮机模型

单轴结构微型燃气轮机发电系统具有效率高、维护少、运行灵活、安全可靠等优点。其独特之处在于压气机与发电机安装在同一转动轴上,其结构图如图 6-2 所示。整个系统的工作原理为:压气机输出的高压空气首先在回热器内由燃气涡轮排气预热;然后进入燃烧室与燃料混合,点火燃烧,产生高温高压的燃气;输出的高温高压

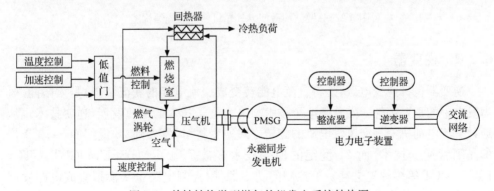

图 6-2 单轴结构微型燃气轮机发电系统结构图

燃气导入燃气涡轮膨胀做功,推动燃气涡轮转动,并带动压气机及发电机高速旋转,实现了气体燃料的化学能转化为机械能,并输出电能。通常燃气涡轮旋转速度高达 $30000\sim100000\mathrm{r/min}$,需要采用高能永磁材料(如钕铁硼材料或钐钴材料)的永磁同步发电机,其产生的高频交流电通过电力电子装置(整流器、逆变器及其控制环节)转化为直流电或工频交流电向用户供电。

2)分轴结构微型燃气轮机发电系统

分轴结构微型燃气轮机发电系统的燃气涡轮与发电机动力涡轮采用不同的转轴,通过齿轮箱将高转速系统转换至可用于驱动传统发电机的较低转速系统。分轴结构微型燃气轮机发电系统可以直接与电网相连,不需要电力电子变换装置,在谐波污染方面相对较好。

分轴结构微型燃气轮机由压气机、燃气涡轮、动力涡轮、燃烧室、回热器等组成。其基本的工作原理与单轴结构方式相似,不同之处在于燃气涡轮产生的能量除了为压气机提供动力,其余部分以高温、高压燃气的形式进入动力涡轮,通过齿轮箱带动发电机工作。发电机可以采用同步发电机或感应发电机,直接与电网相连。由于回热器动作缓慢,在分析微型燃气轮机与电网的相互作用时可忽略其影响。分轴结构微型燃气轮机发电系统的结构如图 6-3 所示。

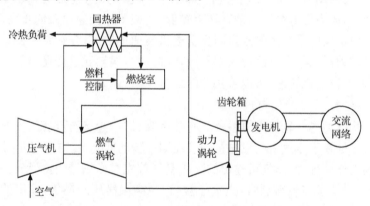

图 6-3 分轴结构微型燃气轮机发电系统结构图

6.2.2 逆变器

逆变器也称逆变电源,是将直流电能转变成交流电能的变流装置,是太阳能、风力发电中的重要部件。随着微电子技术与电力电子技术的迅速发展,逆变技术也从通过直流电动机——交流发电机的旋转方式逆变技术,发展到 20 世纪 60～70 年代的晶闸管逆变技术,而 21 世纪的逆变技术多数采用了 MOSFET、IGBT、GTO、IGCT、MCT 等多种先进且易于控制的功率器件,控制电路也从模拟集成电路发展到单片机控制甚至采用数字信号处理器(DSP)控制。各种现代控制理论如自适应控制、自学习控制、模糊逻辑控制、神经网络控制等先进控制理论和算法也大量应用于逆变领域。其应用领域也达到了前所未有的广阔,从毫瓦级的液晶背光板逆变电路到百兆瓦级的高压直流输电换流站;从日常生活的变频空调、变频冰箱到航空领域的机载设备;从使用常规化石能源的火力发电设备到使用可再生能源发电的太阳能风力发电设备,都少不了逆变电源。毋庸置疑,随着计算机技术和各种新型功率器件的发展,逆变装置也将向着体积更小、效率更高、性能指标更优越的方向发展。在微电网中使用的三相逆变器主要有电压型逆变器和电流型逆变器。

6.2.3 储能装置

1. 电池储能

在电网中应用的储能蓄电池主要有铅酸电池、钠硫电池和液流电池等,原理都是将电能转化为化学能储存起来,等需要时再将化学能转化为电能来使用。铅酸蓄电池发展使用的时间比较长,技术也较成熟,并逐渐进入以密封型免维护产品为主的阶段,而且成本较低,能量密度则在各类电池中处于适中水平。在环境影响上,基于密封阀控型的铅酸电池也具有较高的运行可靠性,只是能量密度较一般,其劣势已不甚明显。

相比铅酸电池,钠硫电池和液流电池具有其他化学电池不具备的优点:①存储容量更大,可达几百千瓦甚至上兆瓦,是普通铅酸蓄电池的 8～10 倍;②钠硫电池和液流电池无污染,不会对环境有影响;③寿命高,稳定性好。缺点就是工作环境需要较高温度,达 300～500℃,技术还有待进一步完善。

2. 超级电容储能

普通电解电容器由于材料和容量原因,其存储能量过小,所以不能用做大的储能应用。超级电容器的存储容量可以达到普通电容器的 103 倍以上。由于超级电容器自身的双电层和内阻较大的特点,使其具有很高的功率密度和较长的循环寿命。与蓄电池和普通电容器相比,超级电容器的特点主要体现在以下几方面。

（1）功率密度很高。可达 $102～105W \cdot h/kg$,远超过现有蓄电池的功率密度水平。

（2）循环寿命较长。在上万次短时间的高速、深度充、放电循环后,超级电容器的性能依然变化很小,容量和内阻仅降低 10%～20%。

（3）工作温度范围宽。由于超级电容器中离子的吸脱附速度在低温下变化很小,市场上商业化超级电容器的工作温度可达 $-30～60℃$。

（4）绿色环保。在生产过程中,超级电容器不需要使用易造成环境污染的重金属物质,是一种新型的绿色环保储能装置。

目前超级电容器的应用比较广泛,但在使用安全和稳定上还有待加强。

3. 飞轮储能

飞轮储能是指驱动电机带动飞轮旋转将电能以机械能的形式储存起来,在整个电能的存储和释放过程中都利用了电力电子转换技术。飞轮储能密度的大小是由飞轮转子转速大小决定的。以目前最好的碳素纤维复合材料来说,这种材料的飞轮转子可以承受的最大线速度达到 1000m/s 以上,储能密度可达到 230W·h/kg,预计正在研制的熔融石英材料的飞轮储能密度可达到 800W·h/kg,碳纳米管材料将使飞轮的储能密度提高到 2700W·h/kg。随着超导块材的发展,采用超导磁悬浮轴承的飞轮储能可以将轴承的摩擦系数降低到 10^{-7} 数量等级,储能密度和效率都得到了很大的提高。

飞轮储能的主要优点如下。

(1) 储能密度高,比超导磁储能、超级电容器储能和一般的蓄电池都要高。

(2) 充、放电时间短,且无过充、过放问题,寿命长;飞轮储能充电只需要几分钟,不像化学电池需要几个小时的充电时间。飞轮储能系统的寿命主要取决于其电力电子的寿命,一般可达到 20 年左右。

飞轮储能技术广泛应用的主要瓶颈有:①技术成本相对于蓄电池来说比较高;②轴承材料还有待进一步的突破;③自放电现象很严重。

4. 复合储能

电池类储能技术能量充放过程自损耗小,储能时间长,但循环寿命小,响应速度慢,只能作为负荷调节或紧急备用电源。飞轮、超级电容器、超导磁储能响应速度快,输出功率大,但储能过程中自损耗较大,不适用于长时间的储能。在当前技术条件下,飞轮、超级电容器、超导磁储能的成本较高,且实现大容量在技术上也有一定的困难,因此主要适用于微电网中的动态功率补偿、电压稳定或作为短时间的紧急备用电源。为满足微电网的技术需求,微电网中的储能设备应为多元复合储能,即以能实现大容量能量存储的电池类储能为基础,配合具有快速响应特性的飞轮储能、超导磁储能或超级电容器。复合储能的主要优点如下。

(1) 如果微电网中同时含有对供电可靠性要求很高的敏感负荷和输出功率波动性很大的新能源,只有多元复合储能技术能满足需求。

(2) 电池类储能对于响应系统动态特性几乎无能为力,但飞轮、超导磁储能、超级电容器可以在一定程度上实现负荷调节,充当紧急电源,如果多种储能方式能实现协调控制,可使微电网获得更好的技术性能和更高的经济指标。

(3) 多种储能的协调控制可优化系统结构、降低设备冗余度,提高反应能力。

复合储能的缺点是:在微电网中同时应用具有大容量储能特性和具有快速功率响应特性的多种储能技术时,由于不同储能形式对应不同需求,需对不同储能进行独立控制,增加控制的复杂度。

6.2.4 微电网系统结构

欧盟的实验室微电网结构如图 6-4 所示,光伏(PV)、燃料电池和微型燃气轮机通过电力电子接口连接到微电网,小的风力发电机直接连接到微电网,中心储能单元安装在交流母线侧。微电网系统采用分层控制策略,并且允许微电网作为电网中分布式电源的一部分向大电网供电。

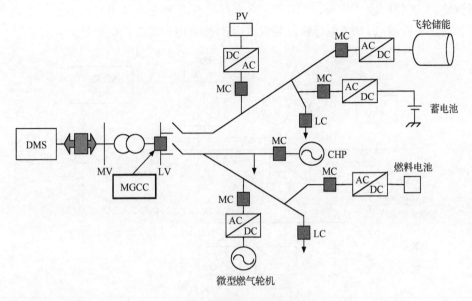

图 6-4　欧盟微电网结构图

美国 CERTS 和威斯康星大学提出的微电网结构如图 6-5 所示,它采用微型燃气轮机和燃料电池作为主要的电源,储能装置连接在直流侧与分布式电源一起作为一个整体通过电力电子接口连接到微电网。其控制方案相关研究重点是分布式电源的"即插即用"式控制方法。到目前为止,它们不允许微电网向大电网供电。

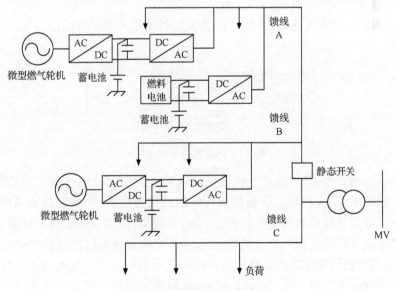

图 6-5　美国微电网结构图

日本著名的仙台微电网结构如图 6-6 所示。该结构采用了各种分布式电源,包括汽轮机、燃料电池、PV 等,并且微电网内存在直流和交流两类母线分别为直流负荷和交流负荷供电,动态电压恢复装置(DVR)能为用户提高供电质量。

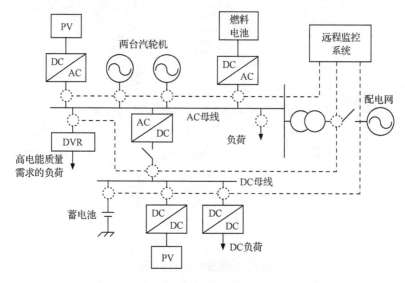

图 6-6　日本微电网结构图

大电网中的电源主要为同步发电机组,其结构如图 6-7 所示,原动机与同步发电机同轴连接,通过线路连接到大电网,其转子运动方程为

$$T_J \frac{\mathrm{d}\omega_r}{\mathrm{d}t} = T_m - T_e \qquad (6-1)$$

式中,T_m 为发电机输入的机械转矩;T_e 为发电机输出的电磁转矩;T_J 为发电机惯性时间常数。

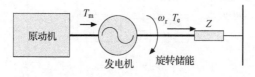

图 6-7　同步电机发电系统

由转子运动方程可知,当发电机输出电功率大于原动机输入的机械功率时,发电机旋转速度下降,这时其旋转轴的旋转储能转化为电能,满足初始能量平衡。然后发电机速度调节器检测到发电机转速下降,开始动作,增加原动机的能量输入,使发电机速度恢复到额定值。发电机输出电压电流的角频率由发电机的旋转速度决定,而发电机的旋转速度通过发电机的速度调节器进行控制。发电机输出电压的幅值由励磁系统的控制来完成,而负荷点的电压幅值可以通过调节变压器分接头及无功补偿来完成。

与大电网不同,微电网中的分布式电源大多借助逆变器接入电网,主要包括两种,即图 6-8(a)给出的背靠背逆变器和图 6-8(b)给出的 DC/AC 逆变器,分别用于交流分布式电源和直流分布式电源接入。逆变器前的电容在暂态时可提供电能,其作用部分相当于同步发电机的转轴提供的旋转储能维持暂态能量平衡,但是电容器能提供的能量要少很多。采用逆变器接口的分布式电源输出电压电流的频率由接口逆变器的控制策略决定,而其输出电压幅值由其直流侧电容电压幅值和接口逆变器的控制策略共同决定。所以,分布式电源输出电压电流的频率变化和分布式电源原动机不存在直接关联,取决于其接口逆变器的控制策略。例如,对于接口逆变器采用调制比为常数的开环系统,当负荷功率增加时,逆变器输出功率增加,此时电容器输出更多能量。如果原动机的输入功率没有及时跟随负荷功率变化,则逆变器输出的电压幅值将下降而频率维持不变[16]。

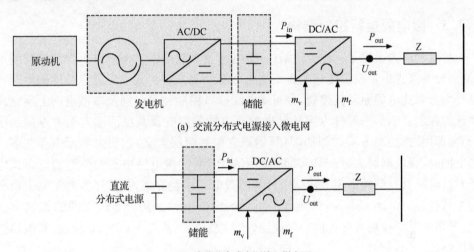

(a) 交流分布式电源接入微电网

(b) 直流分布式电源接入微电网

图 6-8　分布式电源发电接入系统

综上可以看出,微电网在结构上具有如下特点。

(1)一般通过单点接入大电网,即从电网端看进去,微电网是一个可控发电单元或者负荷。这样可以充分利用微电网内各种分布式电源的互补性,能源的利用更加充分,并且减少各类分布式电源直接接入电网后对大电网的影响。

(2)能运行在两种模式:联网模式和孤岛模式。在联网模式下,负荷既可以从电网获得电能也可以从微电网获得电能,同时微电网既可以从电网获得电能也可以向电网输送电能(根据接入电网的准则)。当电网的电能质量不能满足用户要求或者电网发生故障时,微电网与主电网断开,独立运行,即运行于孤岛模式。在孤岛模式下,微电网必须满足自身供需能量平衡。

(3)微电网中的分布式电源互相之间一般有一定的地理距离。由于微电网中常采用多种分布式能源,而太阳能发电、风力发电等方式受天气条件制约,所以一般要根据其实际地理条件选择分布式电源安装位置,因地制宜是分布式电源安装的基本原则之一。

（4）微电网一般连接在低压配电网侧，其输电线路阻抗一般呈现阻性。在传统电网中，其线路阻抗特性的 X/R 一般大于 1。但在低压配网中，其线路阻抗特性的 X/R 一般小于 1。

（5）微电网中使用大量的电力电子装置作为接口，使得微电网内的分布式电源相对于传统大发电机惯性很小或无惯性。同时，由于电力电子装置响应速度快且输出阻抗小，导致逆变器接口的分布式电源过负载能力低。

（6）由于微电网惯性很小或无惯性，在能量需求变化的瞬间分布式电源无法满足其需求，所以微电网需要依赖储能装置来达到能量平衡。在现有的微电网结构中，储能装置是维持系统暂态稳定必不可少的设备。

6.2.5　微电网运行控制结构

传统的电力系统是一种分层结构，微电网及多微电网的概念由于发展的时间不长，部分专家提出了模拟传统电力系统的分层控制方案。其主要思想是将微电网控制分为分布式电源原动机控制、分布式电源接口控制和微电网及多微电网上层管理系统的控制。而另一部分专家从微电网对电网的影响及其灵活性方面考虑提出了"即插即用"式控制方案，"即插即用"的概念包括两层含义：①当大电网中存在多个微电网时，微电网对大电网具有即插即用的功能；②微电网中不同类型的分布式电源对微电网具有即插即用的功能。目前的微电网控制方案，从整体控制策略上可分为主从控制（master-slave）和对等控制（peer-to-peer）。从分布式电源的控制方法上，分布式电源控制可分为恒功率控制（PQ 控制）、下垂控制（Droop 控制）和恒压恒频控制（U/f 控制）[17,18]。

（1）恒功率控制（PQ 控制）。若分布式电源接口逆变器采用 PQ 控制，表示其控制目的是确保分布式电源输出的有功、无功功率等于其参考功率。PQ 控制的原理如图 6-9 所示，有功功率控制器调整频率下垂特性曲线使分布式电源输出的有功功率始终维持在参考值附近；无功功率控制器则调整电压下垂特性曲线使无功功率也维持在相应的参考值附近。例如，当系统频率为 50Hz、分布式电源端口电压为额定值时，分布式电源运行在 B 点，输出的有功、无功功率分别为 P_{ref} 与 Q_{ref}；当系统频率增加，且分布式电源的端口电压幅值增大时，分布式电源运行点将由 B 点向 A 点移动，输出的有功、无功功率依然为 P_{ref} 与 Q_{ref}；当系统的频率减小，且分布式电源的端口电压幅值减小时，分布式电源运行点将由 B 点向 C 点移动，输出的有功、无功功率依然为 P_{ref} 与 Q_{ref}。该控制方法需系统中有维持电压和频率稳定的分布式电源或大电网存在。

（2）下垂控制（Droop 控制）。分布式电源接口逆变器的下垂控制原理如图 6-10所示，它利用分布式电源输出有功功率和频率呈线性关系而无功功率和电压幅值呈线性关系的原理进行控制。例如，当分布式电源输出的有功和无功功率分别增加

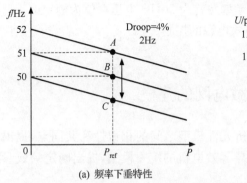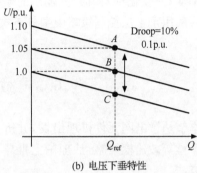

(a) 频率下垂特性   (b) 电压下垂特性

图 6-9   PQ 控制的原理

时,分布式电源的运行点由 A 点向 B 点移动。该控制方法对微电网中的分布式电源输出的有功、无功功率分别进行控制,无需机组间的通信协调,实现了分布式电源即插即用和对等控制的目标,保证了孤岛下微电网内电力平衡和频率的统一,具有简单可靠的特点,所以一般用于分布式电源接口逆变器的控制。

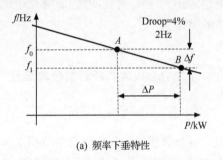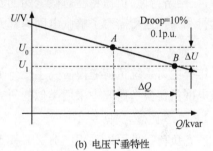

(a) 频率下垂特性   (b) 电压下垂特性

图 6-10   下垂控制的原理

(3) 恒压恒频控制(U/f 控制)。分布式电源的接口逆变器的恒压恒频控制的原理如图 6-11 所示,其基本思想是不管分布式电源输出功率如何变化,其输出电压的幅值和频率一直维持不变。例如,当分布式电源输出的有功功率从 P_1 变化到 P_3,无

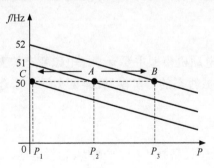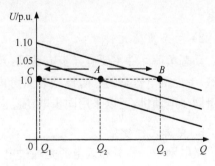

图 6-11   恒压恒频控制的原理

功功率从 Q_1 变化到 Q_3 时,其输出的频率始终为 50Hz,电压幅值为额定值。此控制方法一般用于主从控制策略中主分布式电源的控制。

6.3 微电网的建模

本节从微电网元件机理出发,分析元件模型之间的相似性和共同点,提出微电网的整体等效建模策略,从理论上推导等效电机的统一模型,提出确定等效参数的具体方法。

6.3.1 微电网的元件模型

微电网内部有大量的分布式电源和负荷元件,由于分布式电源类型和负荷类型不同,其接入方式也不尽相同。如光伏电池、燃料电池等分布式电源和储能设备都是通过电力电子设备接入的,风力发电、小型燃气轮机等一般直接接入微电网。电源特性、网络特性、负荷特性对微电网的安全稳定运行至关重要,因此研究微电网独立运行和并网运行需要了解微电网内部元件的模型[19,20]。

1. 负荷元件模型

传统电力系统负荷建模研究主要将负荷归并为动态负荷和静态负荷两部分[21],在微电网负荷模型研究中采用类似的研究方法。

1) 静态负荷元件

静态负荷元件可以采用经典 ZIP 模型或者幂指数模型。ZIP 模型中负荷由恒阻抗、恒电流和恒功率三部分组成,各部分比例参数需要通过统计或者辨识的方法得到[21]。幂指数模型中负荷有功、无功功率表现为系统电压和频率的指数关系。两种模型本质上是一致的。在传统大电网中系统频率基本保持不变,因此往往可以忽略频率特性。但微电网内部电源惯性小,微电网在运行过渡过程中,由于频率得不到足够的支撑会发生较大的变化。因此,在微电网负荷模型中频率变化是必须考虑的因素[22]。

2) 动态负荷元件

动态负荷元件主要有异步电动机,异步电动机模型主要有考虑电磁暂态的五阶模型、考虑机电暂态的三阶模型和只考虑机械暂态的一阶模型,详见文献[23]。还有少量同步电动机,可以采用同步电动机模型。

2. 电源元件模型

微电网中一些分布式电源是通过电力电子设备接入的,如光伏、燃料电池;另一些分布式电源则是直接接入的,其输出功率和输出电压由其自身的励磁系统控制,如风力发电机、燃气轮机。

1) 光伏、燃料电池元件

光伏和燃料电池通过电力电子设备控制接入,控制方式主要有 PQ 控制和 U/f 控制。当独立运行时,微电网电源主要以 U/f 控制为主。当联网运行时,由于和大电网相连,微电网的频率和电压主要由大电网来维持,此时,分布式电源的接入以 PQ 控制为主。这类电源的特性可以采用代数方程加以描述。

2) 风力发电机元件

微电网中运行的风力发电机主要有双馈风力发电机和直驱式风力发电机,其模型结构包括风力机、异步发电机和传动三部分。在进行微电网控制研究时,风力机和传动部分可以忽略,异步发电机模型在第3章中已有介绍。

3) 燃汽轮机元件

微电网中运行的燃汽轮机,实际上就是一种微型同步发电机,可以采用同步发电机模型描述[24,25]。

6.3.2 微电网的等效模型

1. 等效模型结构

微电网中元件成千上万,如果要详细分析微电网内部的特性,需要对每个元件都加以描述。但是,如果要分析微电网接入电力系统之后的特性,要对每个元件都加以描述既不可能也没必要[20]。所需要的只是从电力系统侧向微电网侧看进去的总体特性,并不关注微电网内部元件个体的特性。所以,可以借鉴电力负荷总体建模的思路。但微电网建模与电力负荷建模所不同的是,电力负荷只吸收功率,而微电网比电力负荷多了大量的电源元件,总体上既可能吸收功率,也可能输出功率[26,27]。

根据 6.3.1 节的分析,微电网中元件可以分为两大类。一类是静态元件,既包括静态负荷元件,也包括燃料电池、太阳能光伏电池、储能设备等分布式电源。这些电源在微电网并网运行时主要通过 PQ 控制接入微电网,与静态负荷模型中的恒功率部分具有相似性。因此将这些分布式电源连同静态负荷等效为静态部分,其模型为静态的代数方程,描述有功功率、无功功率与电压、频率的关系。

另一类是动态元件,主要包括异步发电机(如风力发电机)、同步发电机(如微型燃汽轮机)和异步电动机、同步电动机。需要特别指出的是,不管是发电机还是电动机,同步电机和异步电机仅是在稳态时的概念。而在动态过程中,同步电机并不是真正同步的,其转子和定子之间也有一定的转速差,体现出异步特性。为此,笔者提出用通用电机模型来描述微电网中所有电机。

微电网的等效模型结构如图 6-12 所示,等效

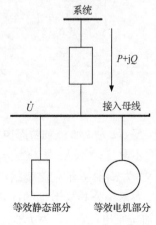

图 6-12 微电网等效模型

静态部分与等效电机部分并联接在母线上，总的功率为两者之和，然后通过 PCC 点直接接入系统。

2. 等效静态模型

对于微电网中的静态负荷，可以采用 ZIP 模型或者幂函数模型描述。但对于微电网中的静态电源，有时难以采用 ZIP 模型描述。所以，推荐采用幂函数模型描述等效静态部分，即

$$P_s = P_{s0}(U/U_0)^{p_u}(f/f_0)^{p_f}$$
$$Q_s = Q_{s0}(U/U_0)^{q_u}(f/f_0)^{q_f} \tag{6-2}$$

式中，P、Q、U 分别为有功功率、无功功率、电压；下标 s 代表静态部分，下标 0 代表初始运行点；p_u 为有功电压特征系数；p_f 为有功频率特征系数；q_u 为无功电压特征系数；q_f 为无功频率特征系数。

3. 等效电机模型

不管是发电机还是电动机，不管是异步电机还是同步电机，都可以采用异步发电机加以涵盖。因为同步发电机是异步发电机在转子转速等于同步速情况下的特例，异步电动机是异步发电机在励磁电压为零情况下的特例，同步电动机是异步发电机在转子转速等于同步速而且励磁电压为零情况下的特例。

在 3.2.6 节，已经推导出异步发电机实用模型，但该节是以 DFIG 为背景推导的，由于其转子是对称的，所以实际上是隐极异步发电机模型。而一些电机的转子是不对称的，如凸极同步发电机。为了涵盖各类电机，作者进一步构建凸极异步发电机的实用模型如下：

$$\begin{cases} \dfrac{\mathrm{d}E_d'}{\mathrm{d}t} = -\dfrac{1}{T_{q0}'}[E_d' - (X_q - X_q')i_q] + sw_s E_q'\left(\dfrac{X_{fd}}{X_{ad}}\dfrac{X_{aq}}{X_{fq}}\right) + E_{fd} \\[3mm] \dfrac{\mathrm{d}E_q'}{\mathrm{d}t} = -\dfrac{1}{T_{d0}'}[E_q' + (X_d - X_d')i_d] - sw_s E_d'\left(\dfrac{X_{fq}}{X_{aq}}\dfrac{X_{ad}}{X_{fd}}\right) + E_{fq} \\[3mm] T_J\dfrac{\mathrm{d}\omega_r}{\mathrm{d}t} = T_m - T_e, \quad T_e = E_q'i_q + E_d'i_d - (X_d' - X_q')i_d i_q \end{cases} \tag{6-3}$$

$$\begin{cases} u_d = -R_s i_d + X_q' i_q + E_d' \\ u_q = -R_s i_q - X_d' i_d + E_q' \end{cases} \tag{6-4}$$

$$\begin{cases} P_g = u_d i_d + u_q i_q \\ Q_g = u_q i_d - u_d i_q \end{cases} \tag{6-5}$$

式中，E_d'、E_q' 为 d 轴、q 轴暂态电势；E_{fd}、E_{fq} 为 d 轴、q 轴等效励磁电压；X_d、X_q 为 d 轴、q 轴同步电抗；X_d'、X_q' 为 d 轴、q 轴暂态电抗；T_{d0}'、T_{q0}' 为 d 轴、q 轴暂态开路时间常数；X_{fd}、X_{fq} 为 d 轴、q 轴励磁绕组电抗；R_s 为定子电阻；T_J 为惯性时间常数；ω_r 为转子转速；ω_s 为系统公共参考轴的同步速；s 为滑差；T_m 为机械转矩；T_e 为电磁转矩；u_d、u_q 为 d 轴、q 轴电压；i_d、i_q 为 d 轴、q 轴电流；P_g、Q_g 为电机的有功功率和无功功率。上述各量均为标幺值。

6.3.3 微电网的等效参数

1. 等效参数

微电网的总体等效模型中,既包含等效电机模型参数,也包含等效静态元件模型参数,还包括等效电机与等效静态元件之间的比例参数。考虑到实用参数之间可能具有关联性,而基本参数之间没有关联。所以,实际辨识过程中并不直接辨识实用参数,而是辨识基本参数,然后采用下列公式即可计算获得实用参数[25]。

$$X_d = X_{sl} + X_{ad} \tag{6-6}$$

$$X_q = X_{sl} + X_{aq} \tag{6-7}$$

$$X'_d = X_d - \frac{X_{ad}^2}{X_{fd}} \tag{6-8}$$

$$X'_q = X_q - \frac{X_{aq}^2}{X_{fq}} \tag{6-9}$$

$$T'_{d0} = \frac{X_{fd}}{R_{fd}} \tag{6-10}$$

$$T'_{q0} = \frac{X_{fq}}{R_{fq}} \tag{6-11}$$

$$X_{fd} = X_{fdl} + X_{ad} \tag{6-12}$$

$$X_{fq} = X_{fql} + X_{aq} \tag{6-13}$$

式中,X_{sl}为定子漏抗;X_{ad}、X_{aq}为d轴、q轴绕组互抗;X_{fdl}、X_{fql}为d轴、q轴励磁绕组漏抗;R_{fd}、R_{fq}为d轴、q轴励磁绕组电阻。

此外,还需要辨识两个重要参数:一个是电机的初始滑差s_0,描述电机初始状态;另一个是电机有功功率所占比例K_{mp},按式(6-14)计算:

$$K_{mp} = \frac{P_g}{P_{total}} \tag{6-14}$$

式中,P_g为电机的功率;P_{total}为微电网与大电网交换的功率。定义电机吸收功率$P_g > 0$,电机发出功率$P_g < 0$;实际运行中,微电网既可能从电网吸收功率也可能向电网发送功率,定义微电网吸收功率时$P_{total} > 0$,微电网发送功率时$P_{total} < 0$。因此,根据K_{mp}的定义,其值有可能大于零也有可能小于零。

综上所述可知,微电网等效模型中需要辨识的参数为 13 个:K_{mp}、s_0、R_s、X_{sl}、X_{ad}、X_{aq}、R_{fd}、X_{fdl}、R_{fq}、X_{fql}、T_J、p_u、q_u。

2. 等效励磁电压

对于模型中的等效励磁电压E_{fd}和E_{fq},如果要作为待辨识变量,一方面会增加待辨识变量个数,另一方面E_{fd}和E_{fq}只是虚拟等效励磁,其主要作用是维持机端电压。有文献对同步发电机励磁系统进行了详细的分析,结合同步发电机中励磁特点,在不考虑 PSS 和励磁限制作用的前提下,同步发电机可以用异步发电机并联恒电流负荷来描述,其外部特性基本等效。因此,在辨识过程中将励磁电压等效为恒电流负荷来处理,而恒电流负荷则并入静态负荷,使之成为等效静态元件的一部分,用电压频率的代数方程来描述。

3. 等效参数的辨识

这里基于粒子群算法对等效参数进行优化辨识,优化的目标函数为功率的量测值与计算值之间偏差的平方和最小,即

$$\min_{\theta=\theta^*}E(\boldsymbol{\theta}) = \sum_{k=1}^{N}\{[P(k) - P_{\mathrm{M}}(k,\boldsymbol{\theta})]^2 + [Q(k) - Q_{\mathrm{M}}(k,\boldsymbol{\theta})]^2\} \quad (6\text{-}15)$$

式中,$P(k)$ 和 $Q(k)$ 分别为量测得到的 PCC 点有功功率和无功功率;$P_{\mathrm{M}}(k,\boldsymbol{\theta})$ 和 $Q_{\mathrm{M}}(k,\boldsymbol{\theta})$ 表示模型计算得到的有功功率和无功功率,显然与参数有关。

粒子群算法是一种基于种群的启发式优化算法,算法的本质是仿生鸟类觅食过程中的迁徙和群集行为。由于标准粒子群算法的随机性较大,当优化变量增多时,容易陷入局部最优解,这里通过三项改进措施提高其全局搜索能力:一是基于混沌理论的变邻域搜索;二是对惯性权重进行非线性调整;三是非线性调整加速算子。等效参数辨识的流程如图 6-13 所示。

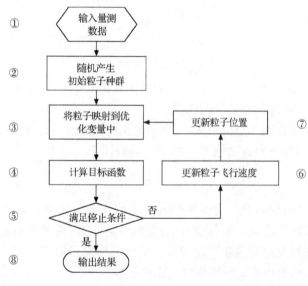

图 6-13 参数辨识流程图

需要说明的是,在目标函数的计算过程中,$P_{\mathrm{M}}(k,\boldsymbol{\theta})$ 和 $Q_{\mathrm{M}}(k,\boldsymbol{\theta})$ 值的计算需要求解微分方程,而微分方程的数值解法需要确定状态变量的初始值,对应于系统的稳态运行状态。所以,可以通过稳态点数据建立相应的方程,从而计算获得状态变量的初始值,这里不再赘述。

6.3.4 算例分析

微电网仿真算例系统如图 6-14 所示。由于这里主要研究微电网并网时的等效

模型,所以微电网的控制方式和运行策略采用并网运行模式。在配电网侧发生故障情况下,获得微电网 PCC 的动态数据,据此对模型进行参数辨识,最后进行动态曲线对比,由此验证等效模型的适用性和等效参数的合理性。

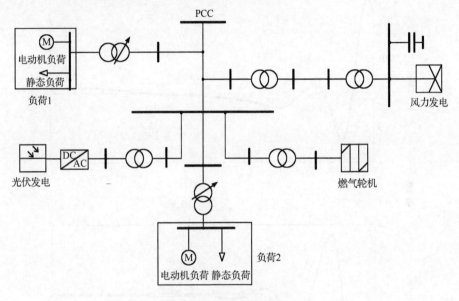

图 6-14 微电网仿真系统

1. 模型参数灵敏度分析

1) 基于可行解的参数灵敏度分析

通过参数的轨迹灵敏度分析可以确定重点辨识参数和非重点辨识参数,从而在保证精度的基础上尽量提高辨识的速度和收敛性。模型参数灵敏度分析的前提是模型结构已经确定,通过观察观测量相对参数的灵敏度值来判断参数的可辨识性。

进行轨迹灵敏度计算需要一种运行状态或者模型的一组可行解,对于等效模型,没有现成的参数来描述系统的可行解或者运行状态,所以,必须先确定一参数可行解来进行灵敏度分析。通过辨识全部变量获得模型参数的一组可行解,此时可行解并不一定是最优解,可行解反映了模型的一种可能的运行状态,可行解对应的模型参数值如表 6-2 所示。

表 6-2 模型的一组可行解

参数名	K_{mp}	s_0	R_s	X_{sl}	X_{ad}	X_{aq}	R_{fd}
辨识值	−8.70	−0.206	0.031	0.340	0.848	3.14	0.000229

参数名	X_{fdl}	R_{fq}	X_{fql}	T_J	p_u	q_u	
辨识值	2.18	0.171	0.756	9.66	7.06	0.731	

由于辨识算法中将有功和无功的偏差作为目标函数，为了体现观测量和目标函数之间的联系，将视在功率作为观测量。图 6-15～图 6-19 分别给出了有功比例 K_{mp}、

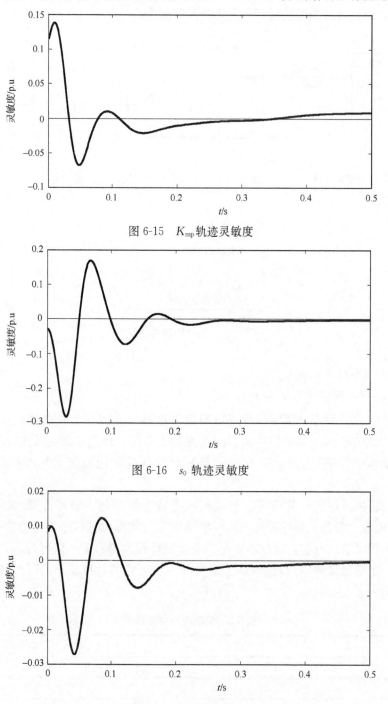

图 6-15 K_{mp} 轨迹灵敏度

图 6-16 s_0 轨迹灵敏度

图 6-17 X_{sl} 轨迹灵敏度

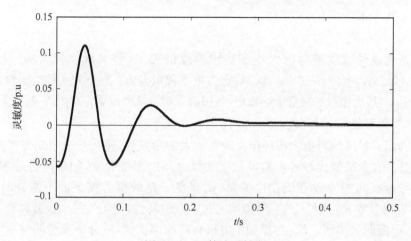

图 6-18 R_{fd} 轨迹灵敏度

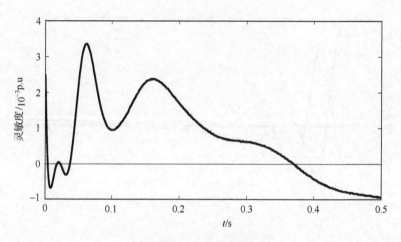

图 6-19 q_u 轨迹灵敏度

初始滑差 s_0、定子漏抗 X_{sl}、转子电阻 R_{fd} 和无功电压幂指数 q_u 的轨迹灵敏度曲线。

可根据第 2 章式(2-2)计算轨迹灵敏度绝对值的大小,并据此判断各参数辨识的难易程度。轨迹灵敏度绝对值计算结果如表 6-3 所示。

表 6-3 参数灵敏度绝对值大小

参数名	K_{mp}	s_0	R_s	X_{sl}	X_{ad}	X_{aq}	R_{fd}
灵敏度	0.0160	0.0352	0.0016	0.004	0.1367	0.0377	0.0149
参数名	X_{fdl}	R_{fq}	X_{fql}	T_J	p_u	q_u	
灵敏度	0.1543	4.3×10^{-4}	0.0583	0.0015	0.0120	0.0011	

从表 6-3 可看出,参数轨迹灵敏度大小初步分为三类。

① $(10^{-2}, 1)$: $K_{mp}, s_0, X_{ad}, X_{aq}, R_{fd}, X_{fdl}, X_{fql}, p_u$

② $(10^{-3},10^{-2})$：R_s,X_{sl},T_J,q_u

③ $<10^{-3}$：R_{fq}

根据轨迹灵敏度绝对值大小和辨识精度的要求,将灵敏度较大的一组参数$(K_{mp},s_0,X_{ad},X_{aq},R_{fd},X_{fdl},X_{fql},p_u)$确定为重点辨识参数。剩下的参数由于轨迹灵敏度绝对值小,其变化对观测量影响较小,利用功率观测量来辨识相对困难,甚至不可能。

2) 参数可辨识性分析

在利用灵敏度绝对值大小确定灵敏度较大的参数后,进一步分析重点参数之间的相关性。在此需要比较各参数灵敏度曲线之间的相位关系,如果同时过零点,说明该参数具有同相位或者反相位关系,则存在一定的耦合关系而不能同时辨识。图 6-20 表明参数 R_{fd} 和 K_{mp} 具有近似同时过零点的特性,说明这两个参数具有一定的相关性,不能同时辨识。K_{mp} 为模型中电机有功功率比例,对分析模型的时变性具有重要影响,因此,将其作为重点辨识参数,而将 R_{fd} 用默认值来代替。图 6-21 表明参

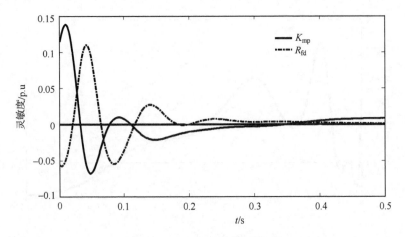

图 6-20　K_{mp}和R_{fd}轨迹灵敏度曲线

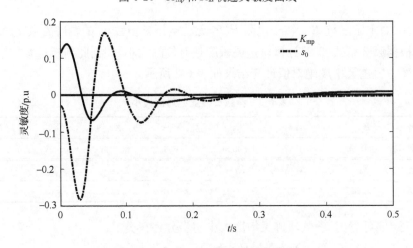

图 6-21　K_{mp}和 s_0 轨迹灵敏度曲线

数 K_{mp} 和 s_0 不同时过零,它们之间可以同时辨识,其他重点参数类似都可以同时辨识。

基于上述轨迹灵敏度的难易度和可辨识性分析,将 $(K_{mp}, s_0, X_{ad}, X_{aq}, X_{fdl}, X_{fql}, p_u)$ 确定为重点辨识参数,$(R_s, X_{sl}, R_{fd}, R_{fq}, T_J, q_u)$ 为非重点参数。

3) 重点参数辨识

确定重点辨识参数后,需要明确的是非重点参数的取值。由于非重点参数对模型的动态响应影响相对较小,所以非重点参数的选择可以通过经验的方法,针对一种运行模式下的几种故障进行辨识,然后取非重点参数的平均值作为默认值,如表 6-4 所示。

表 6-4 非重点参数的取值

参数名	R_s	X_{sl}	R_{fd}	R_{fq}	T_J	q_u
故障 1	0.03108	0.3399	0.00023	0.1708	9.664	0.7311
故障 2	0.03145	0.3107	0.00023	0.1704	6.852	0.7000
故障 3	0.03286	0.249	0.00022	0.1614	7.133	0.7000
平均值	0.03181	0.2999	0.00023	0.1675	7.883	0.7103

重点参数辨识结果如表 6-5 所示,功率拟合曲线如图 6-22 和图 6-23 所示。

表 6-5 重点参数辨识结果

参数名	K_{mp}	s_0	X_{ad}	X_{aq}	X_{fdl}	X_{fql}	p_u
辨识结果	−8.637	−0.2161	0.8042	3.417	2.120	0.7008	7.039

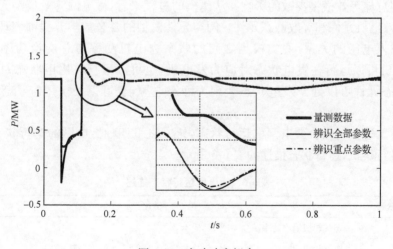

图 6-22 有功功率拟合

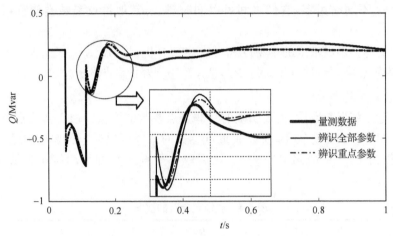

图 6-23　无功功率拟合

从图 6-22 和图 6-23 可以看出,重点参数辨识后,拟合曲线基本上比全部参数辨识稍好,从另外一个侧面说明了重点参数和非重点参数选择及辨识的合理性。

2. 不同运行状态下的参数辨识

微电网会随着微电网出力、负荷的变化而调整微电网本身运行状态,相对大电网来说,微电网结构或者运行状态的变化最直接的体现就是两者之间功率交换的变化。运行状态的变化会对模型结构及参数有一定的影响,利用运行状态的故障数据对微电网各种运行状态下等效模型进行参数辨识和故障拟合。

微电网运行状态的改变对模型参数的影响主要体现在各类微电网和负荷变化对微电网总体等效模型参数的影响。从建模的过程来看,微电网等效模型元件分为两类:等效电机元件和等效静态元件。两类元件模型的各自数学方程都表现为输出功率与输入电压的关系,两类模型之间的联系为电机功率与总交换功率的比例 K_{mp}。电机可以运行在发电状态对应为发电机,也可以运行在用电状态对应为电动机;静态元件可以处于发电状态表现为静态电源,也可以处于用电状态表现为静态负荷。

通过上述分析结合微电网的运行状态,定义以下四种微电网的运行状态,对等效参数进行辨识,运行状态描述如表 6-6 所示。

表 6-6　微电网运行状态描述

运行状态	描述
A	燃气轮机输出功率减少 40%,其他不变
B	燃气轮机输出功率减少 40%,负荷 2 减少 40%,风力发电不变
C	燃气轮机输出功率减少 40%,风力发电减少 50%,光伏停止,静态负荷减少 40%
D	燃气轮机输出功率正常,负荷 2 中静态负荷减少 60%,风机减少 50%

四种运行状态下的参数辨识结果如表 6-7 所示。以运行状态 C 为例,功率拟合如图 6-24 和图 6-25 所示。

表 6-7 各种运行状态下参数辨识结果

运行状态	K_{mp}	s_0	R_s	X_{sl}	X_{ad}	X_{aq}	R_{fd}	X_{fdl}	R_{fq}	X_{fql}	T_J	p_u	q_u
A	−4.69	−0.17	0.0590	0.36	1.94	2.50	0.0003	3.04	0.2560	2.24	5.62	4.87	0.94
B	1.64	0.07	0.0610	0.10	4.05	7.54	0.1186	1.49	0.0024	4.00	5.18	8.95	0.61
C	0.99	0.12	0.0492	0.31	3.70	4.76	0.1450	0.65	0.0057	4.00	6.55	3.58	0.70
D	8.43	−0.11	0.0711	0.32	2.20	1.075	0.0002	1.29	0.1756	3.28	6.89	8.68	0.71

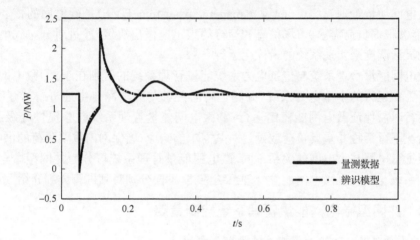

图 6-24 运行状态 C 有功功率拟合

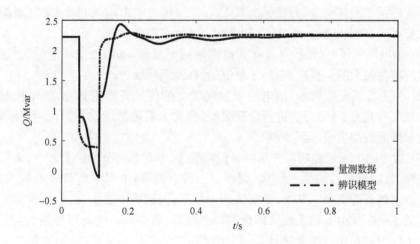

图 6-25 运行状态 C 无功功率拟合

从表 6-6 和表 6-7 可以看出，在 A 运行状态下，电机的功率比例为负，滑差为负，而微电网吸收功率，说明电机处于发电状态，表现为发电机；在 B、C 运行状态下，电机的功率比例为正，滑差也为正，说明电机处于用电状态，表现为电动机；在 D 运行状态下，微电网向配电网输送功率，等效电机表现为发电机。

6.4　微电网的能量管理系统

6.4.1　微电网能量管理系统概述

微电网能量管理系统（energy management system，EMS）是微电网的核心组成部分，能够根据负荷需求、市场信息和运行约束迅速做出决策，通过对分布式电源和负荷的灵活调度来实现系统的最优化运行[28,29]。

微电网能量管理系统与传统电力系统能量管理系统的区别在于：①微电网作为一个可独立运行的小型电力系统，并网运行时能够与大电网自由地进行能量交换，离网运行时需保证微电网能稳定运行；②微电网能量管理系统能够提供分级服务，特殊情况下可牺牲非重要负荷或延迟对其需求的响应，确保网内重要负荷的供电。

根据微电网与大电网的关系不同，微电网能量管理系统可分为并网型微电网能量管理系统与独立型微电网能量管理系统两类，下面分别对其进行详细介绍。

6.4.2　并网型微电网能量管理系统控制策略

1. 并网型微电网能量管理系统控制策略概述

对外部电网来说，并网型微电网是一个整体，通过静态开关与上级电网相连，能量管理策略是实现其安全、经济运行的核心。与传统电力系统相比，并网型微电网的能量管理既有相同之处，也有不同的特点，其特点主要表现如下。

（1）微电网内风电、光伏等分布式电源渗透率较高，其出力受环境与天气影响，功率输出存在较大的随机性，增加了系统的调峰、调频压力。

（2）作为可调度型微源，微电网中储能设备的使用寿命用其充、放电次数来衡量。如果不对其充、放电行为进行合理限制，将大大缩短储能设备的使用年限，从而显著增加微电网的建设、运营成本。

（3）微电网中需求侧响应普遍参与能量管理，即在负荷分类的基础上，采用电价激励机制，鼓励负荷参与系统调频、调峰。一般来讲，微电网中负荷分为两类：重要负荷与需求侧管理负荷。其中，重要负荷为军工、医院等一级负荷，运行时需保证此类负荷的不间断供电。需求侧管理负荷分为两类：可中断负荷与可控制负荷。可中断负荷为微电网与用户签署协议后，可随时购买中断权的负荷；可控制负荷主要用于网内有功功率平衡，其在网内剩余电量无法消纳时启动，如制氢等负荷等。

（4）微电网中同时存在柴油发电机、储能设备等多种可调度微源，可参与需求侧管理的灵活负荷及可与大电网双向能量交换,需在综合考虑微源燃料价格、运行和维护成本、需求侧响应负荷的收益电价、激励制度、与大电网双向交互费用及联络线功率限值等多方面因素的基础上,优化微电网的调度计划。

　　为提高微电网运行的效益,可按以下原则向负荷分配电能:①微电网全额消纳分布式发电所发电能;②微电网根据微源的实时燃料价格、参与需求侧管理负荷的激励制度、收益电价及与大电网双向交互费用等因素,优化可控微源出力,储能设备的充、放电功率和与大电网的交互电量;③若微电网供能不能满足网内负荷需求,可直接切除部分可中断负荷或临时启动柴油机组保证微电网安全、稳定运行;④若经过上述优化后电能仍有剩余,可启动海水淡化、制氢等可控负荷确保网内功率平衡。

　　为实现上述能量管理策略,需对分布式发电系统的出力及网内负荷进行预测。然而,由于短期功率预测技术的局限性,基于短期预测信息制定的微电网日前运行计划可能与微电网在调度日内的实际运行状况有较大差距,直接影响微电网运行的经济性和可靠性。因此,此处提出一种滚动式的微电网能量调度模式,即基于"小时/分钟级"的超短期功率预测信息,采用滚动调度方式对微电网进行能量管理[28],如图 6-26 所示。

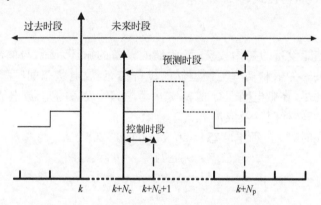

图 6-26　并网型微电网滚动式能量管理模式

　　图 6-26 中,假设 k 为当前时段,在该时段利用超短期功率预测技术预测时段区间 $[k+N_c,k+N_p]$ 内共 T_{cycle} 个时段内的功率(包括分布式电源出力与负荷的平均值),其中,N_c 为超短期预测提前时间,T_{cycle} 为能量管理周期,其值等于 N_p-N_c。如图 6-26 所示,在 k 时段可对时间区间 $[k+N_c,k+N_p]$ 内的负荷和分布式电源出力的平均值进行预测,接着在此基础上根据微电网能量管理模型,优化该区间内的调度计划,但仅提取区间 $[k+N_c,k+N_c+1]$ 内的优化结果,并据此对微电网在该时段的运行进行控制,此时段即图 6-26 所示的"控制时段"。最后,将该时段微电网各组件状态作为下一能量管理周期(即时段区间 $[k+N_c+1,k+N_p+1]$)的初始状态。接着,综合考虑该初始状态及下一能量管理周期内的负荷和分布式电源有功出力的预测值,在 $k+1$ 时段计算时段区间 $[k+N_c+1,k+N_p+1]$ 内的能量管理状态,但仅根

据计算结果对时段区间$[k+N_c+1,k+N_c+2]$进行控制。以此类推,按照优化时间步长向后滚动计算,完成规定时间内微电网管理策略优化。采用该滚动调度方式,可有效减少由于预测误差对微电网能量管理的影响。

2. 并网型微电网能量管理模型

1）元件模型

(1) 储能设备。

储能设备由电池单元集成,运行在功率可控模式下,根据运行计划灵活充、放电,其在调度周期内的运行成本 F_{es} 为

$$F_{es} = \sum_{t=1}^{T} \left[u_{disch}^t f_{disch}(P_{es}^t) \Delta T + (u_{ch}^t - u_{ch}^{t-1}) F_{cyclefee} \right] \tag{6-16}$$

式中,T 为调度周期;ΔT 为时间步长;u_{ch}^t 和 u_{disch}^t 为二进制变量,分别表示储能设备在时刻 t 的充、放电状态,u_{ch}^t 为 1 表示储能设备处于充电状态,而 u_{disch}^t 为 1 则表示储能设备处于放电状态;f_{disch} 为储能设备的放电维护费用,是放电功率的线性函数;$F_{cyclefee}$ 为储能设备单次充、放电对应的成本,即将储能设备初始投资折算到各充、放电循环周期的数值,可按式(6-17)估算:

$$F_{cyclefee} = \frac{C_{invest}}{2N} \tag{6-17}$$

式中,C_{invest} 为储能设备的初始投资;N 为储能设备的循环寿命,与储能设备的特性及使用习惯相关。为限制功率控制型储能设备在充、放电状态间频繁转换,避免其循环寿命快速耗尽,在微电网运行成本 F_{es} 中考虑储能设备的充、放电成本,即在储能设备充、放电状态转换时计及成本 $F_{cyclefee}$。

储能设备在时刻 t 的荷电状态(state of charge,SOC) E_{es}^t 为

$$E_{es}^t = E_{es}^{t-1} + u_{ch}^t \Delta T P_{bat}^t - u_{disch}^t \Delta T P_{bat}^t \tag{6-18}$$

$$P_{bat}^t \Delta T = u_{ch}^t \Delta T \frac{P_{es}^t}{\eta_{dis}} - u_{disch}^t \Delta T \eta_{ch} P_{es}^t \tag{6-19}$$

式中,P_{bat}^t 为储能设备在时刻 t 的功率;η_{ch} 为储能设备的充电效率;η_{dis} 为储能设备的放电效率。

此外,储能设备模型包含以下约束。

① 充、放电状态变量逻辑约束:

$$u_{ch}^t + u_{disch}^t \leqslant 1 \tag{6-20}$$

② 充、放电功率 P_{es}^t 约束:

$$0 \leqslant P_{es}^t \leqslant P_{max}^{es} \tag{6-21}$$

式中,P_{max}^{es} 为储能设备的充、放电限值,由配套功率变换器的额定功率决定。

(2) 柴油发电机。

柴油发电机运行成本 F_{de} 由油耗成本与开机费用两部分组成,即

$$F_{de} = \sum_{t=1}^{T} \left[u_{de}^t f_{diesel}(P_{de}^t) \Delta T + u_{de\text{-}on}^t d_{de\text{-}on} \right] \tag{6-22}$$

式中，二进制变量 u_{de}^t 表示柴油发电机的运行状态，其值取 1 表示柴油发电机处于运行状态，而取 0 则表示柴油发电机处于停运状态；二进制变量 $u_{de\text{-}on}^t$ 为柴油发电机启动操作变量，其值取 1 表示发电机从停机切换到运行状态；$d_{de\text{-}on}$ 为柴油发电机的启机成本，与空载喷油油耗相关；P_{de}^t 为柴油发电机在时刻 t 的出力平均值；f_{diesel} 为柴油发电机的油耗成本，可表示为

$$f_{diesel}(P_{de}^t) = A[a_1 + a_2 P_{de}^t + a_3 (P_{de}^t)^2] \tag{6-23}$$

式中，α_1、α_2、α_3 为常数；A 为调整系数，反映燃油价格的实时变化。

此外，柴油发电机模型包含以下约束。

① 发电机出力约束：

$$u_{de}^t P_{min}^{de} \leqslant P_{de}^t \leqslant u_{de}^t P_{max}^{de} \tag{6-24}$$

式中，P_{min}^{de}、P_{max}^{de} 分别表示柴油发电机的最小、最大出力限值，由柴油发电机的具体型号决定。

② 发电机爬坡约束：

$$-R_u \Delta T \leqslant P_{de}^t - P_{de}^{t-1} \leqslant R_u \Delta T \tag{6-25}$$

式中，R_u 为柴油机出力爬坡速率，由其特性决定。

（3）负荷。

时段 t 内负荷的平均值为

$$P_{load}^t = P_{vip}^t + \sum_{i=1}^m (1 - u_{cut,i}^t) P_{cut,i}^t + P_{con}^t \tag{6-26}$$

式中，P_{vip}^t 为重要负荷在时段 t 的平均功率，对应的单位收益电价为 d_{vip}；二进制变量 $u_{cut,i}^t$ 表示可中断负荷 i 在时段 t 的中断状态，其值取 1 表示该负荷在此时段处于中断状态；$P_{cut,i}^t$ 表示可中断负荷 i 在时段 t 的平均功率，可中断负荷的单位收益和中断赔偿电价分别为 d_{cut} 与 f_{cut}；P_{con}^t 为可控负荷在时段 t 的平均功率，对应的单位收益电价为 d_{con}。上述电价之间的大小关系如下：

$$d_{vip} > f_{cut} > d_{cut} > d_{con} \tag{6-27}$$

调度周期内的负荷收益为

$$F_{load} = \sum_{t=1}^T \Delta T(P_{vip}^t d_{vip} + P_{con}^t d_{con} + F_{cut}^t) \tag{6-28}$$

式中，F_{cut}^t 为可中断负荷对应的收益，可表示为

$$F_{cut}^t = \sum_{i=1}^m \left[(1 - u_{cut,i}^t) P_{cut,i}^t d_{cut} - u_{cut,i}^t P_{cut,i}^t f_{cut} \right] \tag{6-29}$$

（4）与大电网的能量交互。

并网运行微电网与独立运行微电网最大差别在于与外部电网交易电能，与大电网的交互费用 F_{grid} 为

$$F_{grid} = \sum_{t=1}^T \Delta T u_{buy}^t B^t \mid P_{grid}^t \mid - \Delta T u_{sell}^t S^t \mid P_{grid}^t \mid \tag{6-30}$$

式中，二进制变量 u_{buy}^t、u_{sell}^t 表示时段 t 微电网与大电网之间的能量交换状态，u_{buy}^t 取

1 表示微电网向大电网购买电能，u^t_{sell} 取 1 表示微电网向大电网出售电能，这两个变量满足约束条件：

$$u^t_{\text{buy}} + u^t_{\text{sell}} \leqslant 1 \tag{6-31}$$

B^t、S^t 分别为微电网向大电网买电、售电的电价，为分时电价。一般来讲，可将整个调度日分为三个时段，即峰时段（11:00～15:00 和 19:00～21:00）、谷时段（00:00～17:00）和平时段（08:00～10:00、16:00～18:00 和 22:00～23:00），各时段购电电价均高于售电电价，且峰时段购电和售电均执行最高电价，谷时段执行最低电价，介于两者之间的正常时段执行中间电价。结合我国峰谷电价政策及各地政府实际补贴情况，本节设定如表 6-8 所示的各时段购、售电价。

表 6-8　购电和售电电价

项目	价格/[元/(kW·h)]		
	峰时段	平时段	谷时段
购电	0.83	0.49	0.17
售电	0.65	0.38	0.13

$|P^t_{\text{grid}}|$ 表示微电网与大电网之间的交换功率，应不大于微电网与大电网之间联络线的限制功率 $P^{\text{max}}_{\text{grid}}$，即

$$|P^t_{\text{grid}}| \leqslant P^{\text{max}}_{\text{grid}} \tag{6-32}$$

2）目标函数

综合考虑可调度微源的燃料价格、运行和维护成本、需求侧响应负荷的赔偿制度、收益电价、与大电网双向交互费用及联络线功率限制等多方面因素，并网型微电网能量管理模型的目标函数为

$$\max F(P,u) = F_{\text{load}} - F_{\text{es}} - F_{\text{de}} - F_{\text{grid}} \tag{6-33}$$

式中，优化变量为微源、需求侧管理负荷、微电网与大电网交互的有功功率 P 及其对应运行状态 u。

约束条件中除了各元件自身约束，还应满足网内各时段功率平衡：

$$P^t_{\text{wt}} + P^t_{\text{pv}} + P^t_{\text{de}} + u^t_{\text{disch}}P^t_{\text{es}} + u^t_{\text{buy}}P^t_{\text{grid}} = P^t_{\text{load}} + u^t_{\text{ch}}P^t_{\text{es}} + u^t_{\text{sell}}P^t_{\text{grid}} \tag{6-34}$$

式中，P^t_{wt}、P^t_{pv} 分别为风电、光伏预测有功功率平均值。

目标函数式（6-33）与约束条件式（6-20）、式（6-21）、式（6-24）、式（6-25）、式（6-31）、式（6-32）、式（6-34）构成了并网型微电网的能量管理模型。

3. 算例分析

1）算例数据

算例微电网结构如图 6-27 所示，不可控微源包括两台 200kW 风电机组、一座 180kW 光伏电站，可控微源包含 DE 和 ES，其中 DE 最大、最小出力分别为 100kW 和 10kW，ES 容量为 200kW·h，最大充、放电功率为 100kW，需求侧管理负荷包含

两个可中断负荷线路和一个可控负荷,负荷特性如表 6-9 所示。微电网能量调度周期为 4h,时间分辨率为 15min。

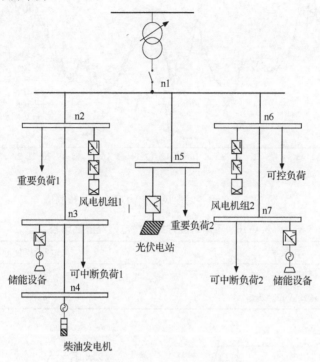

图 6-27 微电网系统结构图

表 6-9 不同类型负荷的有功特性

负荷类型	最高负荷/kW	最低负荷/kW
重要负荷	196	78
可中断负荷	131	52

2）冬季典型日分析

冬季典型日内风电、光伏的实际出力,日前短期与日内超短期的出力预测值如图 6-28 所示。

采用 GAMS 软件分别对基于超短期功率预测的滚动式微电网能量调度方式和基于短期功率预测的常规微电网能量调度进行优化,不同调度方式的经济性比较如表 6-10 所示。

由表 6-10 可知,微电网在基于超短期功率预测的滚动能量调度方式下运行的经济性相对较优。

储能设备典型日内的 SOC 运行曲线如图 6-29 所示。

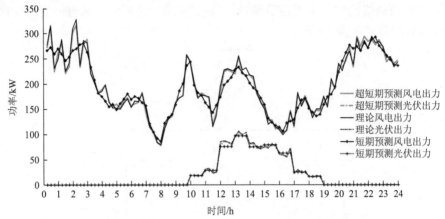

图 6-28　冬季各时段风光出力理论值与预测值

表 6-10　不同调度方式的微电网经济性比较

管理方式	微电网盈利/元
常规管理策略	4082
滚动式管理策略	4323

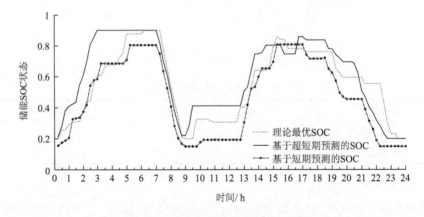

图 6-29　冬季各时段储能 SOC 状态

由图 6-29 可知:①将储能设备的使用寿命折算到其充放电维护成本中,可很好地引导储能设备进行深充深放,该典型日内储能充、放电次数均为两次,使用合理,储能设备经济性得到明显提升;②采用滚动优化调度方式,储能设备的 SOC 状态更加接近理论最优解;③储能在用电低谷时充电,在用电高峰时放电。

现对经济性较好的滚动式微电网能量调度方式进一步研究分析,冬季微电网系统各时段运行情况如图 6-30 所示。

由图 6-30 可知:①在用电低谷时期(0:00~7:00 和 12:00~14:00),由于分布式电源发电较多,微电网运行者在给储能设备充电的同时,将一部分剩余电能出售给

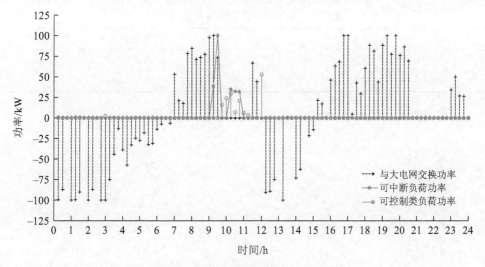

图6-30 冬季各时段微电网系统运行情况

大电网,在其他用电时段,外部电网向微电网提供电能;②在用电高峰时段(07:00~12:00和14:00~24:00),由于网内分布式电源出力限制及与大电网传输能力限制,会出现切负荷现象;③由于上述可切负荷应按线路切除,同时受储能设备充、放电经济性的影响,此时微电网会相应启动一部分可控负荷调节网内功率平衡;④由于柴油发电机发电成本较高,仅当微电网遇到紧急情况,网内安全受到影响时,才开启柴油发电机保证重要负荷的不间断供电。

3) 夏季典型日分析

夏季典型日内风电、光伏的实际出力,日前短期与日内超短期的风电、光伏出力预测值如图6-31所示。

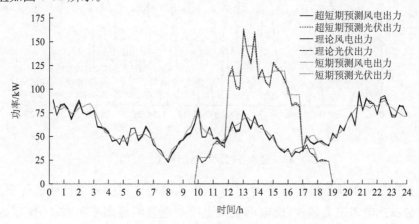

图6-31 冬季各时段风光出力理论值与预测值

夏冬两季微电网经济性比较如表6-11所示。

表 6-11 不同季节的微电网经济性比较

季节	微电网盈利/元
夏季	−1315
冬季	4323

夏季典型日储能设备的 SOC 运行曲线如图 6-32 所示。

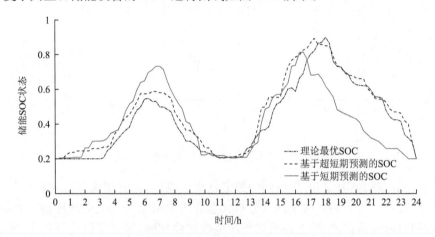

图 6-32 夏季各时段储能设备 SOC 状态

夏季微电网系统各时段运行情况如图 6-33 所示。

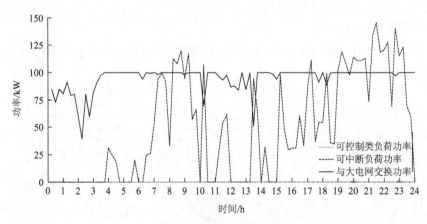

图 6-33 夏季各时段微电网系统运行情况

比较夏冬两季典型日数据可知：①该微电网冬季运行的经济性明显优于夏季；②夏季分布式电源出力较少，微电网从大电网购电量明显多于冬季；③夏季微电网切负荷电量明显增多。

综上所述，本节所提出的微电网模型合理，采用滚动优化方法可根据不同的季节和气候条件优化网内微源的运行策略，得出较优的并网型微电网能量管理策略。

6.4.3 独立型微电网能量管理系统控制策略

1. 独立型微电网能量管理系统控制策略概述

通常情况下,微电网与大电网并网运行,互为补充,该运行方式增强了微电网系统的灵活性。然而在某些情况下,如大电网故障而导致微电网脱网,或在偏远牧场、边防、孤岛等大电网无法到达的特殊场合,微电网只能独立自治运行。相对于大电网,由于风能、太阳能的随机性,独立型微电网承受扰动的能力相对较弱,面临更高的风险。因此,对微电网系统进行有效的能量优化管理是微电网研究的关键。微电网能量管理系统的主要任务是在满足网内负荷需求及电能质量的前提下,对微电网内部各个分布式电源、储能装置及不同类型负荷进行能量优化分配,保证微电网经济、安全、稳定运行。其中,微电网内负荷调控比大电网相对灵活,具有很好的参与能量管理的潜力。可以推行各种经济激励措施实现微电网需求侧管理,将负荷侧的资源进行综合规划[29]。

微电网的经济运行优化是微电网能量管理系统的研究重点,国内外学者开展了一系列研究工作。其主要思想是结合负荷预测和电源出力预测对网内负荷和电源进行统一调度管理,并结合相应的环保、可靠性等相关指标,实时制定供用电计划,确保微电网经济运行。目前有关微电网能量管理系统的研究多为针对微电网日前调度计划进行建模,在满足网内设备自身约束和系统约束的基础上,以微电网的运行经济效益、环境效益等综合效益最佳为目标,通过不同优化算法计算网内分布式电源的出力。然而,对于微电网能量管理系统,单一的日前调度并不能完全反映新能源发电和负荷的预测误差及非计划瞬时波动功率对实际微电网能量管理系统控制的影响,且网内设备的建模均未考虑不同时间断面的时间耦合性,从而使得优化的结果不符合微电网实际运行情况。

考虑到可再生能源出力及负荷的短期、超短期预测精度不同,此处将微电网能量管理系统分为日前与日内两个调度阶段,并分别对这两个阶段进行建模、优化。日前调度阶段基于新能源发电和负荷的短期功率预测技术,计划网内备用电源启停机计划、储能设备的充放电曲线和需求侧管理负荷的运行状态;日内调度阶段基于超短期功率预测技术,在日前调度计划的基础上,计划网内备用电源、储能设备和需求侧管理负荷的具体功率出力值。两者协调优化,共同确保微电网运行的经济性和稳定性。储能设备是微电网中的重要设备,大多数情况下为电化学储能设备。在现有技术条件下,此类设备造价昂贵且充、放电循环寿命较为有限。现有研究工作对储能的运行费用考虑较为粗略,即利用储能设备总成本除以循环寿命估算单次充、放电对应的运行费用。为精确计算储能运行费用,本节采用雨流计数法计算储能的充、放电行为对循环寿命的消耗,进而计算储能运行成本。

2. 多时间尺度协调控制策略

根据时间尺度的不同,独立型微电网的微电网能量管理系统可分为日前调度和日内调度两个阶段,如图 6-34 所示。两种时间调度尺度根据各自不同的能量分配原则与方法,协调优化,在满足微电网各种运行指标的基础上,确保微电网的经济性和稳定性。

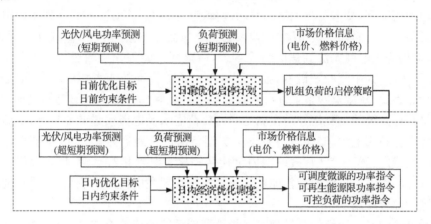

图 6-34　独立型微电网能量管理系统

　　基于数值天气预报信息,在日前时间角度对调度日内各调度周期中新能源出力与负荷进行预测,在此基础上,以微电网调度日内整体运行费用最低为目标,并考虑各发电单元的技术特性,优化调度日内柴油发电机启停机状态、储能设备的运行状态和需求侧管理负荷的运行状态。并将该调度计划提前下达,日内调度计划将严格按照日前调度计划对网内各机组以及负荷运行状态进行操作。

　　日内调度计划以微电网日前调度计划为基础,借助滚动更新的新能源出力与负荷预测信息,在不改变日前计划既定的机组启停和负荷运行状态的前提下,根据功率平衡、系统内潮流和节点电压约束条件,滚动优化储能设备、柴油发电机和需求侧管理负荷的有功输出值,保证微电网系统的稳定运行。

　　3. 能量管理策略建模

　　1) 日前启停计划优化

　　(1) 元件建模。

　　① 储能设备建模。

　　储能设备的运行成本 F_{es}^t 由放电维护费 $f_{\text{dis}}(P_{\text{es},l}^t)$ 和全生命周期费用 F_{cycle}^t 组成:

$$F_{\text{es}}^t = \sum_{l \in M_{\text{es}}} \left[b_l^t f_{\text{dis}}(P_{\text{es},l}^t) + F_{\text{cycle}}^t \right] \tag{6-35}$$

式中,M_{es} 为储能设备的集合;二进制变量 b_l^t 表示储能设备 l 在时刻 t 的运行状态(1表示放电状态,0 表示充电状态);$P_{\text{es},l}^t$ 为储能设备 l 在时刻 t 充、放电功率的大小,取正值;$f_{\text{dis}}(P_{\text{es},l}^t)$ 为储能设备 l 在时刻 t 的放电维护费,为充、放电功率的线性函数。为限制储能设备在充、放电状态间频繁转换,充分利用其循环寿命,将储能设备寿命损耗对应的成本 F_{cycle}^t 计入目标函数,即将储能投资费用 f_{invest} 折算到每次充、放电循环中。为更精确考虑储能运行费用,此处采用雨流计数法。

雨流计数法又可称为"塔顶法",由英国工程师 Matsuiski 和 Endo 提出,距今已有 50 多年,其在疲劳寿命计算中运用非常广泛。

雨流计数法基本原理如图 6-35 所示,第一个雨流自 0 点处第一个谷的内侧流下,从 1 点落至 1′后流至 5 点,然后下落。第二个雨流从峰 1 点内侧流至 2 点落下,由于 1 点的峰值低于 5 点的峰值,所以停止。第三个雨流自谷 2 点的内侧流到 3,自3 点落下至 3′,流到 1′处碰上上面屋顶流下的雨流而停止。如此下去,可以得到如下的计数循环块:3-4-3′、1-2-1′、6-7-6′、8-9-8′。

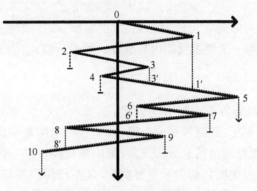

图 6-35 雨流计数法基本原理

储能设备的疲劳寿命估算的具体方法如下:通过雨流计数法在充、放电状态转化时统计该次循环的充、放电深度 L_{es}^t,并根据图 6-36 所示的充放电深度与循环次数的关系,估算该次循环对储能寿命消耗的影响。利用该方法可更精确计算储能运行成本。其中全生命周期费用 F_{cycle}^t 的计算为

$$F_{cycle}^t = s_{w_1}^t \times \frac{f_{invest}}{2L_{es}^t} + s_{w_2}^t \times \frac{f_{invest}}{2L_{es}^t} \tag{6-36}$$

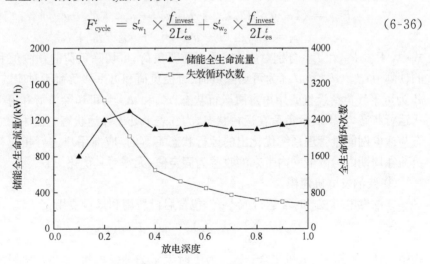

图 6-36 储能设备放电深度与循环次数规律

式中，$s_{\mathrm{w}_1}^t$ 和 $s_{\mathrm{w}_2}^t$ 分别为采用雨流计数法计算得出的储能充、放电状态转换的二进制变量。

储能设备 l 在时刻 t 的荷电状态 E_l^t 可由式（6-37）计算：

$$E_l^t = E_l^{t-1} - \Delta T u_{\mathrm{ch},l}^t \frac{P_{\mathrm{es},l}^t}{\eta_{l\mathrm{dis}}} - \Delta T u_{\mathrm{dis},l}^t \eta_{l\mathrm{ch}} P_{\mathrm{es},l}^t \tag{6-37}$$

式中，$\eta_{l\mathrm{ch}}$、$\eta_{l\mathrm{dis}}$ 分别为充、放电效率，由储能设备的性能决定。充、放电功率约束和剩余电量约束分别为

$$P_{\mathrm{es},l}^t \leqslant P_{\mathrm{es},\max}^{\mathrm{B}} \tag{6-38}$$

$$e_{\mathrm{soc}}^{\min} E_{\max} \leqslant E_l^t \leqslant e_{\mathrm{soc}}^{\max} E_{\max} \tag{6-39}$$

式中，$P_{\mathrm{es},\max}^{\mathrm{B}}$ 表示不同储能单元最大的充、放电功率；$e_{\mathrm{soc}}^{\min}$、$e_{\mathrm{soc}}^{\max}$ 是剩余电量的上下限，介于 $0\sim100\%$。在同一个调度周期内只允许一种运行模式，故充放电状态约束为

$$a_l^t + b_l^t = 1 \tag{6-40}$$

② 负荷建模。

离网型微电网内的负荷大致分为两类：重要负荷和参与需求侧管理负荷。其中，重要负荷通常为军工、医院等网内一级负荷，在微电网离网运行时要保证其不间断供电。参与需求侧管理负荷又分为三类：可中断负荷、可平移负荷和弹性负荷（又称为可控类负荷）。可中断负荷为非重要负荷，是在与用户签订相应赔偿机制后，微电网系统拥有可中断负荷的中断权。可平移负荷的典型代表有电动汽车、洗衣机等，该类型负荷的特点为：(a)存在用户意愿起止时间，但可根据实际情况灵活改变其运行起止时间；(b)需连续运行；(c)功率大小恒定。弹性负荷的典型代表有海水淡化系统、制氢等，该类型负荷可随时启停，并且没有功率限值，作为网内有功功率平衡的消纳负荷。

网内负荷在 t 时段内的收益 F_{load}^t 和网内负荷总功率大小 P_{load}^t 分别为

$$F_{\mathrm{load}}^t = (1 - u_{\mathrm{cut}}^t) P_{\mathrm{cut}}^t d_{\mathrm{cut}} + P_{\mathrm{con}}^t d_{\mathrm{con}} + u_{\mathrm{shift}}^t \mid u_{\mathrm{s}}^t - u_{\mathrm{shift}}^t \mid d_{\mathrm{shift}} \tag{6-41}$$

$$P_{\mathrm{load}}^t = P_{\mathrm{vip}}^t + (1 - u_{\mathrm{cut}}^t) P_{\mathrm{cut}}^t + u_{\mathrm{shift}}^t P_{\mathrm{shift}} + P_{\mathrm{con}}^t \tag{6-42}$$

式中，P_{vip}^t、P_{cut}^t 和 P_{con}^t 分别对应 t 时段内重要负荷、可切除负荷的预测值和可控负荷的计划值；d_{cut}、d_{con} 和 d_{shift} 为可切除负荷、可控负荷和可平移负荷所对应的补偿电价；u_{s}^t 为可平移负荷设置的用户意愿运行状态；u_{cut}^t 和 u_{shift}^t 为可切除负荷和可平移负荷优化运行状态，为 1 表示负荷在运行状态，为 0 表示处于停运状态。当用户意愿运行状态与微电网能量管理系统优化出的运行状态不等时，应向用户进行相应补偿。重要负荷在周期内为微电网内带来的收益为固定值，无需对其优化。

③ 柴油发电机建模。

柴油发电机在 t 时段运行成本 F_{de}^t 包含启机费用和运行费用：

$$F_{\mathrm{de}}^t = \sum_{m \in \boldsymbol{M}_{\mathrm{D}}} \left\{ s_{m,\mathrm{start}}^t d_m + u_{\mathrm{de},m}^t \left[f_{\mathrm{de}}(P_{\mathrm{de},m}^t) \right] \right\} \tag{6-43}$$

式中，$\boldsymbol{M}_{\mathrm{D}}$ 为柴油发电机集合；$s_{m,\mathrm{start}}^t$ 为 1 时表示柴油发电机 m 在 t 时刻由停机状态转为开机状态；$u_{\mathrm{de},m}^t$ 为 1 时表示柴油发电机处在运行状态；d_m 为发柴油发电机 m 的

启动成本；$f_{de}(P^t_{de,m})$ 为柴油发电机运行成本，具体表达式为

$$f_{de}(P^t_{de,m}) = A[\alpha (P^t_{de,m})^2 + \beta P^t_{de,m} + \gamma] \tag{6-44}$$

其中，$P^t_{de,m}$ 为柴油发电机组 m 在 t 时段的出力平均值；α、β 和 γ 为常数；A 为调整系数，取值与实时燃油价格有关。柴油发电机应满足出力值限值约束：

$$u^t_{de,m}P^{de}_{min} \leqslant P^t_{de,m} \leqslant u^t_{de,m}P^{de}_{max} \tag{6-45}$$

为限制柴油发电机组频繁启停机，其最短开、停机时间约束为

$$s^t_{m,start} + \sum_{i=1}^{d_{run}} s^{t+i}_{m,down} \leqslant 1 \tag{6-46}$$

$$s^t_{m,down} + \sum_{i=1}^{d_{stop}} s^{t+i}_{m,start} \leqslant 1 \tag{6-47}$$

式中，二进制变量 $s^t_{m,down}$ 表示柴油发电机的停机状态；d_{run} 和 d_{stop} 分别为柴油发电机最小运行时间和最小停机时间。

（2）日前调度模型。

当微电网独立运行时，在满足重要负荷不间断供电条件下，应综合考虑适用性和经济性等因素，对日前计划进行优化，使得微电网总运行费用最低。从数学角度看，微电网日前调度模型为混合整数非线性规划（mixed-integer nonlinear programming，MINLP）模型：

$$\min f(P, s_w, u)$$
$$\text{s. t.} \begin{cases} h(P, s_w, u) = 0, \\ \underline{g} \leqslant g(P, s_w, u) \leqslant \bar{g}, \end{cases} \qquad P \in R, s_w, u \in \{0,1\} \tag{6-48}$$

式中，$f(P, s_w, u)$ 为目标函数，为微电网在调度日内的整体收益，即

$$f(P, s_w, u) = \sum_{t=1}^{T} F^t_{es} + F^t_{load} + F^t_{de} \tag{6-49}$$

当模型中的优化变量分为连续变量 P 和离散变量 s_w、u 两类，分别对应于分布式电源、需求侧管理负荷与储能设备的输出功率与工作状态。模型中的不等式约束包括前面给出的式（6-38）、式（6-39）、式（6-45）、式（6-46）与式（6-47）。除了式（6-40），模型的等式约束还包括微电网各时段的功率平衡约束：

$$P^t_{wt} + P^t_{pv} + \sum_m P^t_{de,m} + \sum_l b^t_l P^t_{es,l} - \sum_l a^t_l P^t_{es,l} = P^t_{load} \tag{6-50}$$

式中，P^t_{wt}、P^t_{pv} 分别为 t 时段风电、光伏短期预测有功功率平均值。

2）日内运行计划优化

日内计划中柴油机组启停状态、可切除负荷的投切状态和可平移负荷的运行状态均由日前计划给定，无需优化，但优化时需考虑网络及电能质量约束。基于"小时/分钟级"的超短期功率预测技术，提出一种微电网日内滚动式能量管理策略方法，具体方法与图 6-26 给出的并网型微电网滚动式能量管理模式类似，此处不再赘述。

（1）日内运行元件建模。

在日内运行计划优化时，机组启停状态、负荷工作状态和储能设备的充放电状态均由日前计划给定，此时，日内的元件建模如下。

① P/Q 型储能设备建模。

为保证储能设备的经济性，尽可能使储能设备的日内 SOC 曲线按照日前调度计划的 SOC 曲线运行，储能设备运行成本 F'^t_{es} 为

$$F'^t_{es} = \sum_{l \in M_{es}} \left[\lambda (E^t_l - E^t_{l\text{-new}})^2 + b^t_l f_{dis}(P'^t_{es,l}) \right] \tag{6-51}$$

式中，$E^t_{l\text{-new}}$ 为日内调度计划中储能设备 l 的剩余电量；λ 为储能拟合权重系数，一般来讲，权系数 λ 的取值可能会影响储能设备实际的 SOC 曲线。

② 负荷建模。

微电网内负荷费用 F'^t_{load} 和 t 时段内负荷的总和 P'^t_{load} 为

$$F'^t_{load} = P^t_{con} d_{con} \tag{6-52}$$

$$P'^t_{load} = P^t_{vip} + (1 - u^t_{cut}) P^t_{cut} + u^t_{shift} P_{shift} + P'^t_{con} \tag{6-53}$$

③ 柴油发电机建模。

柴油机运行成本 F'^t_{de} 为其出力功率值的非线性函数，表示为

$$F'^t_{de} = \sum_{m \in M_d} u^t_{de,m} \left[f_{de}(P'^t_{de,m}) \right] \tag{6-54}$$

（2）日内调度模型。

日内调度模型为非线性模型，优化变量为柴油发电机、储能设备的有功出力 P，如式（6-55）所示：

$$\min f'(P)$$

$$\text{s. t.} \begin{cases} h'(P) = 0, \\ \underline{g'} \leqslant g'(P) \leqslant \overline{g'}, \end{cases} \quad P \in R \tag{6-55}$$

式中，$f'(P)$ 为目标函数，为调度周期内微电网的整体收益，即

$$f'(P) = \sum_T F'^t_{es} + F'^t_{load} + F'^t_{de} \tag{6-56}$$

等式约束包括有功平衡约束与微电网潮流约束，即

$$P^{t'}_{wt} + P^{t'}_{pv} + \sum_m P^{t'}_{de,m} + \sum_l a^t_l P^{t'}_{es,l} - \sum_l b^t_l P^{t'}_{es,l} = P^{t'}_{load} \tag{6-57}$$

$$\begin{cases} P_{Gi} - P_{Li} - e_i \sum_{j=1}^n (G_{ij} e_j - B_{ij} f_j) - f_i \sum_{j=1}^n (G_{ij} f_j + B_{ij} e_j) = 0 \\ Q_{Gi} - Q_{Li} - f_i \sum_{j=1}^n (G_{ij} e_j - B_{ij} f_j) + e_i \sum_{j=1}^n (G_{ij} f_j + B_{ij} e_j) = 0 \end{cases} \tag{6-58}$$

式中，P_{Gi}、Q_{Gi}、P_{Li}、Q_{Li} 分别为节点 i 的有功、无功输出与有功、无功负荷；e_i、f_i 分别为节点 i 电压 U_i 的实部和虚部。

不等式约束为节点电压约束，即

$$0.93 \leqslant U^*_j \leqslant 1.07 \tag{6-59}$$

4. 算例分析

1）算例介绍

以山东省某典型微电网为例进行仿真计算，拓扑结构如图 6-37 所示。该微电网包含两台装机容量为 750kW 风力发电机（最大出力均为 500kW）、100kW 光伏发电系统、两台柴油发电机（装机容量分别为 200kW 和 100kW）、三台容量为300kW·h的储能设备（其中有两台为 P/Q 型储能设备，其功率大小均为 150kW）。

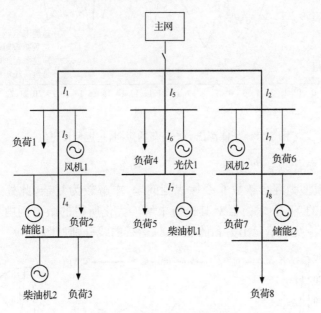

图 6-37　微电网拓扑结构图

微电网内负荷分类如表 6-12 所示，其中可平移负荷的用户意愿开启时间为12:00～13:00。

表 6-12　微电网内负荷分类

名称	容量/kW	类型
负荷 1	50	重要
负荷 2	50	重要
负荷 3	100	可中断
负荷 4	—	弹性
负荷 5	50	重要
负荷 6	40	可平移
负荷 7	50	可中断
负荷 8	50	重要

通过短期功率预测技术得到日前新能源出力和负荷的预测值,通过超短期功率预测技术得到日内新能源出力和负荷的预测值,如图 6-38 所示。

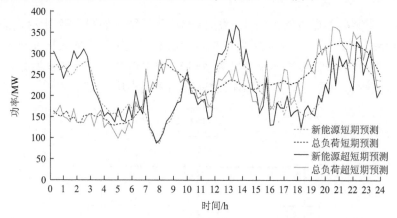

图 6-38 新能源出力与负荷的短期、超短期预测值

2) 日前调度计划优化结果

日前调度模型为混合整数非线性规划问题,求解较为复杂,此处运用成熟商业软件 GAMS 中的 SCIP 求解器对其进行求解。优化所得的微电网内各类负荷日前调度运行状态,各发电单元出力和储能 SOC 运行曲线分别如图 6-39~图 6-41 所示。

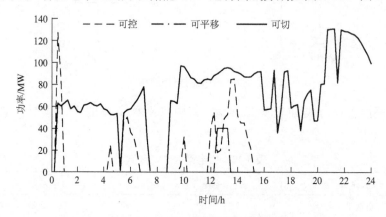

图 6-39 各类负荷的日前优化结果

对以上结果分析可知:①在优化目标函数中考虑储能的运行费用可有效引导储能系统进行深充、深放。如图 6-41 所示,在储能深度充电时,储能 1 和储能 2 的 SOC 值均从 0.3 上升到 0.9,在储能深度放电时,储能 1 的 SOC 值从 0.9 下降到 0.2;②在用电低谷时段,由于负荷需求较低且此时新能源出力较大,储能系统处于充电状态,且此时需要开启一部分可控负荷;③在用电高峰时段,储能系统给微电网负荷供电,必要时还会启动网内柴油机组,为保障用电高峰时段重要负荷的供电可靠性,甚至会切除一部分可切负荷。

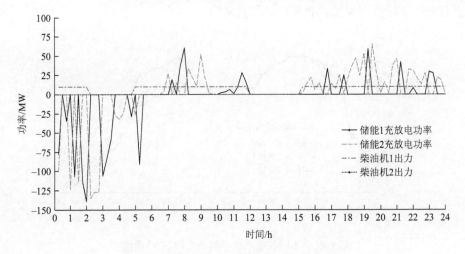

图 6-40　微电网各发电单元的日前优化结果

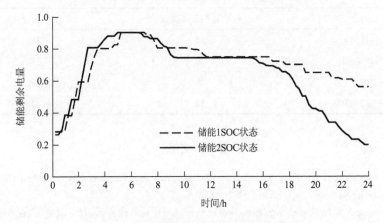

图 6-41　网内储能设备日前 SOC 运行曲线

3）日内调度计划优化结果

权重系数的不同取值将对日内计划有一定的影响,包括储能设备的运行状态与需求侧管理负荷的动作次数等。不同权系数下储能 2 的 SOC 曲线如图 6-42 所示,不同权重系数下可控负荷和可切负荷动作次数如表 6-13 所示。

对以上结果分析可知:①与日前短期功率预测相比,日内超短期功率预测的精度明显提高,因此,日内调度计划会在日前调度计划的基础上进行较大程度的修正,计算结果表明,微电网能量管理系统不能仅依靠日前计划,必须采取多时间尺度的协调优化控制;②权重系数的选取对微电网日内计划的影响较大,若权重系数设置较大,储能设备接近日前计划制定的 SOC 运行曲线,但会造成不必要的可控、可切负荷动作次数,影响微电网实际运行;若权重系数设置太小,则日前计划制定的储能设备 SOC 运行状态就不具备参考价值,不利于网内储能设备的经济利用,各微电网应根据自身的实际情况灵活设置相应的权重系数。

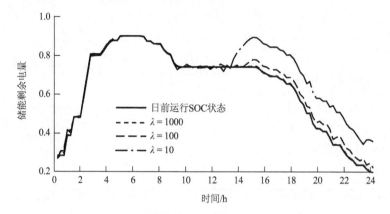

图 6-42　不同权重系数下储能 2 的 SOC 曲线

表 6-13　不同权重系数下可控负荷和可切负荷动作次数

名称	启动可控负荷次数	切负荷次数
日前	24	25
日内 λ=10	30	28
日内 λ=100	38	36
日内 λ=100	45	40

参 考 文 献

[1] Jiayi H，Chuanwen J，Rong X. A review on distributed energy resources and microgrid. Renewable and Sustainable Energy Reviews，2008，12(9)：2472-2483.

[2] Yuan Y，Zhang X S，Ju P，et al. Applications of battery energy storage system for wind power dispatchability purpose. Electrical Power Systems Research，2012，92(12)：54-60.

[3] Lasseter R H，Eto J H，Schenkman B，et al. CERTS microgrid laboratory test bed. IEEE Transactions on Power Delivery，2011，26(1)：326-332.

[4] Abu-Sharkh S，Arnold R J，Kohler J，et al. Can microgrids make a major contribution to UK energy supply. Renewable and Sustainable Energy Reviews，2006，10(2)：78-127.

[5] Tom M. Microgrids：Power systems for the 21st century. Refocus，2006，7(4)：44-48.

[6] 袁越，李振杰，冯宇，等. 中国发展微电网的目的方向前景. 电力系统自动化，2010，34(1)：59-63.

[7] 韩奕，张东霞，胡学浩，等. 中国微电网标准体系研究. 电力系统自动化，2010，34(01)：69-72.

[8] 余贻鑫，栾文鹏. 智能电网. 电网与清洁能源，2009，25(01)：6-11.

[9] 余贻鑫，栾文鹏. 智能电网的基本理念. 天津大学学报，2011，44(05)：376-384.

[10] 鲁宗相，王彩霞，闵勇，等. 微电网研究综述. 电力系统自动化，2007，31(19)：100-107.

[11] McIntyre K C，Clancey-Rivera C，Tobin M C，et al. The feasibility of an environmentally friendly microgrid. IEEE North American Power Symposium (NAPS)，Arlington，2010：1-6.

[12] Benjamin K，Robert L，Toshifumi I，et al. A look at microgrid technologies and testing，projects from around the world. IEEE Power and Energy Magazine，2008，6(3)：41-53.

［13］Hatziargyrion N,Asano H,Iravani R,et al. An overview of ongoing research,development and demonstration projects. IEEE Power and Energy Magazine,2007,5(4)：79-94.

［14］李振杰,袁越. 智能微电网——未来智能配电网新的组织形式. 电力系统自动化,2009,33(17)：42-48.

［15］黄伟,孙昶辉,吴子平,等. 含微电网系统的微电网技术研究综述. 电网技术,2009,33(09)：14-18,34.

［16］Chen S M, Yu H H. A Review on overvoltages in microgrid. IEEE Power and Energy Engineering Conference (APPEEC),Chengdu,2010：1-4.

［17］Ustun T S,Ozansoy C,Zayegh A. Recent developments in microgrids and example cases around the world——a review. Renewable and Sustainable Energy Reviews,2011,15(8)：4030-4041.

［18］Lidula N W A,Rajapakse A D. Microgrids research：A review of experimental microgrids and test systems. Renewable and Sustainable Energy Reviews,2011,15(1)：186-202.

［19］鞠平. 电力系统建模理论与方法. 北京：科学出版社,2010.

［20］鞠平,秦川,黄桦,等. 面向智能电网的建模研究展望. 电力系统自动化,2012,36(11)：1-6.

［21］鞠平,马大强. 电力系统负荷建模. 第一版. 北京：水利电力出版社,1995.

［22］蔡昌春,鞠平,张建勇. 计及频率变化的感应电动机实用模型. 高电压技术,2012,38(3)：743-750.

［23］王锡凡,方万良,杜正春. 现代电力系统分析. 北京：科学出版社,2003.

［24］倪以信,陈寿孙,张宝霖. 动态电力系统的理论和分析. 北京：清华大学出版社,2002.

［25］Kundur P. Power System Stability and Control. New York：McGraw-Hill,1994.

［26］鞠平,蔡昌春,曹相芹. 基于物理背景的微电网总体模型. 电力自动化设备,2010,30(3)：7-11.

［27］曹相芹,鞠平,蔡昌春. 微电网仿真分析与等效化简. 电力自动化设备,2011,31(5)：94-98.

［28］郭思琪,袁越,鲍薇,等. 并网型微电网能量管理策略研究. 电工技术学报,已录用.

［29］郭思琪,袁越,张新松,等. 多时间尺度协调控制的独立微网能量管理策略. 电工技术学报,2014,29(2)：122-129.